SVT 2e

SCIENCES DE LA VIE ET DE LA TERRE

Collection A. Duco

Programme 2010

Directeur d'ouvrage

André Duco

Auteurs

Audrey Carpentier
Frédéric Celle
Grégoire Daoust
Nicole Dewitz
Clara Etner
Hervé Froissard
Christophe Laville
Anne-Marie Le Moine
Yvon Le Moine
Laurent Loison
Céline Mémeteau
Bernard Msihid
Jean-Michel Picoche
Samuel Rebulard
Pascal Rey
Alain Tassel
Pierre-Olivier Thébault
Elena Salgueiro
Andaine Seguin
Sébastien Vigier

Coordinateurs pédagogiques

Claude Censier
Bernard Gissot

Conseillers scientifiques

Rémi Cadet
Céline Charrier
Cécile Meunier
Ludovic Orlando
André Schaaf

8, RUE FÉROU 75278 PARIS CEDEX 06
WWW.EDITIONS-BELIN.COM

Belin
ÉDITEUR INDÉPENDANT DEPUIS 1777

Découvrez le nouveau manuel de SVT 2e

Ce nouveau manuel de SVT 2e est conçu pour être un support efficace pour l'enseignement. Il est accompagné de sa version numérique interactive, le **Lib' Livre interactif Belin** au service de votre liberté pédagogique.

Retrouvez le Lib', Livre interactif de Belin : www.libtheque.fr/svtlycee

Comment est mis en œuvre le programme de SVT dans le manuel ?

LE PROGRAMME	LE MANUEL
« Les conditions d'exercice de la liberté pédagogique du professeur »	**18 chapitres courts**, correspondant aux 18 items du programme, que l'enseignant peut aborder comme il le souhaite. Un grand nombre de documents sont proposés comme autant de pistes à explorer et de supports de travail.
« La démarche d'investigation »	**52 Unités** au cœur de la démarche pédagogique. Une unité aborde un problème scientifique précis et renvoie l'élève à des **activités** diversifiées, dans le cadre de la **démarche d'investigation**. De nombreuses **activités expérimentales** sont proposées. TP
« Les compétences : une combinaison de connaissances, capacités et attitudes »	**265 Activités** pédagogiques au cœur des unités mettent en œuvre les **capacités** et **attitudes** du programme. **18 Bilans** (un par chapitre) facilitent le travail de mémorisation par l'élève des connaissances exigibles. Chaque bilan comprend : les notions construites dans les unités (« **Les connaissances** »), « **Les Capacités et attitudes** » mobilisées dans les unités, un schéma synthétique (« **L'essentiel par l'image** ») et un résumé (« **L'essentiel par le texte** »).
« L'évaluation des élèves »	**130 Exercices** diversifiés et progressifs. Les exercices sont classés en 4 rubriques : « **Évaluer ses connaissances** », « **S'entraîner avec un exercice guidé** », « **Appliquer ses connaissances** » et « **S'entraîner avec un exercice de méthode** ».
« L'autonomie des élèves et le travail par atelier »	**36 Ateliers d'exploration** participent « **à la construction d'une culture scientifique** » et « **à la formation de l'esprit critique et à l'éducation citoyenne** ». Au travers d'**activités** variées, l'élève fait preuve d'autonomie et d'initiative, se familiarise à l'utilisation des TICE, découvre des métiers, participe à des débats, etc.
« Les technologies de l'information et de la communication »	Dans les **unités**, comme dans les **ateliers d'exploration**, de nombreuses **activités TICE** sont proposées dans le cadre du Brevet informatique et Internet (B2i). B2i
« La pratique de démarches historiques »	Dans les **unités**, comme dans les **ateliers d'exploration**, de nombreuses références à l'**histoire des sciences**, l'**histoire des techniques** et à l'**art et la science**. HISTOIRE DES SCIENCES ART ET SCIENCE

Le directeur d'ouvrage, les auteurs et les éditions Belin tiennent à remercier les personnes suivantes pour leur aide à la réalisation du manuel : le lycée Buffon (Paris) et son proviseur M. Durand, la Cité scolaire internationale de Lyon et Mme Véniant ; J. Péry (photos d'expériences) ; D. Chouchan (pages métiers) ; J. Acker, C. et P. Amiotte-Suchet, C. Amrein, V. Andréassian, J.-L. Balossi, J. Bishop, K. Castetbon, B. Chanet, H. Conge, P. Cordier, D. Couvet, V. Debrabant et le Centre historique minier de Lewarde, D. Depont, S. Di Caterina, P. Duché, T. Encrenaz, N. Fellmann et le service de médecine du sport du CHU de Clermont-Ferrand, P. Forterre, A. Gabriel, M. Gargaud, J.-P. Gattuso, F. Grappe, Y. Jaillais, Y. Le Bissonnais, G. Lecointre, S.-J. Lee, H. Le Guyader, N. Le Moine, A. Mascle, J.-C. Mutin, A. Nicolas, M. Pascal, P. Pradier, C. Siatka, M. Sundberg, E. Michéli, M. Nachman, J. Poulain, A. Ruellan, F. Selsis, D. Thellier, A. Trentesaux , D. Veutin ; les sociétés Jeulin, Météo-France et Sciencéthic.

ISBN : 978-2-7011-5508-1

SOMMAIRE

Sommaire détaillé p. 6.

Mode d'emploi du manuel

3 grandes parties et 18 chapitres avec la même structure

Avant de commencer chaque thème

- Des documents à observer
- Des questions pour mobiliser les acquis du collège
- Des mots clés

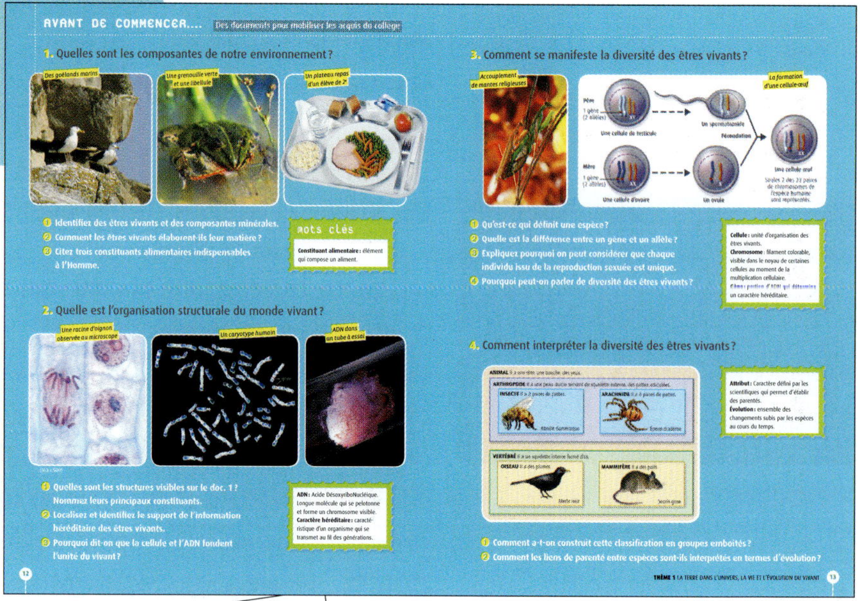

Les unités du chapitre

- Trois unités par chapitre
- Des documents à exploiter
- Des expériences à faire TP
- Des interviews de chercheurs
- Des activités à réaliser

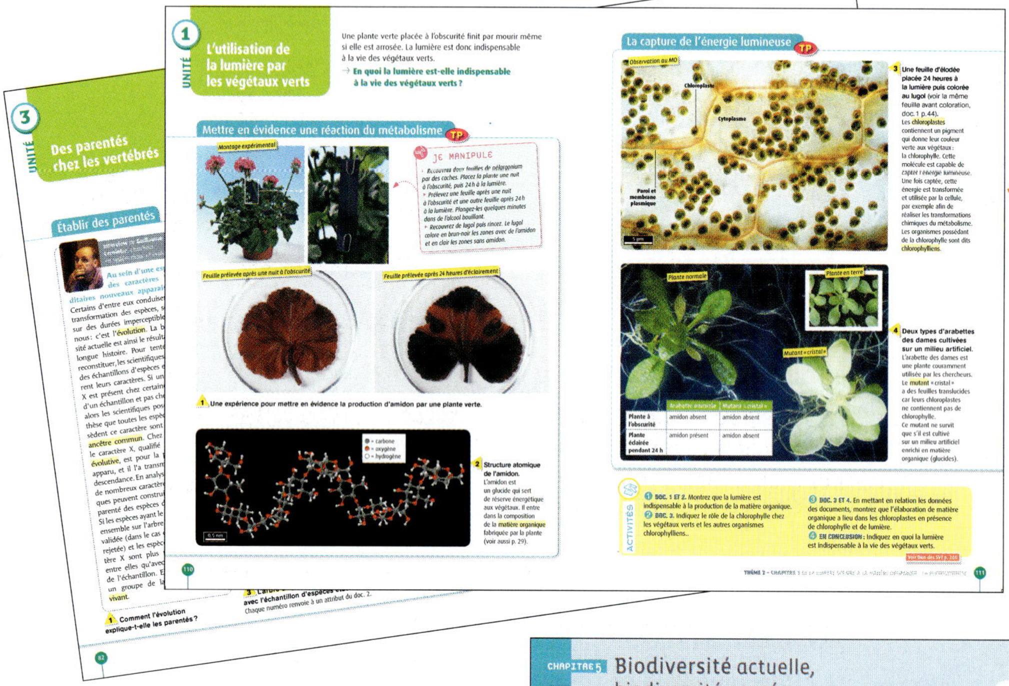

Le bilan du chapitre

- Les connaissances
- Les capacités et attitudes
- L'essentiel par l'image
- L'essentiel par le texte

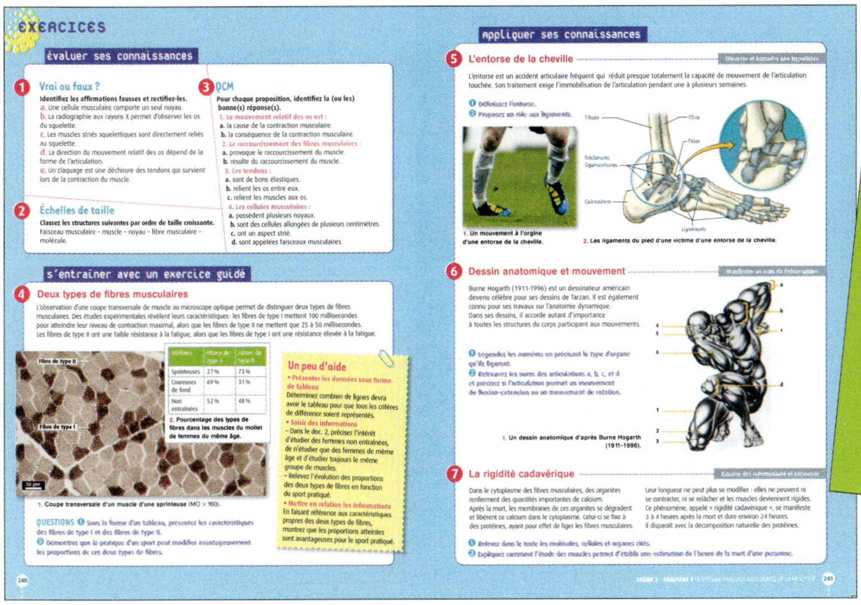

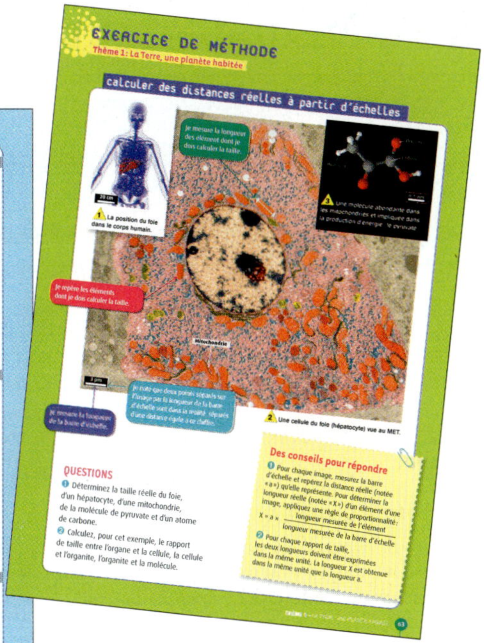

Les exercices du chapitre

- Évaluer ses connaissances
- S'entraîner avec un exercice guidé
- Appliquer ses connaissances
- S'entraîner avec un exercice de méthode

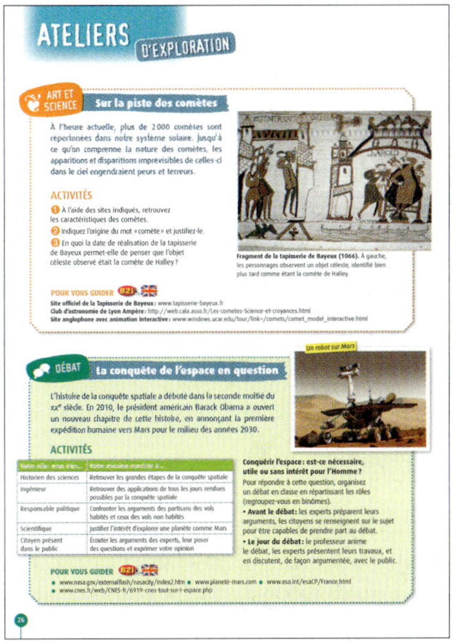

Les ateliers d'exploration du chapitre

- Des activités pour se familiariser à l'utilisation des TICE, réaliser une enquête, participer à un débat, s'intéresser à l'art en science, etc.

Les métiers

- Pour chaque thème du programme, des métiers en lien avec les SVT
- Une grande interview d'un professionnel

À la fin du manuel

- Le Dico des SVT
- Les corrigés d'exercices

LE NOUVEAU MANUEL DE SVT 2e ET LE PROGRAMME 2010

B.O. du 29 avril 2010

Thème 1 La Terre dans l'Univers, la vie et l'évolution du vivant : une planète habitée

Connaissances du programme	Chapitres du manuel
Les conditions de la vie : une particularité de la Terre ? La Terre est une planète rocheuse du système solaire. Les conditions physico-chimiques qui y règnent permettent l'existence d'eau liquide et d'une atmosphère compatible avec la vie. Ces particularités sont liées à la taille de la Terre et à sa position dans le système solaire. Ces conditions peuvent exister sur d'autres planètes qui possèderaient des caractéristiques voisines sans pour autant que la présence de vie y soit certaine.	***A. Les conditions de la vie : une particularité de la Terre ?*** **14** **Chapitre 1 La Terre, une planète qui abrite la vie 15** **Unité 1** La Terre, une planète du système solaire 16 **Unité 2** Les singularités de la Terre 18 **Unité 3** Planète habitée, planète habitable 20 **Bilan** 22 **Exercices** 24 **Ateliers d'exploration** 26
La nature du vivant Les êtres vivants sont constitués d'éléments chimiques disponibles sur le globe terrestre. Leurs proportions sont différentes dans le monde inerte et dans le monde vivant. Ces éléments chimiques se répartissent dans les diverses molécules constitutives des êtres vivants. Les êtres vivants se caractérisent par leur matière carbonée et leur richesse en eau. L'unité chimique des êtres vivants est un indice de leur parenté.	**Chapitre 2 Les molécules de la vie 27** **Unité 1** La composition chimique des êtres vivants 28 **Unité 2** Les molécules des êtres vivants 30 **Bilan** 32 **Exercices** 34 **Ateliers d'exploration** 36 **Exercice de méthode** Utiliser son sens critique pour analyser une image 37
De nombreuses transformations chimiques se déroulent à l'intérieur de la cellule : elles constituent le métabolisme. Il est contrôlé par les conditions du milieu et par le patrimoine génétique. La cellule est un espace limité par une membrane qui échange de la matière et de l'énergie avec son environnement. Cette unité structurale et fonctionnelle commune à tous les êtres vivants est un indice de leur parenté.	***B. La nature du vivant*** **38** **Chapitre 3 La cellule et l'unité du vivant 39** **Unité 1** Le métabolisme cellulaire et son contrôle 40 **Unité 2** L'observation de la cellule à différentes échelles 42 **Unité 3** Diversité des cellules et parenté des êtres vivants 44 **Bilan** 46 **Exercices** 48 **Ateliers d'exploration** 50
La transgénèse montre que l'information génétique est contenue dans la molécule d'ADN et qu'elle y est inscrite dans un langage universel. La variation génétique repose sur la variabilité de la molécule d'ADN (mutation). L'universalité du rôle de l'ADN est un indice de la parenté des êtres vivants.	**Chapitre 4 L'ADN, molécule universelle et variable 51** **Unité 1** La fonction de l'ADN 52 **Unité 2** La structure de l'ADN 54 **Unité 3** L'ADN, une molécule codée et variable 56 **Bilan** 58 **Exercices** 60 **Ateliers d'exploration** 62 **Exercice de méthode** Calculer des distances réelles à partir d'échelles 63
La biodiversité, résultat et étape de l'évolution La biodiversité est à la fois la diversité des écosystèmes, la diversité des espèces et la diversité génétique au sein des espèces. L'état actuel de la biodiversité correspond à une étape de l'histoire du monde vivant : les espèces actuelles représentent une infime partie du total des espèces ayant existé depuis les débuts de la vie. La biodiversité se modifie au cours du temps sous l'effet de nombreux facteurs, dont l'activité humaine.	***C. La biodiversité, résultat et étape de l'évolution*** **64** **Chapitre 5 Biodiversité actuelle, biodiversité passée 65** **Unité 1** Les différents niveaux de la biodiversité 66 **Unité 2** Des modifications de la biodiversité au cours du temps 68 **Unité 3** L'action de l'Homme sur la biodiversité 70 **Bilan** 72 **Exercices** 74 **Ateliers d'exploration** 76
Au sein de la biodiversité, des parentés existent qui fondent les groupes d'êtres vivants. Ainsi, les vertébrés ont une organisation commune. Les parentés d'organisation des espèces d'un groupe suggèrent qu'elles partagent toutes un ancêtre commun.	**Chapitre 6 Diversité et parentés au sein des vertébrés 77** **Unité 1** L'organisation générale de deux vertébrés 78 **Unité 2** L'organisation du squelette de quelques vertébrés 80 **Unité 3** Des parentés chez les vertébrés 82 **Bilan** 84 **Exercices** 86 **Ateliers d'exploration** 88
La diversité des allèles est l'un des aspects de la biodiversité. La dérive génétique est une modification aléatoire de la diversité des allèles. Elle se produit de façon plus marquée lorsque l'effectif de la population est faible. La sélection naturelle et la dérive génétique peuvent conduire à l'apparition de nouvelles espèces.	**Chapitre 7 Une première approche de l'évolution 89** **Unité 1** La dérive génétique 90 **Unité 2** La sélection naturelle 92 **Unité 3** La formation de nouvelles espèces 94 **Bilan** 96 **Exercices** 98 **Ateliers d'exploration** 100 **Exercice de méthode** Construire et interpréter un graphique 101 **Métiers** Ils utilisent les SVT au quotidien 102

Thème 2 Enjeux planétaires contemporains : énergie, sol

Connaissances du programme	Chapitres du manuel
Le soleil : une source d'énergie essentielle La lumière solaire permet, dans les parties chlorophylliennes des végétaux, la synthèse de matière organique à partir d'eau, de sels minéraux et de dioxyde de carbone. Ce processus permet, à l'échelle de la planète, l'entrée de matière minérale et d'énergie dans la biosphère.	
La présence de restes organiques dans les combustibles fossiles montre qu'ils sont issus d'une biomasse. Dans des environnements de haute productivité, une faible proportion de la matière organique échappe à l'action des décomposeurs puis se transforme en combustible fossile au cours de son enfouissement. La répartition des gisements de combustibles fossiles montre que transformation et conservation de la matière organique se déroulent dans des circonstances géologiques bien particulières. La connaissance de ces mécanismes permet de découvrir les gisements et de les exploiter par des méthodes adaptées. Cette exploitation a des implications économiques et environnementales.	
L'utilisation de combustible fossile restitue rapidement à l'atmosphère du dioxyde de carbone prélevé lentement et piégé depuis longtemps. Brûler un combustible fossile, c'est en réalité utiliser une énergie solaire du passé. L'augmentation rapide, d'origine humaine de la concentration du dioxyde de carbone dans l'atmosphère interfère avec le cycle naturel du carbone.	
L'énergie solaire est inégalement reçue à la surface de la Terre. La photosynthèse en utilise moins de 1 %. Le reste chauffe l'air (par l'intermédiaire du sol) et l'eau (ce qui est à l'origine des vents et courants) et évapore l'eau (ce qui permet le cycle de l'eau). Utiliser l'énergie des vents, des courants marins, des barrages hydroélectriques, revient à utiliser indirectement de l'énergie solaire. Ces ressources énergétiques sont rapidement renouvelables. La comparaison de l'énergie reçue par la planète et des besoins humains en énergie permet de discuter de la place actuelle ou future de ces différentes formes d'énergie d'origine solaire.	
Le sol : un patrimoine durable ? Pour satisfaire les besoins alimentaires de l'humanité, l'Homme utilise à son profit la photosynthèse. L'agriculture a besoin pour cela de sols cultivables et d'eau : deux ressources très inégalement réparties à la surface de la planète, fragiles et disponibles en quantités limitées. Elle entre en concurrence avec la biodiversité naturelle. La biomasse végétale produite par l'agriculture est une source de nourriture mais aussi une source de combustibles ou d'agrocarburants. Ces deux productions entrent en concurrence.	
Un sol résulte d'une longue interaction entre les roches et la biosphère, conditionnée par la présence d'eau et la température. Le sol est lent à se former, inégalement réparti à la surface de la planète, facilement dégradé et souvent détourné de sa fonction biologique. Sa gestion est un enjeu majeur pour l'humanité.	

Thème 3 Corps humain et santé : l'exercice physique

Connaissances du programme	Chapitres du manuel	
Des modifications physiologiques à l'effort Au cours d'un exercice long et/ou peu intense, l'énergie est fournie par la respiration, qui utilise le dioxygène et les nutriments. L'effort physique augmente la consommation de dioxygène : ■ plus l'effort est intense, plus la consommation de dioxygène augmente ; ■ il y a une limite à la consommation de dioxygène. La consommation de nutriments dépend aussi de l'effort fourni. L'exercice physique est un des facteurs qui aident à lutter contre l'obésité.	*A. Des modifications physiologiques à l'effort* **Chapitre 1 L'effort physique et ses effets** **Unité 1** Effort physique et énergie **Unité 2** Les limites de l'organisme lors d'un effort physique **Unité 3** Exercice physique et lutte contre l'obésité **Bilan** **Exercices** **Ateliers d'exploration**	192 **193** 194 196 198 200 202 204
Au cours de l'effort un certain nombre de paramètres physiologiques sont modifiés : fréquence cardiaque, volume d'éjection systolique (et donc débit cardiaque) ; fréquence ventilatoire et volume courant (et donc débit ventilatoire) ; pression artérielle. Ces modifications physiologiques permettent un meilleur approvisionnement des muscles en dioxygène et en nutriments. L'organisation anatomique facilite cet apport privilégié. Un bon état cardiovasculaire et ventilatoire est indispensable à la pratique d'un exercice physique.	**Chapitre 2 L'apport de dioxygène et de nutriments aux muscles** **Unité 1** Des modifications respiratoires à l'effort **Unité 2** Des modifications cardiaques à l'effort **Unité 3** L'approvisionnement des muscles **Bilan** **Exercices** **Ateliers d'exploration**	**205** 206 208 210 212 214 216
Une boucle de régulation nerveuse La pression artérielle est une grandeur contrôlée par plusieurs paramètres. Par exemple, il existe une boucle réflexe de contrôle de la fréquence cardiaque (dont la pression artérielle dépend par l'intermédiaire du débit) : ■ des capteurs (barorécepteurs) sont sensibles à la valeur de la pression artérielle ; ■ un centre bulbaire intègre les informations issues des barorécepteurs et module les messages nerveux en direction de l'effecteur (cœur) ; ■ les informations sont transmises du centre à l'effecteur par des nerfs sympathiques et parasympathiques. La boucle de régulation contribue à maintenir la pression artérielle dans d'étroites limites autour d'une certaine valeur. À l'effort, l'organisme s'écarte de cette situation standard.	**Chapitre 3 La pression artérielle, une grandeur régulée** **Unité 1** La pression artérielle et ses variations **Unité 2** La régulation de la pression artérielle **Unité 3** Activité cardiaque et régulation de la pression artérielle **Bilan** **Exercices** **Ateliers d'exploration** Exercice de méthode Analyser un enregistrement physiologique	**217** 218 220 222 224 226 228 229
Pratiquer une activité physique en préservant sa santé Le muscle strié squelettique et les articulations constituent un système fragile qui doit être protégé. Les accidents musculo-articulaires s'expliquent par une détérioration du tissu musculaire, des tendons, ou de la structure articulaire. Au cours de la contraction musculaire, la force exercée tire sur les tendons et fait jouer une articulation, ce qui conduit à un mouvement.	*B. Pratiquer une activité physique en préservant sa santé* **Chapitre 4 Le système musculo-articulaire et sa fragilité** **Unité 1** Les organes du mouvement et leurs blessures **Unité 2** Le muscle : un organe contractile **Unité 3** Le système musculo-articulaire, un système mobile **Bilan** **Exercices** **Ateliers d'exploration**	230 **231** 232 234 236 238 240 242
Des pratiques inadaptées ou dangereuses (exercice trop intense, dopage...) augmentent la fragilité du système musculo-articulaire et/ou provoquent des accidents.	**Chapitre 5 Le sport : pratiques à risques et pratiques responsables** **Unité 1** Le dopage et ses risques **Unité 2** Des pratiques sportives adaptées **Bilan** **Exercices** **Ateliers d'exploration** Exercice de méthode Réaliser un dessin d'observation Métiers Ils utilisent les SVT au quotidien	**243** 244 246 248 250 252 253 254

Capacités et attitudes (B. O.)

- Pratiquer une démarche scientifique (observer, questionner, formuler une hypothèse, expérimenter, raisonner avec rigueur, modéliser).
- Recenser, extraire et organiser des informations.
- Comprendre le lien entre les phénomènes naturels et le langage mathématique.
- Manipuler et expérimenter.
- Comprendre qu'un effet peut avoir plusieurs causes.
- Exprimer et exploiter des résultats, à l'écrit, à l'oral, en utilisant les technologies de l'information et de la communication.
- Communiquer dans un langage scientifiquement approprié : oral, écrit, graphique, numérique.
- Percevoir le lien entre sciences et techniques.
- Manifester sens de l'observation, curiosité, esprit critique.
- Montrer de l'intérêt pour les progrès scientifiques et techniques.
- Être conscient de sa responsabilité face à l'environnement, la santé, le monde vivant.
- Avoir une bonne maîtrise de son corps.
- Être conscient de l'existence d'implications éthiques de la science.
- Respecter les règles de sécurité.

Les outils du manuel

pour un accompagnement personnalisé de l'élève

Exercices guidés

dans chaque chapitre du manuel (18 chapitres)

Exercices de méthode

Le Dico des SVT

Les métiers

Pour préparer les futures études supérieures, en partenariat avec l'ONISEP

- **Des ateliers d'exploration** consacrés à la découverte des métiers (voir ci-contre)
- **Des pages dédiées aux métiers,** en lien avec les SVT

onisep

Retrouvez sur le Lib', Libre interactif de Belin, des fiches métiers et des vidéos de l'ONISEP : www.libtheque.fr/svtlycee

Ateliers d'exploration **avec de multiples activités**

THÈME 1

La Terre dans l'Univers, la vie et l'évolution du vivant : une planète habitée

La rotation apparente du ciel autour de l'étoile polaire, au-dessus du mont Damavand en Iran.

AVANT DE COMMENCER.... Des documents pour mobiliser les acquis du collège

1. Quelles sont les composantes de notre environnement ?

Des goëlands marins

Une grenouille verte et une libellule

Un plateau repas d'un élève de 2e

1. **Identifiez des êtres vivants et des composantes minérales.**
2. **Comment les êtres vivants élaborent-ils leur matière ?**
3. **Citez trois constituants alimentaires indispensables à l'Homme.**

mots clés

Constituant alimentaire : élément qui compose un aliment.

2. Quelle est l'organisation structurale du monde vivant ?

Une racine d'oignon observée au microscope

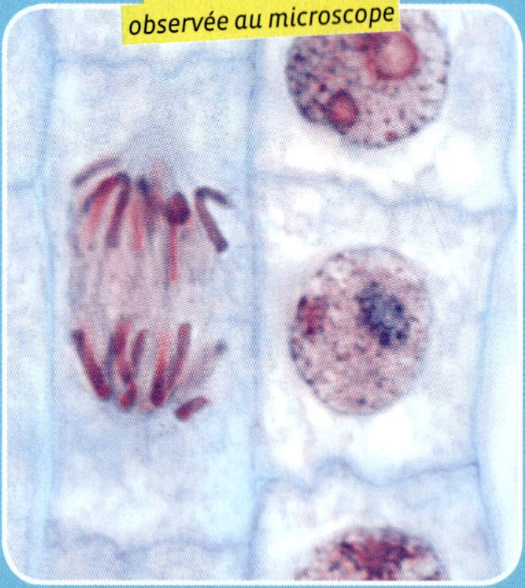

(MO x 500)

Un caryotype humain

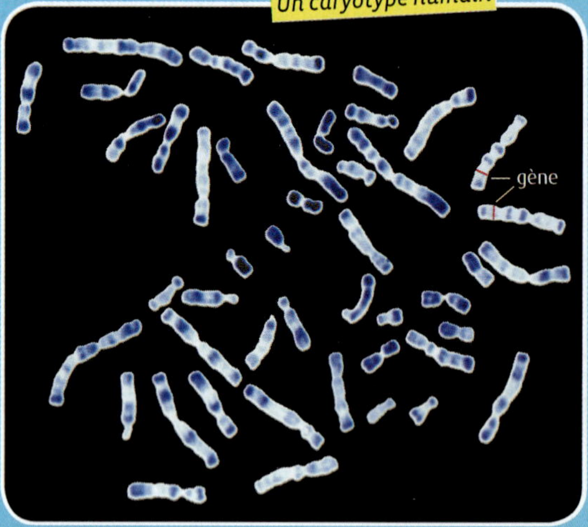

ADN dans un tube à essai

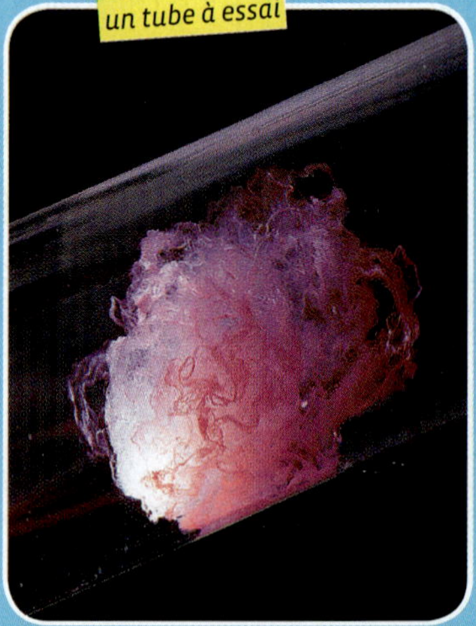

1. **Quelles sont les structures visibles sur le doc. 1 ? Nommez leurs principaux constituants.**
2. **Localisez et identifiez le support de l'information héréditaire des êtres vivants.**
3. **Pourquoi dit-on que la cellule et l'ADN fondent l'unité du vivant ?**

ADN : Acide DésoxyriboNucléique. Longue molécule qui se pelotonne et forme un chromosome visible.
Caractère héréditaire : caractéristique d'un organisme qui se transmet au fil des générations.

3. Comment se manifeste la diversité des êtres vivants ?

Accouplement de mantes religieuses

La formation d'une cellule-œuf

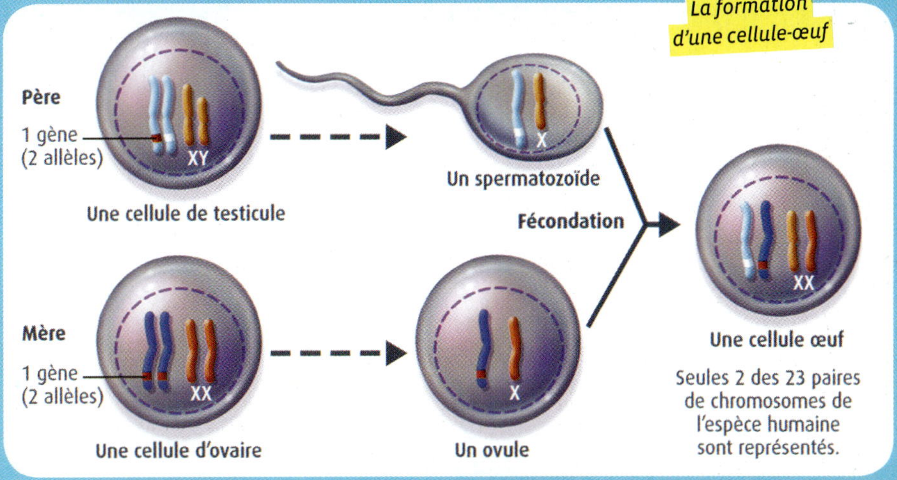

1. **Qu'est-ce qui définit une espèce ?**
2. **Quelle est la différence entre un gène et un allèle ?**
3. **Expliquez pourquoi on peut considérer que chaque individu issu de la reproduction sexuée est unique.**
4. **Pourquoi peut-on parler de diversité des êtres vivants ?**

Cellule : unité d'organisation des êtres vivants.
Chromosome : filament colorable, visible dans le noyau de certaines cellules au moment de la multiplication cellulaire.
Gène : portion d'ADN qui détermine un caractère héréditaire.

4. Comment interpréter la diversité des êtres vivants ?

Attribut : Caractère défini par les scientifiques qui permet d'établir des parentés.
Évolution : ensemble des changements subis par les espèces au cours du temps.

1. **Comment a-t-on construit cette classification en groupes emboîtés ?**
2. **Comment les liens de parenté entre espèces sont-ils interprétés en termes d'évolution ?**

SOMMAIRE

A. Les conditions de la vie : une particularité de la Terre ?

CE QU'IL FAUT SAVOIR POUR ABORDER LE THÈME 1

- Notre environnement est constitué de **composantes minérales** et d'**êtres vivants**. Ces derniers ont besoin d'eau et produisent leur propre matière à partir de celle qu'ils prélèvent dans le milieu. L'Homme a besoin de glucides, de protides et de lipides, trois **constituants alimentaires**.
- Tous les êtres vivants sont constitués d'une ou de plusieurs **cellules**, comprenant une membrane, du cytoplasme et un noyau. Le noyau contient des **chromosomes**, supports de l'information héréditaire, constitués principalement d'**ADN**.
- Chaque chromosome porte de nombreux **gènes**, qui existent sous plusieurs versions ou **allèles**. La cellule, unité du vivant, et l'universalité du support de l'information génétique (ADN) indiquent une **origine commune** de tous les êtres vivants.
- Au sein d'une espèce, chaque être vivant issu de la reproduction sexuée est génétiquement unique car il est le résultat de deux processus complémentaires et aléatoires : la formation des **cellules reproductrices** et la **fécondation**.
- Il existe sur Terre de très nombreuses espèces d'êtres vivants appartenant à des groupes divers : c'est la **biodiversité**. Certains d'entre eux partagent des **caractères** communs (ou attributs), qui traduisent des **liens de parenté**.
- Au cours des temps géologiques, les espèces d'êtres vivants subissent une **évolution** : chaque espèce nouvelle possède des caractères nouveaux apparus suite à des modifications de l'information génétique (mutations). Les **relations de parenté** entre les êtres vivants s'expliquent par **l'évolution** et fondent la classification du vivant.

CHAPITRE 1

La Terre, une planète qui abrite la vie

Vue de l'espace, la Terre est un objet sphérique dont la surface, sous une couche nuageuse, est recouverte d'océans entourant des continents. Au fil des siècles, des techniques d'observation et d'analyse de plus en plus performantes ont permis de préciser sa place parmi les autres objets du système solaire. La Terre est, en l'état actuel des connaissances, la seule planète qui abrite la vie.

La Terre vue de la Station spatiale internationale, lors d'un passage au-dessus de l'océan Pacifique (juillet 2003).

Quelles sont les conditions favorables à la vie sur Terre ? Sont-elles susceptibles de se retrouver ailleurs dans l'Univers ?

UNITÉ 1

La Terre, une planète du système solaire

La Terre est une des huit planètes du système solaire. Outre les planètes, ce dernier comprend de très nombreux autres objets de plus petite taille.

Quelles sont les caractéristiques de la Terre au sein du système solaire ?

Les objets du système solaire

1 Les huit planètes du système solaire.
Sur ce document, les distances entre objets ne sont pas respectées. Par ailleurs, les planètes rocheuses et les planètes gazeuses (voir doc. 2) ne sont pas représentées à la même échelle.

Objets	Nom	Distance au Soleil (millions de km)	Diamètre (km)	Masse volumique ($g.cm^{-3}$)	Composants principaux	Épaisseur de l'atmosphère (km)
Planètes rocheuses	Mercure	58	4 878	5,4	silicates, fer, nickel	quasi inexistante
	Vénus	108	12 104	5,2		350
	Terre	150	12 757	5,5		500
	Mars	228	6 794	3,9		> 100
Planètes gazeuses	Jupiter	778	142 803	1,3	hydrogène, hélium	1 000
	Saturne	1 427	120 002	0,7		1 000
	Uranus	2 871	50 800	1,3		6 500
	Neptune	4 497	48 600	1,6		4 500
Satellite naturel	Lune	150	3 476	3,3	silicates, fer	quasi inexistante
Astéroïde	4 Vesta	360	570 x 480	3,7	silicates, fer, nickel	inexistante
Comète	Hale Bopp	Variable (orbite très elliptique)	40 (noyau)	0,3	glaces d'eau, de CO, CO_2, CH_4 et NH_3	inexistante sauf à proximité du Soleil

2 Les caractéristiques des planètes et de quelques autres objets du système solaire.
Outre les planètes, le système solaire comprend de très nombreux objets de plus petite taille. Certains tournent (gravitent) autour du Soleil, tout comme les planètes : il s'agit des astéroïdes, des comètes et des planètes naines comme Pluton. D'autres, telle la Lune, sont en orbite autour de planètes : ce sont des satellites naturels. La taille et la composition des astéroïdes (très nombreux) sont variables. Les silicates sont des assemblages de silicium et d'oxygène.

Planètes rocheuses et planètes gazeuses

3 Le sol de Mars, planète rocheuse, vu en 2005 par le robot d'exploration américain Spirit, dont on aperçoit les traces. La composition élémentaire de roches martiennes s'est révélée comparable à celle de certaines roches terrestres.

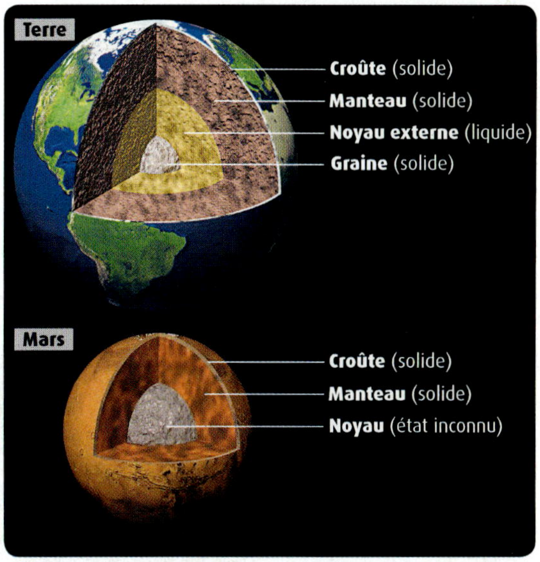

4 La structure interne de la Terre et de Mars.

5 Jupiter, une planète gazeuse, observée en 1979 depuis l'espace par la sonde Voyager-1.

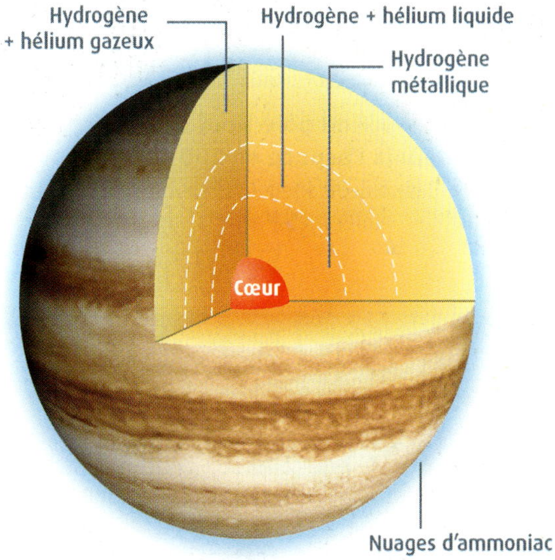

6 Un modèle théorique de la structure interne de Jupiter.
L'intérieur de cette planète géante reste mal connu.

ACTIVITÉS

1 **DOC. 1 ET 2.** Décrivez les caractéristiques des planètes en soulignant leurs points communs et leurs différences.

2 **DOC. 2 À 6.** Justifiez le fait que les scientifiques ont classé les planètes du système solaire en deux groupes distincts.

3 **DOC. 2.** Indiquez en quoi astéroïdes et comètes se distinguent des planètes.

4 **DOC. 2 À 4.** Montrez que la Terre partage certaines caractéristiques avec la planète Mars.

5 **EN CONCLUSION.** Résumez les caractéristiques de la Terre au sein du système solaire.

Voir Dico des SVT p. 260

UNITÉ 2

Les singularités de la Terre

La Terre est une planète rocheuse du système solaire. Dans l'état actuel de nos connaissances, elle est la seule à abriter la vie.

Quelles sont les conditions qui permettent le maintien de la vie sur Terre ?

L'eau dans le système solaire

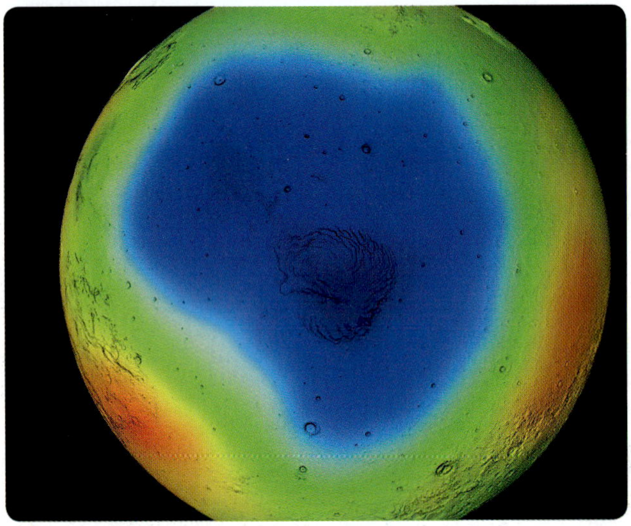

1 Le sous-sol du pôle Nord de la planète Mars analysé depuis l'espace en 2001 par la sonde Mars Odyssey. Les couleurs bleues révèlent la présence de glace d'eau dans le premier mètre sous la surface.

2 La surface d'Europe, l'un des satellites de Jupiter, vue par la sonde Galileo.
Des analyses à distance ont prouvé qu'elle est formée par de la glace d'eau. Les scientifiques émettent l'hypothèse de la présence d'eau liquide sous cette couverture glacée. On a aussi trouvé de la glace d'eau sur d'autres satellites de Jupiter ou de Saturne et dans les anneaux de cette dernière.

3 La banquise terrestre au Groenland.

Interview de **Thérèse Encrenaz**, chercheuse en astrophysique

L'eau liquide est le constituant majeur des organismes vivants. La molécule d'eau a la particularité unique d'être présente sur notre planète dans ses trois phases : vapeur, liquide et solide. La réserve liquide est de loin la plus importante. Si les océans terrestres n'existaient pas... nous ne serions pas là pour en parler. Chacun connaît aujourd'hui le rôle essentiel, incontournable, joué par l'eau liquide dans l'apparition, puis le développement et le maintien de la vie sur Terre.

4 Quelle est l'importance de l'eau liquide sur Terre ?

L'atmosphère des planètes rocheuses du système solaire

	Épaisseur (km)	Pression atmosphérique moyenne (hPa)	Principaux composants (air sec)	Vapeur d'eau (% des gaz)	Ozone (O_3)
Mercure	quasi inexistante	0	–	–	–
Vénus	350	90 000	CO_2 (96 %), N_2 (3,5 %), gaz rares	0,002	absent
Terre	500	1 000	N_2 (78 %), O_2 (21 %), Ar (0,93 %), CO_2 (0,04 %), gaz rares	2 à 7	traces
Lune	quasi inexistante	0	–	–	–
Mars	>100	6	CO_2 (95 %), N_2 (2,7 %), Ar (1,6 %), O_2 (0,13 %), gaz rares	0,03	traces infimes

5 **Comparaison de l'atmosphère des planètes rocheuses et de la Lune (hPa = hectopascal).**

- Certains gaz (CO_2, vapeur d'eau) piègent une partie de l'énergie solaire réfléchie par la Terre. Ils sont à l'origine d'un effet de serre naturel qui augmente la température de surface de la planète, rendant la vie possible.
- Le dioxygène a permis l'apparition sur Terre de formes de vie exigeant la présence de ce gaz.
- Le dioxygène assure le maintien d'une couche d'ozone qui filtre certaines radiations solaires dangereuses pour les êtres vivants.

6 **L'atmosphère terrestre photographiée en juin 2010 depuis la station spatiale internationale, et ses caractéristiques.**

7 **La face de la Lune visible depuis la Terre.** La Lune est le satellite naturel de la Terre. C'est un objet de petite taille (3 476 km de diamètre), trop peu massif pour avoir, par gravité, retenu les éléments légers qui peuvent constituer une atmosphère.

ACTIVITÉS

1 **DOC. 1 À 4.** Montrez que la présence d'eau n'est pas une singularité de la Terre. Précisez les particularités de la Terre en ce qui concerne l'eau.

2 **DOC. 5 ET 7.** Proposez une explication possible aux différences d'épaisseur de l'atmosphère des planètes rocheuses (aidez-vous du doc. 2 p. 16).

3 **DOC. 5 ET 6.** Indiquez les singularités de l'atmosphère terrestre et expliquez pourquoi sa présence est indispensable à la vie.

4 **EN CONCLUSION.** Résumez les conditions qui permettent le maintien de la vie sur Terre.

Voir Dico des SVT p. 260

UNITÉ 3

Planète habitée, planète habitable

La Terre abrite la vie. C'est la seule planète du système solaire à posséder en surface de l'eau liquide en abondance.

À quoi ces particularités sont-elles liées et peut-on les retrouver ailleurs dans l'Univers ?

Température de surface et présence d'eau liquide

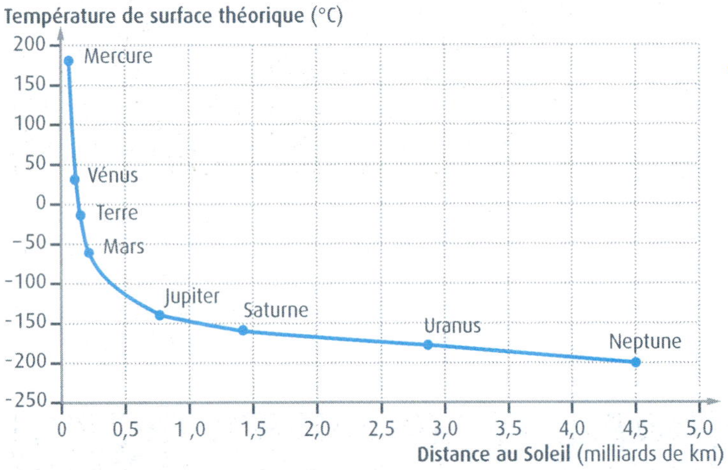

1 Température de surface moyenne théorique des planètes du système solaire.
L'énergie émise par le Soleil éclaire les objets du système solaire et provoque leur échauffement. La température de surface théorique d'une planète dépend seulement de la distance à son étoile et des caractéristiques du rayonnement émis par cette dernière.

	Température théorique (°C)	Température mesurée (°C)	
		Minimum/maximum	Moyenne
Mercure	+ 180	- 170/+ 400	+ 180
Vénus	+ 30	+ 460	+ 460
Terre	- 17	- 60/+ 60	+ 15
Lune	- 17	- 173/+ 127	- 17
Mars	- 60	- 100/+ 20	- 50

2 Température moyenne théorique et température moyenne mesurée à la surface des planètes rocheuses et de la Lune.
L'état de l'eau dépend de la température et de la pression : sur Terre, à la pression atmosphérique au niveau de la mer, l'eau est liquide entre 0 et 100 °C, solide en dessous de 0 °C et sous forme de vapeur au-dessus de 100 °C.

3 La planète Vénus vue depuis l'espace par la sonde Pioneer.
L'atmosphère dense de Vénus cache totalement la surface de la planète. Sa teneur élevée en CO_2 est responsable d'un important effet de serre (voir doc. 5 et 6 p. 19).

La recherche de la vie ailleurs dans l'Univers

Interview de **Franck Selsis**, chercheur en astrophysique

Les planètes du système solaire ne sont pas les seules de l'Univers. À ce jour, on a découvert quelque 400 planètes gravitant autour d'étoiles autres que le Soleil : ce sont les exoplanètes. Pour chacune de ces étoiles, on définit une zone d'habitabilité. Il s'agit de la zone au sein de laquelle une planète possédant une atmosphère pourrait contenir de l'eau liquide en surface. Une telle planète sera considérée comme habitable, c'est-à-dire susceptible d'abriter une forme de vie : dire d'une planète qu'elle est habitable ne signifie donc pas qu'elle est habitée. Des calculs prenant en compte les températures de surface théoriques permettent de déterminer l'étendue de la zone d'habitabilité. En dehors de la zone d'habitabilité, la vie n'est pas impossible mais elle ne pourrait pas coloniser la surface de la planète, comme c'est le cas sur Terre.

4 **Comment définir une « zone d'habitabilité » et une « planète habitable » ?**

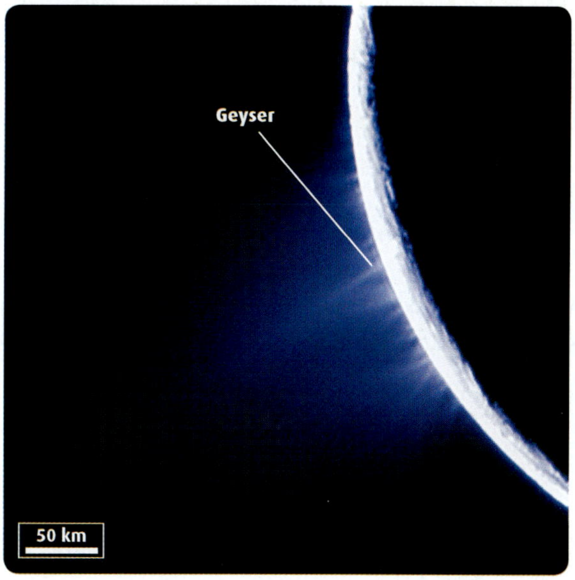

5 **Des geysers de glace et de vapeur d'eau à la surface d'Encelade, vus par la sonde Cassini en 2005.** Ces geysers prouvent que de l'eau liquide est présente en profondeur de ce satellite de Saturne, qui est situé hors de la zone d'habitabilité autour du Soleil.

6 **L'étoile Gliese 581.**
Elle est située à 20,5 années-lumière du Soleil (vitesse de la lumière = 300 000 km.s^{-1}).

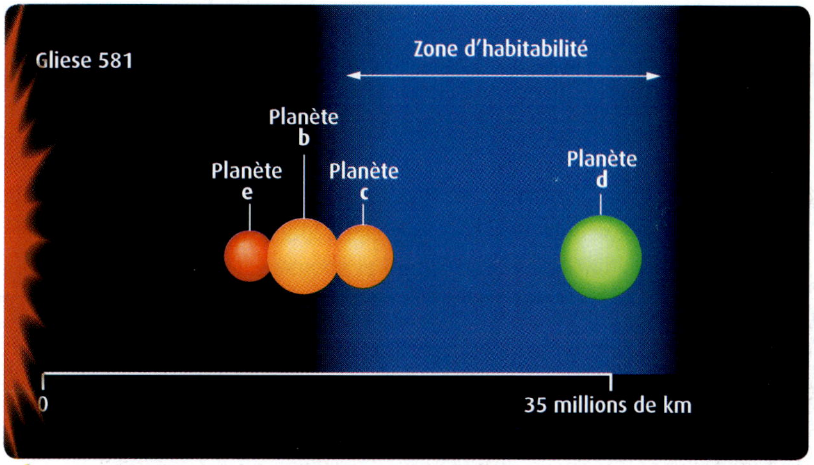

7 **L'étoile Gliese 581 et ses exoplanètes (découvertes à partir de 2005).** À ce jour, la composition des exoplanètes est très mal connue et on ne dispose d'aucune preuve de la présence d'eau à la surface de l'une d'elles. On dispose toutefois d'arguments suggérant que les planètes c et d sont de type rocheux.

ACTIVITÉS

1 **DOC. 1 ET 2.** Expliquez comment la position d'une planète par rapport au Soleil peut déterminer la présence d'eau liquide à sa surface.

2 **DOC. 2 ET 3.** Calculez l'écart entre les températures théoriques et les températures moyennes mesurées à la surface des planètes et de la Lune. Émettez une hypothèse pour expliquer les différences constatées (aidez-vous du doc. 5 p. 19).

3 **DOC. 4 À 7.** Parmi les cinq objets célestes des doc. 5 et 7, précisez ceux qui pourraient être habitables. Discutez de la notion de zone d'habitabilité.

4 **EN CONCLUSION.** Expliquez comment l'eau liquide peut exister à la surface de la Terre et discutez de la possibilité que d'autres objets célestes abritent la vie.

Voir Dico des SVT p. 260

CHAPITRE 1

La Terre, une planète qui abrite la vie

Les connaissances

La Terre, une planète rocheuse du système solaire

• Le **système solaire** comprend une étoile (le Soleil) et de nombreux objets aux caractéristiques très différentes. La Terre est une des huit planètes en orbite autour du Soleil. Avec ses voisines Mercure, Vénus et Mars, elle appartient au groupe des **planètes rocheuses**. Ces planètes se caractérisent par une masse volumique importante, une surface solide rocheuse et une composition chimique spécifique. **[Unité 1]**

• Les quatre **planètes gazeuses** géantes (Jupiter, Saturne, Uranus et Neptune) sont beaucoup plus éloignées du Soleil. D'autres objets, comme les satellites naturels, les comètes et les astéroïdes, se distinguent de la Terre par la plupart de leurs caractéristiques. **[Unité 1]**

Les singularités de la Terre

• Dans l'état actuel des connaissances scientifiques, la Terre est la seule planète qui abrite la vie. Cela découlerait d'une autre spécificité terrestre : la présence en surface d'eau sous forme liquide. Cette dernière est indispensable à la vie. La molécule d'eau existe cependant ailleurs dans le système solaire : sous forme de glace (par exemple, sur Mars), sous forme gazeuse (par exemple, dans l'atmosphère de Vénus). De l'eau liquide pourrait aussi se trouver sous la surface de certains corps (par exemple, d'Encelade, satellite de Saturne). **[Unités 2 et 3]**

• La Terre a une masse suffisante pour retenir les éléments légers qui composent une **atmosphère**. Notre planète est donc entourée d'une atmosphère assez épaisse. Sa composition est compatible avec la vie. **[Unité 2]**

Planète habitée, planète habitable

• La vie implique la présence d'eau liquide. La présence d'eau liquide à la surface d'une planète dépend des conditions de pression et de température qui y règnent. La température est directement liée à la distance planète-Soleil. Elle dépend aussi de la présence d'une atmosphère, qui peut piéger une partie du rayonnement solaire et augmenter ainsi la température par effet de serre. **[Unité 3]**

• Autour de chaque étoile, on définit une zone où une planète possédant une atmosphère est à une distance de son étoile telle que la présence d'eau liquide en surface est possible : c'est la **zone d'habitabilité**. Des planètes situées hors de notre système solaire et dans la zone d'habitabilité de leur étoile ont été découvertes. Ces planètes (les exoplanètes) sont donc peut-être habitables (susceptibles d'abriter la vie), mais rien ne dit qu'elles sont effectivement habitées. En dehors de la zone d'habitabilité, la vie n'est pas impossible mais elle ne pourrait pas coloniser la surface de la planète, comme c'est le cas sur Terre. **[Unité 3]**

Les capacités et attitudes

▸ Extraire des informations de documents afin de déterminer les caractéristiques de la Terre par rapport aux autres objets du système solaire **[Unité 1]**

▸ Extraire des informations de documents afin d'indiquer les singularités de la Terre qui en font une planète capable d'abriter la vie **[Unité 2]**

▸ Comprendre les caractéristiques que doit posséder un objet céleste pour pouvoir abriter une forme de vie et discuter des possibilités de découvrir la vie ailleurs que sur Terre **[Unité 3]**

▸ **Définir : atmosphère · planète gazeuse · planète rocheuse · système solaire · zone d'habitabilité**

Voir Dico des SVT p. 260

L'essentiel par l'image

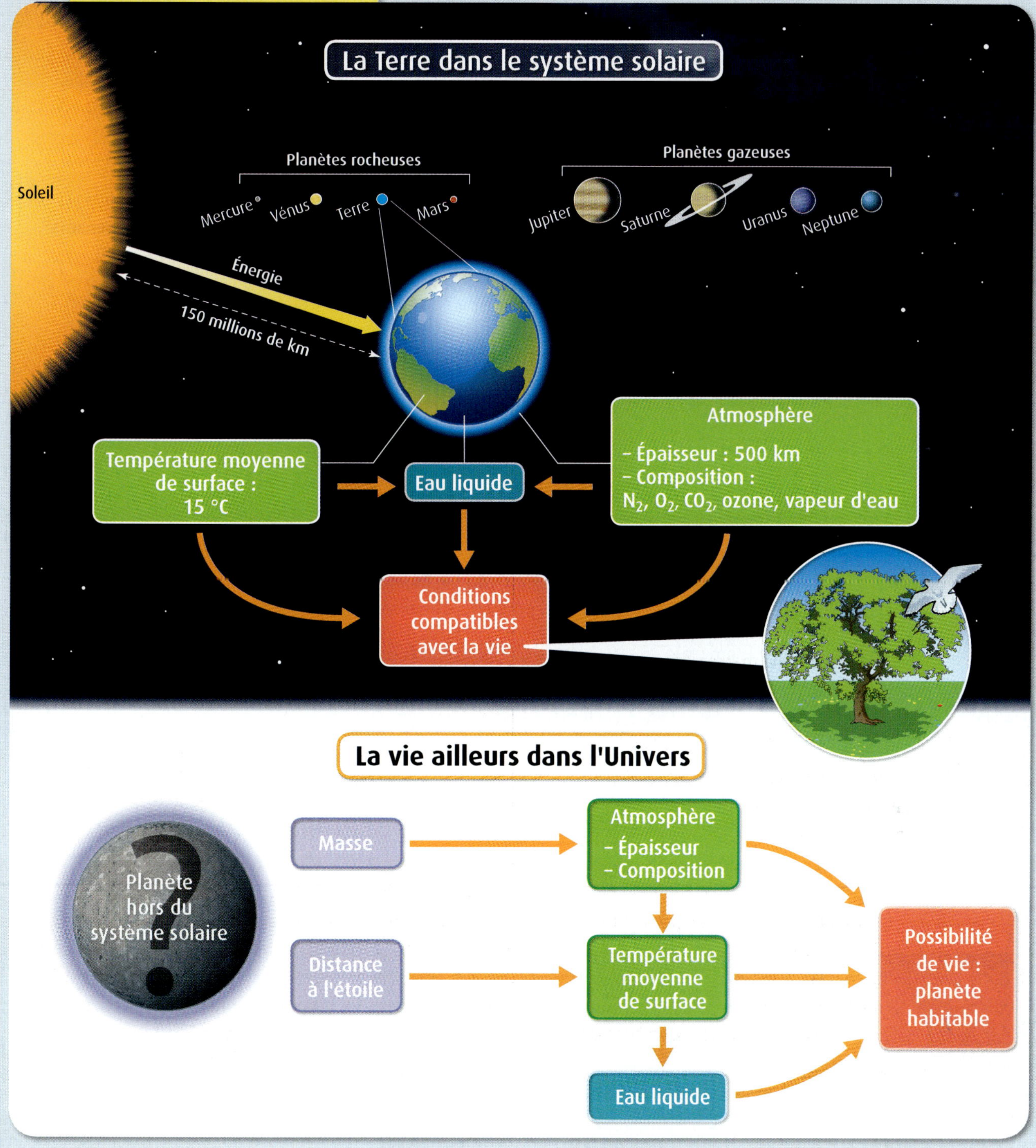

L'essentiel par le texte

> La Terre, un des nombreux objets du système solaire, est une planète rocheuse. Sa taille et sa distance au Soleil permettent la présence d'eau liquide en surface et d'une atmosphère.

> Les conditions de température et de pression à la surface de la Terre, et la composition chimique de son atmosphère sont compatibles avec la vie.

> Des objets hors du système solaire présentent peut-être des caractéristiques voisines de celles de la Terre. Ils sont susceptibles d'abriter la vie, mais rien ne dit qu'ils l'abritent effectivement.

EXERCICES

évaluer ses connaissances

1 **VRAI OU FAUX ?**

Identifiez les affirmations fausses et rectifiez-les.

a. La Terre est une des quatre planètes rocheuses du système solaire.

b. La présence de molécules d'eau est une spécificité de la Terre.

c. Seuls les objets de taille et donc de masse suffisantes sont capables de retenir une atmosphère.

2 **Une phrase appropriée**

Rédigez une phrase scientifiquement correcte avec les termes suivants :

a. Planète Terre – vie – atmosphère – épaisseur – composition.

b. Exoplanète – zone d'habitabilité – étoile – eau liquide.

3 **Qui suis-je ?**

a. Je suis un objet sphérique, de taille importante, en orbite autour d'une étoile qui n'est pas le Soleil et certains astronomes me recherchent activement.

b. Je suis une molécule possédant de l'oxygène. Je forme des structures solides sur Mars, la Terre et Europe, mais je ne suis pas une roche.

4 **QCM**

Pour chaque proposition, identifiez la (ou les) bonne(s) réponse(s).

1. L'atmosphère des planètes rocheuses :
   a. est épaisse de 500 km.
   b. exerce une pression sur la surface planétaire.
   c. est comparable chimiquement à celle de Jupiter.
   d. a une composition constante.
2. L'eau :
   a. est présente sur de nombreux objets du système solaire.
   b. peut exister sous trois états (solide, liquide, gazeux), qui coexistent sur la Terre.
   c. sous forme liquide est présente en surface de deux planètes du système solaire.
3. La vie :
   a. est présente sur de nombreux objets du système solaire.
   b. nécessite au moins la présence d'eau liquide.
   c. pourrait s'être développée en dehors du système solaire.

s'entraîner avec un exercice guidé

5 **De l'eau liquide sur Mars ?**

L'image ci-dessous montre le bord extérieur du cratère martien Jezero, qui a été creusé par l'impact d'une météorite. Les fausses couleurs mettent en évidence la localisation de certains minéraux. Ce paysage rocheux est, comme l'ensemble de la planète, totalement aride en surface.

1. La surface de Mars, vue par la sonde Mars Reconnaissance Orbiter (2008).

Un peu d'aide

- **Saisir des informations**
  – Décrivez la forme des structures visibles et précisez leur taille grâce à l'échelle.
  – Extrayez du texte les données nécessaires pour comprendre la nature du terrain observé.
  – Indiquez si l'eau liquide existe actuellement sur Mars.
- **Raisonner**
  – Rapprochez cette observation martienne de paysages présents sur Terre.
  – Par analogie avec ces paysages, formulez une explication sur l'origine possible de ces structures martiennes.
- **Conclure**
  Répondez d'une façon synthétique à la question en distinguant présent et passé.

QUESTION D'après l'analyse de cette image, montrez que l'existence d'eau liquide sur Mars lors d'une période géologique ancienne est envisageable.

Appliquer ses connaissances

6 De l'eau sur la Lune

Saisir des données et adopter une démarche explicative

Une Lune froide et désertique : c'est l'image de notre satellite donnée par les missions Apollo et l'analyse d'échantillons rocheux récoltés près de l'équateur lunaire entre 1969 et 1972. En 2009, des observations ont prouvé l'existence d'une quantité infime de molécules d'eau dans le premier millimètre de la surface lunaire (0,5 L pour une surface équivalente à un terrain de football). Cette quantité varie au cours du jour lunaire : les molécules d'eau, fixées sur la poussière, peuvent être arrachées quand la température s'élève.

D'après *www.pourlascience.fr*

1. Une découverte importante sur la Lune.

2. Observation infrarouge de la Lune par la sonde indienne Chandrayaan-1 (2009).
On repère, en bleu, les zones où l'eau est présente.

1. Décrivez la répartition de l'eau sur la Lune et émettez une hypothèse sur son état vraisemblable.
2. Expliquez pourquoi les échantillons rocheux prélevés par les astronautes des missions Apollo ne contenaient pas d'eau.
3. Discutez de la possibilité de la présence d'une forme de vie sur la Lune.
4. Discutez de la possibilité d'une exploitation de l'eau lunaire pour les vols habités.

7 Les états de l'eau

Raisonner à partir d'un graphique

L'eau existe sous trois états différents et passe de l'un à l'autre dans des conditions physico-chimiques particulières décrites par le doc. 1. La pression atmosphérique diminue quand l'altitude augmente.

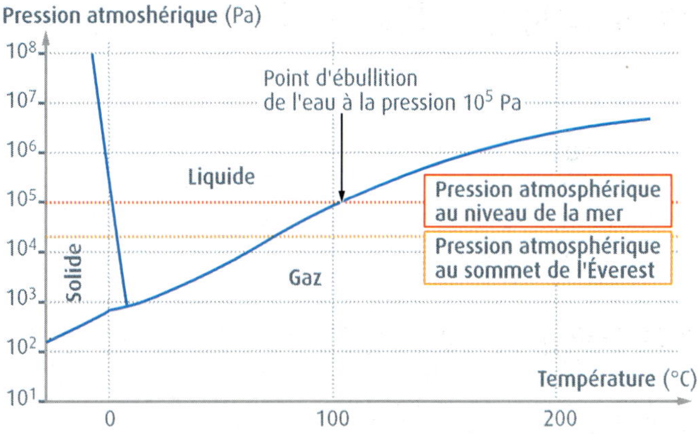

1. Les états de l'eau.

1. De quel(s) paramètre(s) dépend l'état de l'eau ?
2. Au sommet de l'Everest (8 846 m d'altitude), l'eau bout à moins de 100 °C. Pourquoi ?
3. Tirez les informations du graphique qui montrent que la présence d'une atmosphère conditionne la possibilité de l'existence de vie à la surface d'un objet céleste.

8 Gros plan sur une exoplanète

Réaliser un schéma et raisonner

L'exoplanète HD23079b est située dans la zone d'habitabilité de l'étoile HD23079. Cette étoile, dont la masse et la luminosité sont proches de celles du Soleil, est située à 113 années-lumière de la Terre.

Année de découverte	2001
Masse	(masse de Jupiter*) x 2,6
Type	Probablement gazeux
Distance à l'étoile	1,65 UA**
Orbite	circulaire

* Masse de Jupiter = (masse de la Terre) x 320.

** 1 UA = distance Terre-Soleil = 150 millions de km ; distance Jupiter-Soleil = 5,2 UA.

1. Caractéristiques de l'exoplanète HD23079b.

1. Sur deux schémas à la même échelle, représentez le système (HD23079b + son étoile) d'une part, et le système (Terre + Jupiter + Soleil) d'autre part.
2. Rappelez la définition de la zone d'habitabilité et discutez du caractère habitable de l'exoplanète HD23079b.

ATELIERS D'EXPLORATION

ART ET SCIENCE — Sur la piste des comètes

À l'heure actuelle, plus de 2 000 comètes sont répertoriées dans notre système solaire. Jusqu'à ce qu'on comprenne la nature des comètes, les apparitions et disparitions imprévisibles de celles-ci dans le ciel engendraient peurs et terreurs.

Fragment de la tapisserie de Bayeux (1066). À gauche, les personnages observent un objet céleste, identifié bien plus tard comme étant la comète de Halley.

ACTIVITÉS

1. À l'aide des sites indiqués, retrouvez les caractéristiques des comètes.
2. Indiquez l'origine du mot « comète » et justifiez-le.
3. En quoi la date de réalisation de la tapisserie de Bayeux permet-elle de penser que l'objet céleste observé était la comète de Halley ?

POUR VOUS GUIDER B2i

Site officiel de la Tapisserie de Bayeux : www.tapisserie-bayeux.fr
Club d'astronomie de Lyon Ampère : http://web.cala.asso.fr/Les-cometes-Science-et-croyances.html
Site anglophone avec animation interactive : www.windows.ucar.edu/tour/link=/comets/comet_model_interactive.html

DÉBAT — La conquête de l'espace en question

Un robot sur Mars

L'histoire de la conquête spatiale a débuté dans la seconde moitié du XXe siècle. En 2010, le président américain Barack Obama a ouvert un nouveau chapitre de cette histoire, en annonçant la première expédition humaine vers Mars pour le milieu des années 2030.

ACTIVITÉS

Votre rôle : vous êtes...	Votre mission consiste à...
Historien des sciences	Retrouver les grandes étapes de la conquête spatiale
Ingénieur	Retrouver des applications de tous les jours rendues possibles par la conquête spatiale
Responsable politique	Confronter les arguments des partisans des vols habités et ceux des vols non habités
Scientifique	Justifier l'intérêt d'explorer une planète comme Mars
Citoyen présent dans le public	Écouter les arguments des experts, leur poser des questions et exprimer votre opinion

Conquérir l'espace : est-ce nécessaire, utile ou sans intérêt pour l'Homme ?

Pour répondre à cette question, organisez un débat en classe en répartissant les rôles (regroupez-vous en binômes).

- **Avant le débat :** les experts préparent leurs arguments, les citoyens se renseignent sur le sujet pour être capables de prendre part au débat.
- **Le jour du débat :** le professeur anime le débat, les experts présentent leurs travaux, et en discutent, de façon argumentée, avec le public.

POUR VOUS GUIDER B2i

- www.nasa.gov/externalflash/nasacity/index2.htm
- www.planete-mars.com
- www.esa.int/esaCP/France.html
- www.cnes.fr/web/CNES-fr/6919-cnes-tout-sur-l-espace.php

CHAPITRE 2

Les molécules de la vie

Les conditions qui règnent sur Terre ont permis l'épanouissement de la vie. Celle-ci prend des formes extraordinairement variées, depuis une bactérie (moins d'un millième de millimètre) jusqu'à un séquoïa géant (arbre haut de 80 mètres). Tous ces êtres vivants sont constitués de molécules nombreuses et variées.

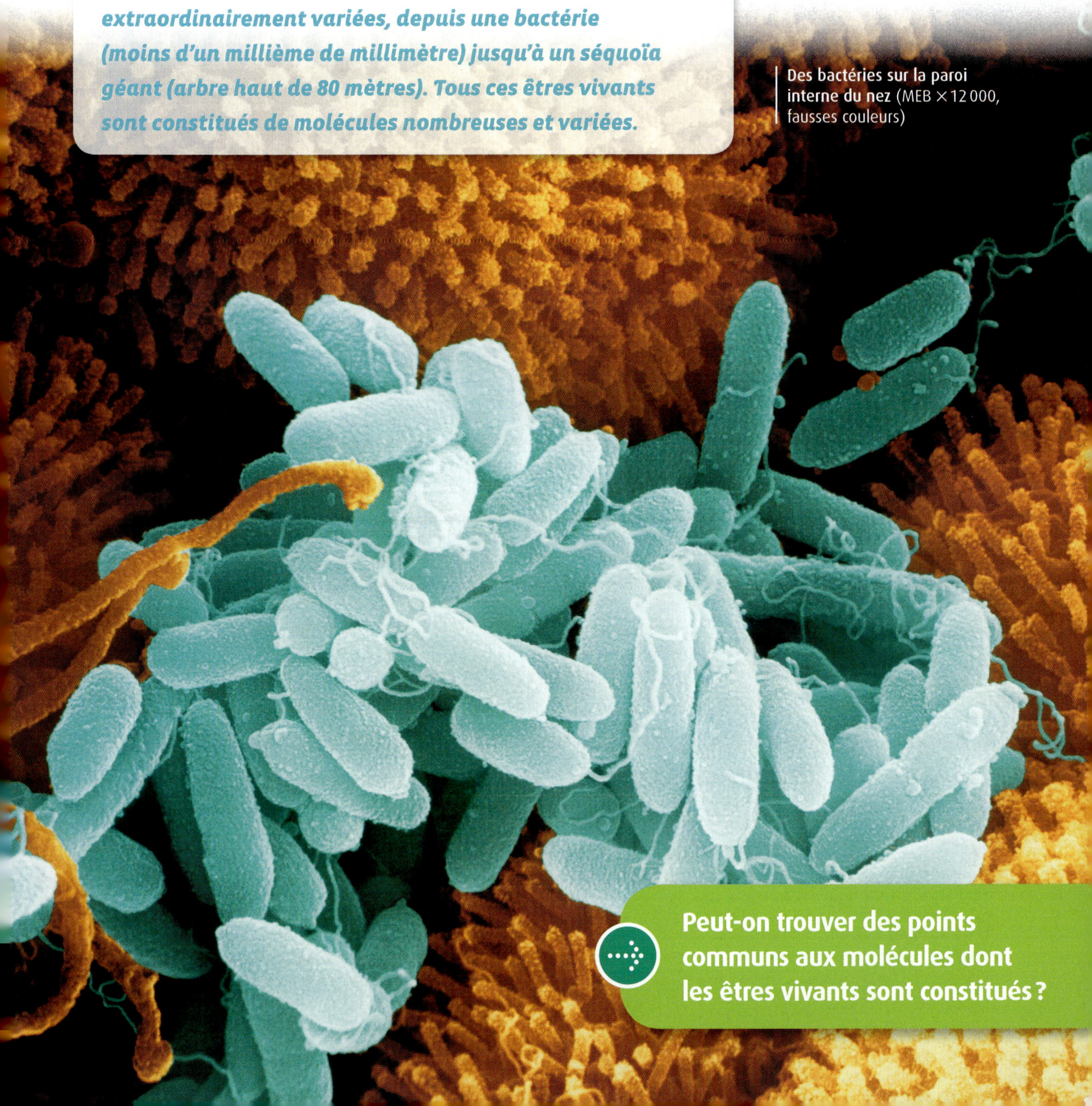

Des bactéries sur la paroi interne du nez (MEB × 12 000, fausses couleurs)

Peut-on trouver des points communs aux molécules dont les êtres vivants sont constitués ?

UNITÉ 1

La composition chimique des êtres vivants

Tous les êtres vivants sont constitués de cellules, elles-mêmes formées d'un assemblage de molécules. Ces molécules, comme celles du monde inerte, sont des assemblages d'atomes.

··· La matière des êtres vivants est-elle particulière ?

Matière vivante, matière inerte

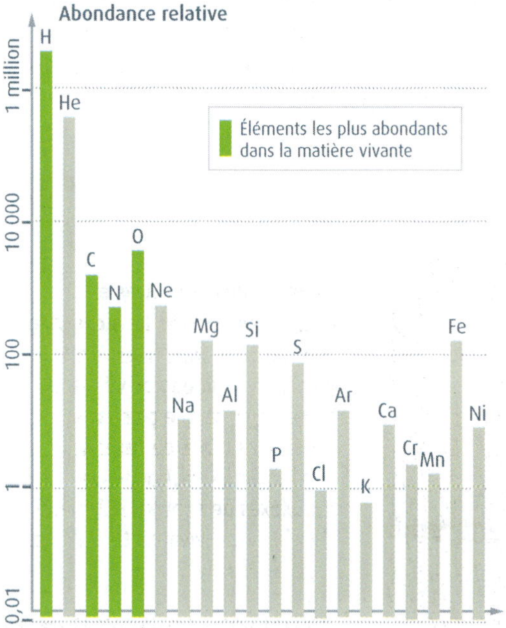

1 Les 20 éléments les plus abondants du système solaire (classés par masse croissante). Les 72 autres éléments sont moins abondants.

B2i

Planète Terre		Bactérie (colibacille)		Blé (végétal vert)		Espèce humaine (animal)	
Fe	35	**C**	50	**C**	24	**C**	18
O	30	**H**	8	**H**	9	**H**	10
Si	15	**O**	20	**O**	64	**O**	65
Mg	13	**N**	14	**N**	0,8	**N**	3
Ni	2,4	**P**	3	**Si**	0,7	**Ca**	2
S, Ca, Al, C, H, N	< 2% chacun	**K, S, Na, Mg, Ca**	< 1 % chacun	**K, S, P, Na, Mg, Ca**	< 1 % chacun	**K, S, P, Na, Mg**	< 1 % chacun

2 Les éléments chimiques les plus abondants de la planète Terre et de trois êtres vivants (en pourcentages de leur masse). Pour les êtres vivants, on a étudié la matière sèche, c'est-à-dire débarrassée de son eau.

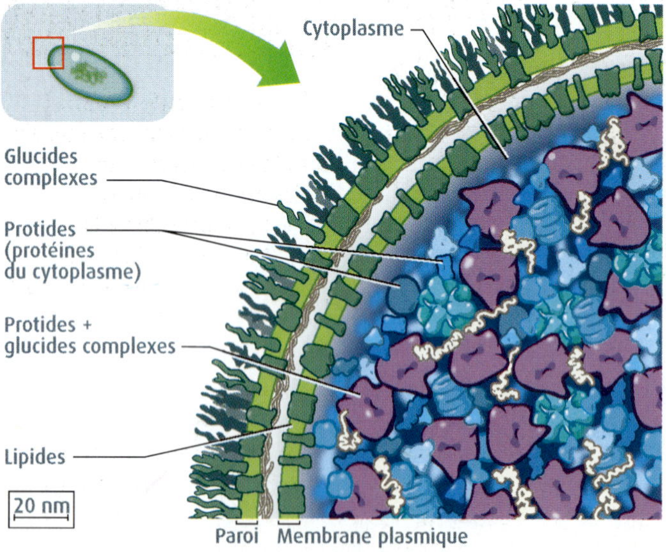

3 Représentation schématique d'une portion de bactérie. Son cytoplasme est composé de milliers de molécules différentes dissoutes dans l'eau. Cette dernière, non figurée sur le dessin, représente en moyenne 70 % de sa masse.

4 La principale roche du manteau terrestre : une péridotite. Elle est pour l'essentiel constituée d'un mélange de deux minéraux : l'olivine et le pyroxène. Le manteau compte pour 68 % de la masse de la Terre et contient 0,0002 % d'eau (en masse).

Deux éléments clés de la chimie du vivant

Interview de **Patrick Forterre**, chercheur en microbiologie

Le monde vivant compte une quasi-infinité de molécules différentes, mais un très petit nombre d'éléments chimiques : pour l'essentiel le carbone C, l'oxygène O, l'hydrogène H et l'azote N. Comment est-ce possible ? Grâce aux propriétés uniques de l'atome de carbone. Tout d'abord, le carbone peut former quatre liaisons et se lier à plusieurs autres atomes de nature très diverse. Dans les molécules organiques, qui sont abondantes dans la matière vivante et les produits de sa transformation, ces liaisons s'établissent avec le carbone lui-même, avec l'hydrogène et, éventuellement, avec l'oxygène ou l'azote. La chimie du carbone peut donc produire des molécules organiques très variées. Ensuite, les liaisons entre atomes de carbone sont solides et flexibles, ce qui permet la formation de cycles ou de longues chaînes. Les molécules organiques peuvent donc être de grande taille, tout en restant suffisamment souples pour acquérir une structure en trois dimensions complexe. Pour toutes ces raisons, la plupart des chercheurs pensent que le carbone a été un élément essentiel à l'apparition de la vie.

5 **L'atome de carbone est-il particulier ?**

TP

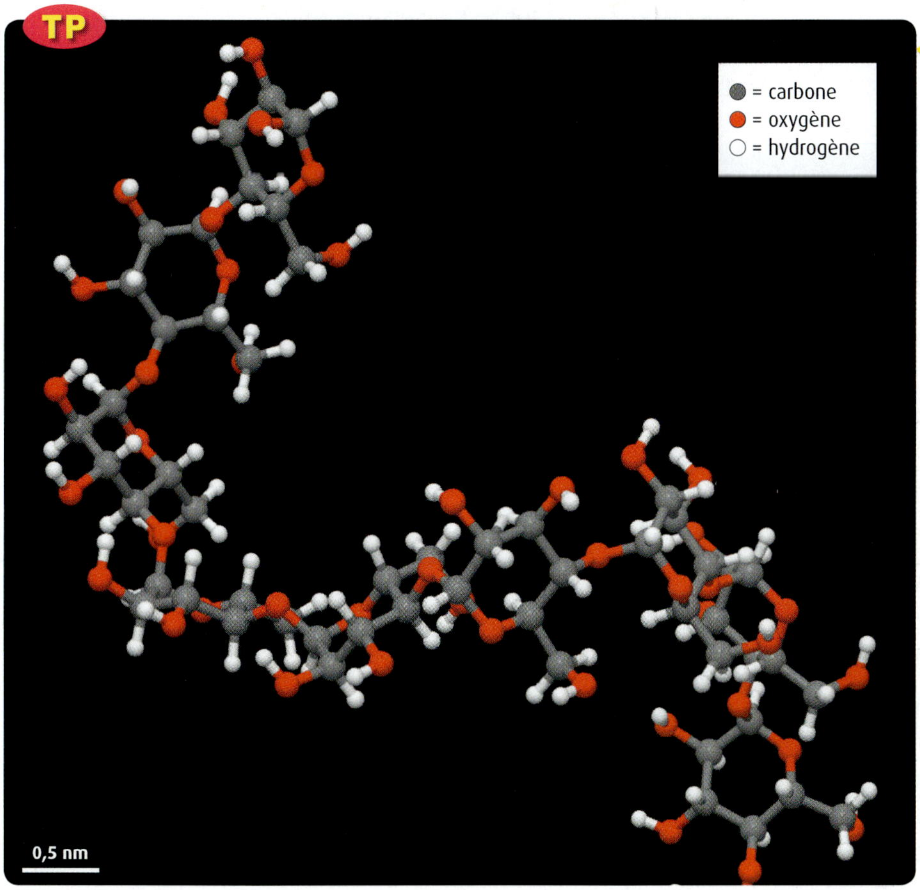

6 **La structure atomique d'une portion de la molécule d'amidon.** L'amidon est un glucide produit par les végétaux. Il est composée de plusieurs milliers d'atomes de carbone. Des molécules carbonées si complexes ne sont trouvées que chez les êtres vivants. Ce sont des macromolécules.

Modélisations Jmol

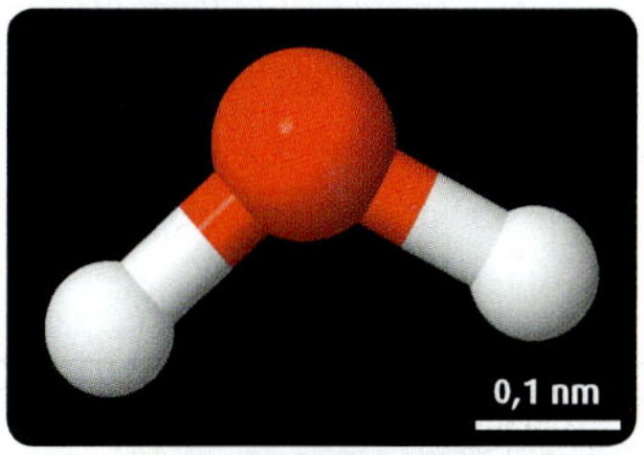

7 **La molécule d'eau.** L'eau est un solvant remarquable dans lequel beaucoup de molécules sont solubles. Elle est indispensable à la réalisation des nombreuses transformations chimiques liées au fonctionnement des cellules.

ACTIVITÉS

1. **DOC. 1 ET 2.** Indiquez la provenance des éléments chimiques de la Terre et des êtres vivants.
2. **DOC. 2.** Construisez les histogrammes de la composition de la Terre et des trois êtres vivants. Précisez les spécificités que ces derniers partagent.
3. **DOC. 3 ET 4.** Indiquez deux autres caractéristiques qui distinguent la matière d'un être vivant (bactérie) et la matière inerte du manteau terrestre.
4. **DOC. 5 ET 6.** Indiquez les spécificités de l'atome de carbone qui permettent la formation de molécules comme l'amidon.
5. **DOC. 3 ET 7.** Expliquez en quoi l'eau est indissociable de la vie.
6. **EN CONCLUSION.** Résumez les caractéristiques de la matière des êtres vivants et montrez qu'il existe une unité chimique du vivant.

Voir Dico des SVT p. 260

UNITÉ 2

Les molécules des êtres vivants

Tous les êtres vivants sont formés, pour l'essentiel, d'eau et de molécules organiques. Ces molécules riches en carbone sont variées et appartiennent à trois grandes catégories : les glucides, les lipides et les protides.

Quelles sont les caractéristiques des glucides, des lipides et des protides ?

Identifier des molécules du muscle

TP

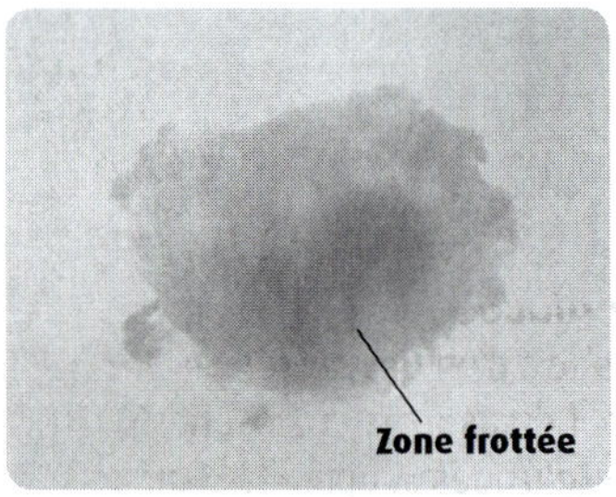

1 Résultat du test du papier pratiqué sur un fragment de muscle intercostal de bœuf. La persistance d'une auréole grasse sur le papier caractérise la présence de lipides dans l'échantillon.

JE MANIPULE

- *Frottez la partie blanche du fragment de muscle sur un papier filtre.*
- *Laissez sécher et observez en transparence.*

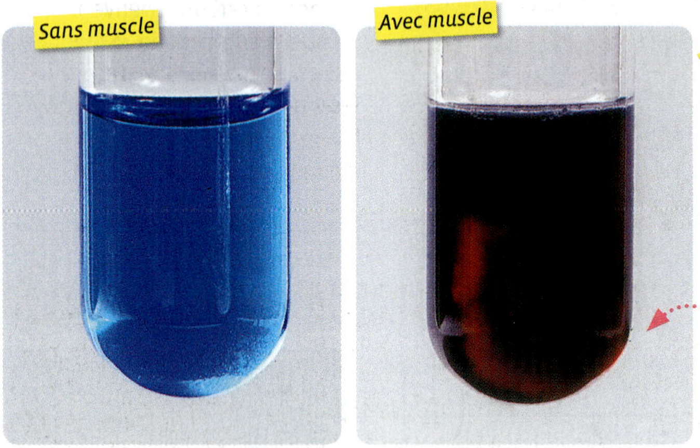

2 Résultat du test à la liqueur de Fehling pratiqué sur un fragment de muscle intercostal de bœuf. La formation d'un précipité rouge dans les conditions de l'expérience caractérise la présence de certains glucides dans l'échantillon.

JE MANIPULE

- *Dans deux tubes à essai, versez 2 mL de liqueur de Fehling.*
- *Ajoutez le fragment de muscle dans l'un des tubes.*
- *Placez les tubes au bain-marie à 90 °C pendant cinq minutes et observez la coloration.*

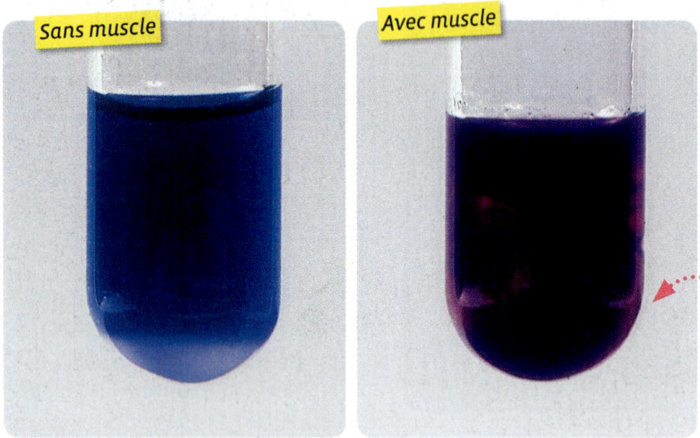

3 Résultat du test du biuret pratiqué sur un fragment de muscle intercostal de bœuf. L'apparition d'une coloration violette dans les conditions de l'expérience caractérise la présence de protides dans l'échantillon.

JE MANIPULE

- *Dans deux tubes à essai, placez 1 mL d'une solution de soude à 20 %. Ajoutez le fragment de muscle dans l'un des tubes.*
- *Ajoutez quelques gouttes d'une solution de sulfate de cuivre à 1 % dans les deux tubes.*
- *Observez la coloration.*

ACTIVITÉS

1 **DOC. 1 À 3.** En vous appuyant sur les tests présentés, précisez les types de molécules qui composent le muscle étudié.

2 **DOC. 4 À 6.** Précisez quels sont les éléments chimiques qui constituent les lipides, les glucides et les protides.

3 **EN CONCLUSION.** Résumez les caractéristiques des glucides, des lipides et des protides.

Voir Dico des SVT p. 260

La structure des lipides, des glucides et des protides TP

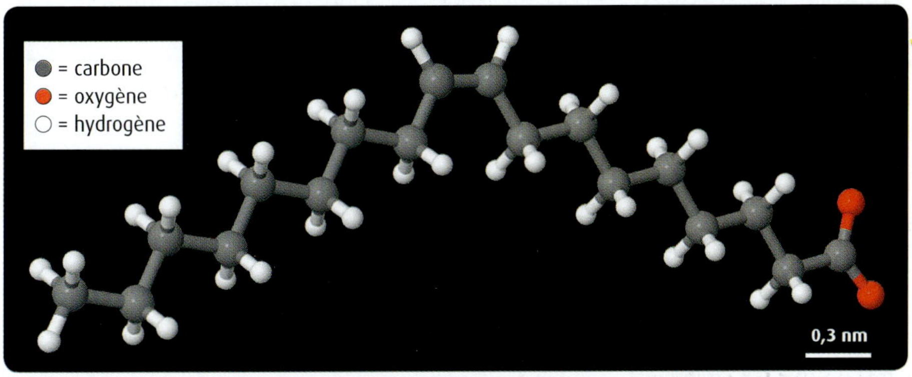

4 Un exemple de lipide : l'acide oléique.
Cette molécule est abondante dans les graisses et les huiles d'origine animale ou végétale. Les fonctions des lipides dans l'organisme sont variées : production d'énergie, constitution des membranes, communication hormonale, etc.

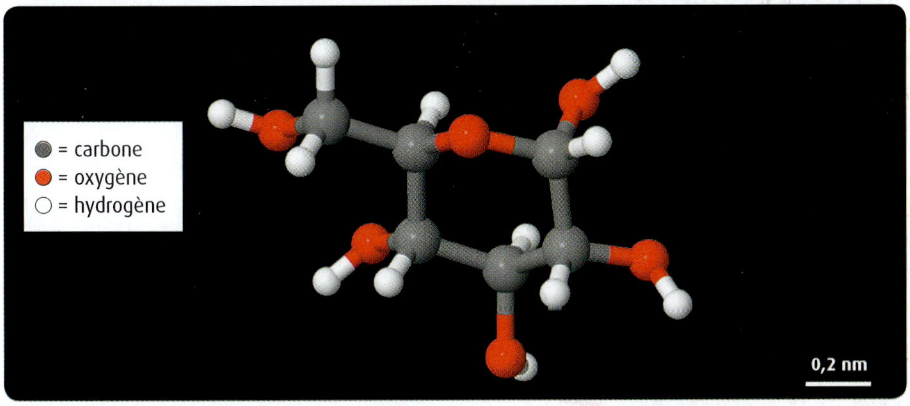

5 Un exemple de glucide : le glucose.
Il s'agit d'un des sucres les plus abondants dans la biosphère. Les glucides simples (à 5 ou 6 atomes de carbone) peuvent s'associer entre eux et former des polymères comme l'amidon (voir doc. 6 p. 29) ou le glycogène. Les glucides sont essentiels pour la production d'énergie et la structure des cellules.

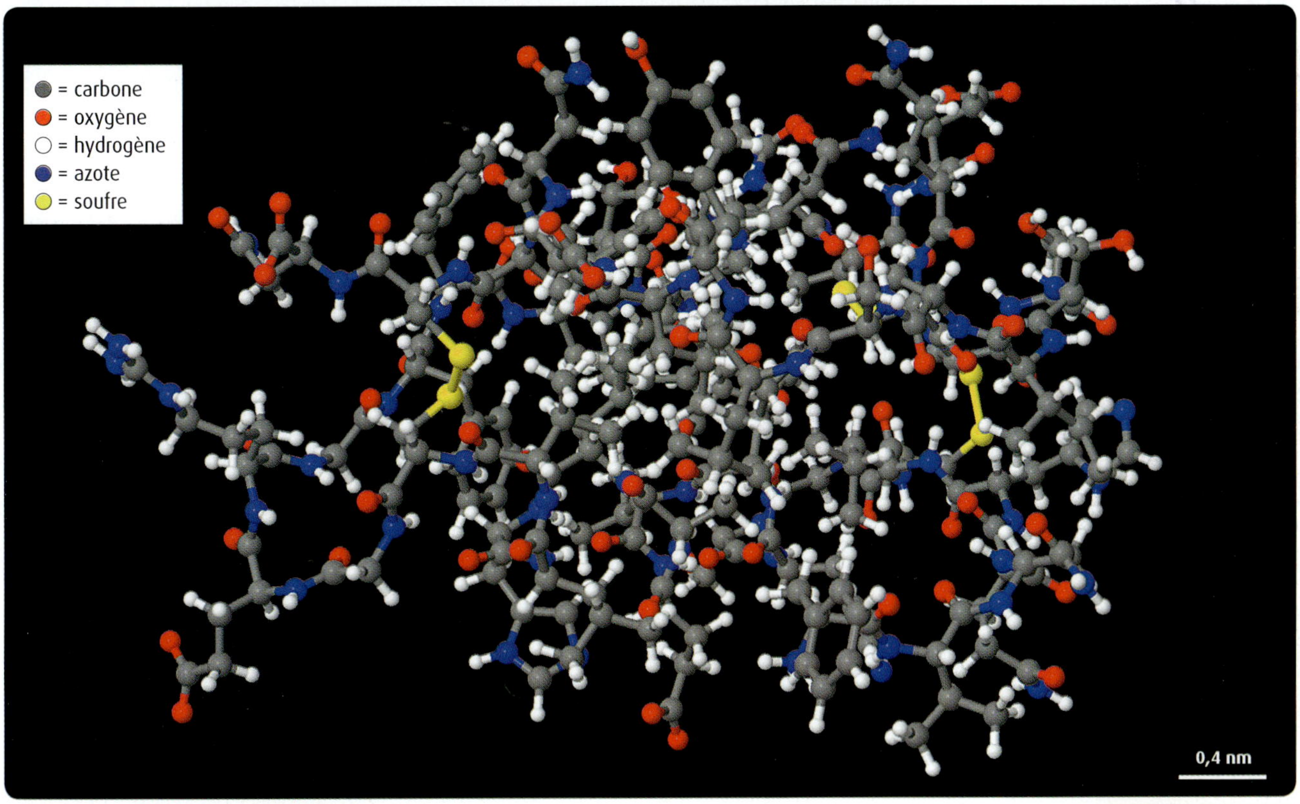

Modélisations Jmol

6 Un exemple de protide : l'insuline humaine.
L'insuline est une protéine, c'est-à-dire un protide de grande dimension. Cette hormone joue un rôle essentiel dans la régulation de la concentration du glucose dans le sang. Les protéines sont des macromolécules à forme complexe qui sont impliquées dans la réalisation de toutes les fonctions d'un être vivant.

Les molécules de la vie

Les connaissances

La composition chimique des êtres vivants

- Le monde inerte et le monde vivant sont constitués d'**éléments chimiques** disponibles sur le globe terrestre, mais dans des proportions très différentes. Ces éléments sont parmi les plus abondants du système solaire. **[Unité 1]**
- Alors que le globe terrestre est composé surtout de fer, d'oxygène, de silicium et de magnésium, tous les êtres vivants sont composés principalement de carbone, d'oxygène, d'hydrogène et d'azote. **[Unité 1]**
- Le carbone peut se lier à quatre autres atomes. Dans les **molécules organiques**, qui sont très abondantes dans la matière vivante, ces liaisons s'établissent avec le carbone lui-même, l'hydrogène, l'oxygène et l'azote. Certaines molécules organiques sont constituées de longues chaînes d'atomes de carbone liés les uns aux autres. Elles forment alors des édifices de grande taille dont la structure dans l'espace est complexe : ce sont des macromolécules. **[Unités 1 et 2]**
- La matière des êtres vivants est riche en eau et composée de nombreuses molécules différentes : les cellules des êtres vivants comprennent 70 % d'eau en moyenne (en masse) et plusieurs milliers de molécules différentes. **[Unité 1]**
- On observe donc une unité chimique des êtres vivants : ils sont tous constitués de molécules carbonées et d'une grande proportion d'eau. Cette unité chimique est un indice de la parenté des êtres vivants. **[Unité 1]**

Les molécules des êtres vivants

- Les molécules des êtres vivants se répartissent en trois catégories : glucides, lipides et protides. Les glucides et les lipides sont constitués de carbone, d'hydrogène et d'oxygène ; les protides contiennent en plus de l'azote et du soufre. **[Unité 2]**
- Glucides, lipides et protides jouent des rôles essentiels dans l'organisme **[Unité 2]** :

– les **glucides** représentent la principale source d'énergie chimique pour la cellule et peuvent former des polymères permettant le stockage d'énergie ;
– les **lipides** ont des rôles variés ; ils constituent des réserves énergétiques importantes, sont les composants principaux des membranes cellulaires et sont impliqués dans la communication hormonale ;
– les **protides** correspondent essentiellement aux protéines. Ces macromolécules sont impliquées dans la réalisation de toutes les fonctions d'une cellule.

Les capacités et attitudes

- ▸ Recenser, extraire et organiser des informations pour comparer la matière vivante et la matière inerte **[Unité 1]**
- ▸ Mettre en œuvre une analyse chimique pour caractériser les principales catégories de molécules du vivant **[Unité 2]**
- ▸ Utiliser un logiciel de visualisation moléculaire pour repérer les caractéristiques des molécules du vivant **[Unité 2]**
- ▸ **Définir :** **élément chimique** · **glucide** · **lipide** · **molécule organique** · **protide**

Voir Dico des SVT p. 260

L'essentiel par l'image

La composition chimique des êtres vivants

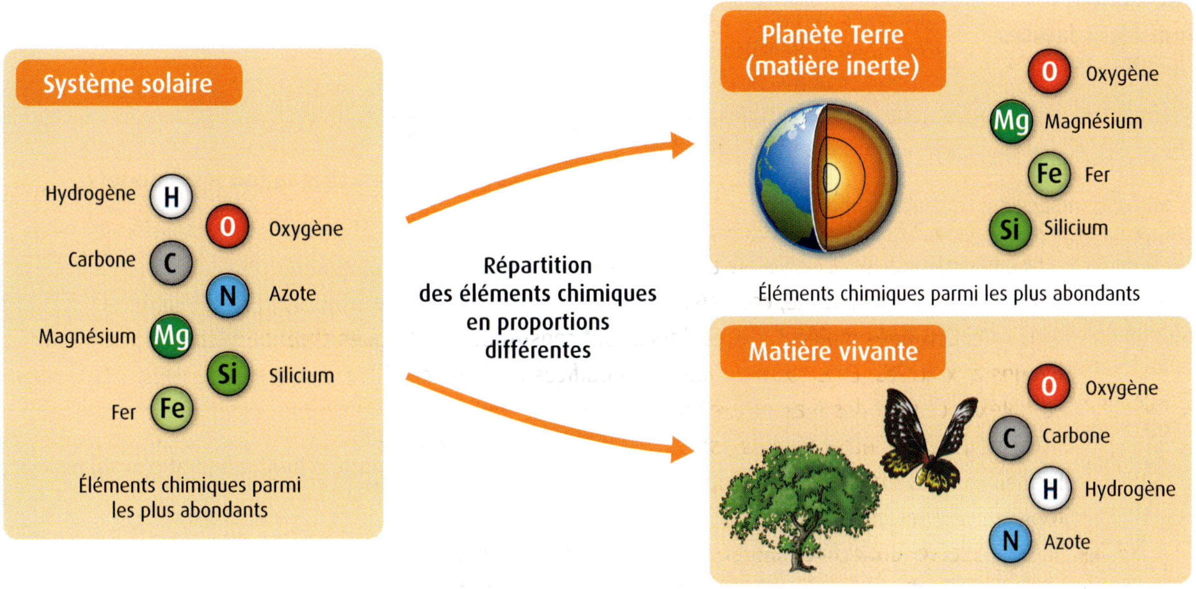

Les molécules des êtres vivants

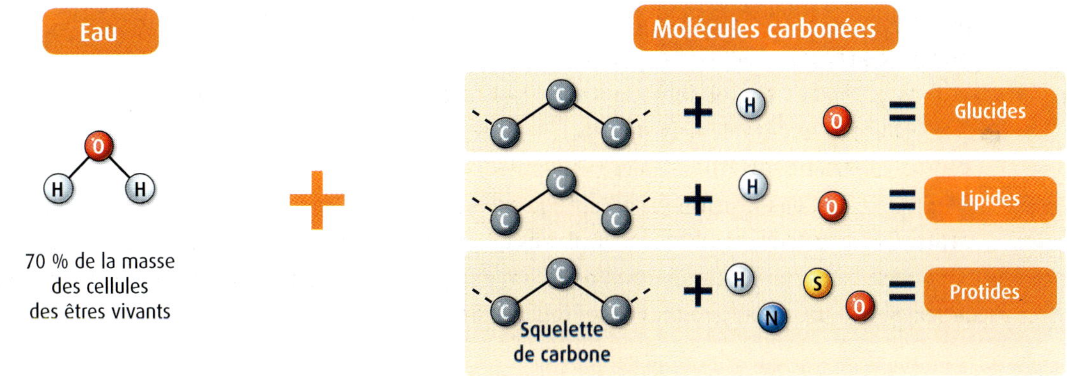

➡ Unité chimique du vivant = indice de parenté des êtres vivants

L'essentiel par le texte

> Les êtres vivants sont constitués d'éléments chimiques disponibles sur le globe terrestre, mais en proportions différentes par rapport au monde minéral (matière inerte). La matière des êtres vivants est une matière carbonée et riche en eau.

> Les molécules du vivant peuvent se classer en trois catégories. Lipides (matières grasses) et glucides (sucres) sont constitués de carbone, d'hydrogène et d'oxygène. Les protides (dont les protéines) contiennent en plus de l'azote et du soufre.

> L'unité chimique des êtres vivants est un indice de leur parenté.

EXERCICES

évaluer ses connaissances

1 **Vrai ou faux ?**
Identifiez les affirmations fausses et rectifiez-les.

a. Les êtres vivants sont essentiellement composés de fer, d'oxygène et de silicium.

b. La chimie des êtres vivants est fondée sur le carbone car c'est l'élément présent en plus grande quantité sur Terre.

c. Les molécules organiques se répartissent en trois catégories : lipides, glucides, protides.

2 **Qui suis-je ?**

a. Je suis une molécule à squelette carboné présente dans les êtres vivants ou les produits de leur transformation.
b. Je suis une molécule organique comportant plusieurs centaines à plusieurs milliers d'atomes.
c. Je suis une molécule organique et je suis l'un des principaux constituants de la membrane des cellules.

3 **QCM**

Pour chaque proposition, identifiez la (ou les) bonne(s) réponse(s).

1. Le carbone :
   a. peut former jusqu'à cinq liaisons.
   b. n'est présent que dans les molécules organiques.
   c. permet la construction de macromolécules.
2. Les lipides :
   a. sont des molécules organiques.
   b. peuvent contenir du soufre.
   c. sont constitués de carbone, d'hydrogène et d'oxygène.

s'entraîner avec un exercice guidé

4 L'action de la salive sur l'amidon

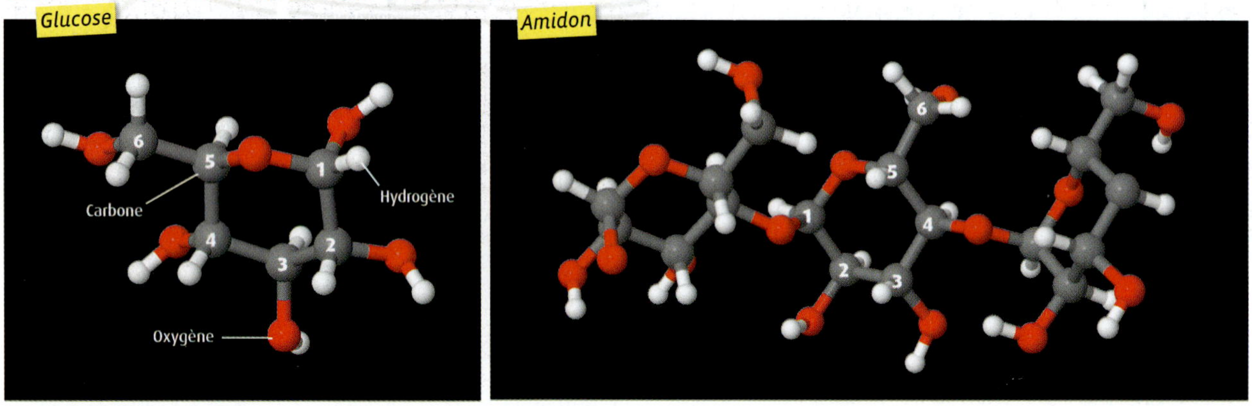

1. Structure de la molécule de glucose et d'une petite portion de la molécule d'amidon.

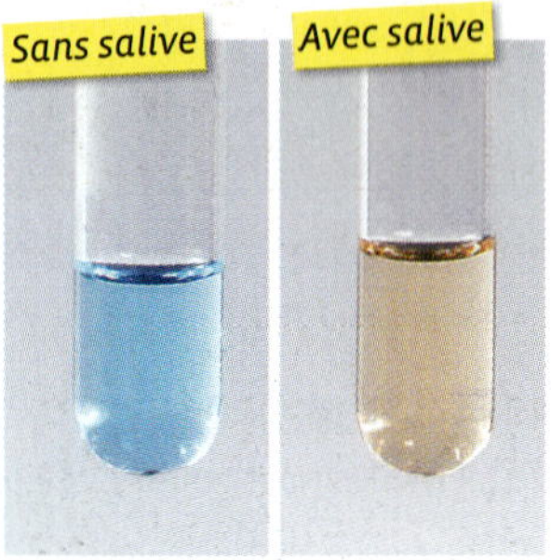

2. Résultat des tests à la liqueur de Fehling.

L'amidon est une molécule comportant plusieurs milliers d'atomes de carbone. Elle est une composante importante de notre alimentation. Pour comprendre l'action de la salive sur l'amidon, on place une solution d'amidon dans deux tubes. On ajoute de la salive dans le second tube. Après dix minutes, on réalise un test à la liqueur de Fehling. L'apparition d'une coloration brun-rouge caractérise certains glucides comme le glucose, mais pas l'amidon.

QUESTIONS ❶ Justifiez l'appellation de macromolécule pour l'amidon.
❷ Proposez un mécanisme d'action de la salive sur la molécule d'amidon.

Un peu d'aide

• **Saisir des informations**
– En vous aidant des numéros donnés aux atomes de carbone, comparez la position des atomes de carbone dans chaque molécule.
– Trouvez alors comment est constituée la molécule d'amidon.

• **Mettre en relation des informations**
Identifiez la molécule que caractérise la coloration rouge au test de la liqueur de Fehling.

• **Conclure**
Mettez en relation la structure de l'amidon et les résultats de l'expérience. Déduisez-en la transformation subie par l'amidon.

Appliquer ses connaissances

5 Aux origines de la vie

Raisonner à partir d'un texte

«Pour expliquer l'apparition de la vie et comprendre les mécanismes de cette genèse, plusieurs équipes de chercheurs ont tenté de reproduire la vie au laboratoire en partant de petites molécules [à 2 ou 3 atomes] constituées de seulement quatre types d'atomes différents.»

D'après A. Meinesz,
Comment la vie a commencé, Belin-Pour la Science, 2008.

● En justifiant votre réponse, identifiez les quatre atomes dont parle l'auteur.

6 La matière vivante

Réaliser un calcul et raisonner

Les copépodes sont les crustacés les plus abondants de la planète. Longs d'un ou deux millimètres, ils vivent dans tous les milieux aquatiques, depuis les océans jusqu'aux étangs. Des individus appartenant à cinq espèces de copépodes différentes ont été pesés avant (masse fraîche) et après passage à l'étuve (24 h, 50 °C).

● À partir de l'analyse des résultats, retrouvez l'une des propriétés caractéristiques de la matière vivante. Vous justifierez votre réponse par des données chiffrées précises.

	Masse fraîche (µg)	Masse étuvée (µg)
Espèce 1	1 460	310
Espèce 2	1 840	317
Espèce 3	166	20
Espèce 4	845	123
Espèce 5	660	110

1. Les résultats de l'expérience.

7 Des molécules contre la douleur

Recenser, extraire et organiser des informations

Les enképhalines (doc. 1) sont des molécules fabriquées par l'organisme. Elles se fixent sur la membrane plasmique de neurones qui transmettent les messages de la douleur vers le cerveau. La fixation a lieu sur des protéines-récepteurs qui reconnaissent spécifiquement la structure des enképhalines.
Elle a pour effet de diminuer l'activité des neurones.
La morphine (doc. 1) est une molécule synthétisée par le pavot et utilisée en médecine contre la douleur. Afin d'étudier son mode d'action, on soumet des rats à une source de chaleur qui produit chez eux une faible douleur. L'activité de neurones impliqués dans la transmission du message douloureux est enregistrée.
L'expérience est renouvelée sur les mêmes rats, mais après injection de morphine (doc. 2).

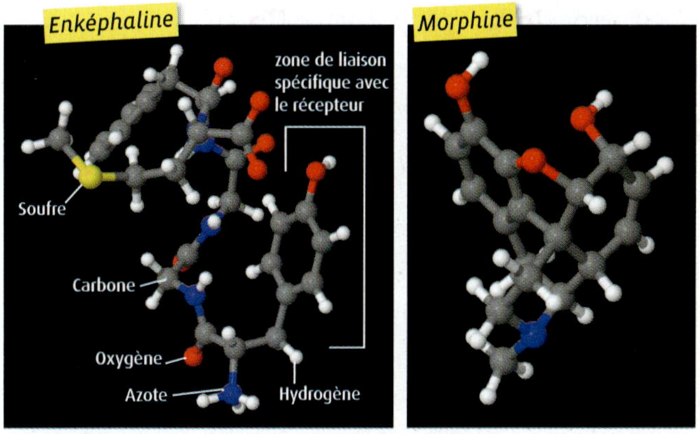

1. Structure d'une enképhaline et de la morphine.

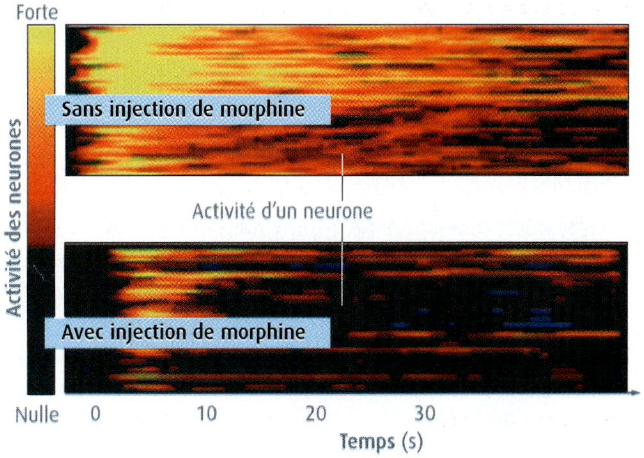

2. Activité de neurones transmettant la douleur chez le rat.
Chaque ligne horizontale correspond à l'activité d'un neurone au cours du temps.

❶ À l'aide de vos connaissances, précisez le type de molécule organique auquel appartient l'enképhaline.
❷ D'après le doc. 2, décrivez l'action de la morphine sur l'activité des neurones. Expliquez alors l'usage médical de la morphine.
❸ En fondant votre raisonnement sur la comparaison des structures de l'enképhaline et de la morphine, proposez une hypothèse pour expliquer le résultat précédent.

ATELIERS D'EXPLORATION

SCIENCES ACTUALITÉ — La vie ailleurs que sur Terre ?

Aujourd'hui, la Terre semble bien être le seul corps céleste de notre système solaire à héberger la vie. Mais en a-t-il toujours été ainsi ? Et qu'en est-il hors de notre système solaire ?

ACTIVITÉS

Après avoir mené une recherche au CDI ou sur Internet, répondez aux questions suivantes :

1. Quels sont les éléments indispensables à la vie ?
2. Qu'est-ce que l'exobiologie ?
3. Où chercher la vie dans notre système solaire ? Et en dehors de ce dernier ?

POUR VOUS GUIDER B2i

- www.cnes.fr (rendez-vous sur « l'arbre à palabres »)
- www.exobiologie.fr
- www.science.gouv.fr

Europe, satellite de Jupiter. Ce satellite intéresse particulièrement les scientifiques car un océan pourrait se trouver sous la glace qui recouvre sa surface.

MÉTIER — Devenir biologiste

La recherche scientifique consiste à produire et développer des connaissances fondamentales ou appliquées. Elle est menée au niveau national et international, aussi bien dans des laboratoires publics que privés. De la recherche sur la biodiversité à la biologie cellulaire, le métier de biologiste peut prendre des formes très différentes (voir aussi p. 102).

ACTIVITÉS

1. Recherchez le rôle des différents acteurs qui composent une équipe de recherche en biologie et préparez pour chacun une « fiche métier » décrivant le métier, le niveau d'études et les qualités requises.
2. Quels sont les principaux organismes publics de recherche en biologie en France et quels sont leurs domaines de compétence ?

POUR VOUS GUIDER B2i

- www.onisep.fr onisep
- www.libtheque.fr/svtlycee
- www.cnrs.fr/fr/travailler/chercheur_metiers.htm

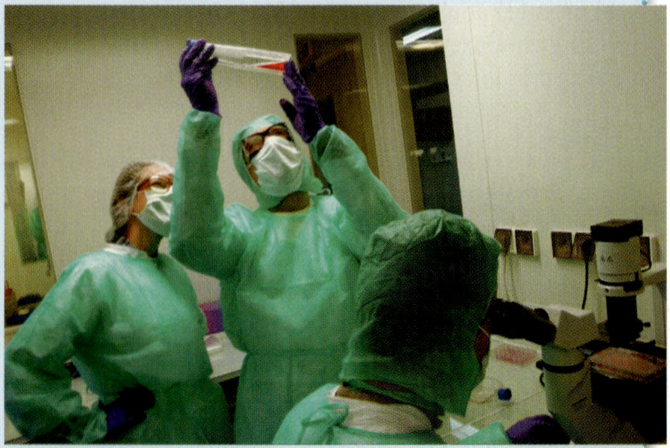

La recherche est un travail d'équipe qui demande une collaboration étroite entre chercheurs, ingénieurs et techniciens.

EXERCICE DE MÉTHODE

Thème 1 : La Terre, une planète habitée

utiliser son sens critique pour analyser une image

1 **Le géologue-astronaute Harrison H. Schmitt au cours d'une sortie, lors de la mission lunaire Apollo 17 (décembre 1972).**

Des conseils pour répondre

1 Décrivez le plus précisément possible les différents éléments du paysage, en les comparant à des objets terrestres connus (roches, sables) et en détaillant les plans successifs de l'image : nature du sol, aspect de la roche au second plan.

2 En l'absence d'échelle fournie, repérez un élément dont vous pouvez estimer la taille. Attention à ne comparer que des éléments figurant dans des plans très proches l'un de l'autre.

3 Analysez attentivement l'image en mobilisant vos connaissances et votre sens critique (pensez par exemple que l'Homme n'est pas le seul être vivant sur Terre). Ne tirez de conclusions que sur la base de ce que l'image montre avec certitude, et interrogez-vous sur ce qu'elle ne montre pas.

QUESTIONS

1 Quelles informations sur la géologie de la Lune fournit cette image ?

2 Évaluez la taille du rocher derrière l'astronaute.

3 Que peut-on conclure de cette image quant à l'existence de formes de vie sur la Lune ?

SOMMAIRE

B. La nature du vivant

CHAPITRE 3

La cellule
et l'unité du vivant

Tous les êtres vivants sont faits de cellules, qu'il s'agisse d'un chêne ou d'un mille-pattes, qui en comportent plusieurs milliards, ou d'une bactérie, qui correspond à une unique cellule. La cellule permet la réalisation des différentes fonctions nécessaires à la vie (se nourrir, se reproduire, etc.).

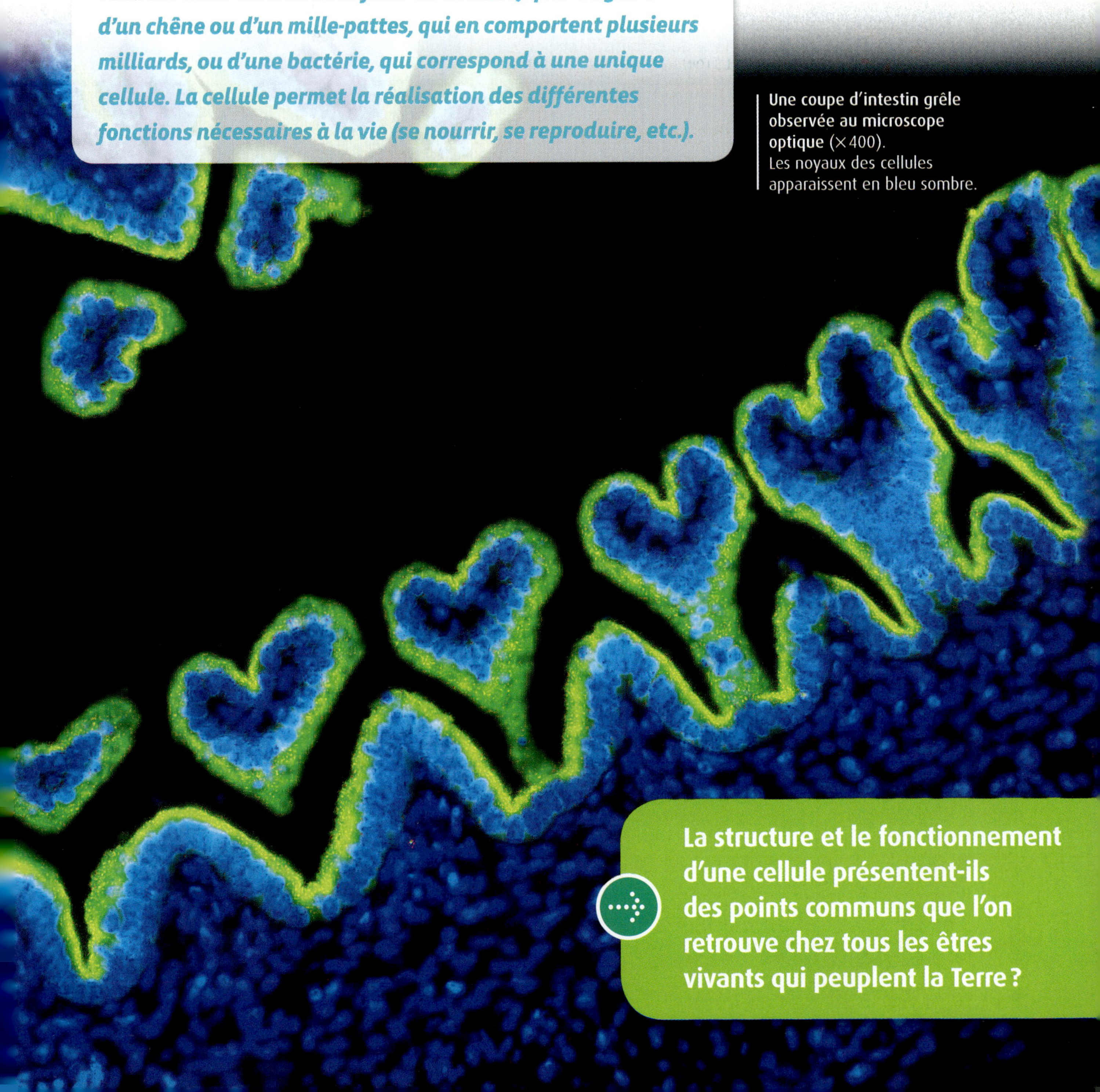

Une coupe d'intestin grêle observée au microscope optique (×400).
Les noyaux des cellules apparaissent en bleu sombre.

La structure et le fonctionnement d'une cellule présentent-ils des points communs que l'on retrouve chez tous les êtres vivants qui peuplent la Terre ?

UNITÉ 1

Le métabolisme cellulaire et son contrôle

Au cours de sa vie, une cellule réalise de nombreuses activités : elle peut se diviser, se déplacer, sécréter des molécules, etc. Ces activités impliquent la réalisation permanente d'un grand nombre de transformations chimiques. Ces transformations constituent le métabolisme cellulaire.

Comment caractériser le métabolisme cellulaire et de quelle manière est-il contrôlé ?

Un exemple de métabolisme cellulaire

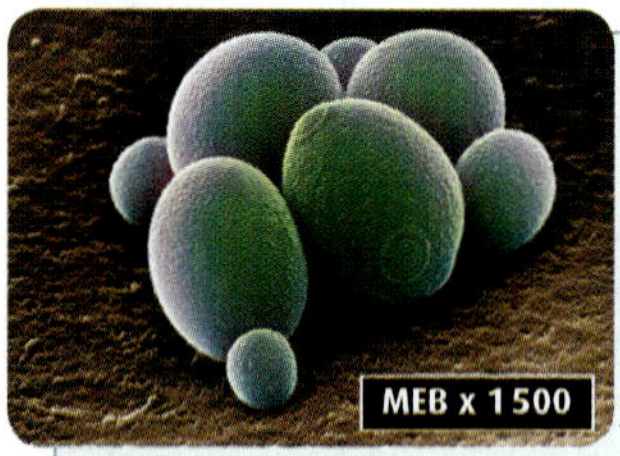

La levure est un champignon unicellulaire microscopique vivant à la surface de certains fruits. En l'absence de dioxygène, elle réalise la fermentation alcoolique. Elle décompose le saccharose (un glucide), prélevé dans les fruits, en fructose et glucose, puis elle transforme ces glucides en éthanol (alcool) et en dioxyde de carbone, qui sont rejetés dans l'environnement :

$C_{12}H_{22}O_{11} + H_2O \rightarrow C_6H_{12}O_6 + C_6H_{12}O_6$
saccharose — eau — glucose — fructose

Puis : $C_6H_{12}O_6 \rightarrow 2\ C_2H_5OH + 2\ CO_2$ + énergie
glucose/fructose — éthanol — dioxyde de carbone

La fermentation s'accompagne de la production d'une forme d'énergie que la cellule peut utiliser pour assurer son fonctionnement. Elle est mise à profit par l'Homme pour produire des boissons alcoolisées ou des agrocarburants.

1 Une réaction du métabolisme : la fermentation alcoolique.

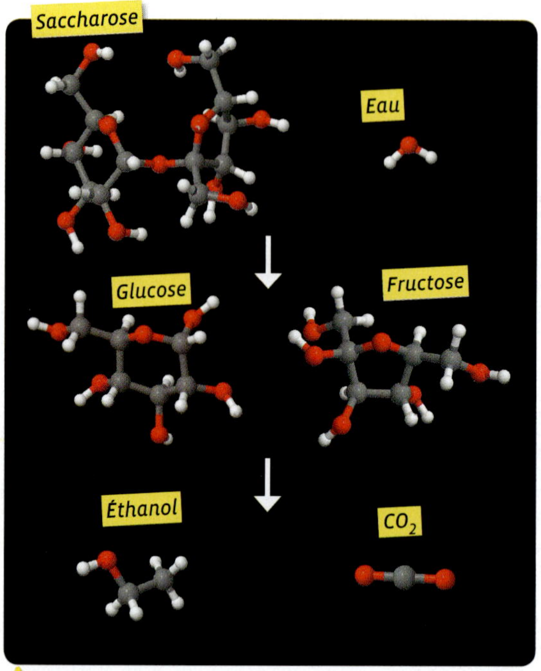

2 Les molécules en jeu dans la fermentation alcoolique (modélisations Jmol).

TP

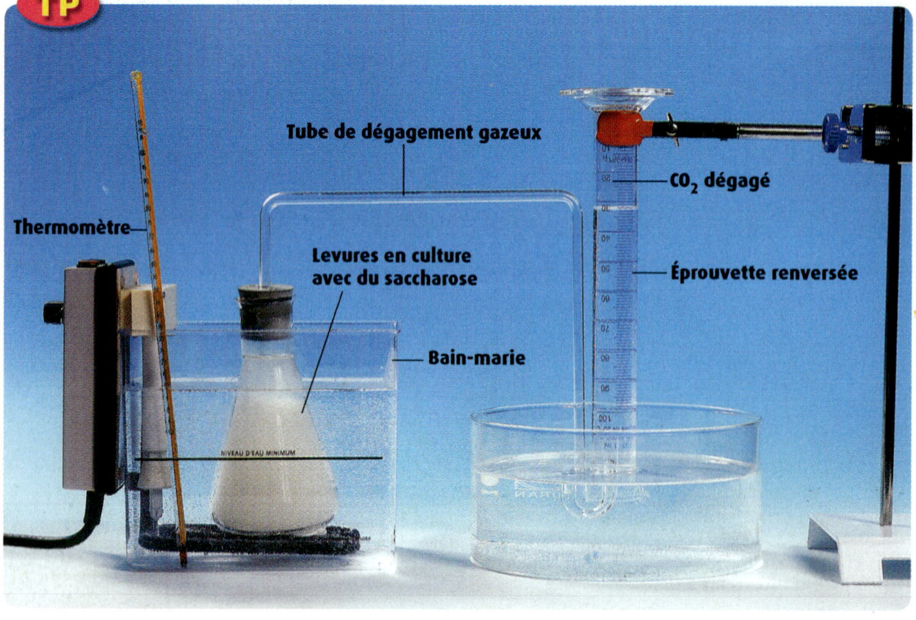

3 Le montage expérimental pour l'étude de la fermentation alcoolique.
Le volume de CO_2 dégagé est proportionnel au nombre de molécules de fructose ou de glucose transformées (voir doc.1). Il est mesuré au cours du temps à l'aide d'une éprouvette graduée remplie d'eau.

Le contrôle du métabolisme TP

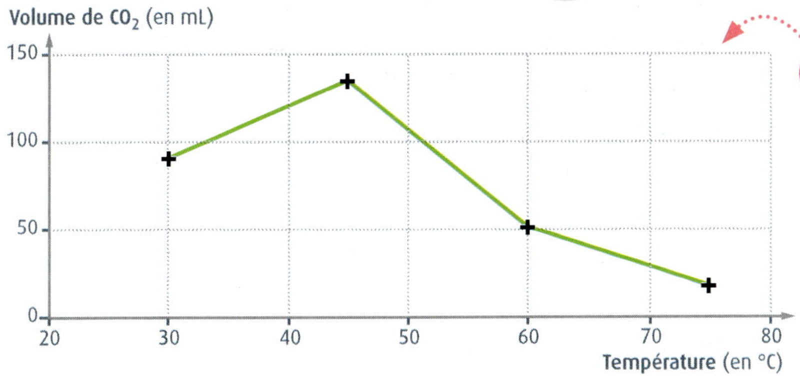

4 Volume de CO_2 dégagé en fonction de la température lors de la fermentation alcoolique chez la levure.

Les levures sont cultivées en présence de saccharose selon le montage présenté dans le doc. 3. On mesure le volume de CO_2 dégagé après 30 minutes.

JE MANIPULE

- *Préparez 4 flacons contenant chacun 140 mL d'eau et 7 g de levures.*
- *Ajoutez 5 g de saccharose par flacon et agitez jusqu'à dissolution.*
- *Réalisez le montage présenté dans le doc. 3.*
- *Mettez chaque flacon dans un bain-marie à une température différente : 30, 45, 60 ou 75 °C.*
- *Au bout de 30 minutes, mesurez le volume de CO_2 produit.*

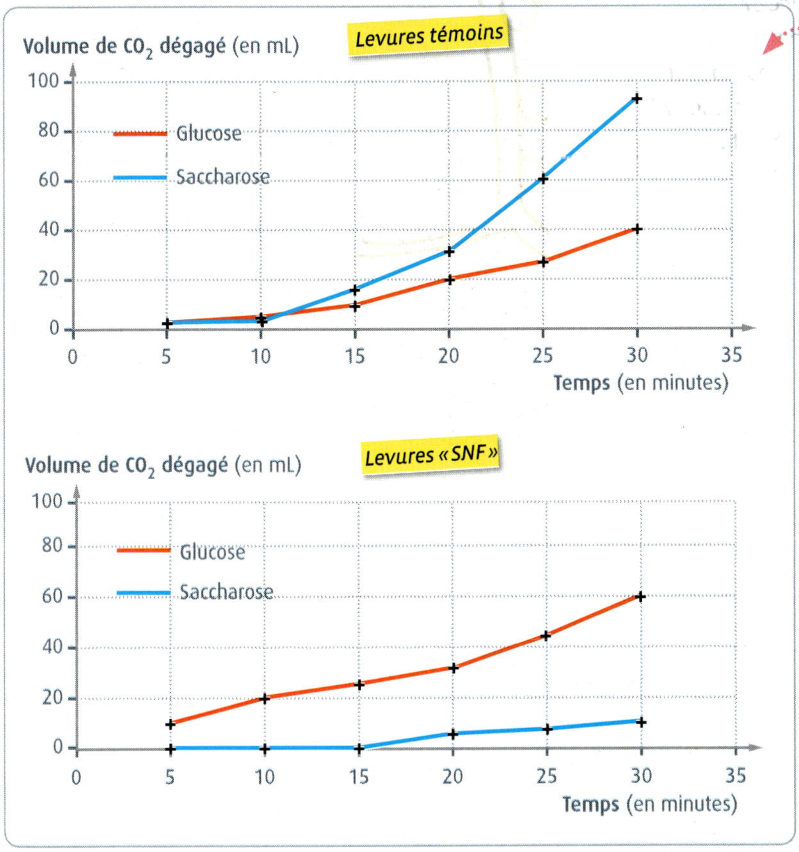

JE MANIPULE

- *Réalisez deux cultures des levures témoins à 30 °C selon le protocole indiqué doc. 4 : l'une en présence de glucose, l'autre en présence de saccharose.*
- *Réalisez, de même, deux cultures des levures mutantes « SNF » à 30 °C : l'une en présence de glucose, l'autre en présence de saccharose.*
- *Après 5, 10, 15, 20, 25 et 30 minutes, mesurez le volume de CO_2 produit.*

5 L'évolution du volume de CO_2 dégagé en fonction du temps lors de la fermentation alcoolique chez des levures témoins et des levures mutantes « SNF ».

Les levures sont cultivées soit en présence de glucose, soit en présence de saccharose. Les mutants « SNF » ont subi une altération d'un gène indispensable à la transformation du saccharose en glucose (mutation).

ACTIVITÉS

1. **DOC. 1 ET 2.** À travers l'exemple de la fermentation, montrez que le métabolisme d'une cellule s'accompagne d'échanges entre cette dernière et son environnement.
2. **DOC. 3 ET 4.** Précisez les effets de la température sur la fermentation.
3. **DOC. 5.** Indiquez l'effet de la mutation « SNF » sur la fermentation.
4. **DOC. 4 ET 5.** Montrez que le métabolisme cellulaire est contrôlé par les conditions du milieu et l'information génétique.
5. **EN CONCLUSION.** Réalisez un schéma fonctionnel présentant la fermentation du saccharose par la cellule de levure et précisant son contrôle.

Voir Dico des SVT p. 260

UNITÉ 2

L'observation de la cellule à différentes échelles

Les transformations chimiques réalisées dans une cellule constituent son métabolisme. Ces transformations impliquent des échanges permanents de matière et d'énergie entre la cellule et son environnement.

⇢ En quoi la structure d'une cellule facilite-t-elle la réalisation de son métabolisme ?

De l'organisme à la cellule

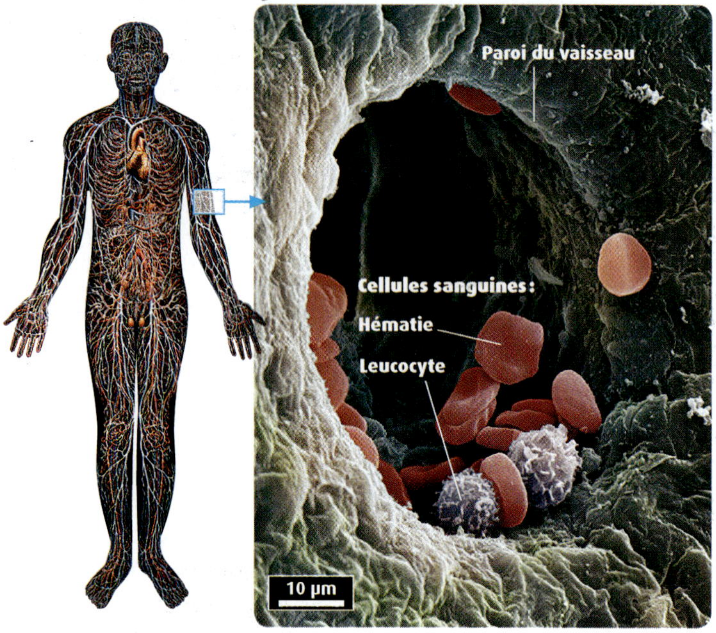

1 L'appareil circulatoire humain et un vaisseau sanguin humain en coupe (vu au microscope électronique à balayage, MEB).

TP

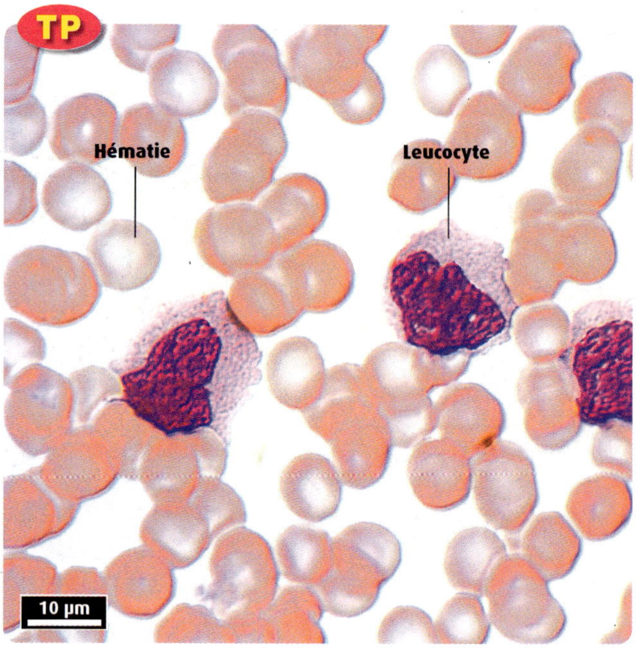

2 Frottis sanguin humain (vu au microscope optique, MO).

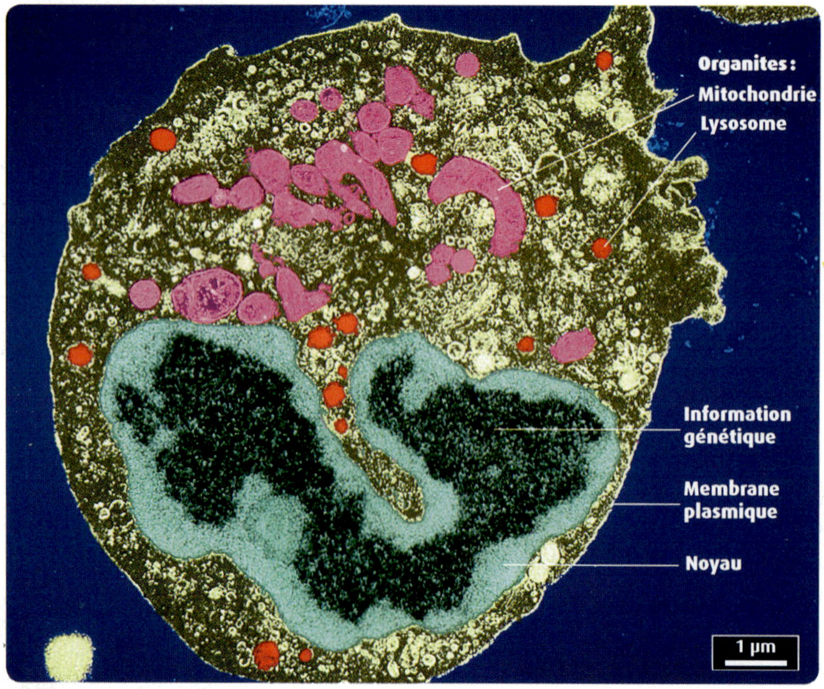

3 Un phagocyte humain (vu au microscope électronique à transmission, MET).

Cette cellule immunitaire issue des leucocytes sanguins ingère et digère les micro-organismes pathogènes par phagocytose (voir doc. 4).
On y distingue des compartiments délimités par une ou plusieurs membranes.
Ce sont les organites : noyau (qui contient l'information génétique), mitochondries (dans lesquelles se déroulent les réactions du métabolisme qui produisent de l'énergie utilisable par la cellule) et lysosomes (qui contiennent des enzymes).

De la cellule à la molécule

Observation au MEB

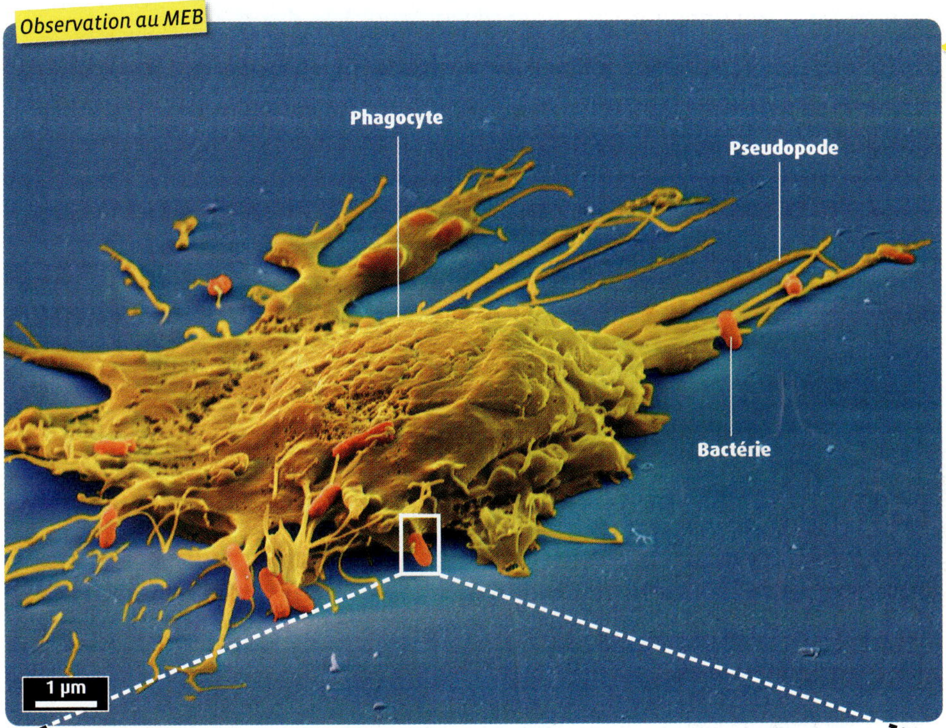

4 La phagocytose observée au microscope électronique.
Les pseudopodes sont des déformations de la membrane plasmique grâce auxquelles la bactérie est englobée dans le cytoplasme du phagocyte, où elle forme une vésicule. La vésicule fusionne avec des lysosomes (voir doc. 3). La bactérie est alors détruite par les enzymes du lysosome et le phagocyte récupère les molécules utiles à son métabolisme (d'où il tirera de l'énergie). Les débris sont rejetés à l'extérieur de la cellule.

Observation au MET

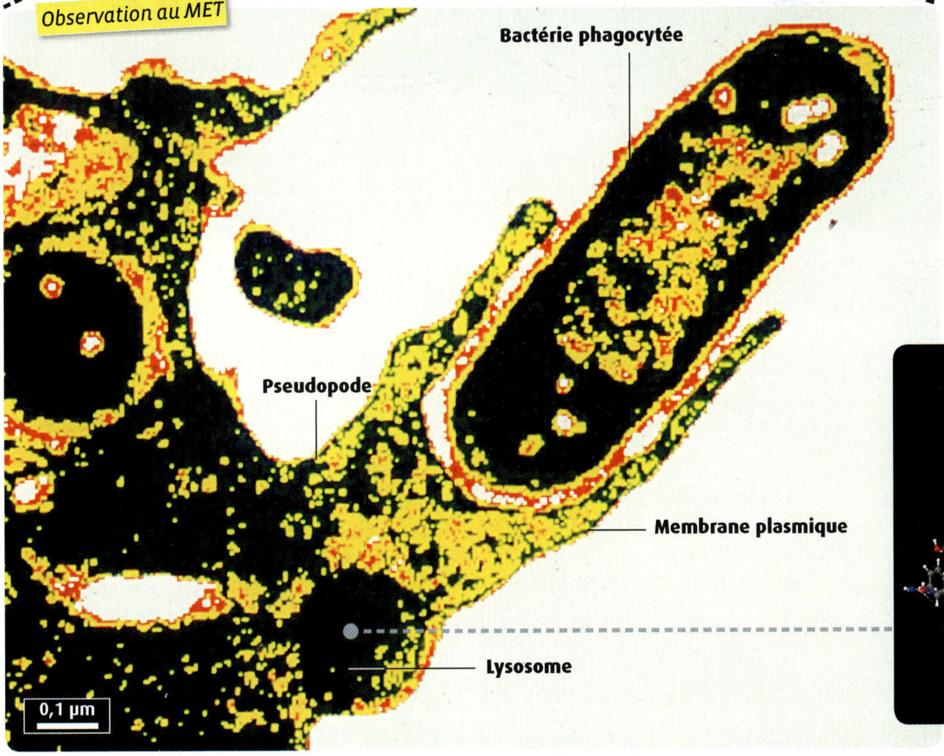

Structure moléculaire d'une enzyme (protéine) contenue dans un lysosome de phagocyte.

5

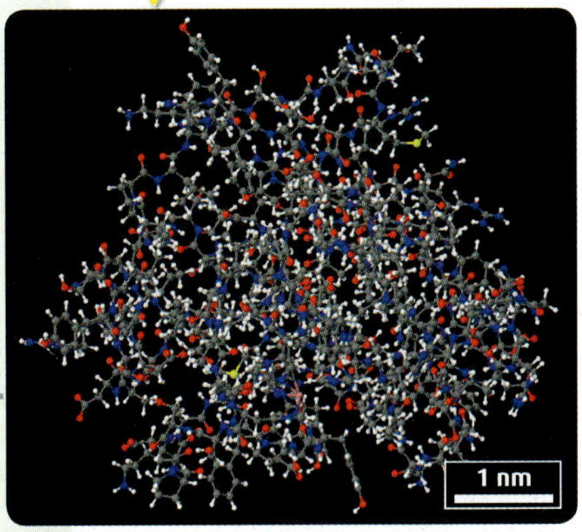

ACTIVITÉS

1 **DOC. 2 ET 3.** Réalisez un schéma d'un leucocyte. Indiquez les structures cellulaires que seule la microscopie électronique permet d'observer.

2 **DOC. 1 À 5.** Placez sur une échelle de taille : un humain, un vaisseau sanguin, un phagocyte, une bactérie, une mitochondrie, une protéine et un atome (voir aussi doc. 6 et 7 p. 29).

3 **DOC. 4.** Décrivez les échanges entre un phagocyte et son environnement lors de la phagocytose. Expliquez le rôle de la membrane plasmique dans leur réalisation.

4 **EN CONCLUSION.** Expliquez en quoi la structure cellulaire facilite le déroulement des échanges liés au métabolisme.

Voir Dico des SVT p. 260

UNITÉ 3

Diversité des cellules et parenté des êtres vivants

Tous les organismes sont constitués de cellules.
Mais d'une bactérie à un chêne en passant par un Homme ou une truite, les êtres vivants sont très divers.

La structure et le fonctionnement des cellules reflètent-ils une parenté entre les êtres vivants ?

Observer des cellules végétales

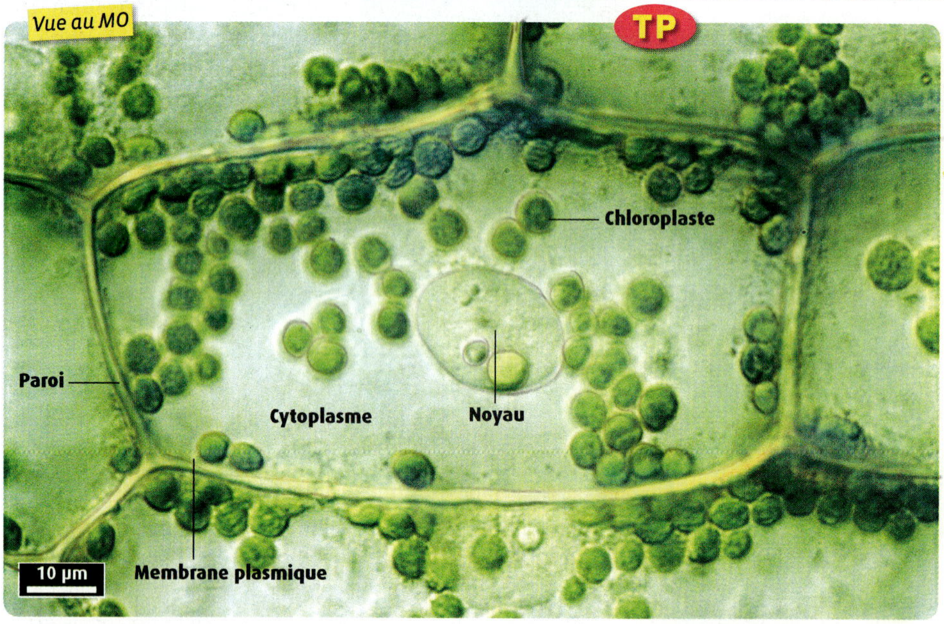

1 Des cellules de feuille d'élodée du Canada.
Chaque cellule de ce végétal vert aquatique est entourée d'une paroi contre laquelle s'applique la membrane plasmique. Les organites les plus visibles sont les chloroplastes, qui contiennent un pigment vert : la chlorophylle. Des réactions du métabolisme produisant de l'énergie se déroulent dans les chloroplastes. Les mitochondries ne sont pas visibles à ce grossissement.

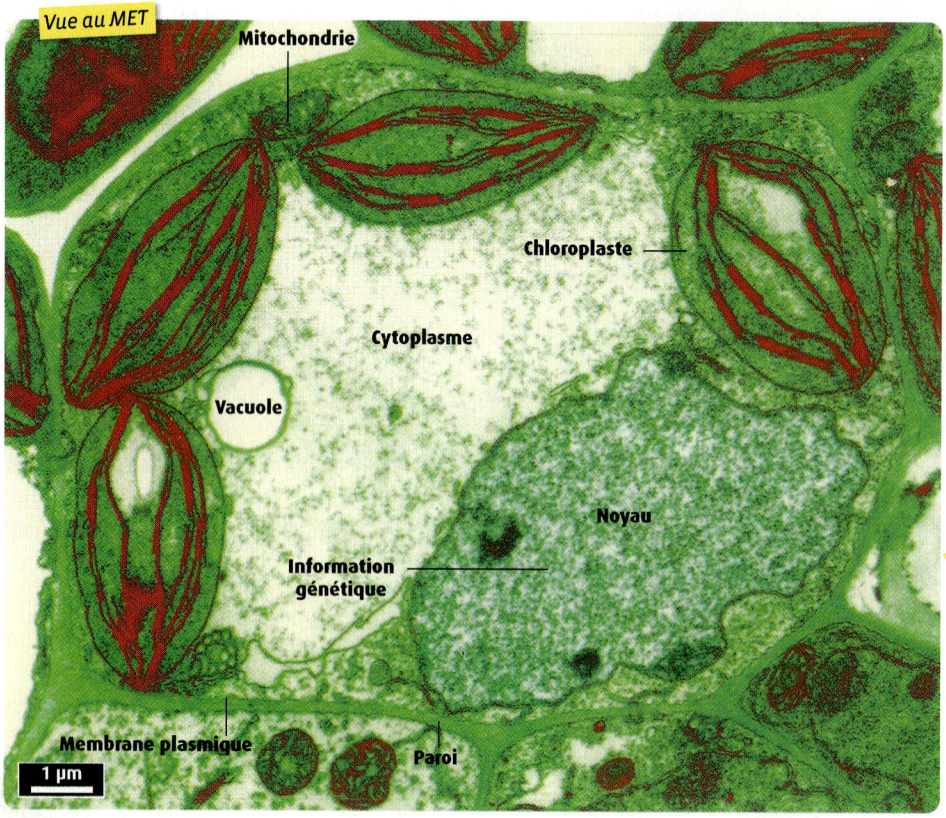

2 Une cellule de feuille de chêne vert (végétal vert).
La vacuole est un organite dans lequel la cellule végétale stocke certains déchets.
Une cellule qui possède des organites est qualifiée d'eucaryote.

Observer des bactéries

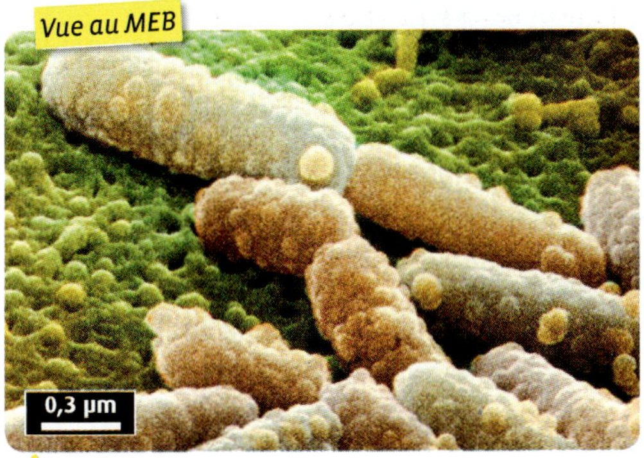

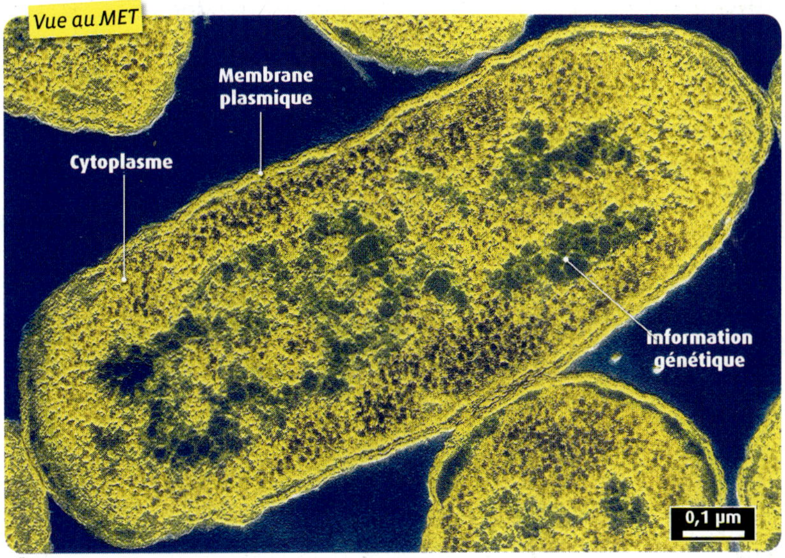

3 Un colibacille observé au microscope électronique.
Une bactérie est constituée d'une seule cellule ne possédant ni noyau ni autres organites. Cette organisation est caractéristique des cellules procaryotes.

Déterminer des relations de parenté

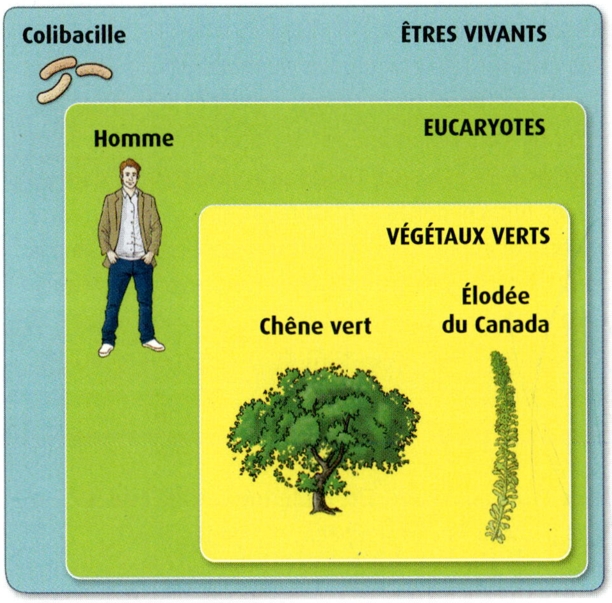

4 Les relations de parenté entre le colibacille, l'Homme, le chêne vert et l'élodée du Canada.

Interview de **Guillaume Lecointre**, chercheur en systématique et en évolution

Sur le plan structural, tous les êtres vivants sont composés de cellules, c'est-à-dire de volumes de cytoplasme limités par une membrane plasmique. Sur le plan fonctionnel, le métabolisme des cellules présente des caractéristiques que l'on retrouve chez tous les êtres vivants. Tous ces points communs observables à l'échelle des cellules suggèrent que l'ensemble des êtres vivants sont parents, c'est-à-dire qu'ils ont tous en commun un très lointain ancêtre. Les chercheurs n'en ont pas la trace, mais ils peuvent reconsituer ce qu'il a pu être. Ils le surnomment LUCA, pour *Last Universal Common Ancestor* (dernier ancêtre commun universel). Attention, LUCA n'est pas pour autant le premier être vivant ayant existé sur Terre.

5 Un ancêtre commun à tous les êtres vivants.

ACTIVITÉS

1. **DOC. 1 À 3.** Réalisez des schémas comparatifs d'une cellule humaine (voir doc. 3 p. 42), d'une cellule d'un végétal vert et d'une cellule de bactérie.
2. **DOC. 1 À 3.** Réalisez un tableau en indiquant, pour les cellules précédentes, la présence ou l'absence des caractères suivants : membrane plasmique, chloroplaste, mitochondrie, noyau, paroi.
3. **DOC. 4.** À l'aide du tableau réalisé, indiquez les caractères cellulaires spécifiques à chacun des trois groupes.
4. **DOC. 5.** Décrivez les caractères que devait posséder l'ancêtre commun LUCA.
5. **EN CONCLUSION.** Expliquez en quoi la cellule peut être considérée comme une unité structurale et fonctionnelle du monde vivant.

Voir Dico des SVT p. 260

La cellule et l'unité du vivant

Les connaissances

Le métabolisme des cellules et son contrôle

• Tous les êtres vivants sont faits d'une ou de plusieurs **cellules**. À l'intérieur de chaque cellule, de nombreuses transformations chimiques se déroulent en permanence. Elles constituent le métabolisme. Le **métabolisme** permet à une cellule de produire l'énergie nécessaire à ses activités et de synthétiser sa propre matière organique. **[Unité 1]**

• Le métabolisme est soumis à un double contrôle **[Unité 1]** :

– l'information génétique détermine le type de transformations chimiques réalisables. Ainsi, des **mutants** d'une même espèce peuvent présenter des métabolismes différents ;

– les conditions du milieu extérieur influent également sur le déroulement du métabolisme.

• Le métabolisme a lieu dans toutes les cellules du monde vivant. La cellule est donc une unité fonctionnelle commune à tous les êtres vivants. **[Unité 3]**

La structure des cellules

• Le métabolisme implique des échanges de matière et d'énergie entre les cellules et leur milieu de vie. La structure des cellules facilite ces échanges. **[Unité 2]**

• Toutes les cellules possèdent un ou des chromosomes, qui renferment l'information génétique, et sont constituées d'un volume de cytoplasme entouré par une **membrane plasmique**. La cellule est donc une unité structurale commune à tous les êtres vivants. **[Unités 2 et 3]**

• La membrane plasmique joue un rôle clé dans les échanges de matière liés au métabolisme. **[Unité 2]**

• Les cellules des végétaux verts, des animaux, des champignons et d'autres groupes d'organismes* possèdent des compartiments délimités par une ou plusieurs membranes : les **organites**. Ces cellules sont dites **eucaryotes**. Les organites ont des fonctions variées. Ainsi, le noyau (présent chez tous les eucaryotes) contient les chromosomes, tandis que les mitochondries (présentes chez tous les eucaryotes) et les chloroplastes (présents chez les eucaryotes chlorophylliens) jouent un rôle essentiel dans le métabolisme. Les êtres vivants dont les cellules sont de type eucaryote forment un groupe de la classification du vivant (groupe des eucaryotes). **[Unités 2 et 3]**

• Les cellules qui n'ont pas de noyau et ne sont pas compartimentées sont dites de type **procaryote**. **[Unité 3]**

La cellule et l'unité du vivant

• La cellule est la plus petite unité capable de vivre de façon autonome. Elle renferme des molécules. Chez les organismes faits de plusieurs cellules, les cellules peuvent être regroupées en organes. **[Unité 2]**

• Les caractères communs aux cellules de tous les êtres vivants suggèrent que ces derniers sont parents. Ils partagent un très lointain ancêtre qui leur a légué ces caractères communs. **[Unité 3]**

* Voir classification sur le rabat avant de la couverture

Les capacités et attitudes

▸ Mettre en œuvre un raisonnement expérimental pour montrer l'effet de mutations et l'influence de l'environnement sur le métabolisme cellulaire **[Unité 1]**

▸ Réaliser une préparation microscopique, recenser et organiser des informations pour distinguer les échelles du vivant **[Unités 2 et 3]**

▸ Comparer des ultrastructures cellulaires pour discuter la parenté entre les êtres vivants **[Unité 3]**

▸ **Définir :** **cellule** · **eucaryote** · **membrane plasmique** · **métabolisme** · **mutant** · **organite** · **procaryote**

Voir Dico des SVT p. 260

L'essentiel par l'image

La cellule = unité structurale du vivant

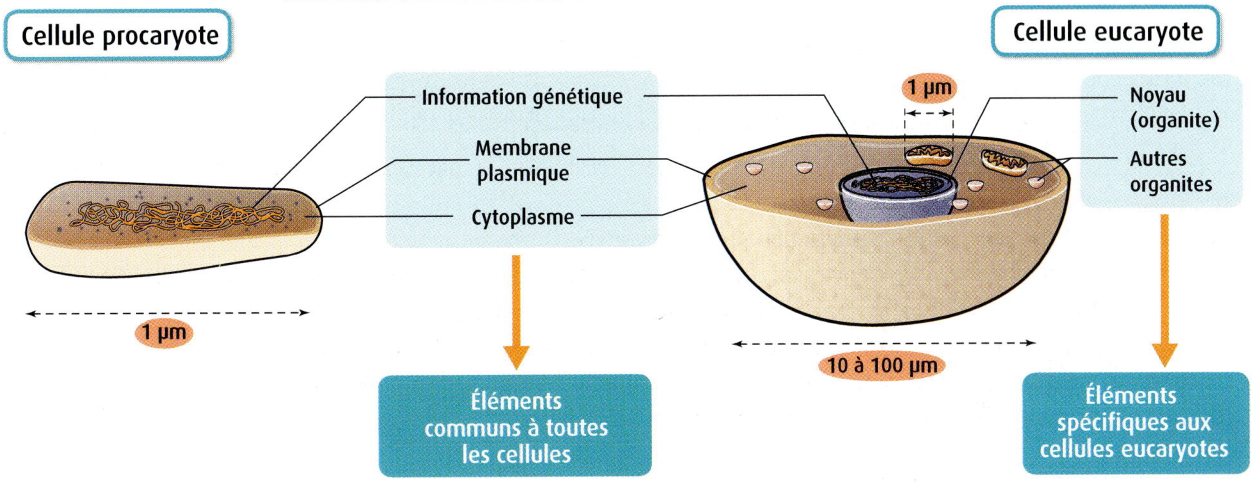

La cellule = unité fonctionnelle du vivant

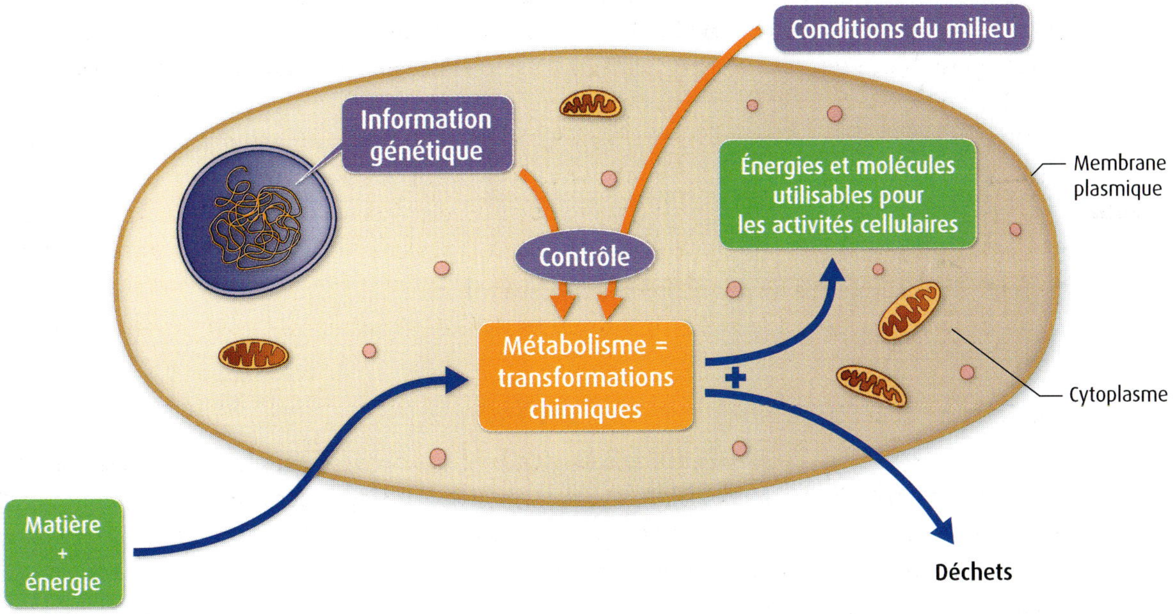

L'essentiel par le texte

> Le métabolisme est l'ensemble des transformations chimiques qui se déroulent dans la cellule. Il est soumis à un double contrôle : par les conditions de l'environnement et par l'information génétique.

> La cellule est toujours constituée d'un volume de cytoplasme limité par une membrane. Elle échange, lors du métabolisme, de la matière et de l'énergie avec l'environnement.

> La cellule est donc une unité structurale et fonctionnelle commune à tous les êtres vivants. Son existence est un indice de la parenté de l'ensemble des organismes du monde vivant.

EXERCICES

évaluer ses connaissances

1 Vrai ou faux ?

Identifiez les affirmations fausses et rectifiez-les.

a. Le métabolisme est un ensemble de transformations chimiques qui se déroulent à l'intérieur d'une cellule.

b. Les différences observées parmi les cellules prouvent qu'elles n'ont aucun lien de parenté.

c. L'information génétique contrôle le métabolisme.

d. La plupart des cellules sont visibles à l'œil nu.

e. Toutes les cellules présentent un noyau qui contient leur information génétique.

2 Qui suis-je ?

a. Je suis l'unité structurale et fonctionnelle commune à tous les êtres vivants.

b. Je suis un être vivant dont les cellules contiennent un noyau.

c. Je suis un compartiment délimité par une membrane et situé à l'intérieur du cytoplasme.

3 QCM

Pour chaque proposition, identifiez la (ou les) bonne(s) réponse(s).

1. Toutes les cellules possèdent :

a. des chloroplastes.

b. un noyau.

c. une membrane plasmique.

d. des mitochondries.

2. Le métabolisme :

a. est soumis à un contrôle environnemental.

b. permet de produire de l'énergie.

c. est indépendant de l'information génétique.

d. implique des échanges avec le milieu extérieur.

4 Trouvez l'intrus

Organe ; tissu ; métabolisme ; cellule.

s'entraîner avec un exercice guidé

5 Le métabolisme des cellules cancéreuses

On mesure la consommation de glucose de deux lignées cellulaires (cellules cultivées au laboratoire) : une lignée non cancéreuse (lignée 1) et une lignée cancéreuse (lignée 2). Les cellules cancéreuses présentent des mutations, en particulier sur des gènes qui contrôlent le bon déroulement de la division cellulaire. Pour chaque lignée, la consommation de glucose est testée dans deux conditions : en présence d'une quantité de dioxygène soit normale, soit réduite.

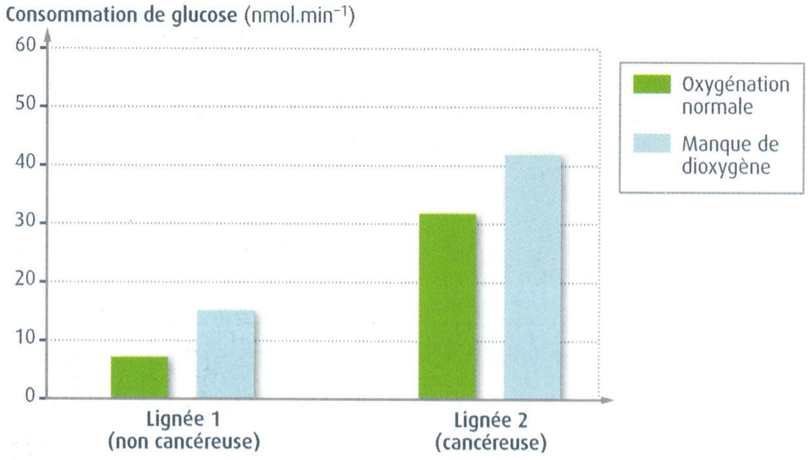

1. Consommation de glucose de cellules non cancéreuses et de cellules cancéreuses dans deux conditions différentes : oxygénation normale ou manque de dioxygène.

Un peu d'aide

• Saisir des informations

– Pour chaque lignée cellulaire, comparez la consommation de glucose lorsque l'oxygénation est normale et lorsque le dioxygène manque.

– Dans des conditions d'oxygénation semblables, comparez la consommation de glucose des deux lignées cellulaires.

• Mobiliser ses connaissances

Rappelez en quoi la consommation de glucose d'une cellule est un élément de son métabolisme.

• Conclure

– Démontrez le contrôle environnemental du métabolisme dans chacune des lignées.

– Mettez en évidence le contrôle génétique du métabolisme en comparant les deux lignées étudiées.

QUESTION Montrez que le métabolisme cellulaire est contrôlé par l'environnement et le patrimoine génétique des cellules.

6 L'origine des cellules eucaryotes

Adopter une démarche explicative

Les cellules eucaryotes possèdent des organites appelés mitochondries qui jouent un rôle essentiel dans la production d'énergie utilisable par la cellule. Il a été démontré que les mitochondries sont d'anciennes bactéries. Les cellules eucaryotes sont donc sans doute issues de cellules dépourvues de mitochondries ayant intégré dans leur cytoplasme des bactéries.

1. Indiquez le nom du processus auquel participent les mitochondries.
2. En vous fondant sur les images ci-dessous, trouvez deux arguments suggérant que les mitochondries sont d'anciennes bactéries.

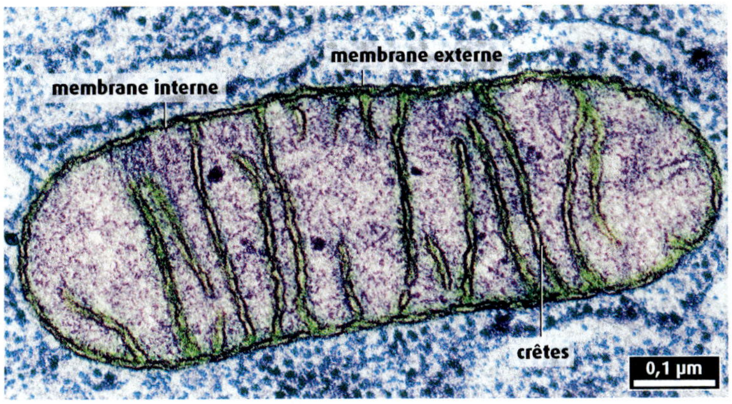

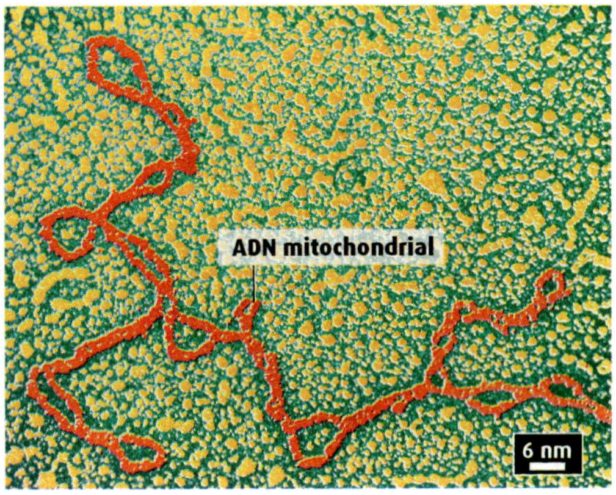

1. Une mitochondrie et la molécule d'ADN qu'elle contient, observées au MET.

7 La fabrication de la tomme de Savoie

Analyser un graphique et raisonner

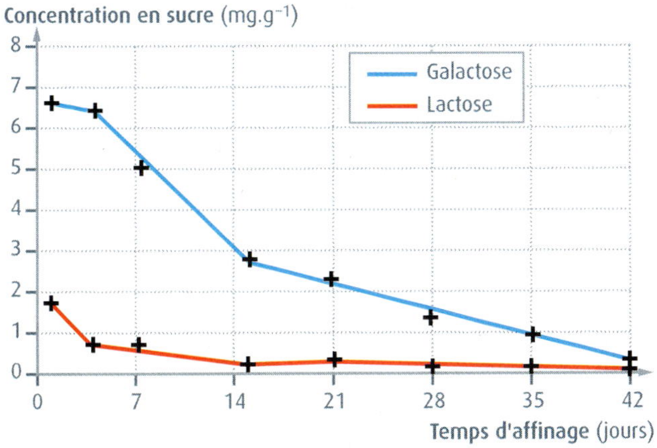

La tomme de Savoie est un fromage fabriqué à base de lait de vache. Après avoir été moulés et égouttés, les fromages sont conservés pendant plusieurs mois dans des caves. Ce temps de vieillissement s'appelle l'affinage. Il implique l'action de micro-organismes.

1. Décrivez les variations de la concentration de chaque sucre dans le fromage lors de son affinage.
2. En faisant appel à vos connaissances, formulez des hypothèses pour expliquer les phénomènes observés.

1. Évolution de la concentration de deux sucres dans la tomme de Savoie lors de l'affinage.

8 Les observations historiques de Robert Hooke

Communiquer dans un langage scientifique

En 1665, l'Anglais Robert Hooke (1635-1703) publie un traité scientifique intitulé *Micrographia*, qui regroupe les observations réalisées avec un microscope de sa fabrication. Il introduit pour la première fois le terme « cellule » (du latin *cellula*, « petite chambre »).

1. Expliquez l'origine du terme « cellule » choisi par Robert Hooke.
2. Indiquez l'élément typique des cellules végétales observé par Robert Hooke.

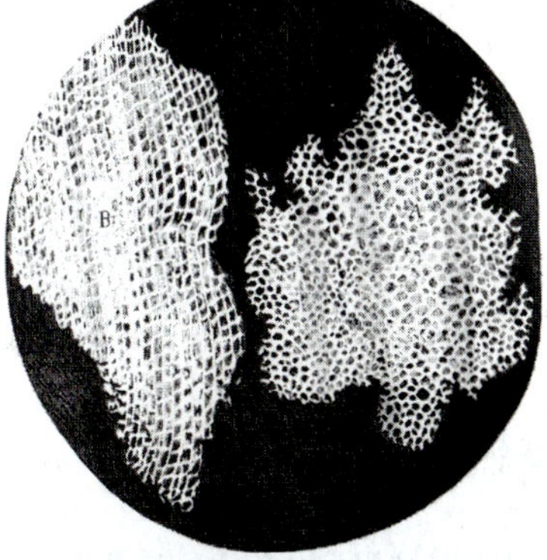

1. Dessin d'un fragment végétal (liège) observé au microscope par Robert Hooke.

ATELIERS D'EXPLORATION

PLUS LOIN AVEC INTERNET — Un modèle de cellule en trois dimensions B2i

Une cellule en 3D en coupe.

www.cnrs.fr/cw/dossiers/doscel/decouv/norm/global.htm

ACTIVITÉS

Après avoir exploré le site Internet indiqué ci-dessus, répondez aux questions suivantes.

1. Précisez l'origine du terme « cellule » et de la théorie cellulaire.
2. À partir du modèle de la cellule animale, indiquez les structures et les fonctions des différents organites.
3. Quelle est la nature chimique de la membrane plasmique et l'organisation de ses constituants ?

ENQUÊTE — La vie dans des conditions extrêmes

Sur Terre, la vie bactérienne s'étend partout où l'on trouve l'eau à l'état liquide. Certaines bactéries, qualifiées d'« extrêmophiles », vivent dans des milieux très inhospitaliers.

Les « microbes de l'enfer », un exemple d'extrêmophiles.

« Plongez un crabe dans l'eau bouillante, il en ressort bien cuit... mais mort ! Plongez-y votre doigt, la douleur est insupportable. C'est indiscutable : si nous aimons la chaleur, de préférence au bord d'une plage ombragée, nous devons rester dans les limites du raisonnable. Et pourtant, les scientifiques ont mis en évidence ces vingt dernières années des microbes qui se délectent de températures supérieures à celles des plus brûlants déserts du globe [...]. Les plus infernaux d'entre eux ont été baptisés hyperthermophiles car [ils] ne s'épanouissent qu'à des températures comprises entre 80 °C et 113 °C et se figent, frigorifiés, en dessous de 70 °C ! »

Patrick Forterre, *Microbes de l'enfer*, Belin-Pour la Science, 2007.

Source chaude du parc national de Yellowstone (États-Unis). Les couleurs sont liées à des dépôts de minéraux et à de nombreuses algues et bactéries.

ACTIVITÉS

1. Retrouvez quelques lieux sur Terre, à l'exemple du parc de Yellowstone, où vivent des extrêmophiles. Indiquez dans chaque cas leur milieu de vie privilégié et donnez, dans la mesure du possible, des éléments sur les circonstances de leur découverte.
2. Identifiez quelques raisons de l'intérêt des chercheurs pour les organismes extrêmophiles.

POUR VOUS GUIDER B2i

- www.canalu.tv/themes/sciences_de_l_ingenieur/sciences_du_vivant/la_vie_dans_des_conditions_extremes **(Conférence de l'Université de Tous Les Savoirs)**
- www.science.gouv.fr **(recherchez « vie sur Terre »)**

CHAPITRE 4

L'ADN, molécule universelle et variable

Qui se cache derrière le dépistage des maladies génétiques ou les OGM ? L'ADN. Depuis une cinquantaine d'années, les découvertes se sont succédé sur cette molécule qui est le constituant principal des chromosomes. Elles ont permis de mieux comprendre le fonctionnement des êtres vivants et ont été à l'origine du développement des biotechnologies.

Quelques outils d'une analyse d'ADN.

Quelles sont la fonction et la structure de la molécule d'ADN ?

UNITÉ 1

La fonction de l'ADN

Les caractères héréditaires d'un individu sont déterminés par ses gènes. L'information portée par les gènes, appelée information génétique, est contenue dans les chromosomes. Ces derniers contiennent une molécule universelle : l'ADN.

L'information génétique est-elle contenue dans l'ADN ?

Des échanges d'ADN au sein d'une même espèce

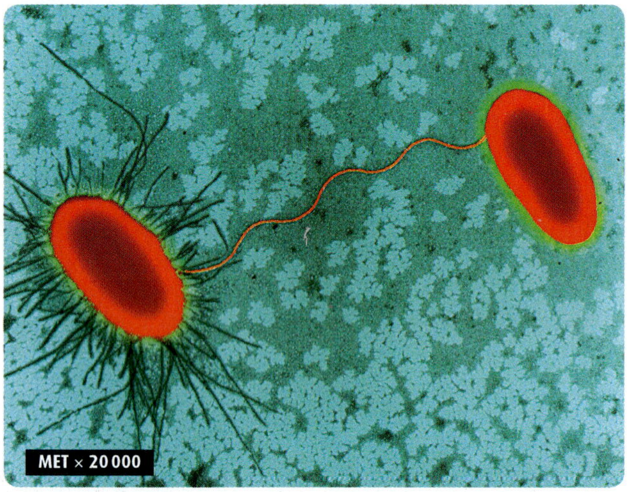

1 Deux bactéries (colibacilles) unies par un pont.
De façon spontanée, les bactéries peuvent échanger de petits fragments d'ADN après s'être accolées par un « pont ».

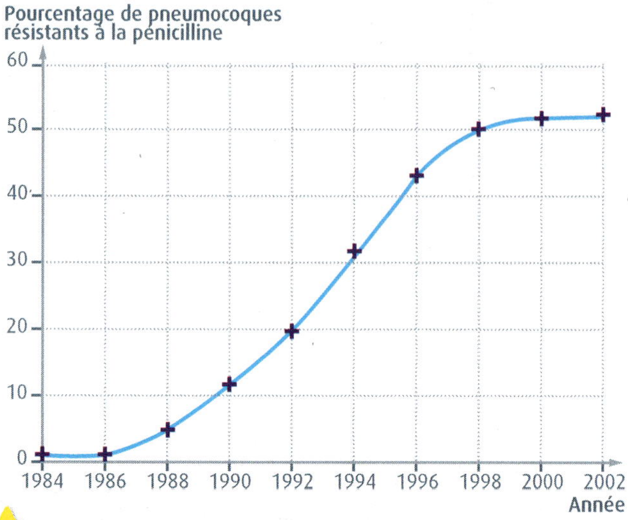

2 Évolution du pourcentage de pneumocoques résistants à la pénicilline en France.
Ces bactéries sont responsables d'otites chez les jeunes enfants. Depuis le début des années 1980, les antibiotiques à base de pénicilline sont de moins en moins efficaces.

TP

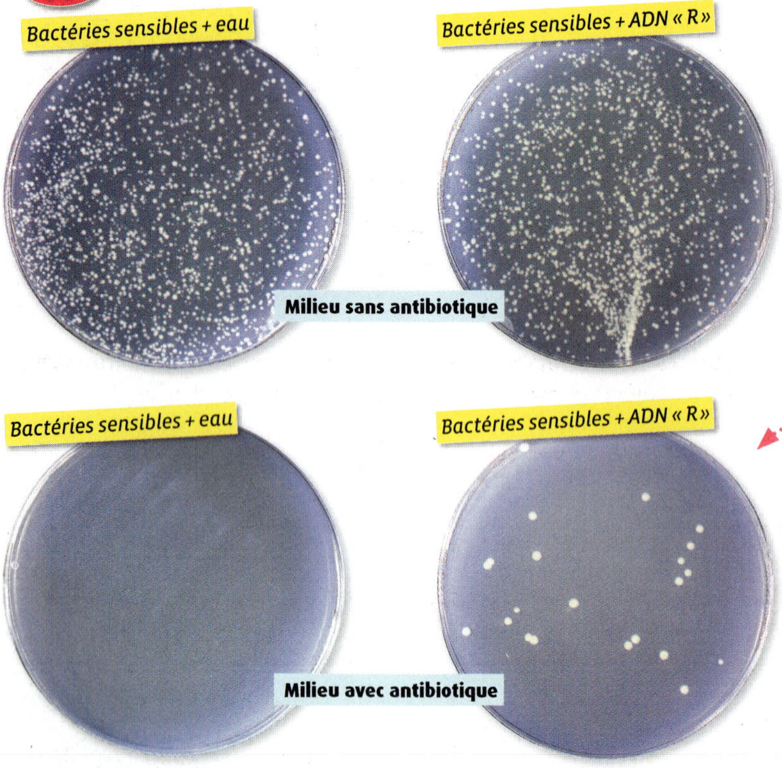

3 Une expérience de transfert d'ADN entre bactéries.
On transfère à des colibacilles sensibles à l'ampicilline (un antibiotique) un fragment d'ADN « R » que l'on a isolé chez des bactéries résistantes à cet antibiotique. La résistance à l'ampicilline est un caractère héréditaire.

JE MANIPULE

- *Préparez deux tubes contenant des colibacilles sensibles à l'ampicilline. Dans l'un, ajoutez une solution contenant des fragments d'ADN « R » et dans l'autre, ajoutez de l'eau.*
- *Pour faire pénétrer l'ADN dans les colibacilles, faites subir un choc thermique aux tubes.*
- *Ensemencez un milieu avec ampicilline et un milieu sans ampicilline avec les bactéries de chaque tube.*
- *Observez après 48 h. Lorsqu'une bactérie déposée sur le milieu de culture se développe, elle se multiplie et forme une colonie visible à l'œil nu.*

Des échanges d'ADN entre espèces différentes

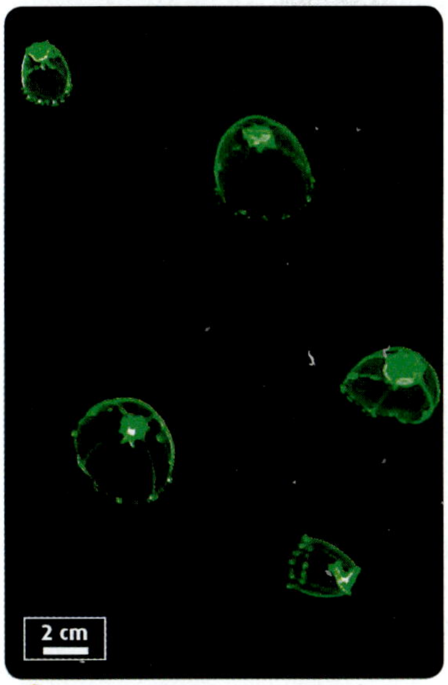

4 Des méduses *Aequorea victoria*.
Elles émettent spontanément une fluorescence de couleur verte.

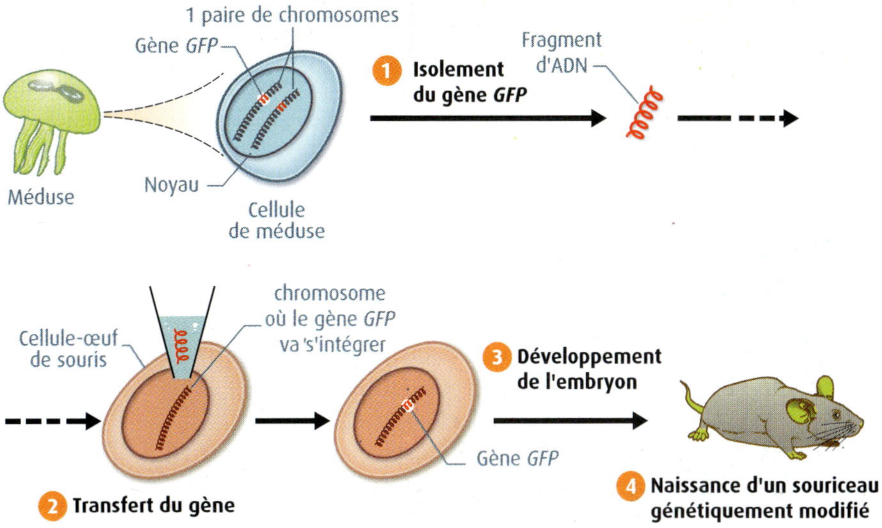

5 Une expérience de transgénèse.
La transgénèse est une technique qui permet de transférer, au laboratoire, un fragment d'ADN d'un organisme à un autre. Ici, le fragment d'ADN transféré est le gène déterminant le caractère héréditaire « fluorescence de couleur verte » (gène *GFP*) chez la méduse *Aequorea victoria*. L'organisme obtenu est dit génétiquement modifié : c'est un OGM.

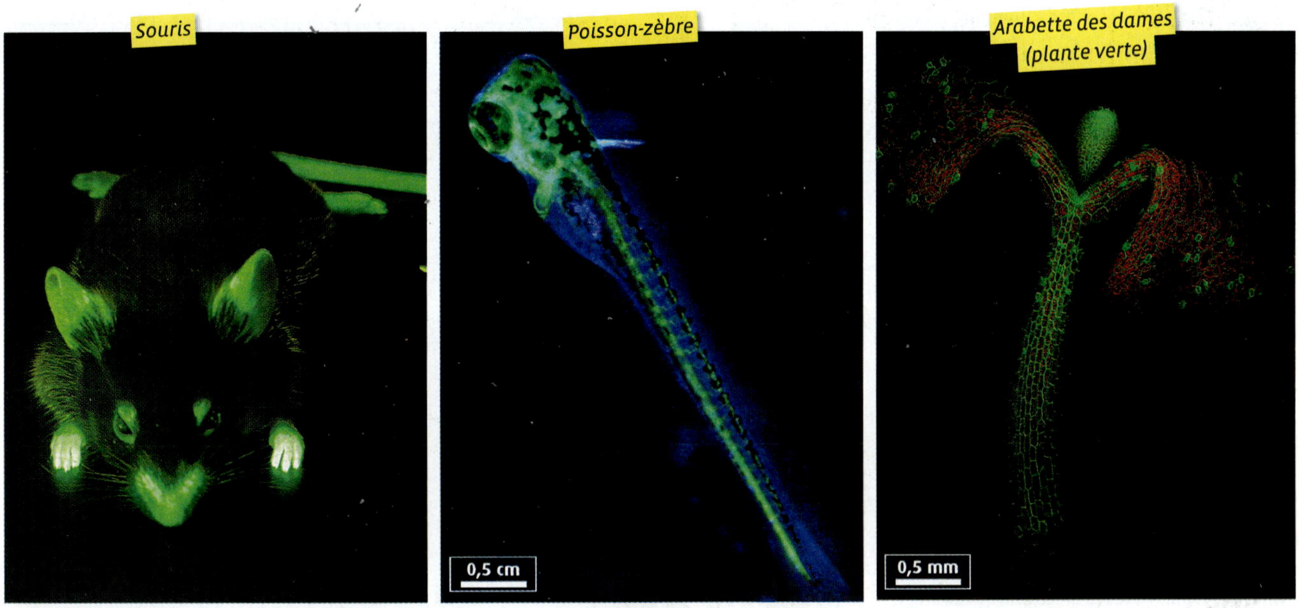

6 Des organismes transgéniques obtenus par transfert artificiel du gène de méduse déterminant le caractère « fluorescence verte » (gène *GFP*). Ils sont utilisés dans de nombreux domaines de la recherche scientifique et médicale.

ACTIVITÉS

1. **DOC. 2 ET 3.** En exploitant les résultats de l'expérience, montrez que l'ADN est le support de l'information génétique chez les colibacilles.
2. **DOC. 1 À 3.** Proposez une explication à la baisse d'efficacité des traitements à la pénicilline depuis 1984.
3. **DOC. 4 À 6.** Montrez que l'information génétique contenue dans le gène *GFP* de méduse a un caractère universel.
4. **EN CONCLUSION.** Résumez les arguments montrant que l'ADN porte l'information génétique et que cette fonction est universelle.

Voir Dico des SVT p. 260

UNITÉ 2

La structure de l'ADN

Les transferts de fragments d'ADN d'un organisme à un autre montrent que l'ADN est le support de l'information génétique et que celle-ci est écrite dans un langage universel. Pour découvrir ce langage, il faut connaître la structure de la molécule d'ADN.

Quelle est la structure de l'ADN ?

Comprendre la structure générale de l'ADN

HISTOIRE DES SCIENCES

« Nous souhaitons proposer une structure pour l'acide désoxyribonucléique (ADN). Cette structure a deux chaînes, enroulées en hélice autour du même axe. [...] Les bases azotées sont à l'intérieur de l'hélice et les phosphates à l'extérieur. Les sucres[1] sont perpendiculaires aux bases auxquelles ils sont reliés. Chaque chaîne consiste en une succession d'un motif [base azotée, sucre, phosphate][2] qui se répète tous les 3,4 Angström[3]. Un tour d'hélice est réalisé tous les 10 motifs. »

D'après J. D. Watson et F. H. Crick, *Nature*, 25 avril 1953.

1. Le sucre est le désoxyribose.
2. Ce motif est appelé nucléotide.
3. Un Angström correspond à 10^{-10} m.

1 La structure de la molécule d'ADN selon James D. Watson et Francis H. Crick. En 1953, ces deux jeunes chercheurs proposent un modèle de la molécule d'ADN. Cette avancée majeure leur vaudra, en 1962, le prix Nobel de médecine.

TP J'UTILISE RASTOP

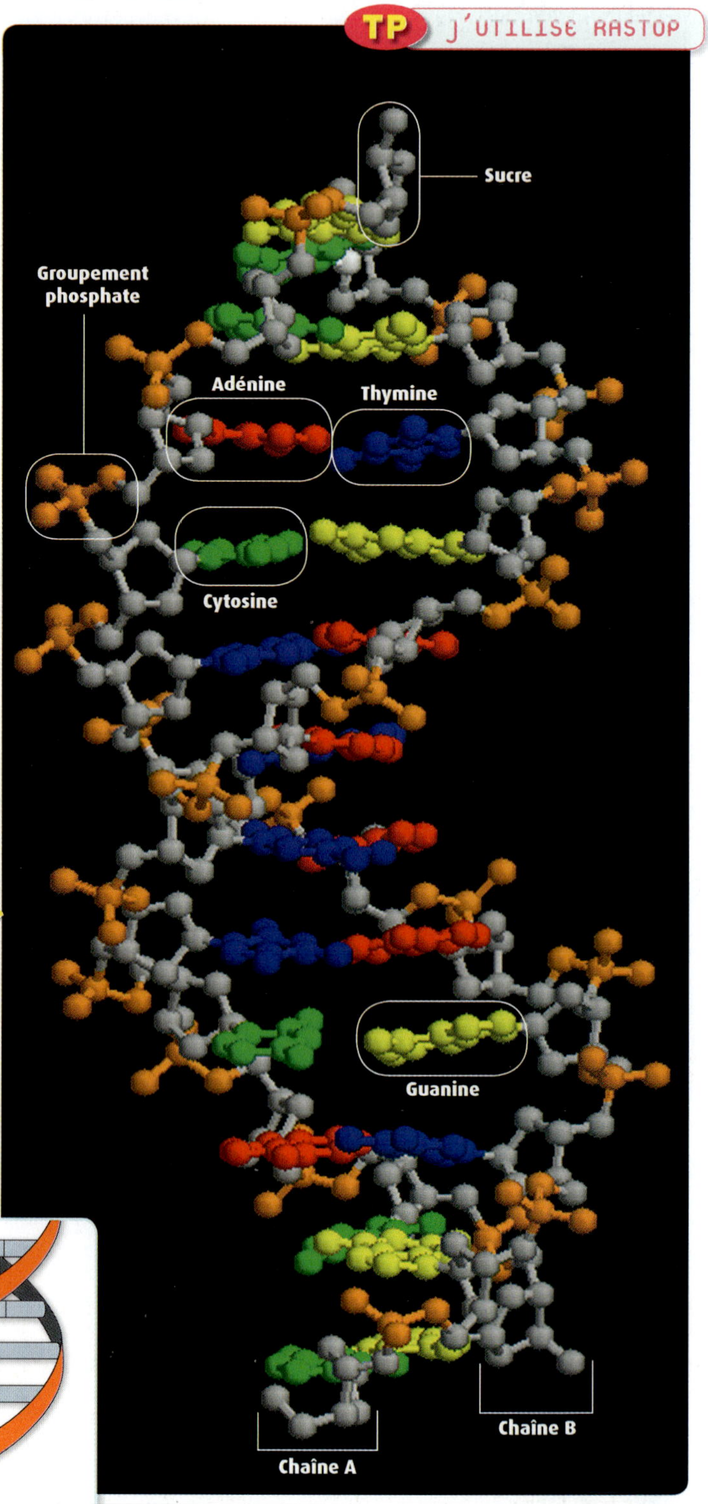

2 Structure dans l'espace d'un court fragment d'ADN (modélisation Rastop). Les atomes d'hydrogène ne sont pas figurés. Un nucléotide contient l'une de ces quatre bases azotées : adénine, thymine, cytosine ou guanine. Les trois composants des nucléotides ont été colorés : groupement phosphate (orange), sucre (gris) et base azotée en jaune (guanine), vert (cytosine), rouge (adénine) ou bleu (thymine).

3 Schéma d'interprétation d'une portion d'ADN. (P = phosphate ; S = sucre ; B = base azotée).

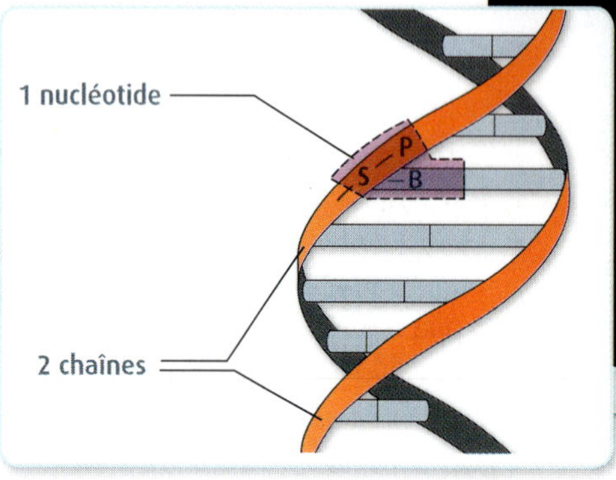

Comprendre l'appariement des chaînes

E. Chargaff

En 1950, peu avant la découverte de la structure de l'ADN par James D. Watson et Francis H. Crick, le biologiste Erwin Chargaff cherche à déterminer les proportions des différents nucléotides dans l'ADN de plusieurs organismes. Pour chacun de ces organismes, il isole des molécules d'ADN et, par un procédé chimique, les fragmente presque intégralement en nucléotides. Il analyse ensuite le pourcentage de chaque nucléotide dans les molécules d'ADN ainsi obtenues (voir tableau ci-contre).

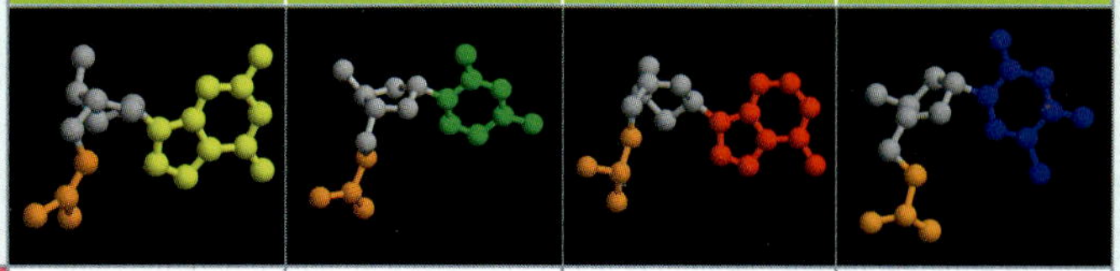

	Nucléotide à guanine (G)	Nucléotide à cytosine (C)	Nucléotide à adénine (A)	Nucléotide à thymine (T)
Homme (sperme)	18	18	29	31
Homme (thymus*)	19	16	28	28
Homme (foie)	18	15	27	27
Levure	14	13	24	25
Bactérie	28	26	12	11

Pour des raisons expérimentales, le total n'atteint pas 100 % pour chaque organisme.
* Organe du système immunitaire.

HISTOIRE DES SCIENCES

4 L'expérience d'Erwin Chargaff et ses résultats.

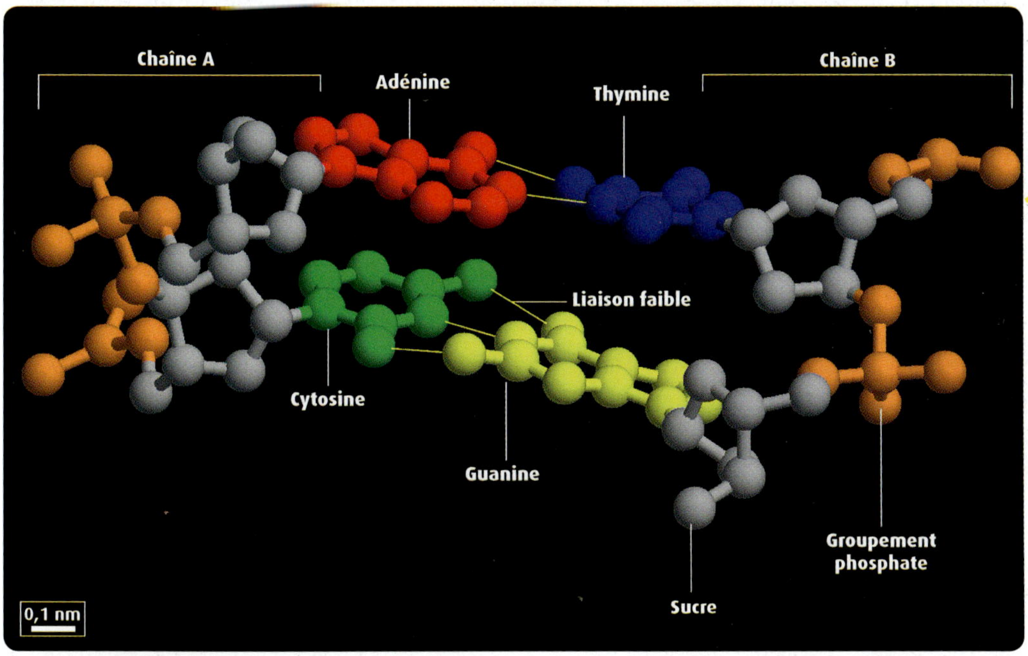

5 Détail d'un fragment d'ADN (modélisation Rastop). Chaque nucléotide d'une chaîne est associé à un nucléotide de l'autre chaîne par des liaisons faibles, beaucoup moins « solides » que les liaisons entre atomes de carbone, par exemple.

ACTIVITÉS

1. **DOC. 1 À 3.** Schématisez une molécule d'ADN déroulée. Notez S pour sucre, P pour phosphate et un rectangle pour chaque base.
2. **DOC. 1 ET 2.** Déterminez l'échelle du doc. 2.
3. **DOC. 4 ET 5.** Calculez les rapports A/T et G/C pour chaque prélèvement. Qu'en déduisez-vous quant aux relations existant entre les deux chaînes d'ADN ?
4. **DOC. 4 ET 5.** Comparez le rapport G+C /A+T chez une même espèce et entre espèces différentes. Quelle propriété de la molécule d'ADN vous suggèrent ces informations ?
5. **EN CONCLUSION.** Résumez les caractéristiques principales de la structure de l'ADN.

Voir Dico des SVT p. 260

UNITÉ 3

L'ADN, une molécule codée et variable

Chez toutes les espèces, chaque chaîne de la molécule d'ADN est constituée d'un enchaînement de motifs base azotée-sucre-phosphate (nucléotides). D'une espèce à l'autre, la composition en bases azotées est variable.

Comment la structure de l'ADN explique-t-elle sa fonction de support de l'information génétique ?

L'ADN, une molécule codée

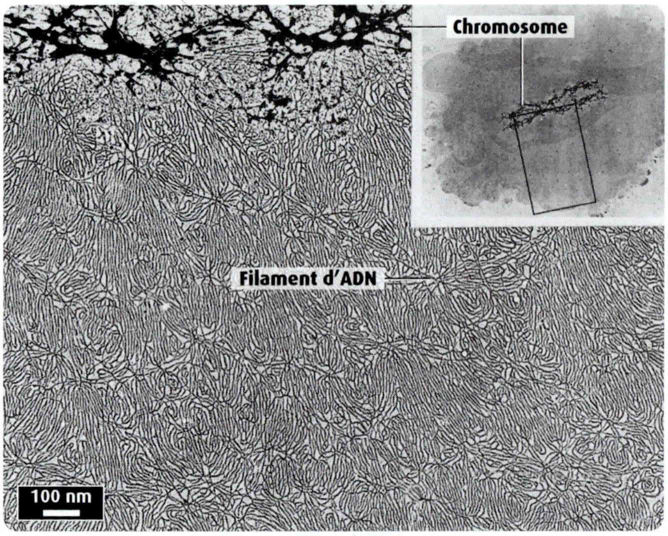

1 Un chromosome humain dont l'ADN a été étalé (vu au MET). Chacun des nombreux gènes qu'il contient influence la réalisation d'un ou plusieurs caractères héréditaires.

Interview de Julie Poulain, chef de projet au Genoscope d'Évry

La connaissance de la séquence complète du génome d'un organisme (c'est-à-dire de tous ses chromosomes) est une étape décisive pour les chercheurs. Cette séquence correspond à la succession ordonnée des nucléotides A, T, C ou G dans la molécule d'ADN. Le génome humain compte 6,4 milliards de nucléotides et 30000 gènes. Sa première séquence complète a été publiée en 2001. À l'époque, une douzaine d'années de travail avaient été nécessaires pour parvenir à ce résultat. Aujourd'hui, des séquenceurs à ultra-haut débit permettent de réaliser ce séquençage en... quelques jours !

2 Qu'est-ce que le séquençage de l'ADN ?

TP J'UTILISE ANAGÈNE

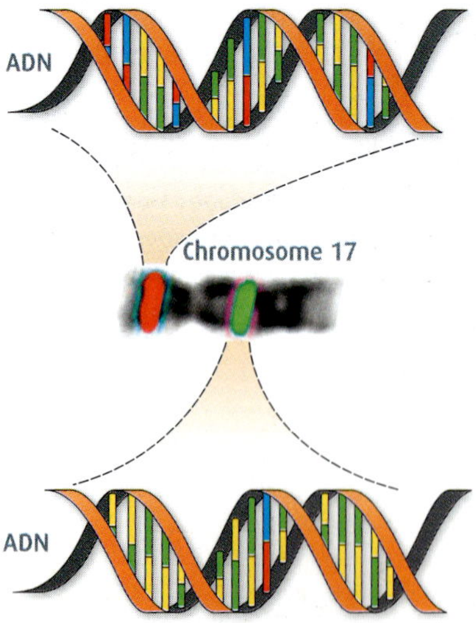

Portion de la séquence nucléotidique d'une chaîne du gène *p53*

→ Sens de lecture

ATGGAGGAGCCGCAGTCAGATCCTAGCG
TCGAGCCCCCTCTGAGTCAGGAAACATT
TTCAGACCTATGGAAACTACTTCCTGAA

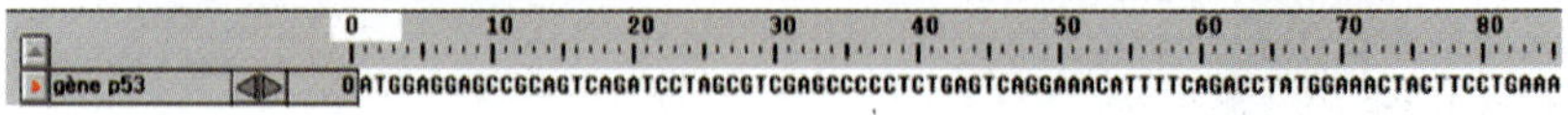

Portion de la séquence nucléotidique d'une chaîne du gène *HoxB6*

→ Sens de lecture

GGCCGGCGAGGCCGCCAGACATACACAC
GTTACCAGACGCTGGAGCTGGAGAAGGA
GTTTCACTACAATCGCTACCTGACGCGG

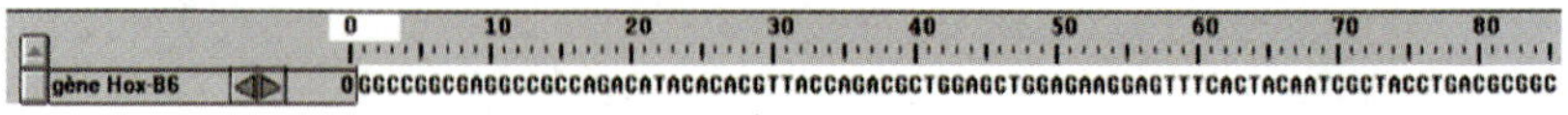

3 La séquence de deux gènes localisés sur le chromosome 17 humain. Le gène *p53* (longueur : 1 182 nucléotides) participe au contrôle de la division cellulaire. Le gène *HoxB6* (longueur : 672 nucléotides) intervient dans le développement embryonnaire. Les deux chaînes d'une molécule d'ADN étant complémentaires, on représente la séquence d'une seule chaîne.

L'ADN, une molécule variable

4 Des souris à abajoues.
Ces deux souris appartiennent à la même espèce et vivent notamment au sud de l'Arizona (États-Unis). La couleur de leur pelage leur procure une certaine protection contre leurs prédateurs (voir p. 93).

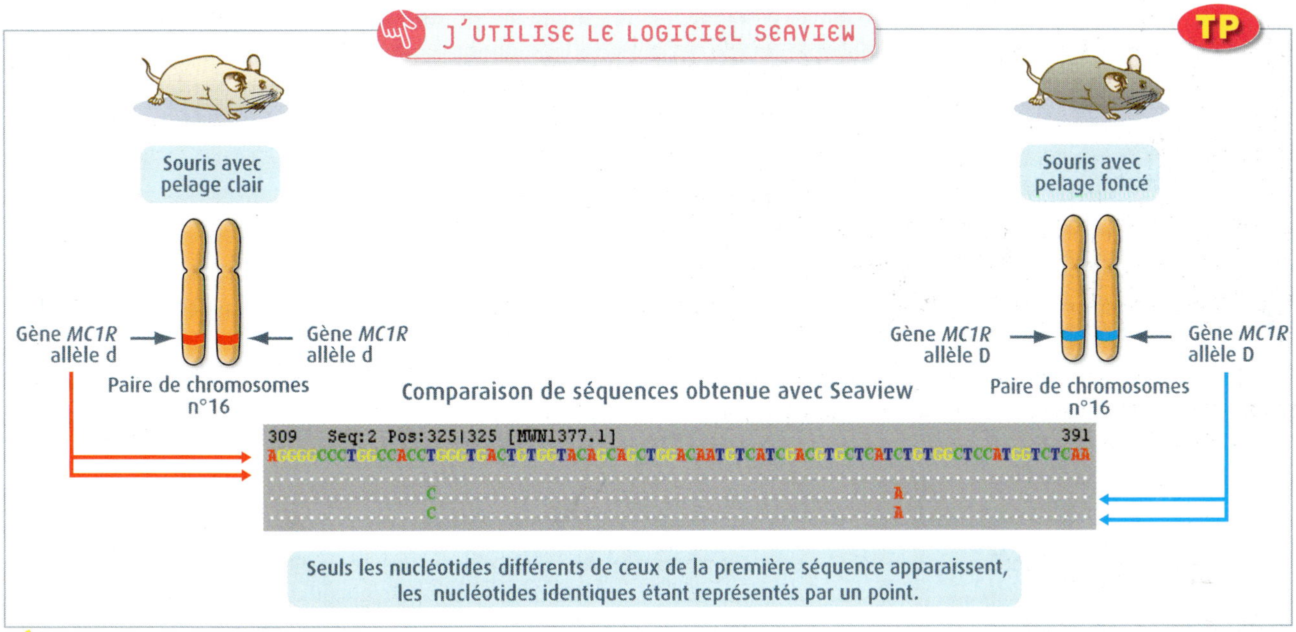

5 Les allèles du gène *MC1R* chez deux souris à abajoues au pelage de couleur différente.
Le gène *MC1R* est impliqué dans la production d'un pigment brun responsable de la couleur du pelage. On appelle mutation une modification d'un ou plusieurs nucléotides de l'ADN.

Il peut exister différentes versions d'un caractère héréditaire (par exemple, chez l'Homme, le groupe sanguin est soit A, soit B, soit AB, soit O). À ces différentes versions d'un caractère héréditaire correspondent différentes versions d'un gène : ce sont les allèles du gène. Les allèles sont à l'origine de la variabilité génétique que l'on observe parmi les individus d'une même espèce.

6 Allèles et variabilité génétique.

ACTIVITÉS

1. **DOC. 2 ET 3.** En comparant la séquence des gènes *p53* et *HoxB6*, identifiez la caractéristique de l'ADN qui lui permet de déterminer des caractères différents.
2. **DOC. 1 À 3.** Déduisez-en pourquoi on qualifie l'ADN de molécule codée et pourquoi le séquençage est une étape fondamentale pour les chercheurs.
3. **DOC. 4 À 6.** Indiquez quelles sont les différences entre les souris claires et les souris foncées : sur le plan génétique (allèles), sur le plan moléculaire (séquences d'ADN).
4. **DOC. 4 À 6.** Déduisez-en la base de la variablité génétique.
5. **EN CONCLUSION.** Montrez comment la structure de l'ADN explique sa fonction de support de l'information génétique.

Voir Dico des SVT p. 260

BILAN

CHAPITRE 4

L'ADN, molécule universelle et variable

Les connaissances

L'ADN, support universel de l'information génétique

- Un chromosome comporte de nombreux **gènes** qui déterminent la réalisation des caractères héréditaires. L'**ADN** (Acide DésoxyriboNucléique) est le principal constituant des chromosomes.
- Dans la nature (en particulier chez les bactéries), des transferts spontanés d'ADN entre organismes sont fréquemment observés. Ils permettent à l'organisme receveur d'acquérir un caractère héréditaire qu'il ne possédait pas avant. Cela prouve que l'information portée par les gènes, ou information génétique, est contenue dans la molécule d'ADN. Chaque gène est donc un fragment d'ADN. **[Unité 1]**
- Au laboratoire, il est possible de transférer un gène d'un organisme donneur à un organisme receveur : c'est la **transgénèse**. Le caractère héréditaire déterminé par le gène se réalise chez le receveur, même si celui-ci n'appartient pas à la même espèce que le donneur. L'information génétique portée par la molécule d'ADN est donc écrite dans un langage universel. **[Unité 1]**
- L'universalité du rôle de l'ADN est un indice de la parenté de tous les êtres vivants.

La structure universelle de la molécule d'ADN

- La molécule d'ADN présente la même structure chez tous les êtres vivants : deux chaînes de nucléotides enroulées en une **double hélice**. Chaque **nucléotide** est constitué d'un groupement phosphate, d'un sucre (désoxyribose) et d'une base azotée parmi quatre possibles : adénine (A), guanine (G), thymine (T) et cytosine (C). **[Unité 2]**
- Les bases azotées s'associent par des liaisons faibles au centre de la molécule d'ADN selon le principe de complémentarité des bases : l'adénine en face de la thymine, la guanine en face de la cytosine. Chaque nucléotide d'une chaîne est ainsi associé à un nucléotide de l'autre chaîne. **[Unité 2]**

L'ADN, une molécule variable qui porte un message codé

- Au sein d'un gène, c'est la succession ordonnée des nucléotides d'une chaîne d'ADN, ou **séquence**, qui constitue l'information génétique sous forme codée. Le squelette sucre-phosphate est, lui, constant. Grâce à la taille importante des gènes, de très nombreuses séquences sont possibles, expliquant comment la molécule d'ADN peut déterminer l'infinité des caractères héréditaires observés dans le monde vivant. **[Unité 3]**
- Un même gène peut exister sous différentes versions : ce sont les **allèles**. Les différents allèles présentent des séquences nucléotidiques très proches. Les quelques différences constatées entre allèles ont pour origine des processus aléatoires qui modifient la séquence de l'ADN : les **mutations**. **[Unité 3]**
- La variabilité génétique (diversité des allèles) repose donc sur la variabilité de la molécule d'ADN (diversité des séquences). **[Unité 3]**

Les capacités et attitudes

- Suivre une démarche scientifique pour établir le rôle de l'ADN en tant que support universel de l'information génétique **[Unité 1]**
- Exploiter des documents historiques pour comprendre la structure de l'ADN **[Unité 2]**
- Utiliser des logiciels et exploiter des documents pour comprendre la nature codée du message ADN **[Unité 3]**
- **Définir :** **ADN** · **allèle** · **double hélice** · **gène** · **nucléotide** · **mutation** · **séquence** · **transgénèse**

Voir Dico des SVT p. 260

L'essentiel par l'image

L'ADN, support universel de l'information génétique

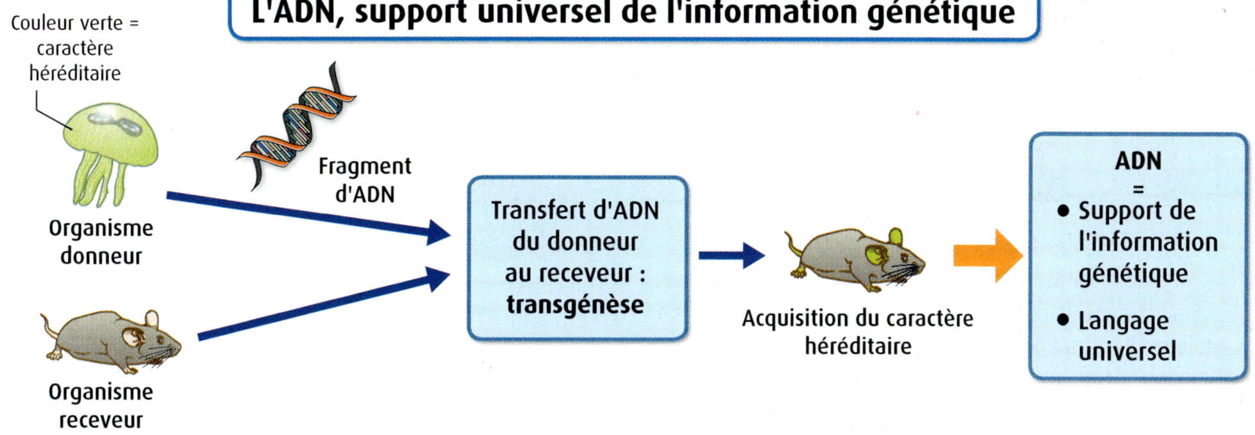

L'ADN, une molécule codée et variable

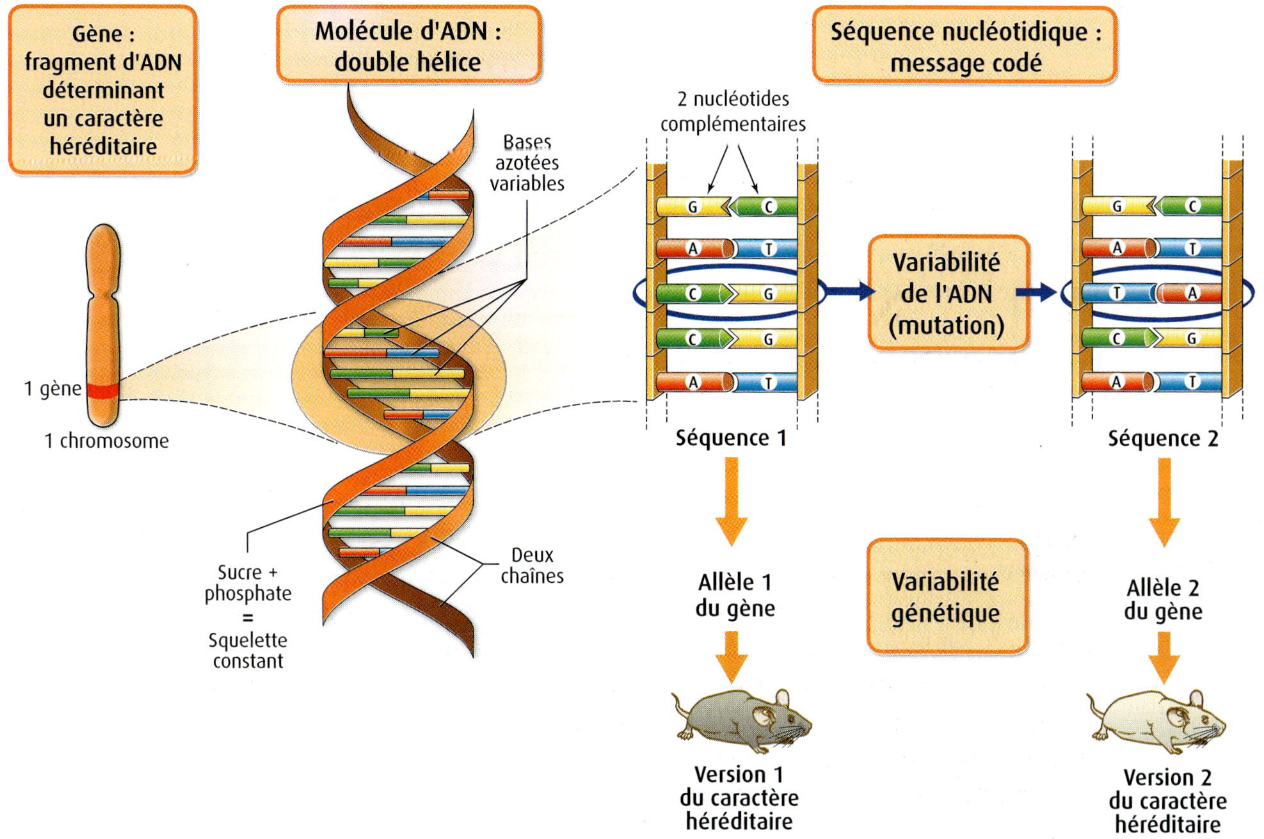

L'essentiel par le texte

> La transgénèse montre que l'information génétique est contenue dans la molécule d'ADN et qu'elle y est écrite dans un langage universel.

> Au sein de la double hélice d'ADN, la succession ordonnée des nucléotides, ou séquence, constitue un message codé qui détermine la réalisation d'un caractère héréditaire. Les différences entre les allèles d'un même gène ont pour origine des mutations qui modifient la séquence de l'ADN.

> L'universalité de l'ADN est un indice de parenté des êtres vivants.

EXERCICES

évaluer ses connaissances

1 QCM

Pour chaque proposition, identifiez la (ou les) bonne(s) réponse(s).

1. Le transfert d'ADN d'un organisme à un autre :

a. modifie l'information génétique de l'organisme receveur sans modifier ses caractères héréditaires.

b. n'est réalisable qu'en laboratoire.

c. ne modifie ni l'information génétique, ni les caractères héréditaires de l'organisme receveur.

d. modifie l'information génétique et donc les caractères héréditaires de l'organisme receveur.

2. Deux versions différentes d'un même gène :

a. sont appelées mutations.

b. sont situées sur des chromosomes différents.

c. sont appelées allèles.

d. correspondent à des séquences nucléotidiques proches.

3. Une molécule d'ADN :

a. est caractérisée par sa séquence de nucléotides.

b. est constituée d'une chaîne de nucléotides.

c. présente une structure en double hélice uniquement chez l'Homme.

d. peut être transférée d'un organisme à l'autre.

2 Schéma à compléter

Recopiez le schéma suivant, complétez-le, légendez-le et donnez-lui un titre.

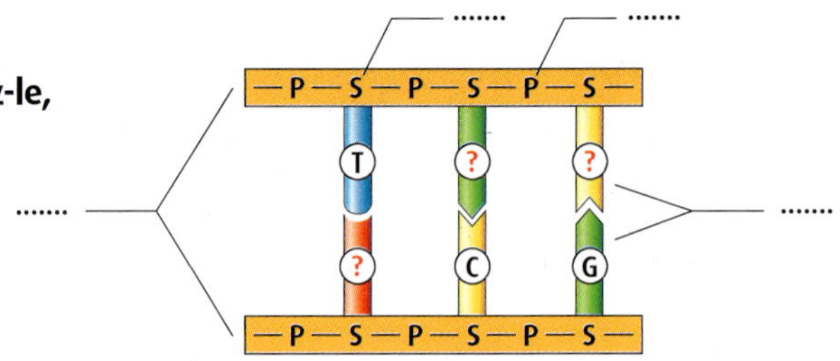

A = ...
T = ...
C = ...
G = ...

s'entraîner avec un exercice guidé

3 La compaction de l'ADN dans un chromosome

La totalité de l'ADN d'une cellule humaine contient 6,4 milliards de paires de nucléotides. La molécule d'ADN qui constitue le chromosome X humain comprend 154 824 264 paires de nucléotides.

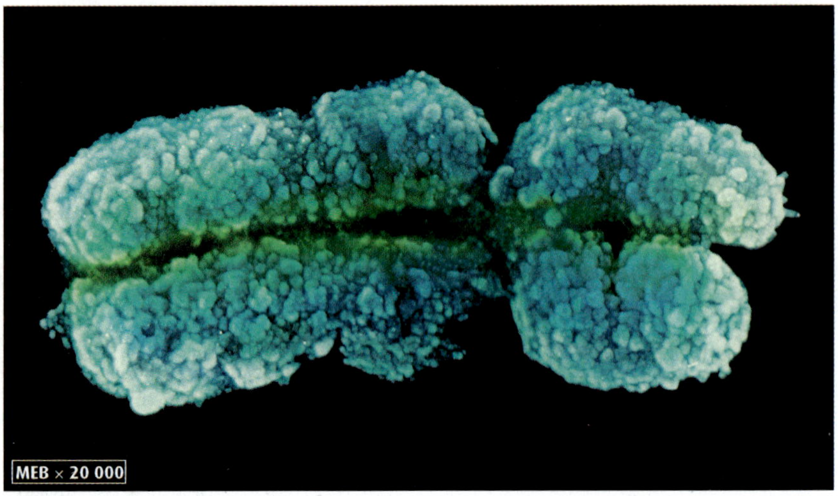

1. Le chromosome X humain.

QUESTIONS À l'aide du doc. 1 et de la molécule d'ADN doc. 2 p. 54 :

❶ Déterminez la longueur totale de l'ADN d'une cellule humaine.

❷ Calculez le taux de compaction de l'ADN dans le chromosome X.

Un peu d'aide

• Raisonner

1. Sur le doc. 2 p. 54, mesurez la longueur d'un segment de 10 paires de nucléotides.

2. Calculez la longueur réelle de ce segment sachant que, sur le doc. 2 p. 54, 1 cm = $2{,}7.10^{-10}$ m. Déduisez-en la distance entre deux nucléotides successifs.

3. Calculez alors la longueur totale des molécules d'ADN dans une cellule humaine.

4. Sur le doc. 1, mesurez le chromosome. Divisez par le grossissement pour obtenir sa longueur réelle.

5. À l'aide du conseil n° 2, calculez la longueur d'ADN qui constitue le chromosome X. Divisez celle-ci par la longueur réelle du chromosome pour obtenir le taux de compaction de l'ADN.

Appliquer ses connaissances

4 La variabilité génétique chez les levures

Raisonner, traiter et exploiter des données

Lorsqu'elles sont cultivées sur un milieu solide, deux souches de levures peuvent être mises en évidence : l'une forme des colonies rouges et l'autre des colonies blanc-crème. Cette variation du caractère couleur (rouge et blanc-crème) dépend d'un gène, *ade2*, qui intervient dans le processus de synthèse d'un des constituants de l'ADN : l'adénine. Lorsque le gène *ade2* n'est pas fonctionnel, ce processus est interrompu : un composé intermédiaire s'accumule et confère une teinte rouge aux cellules. Deux versions différentes de ce gène sont trouvées chez les levures : *ade2⁻* chez les levures formant des colonies rouges et *ade2⁺* chez les levures formant des colonies blanc-crème.

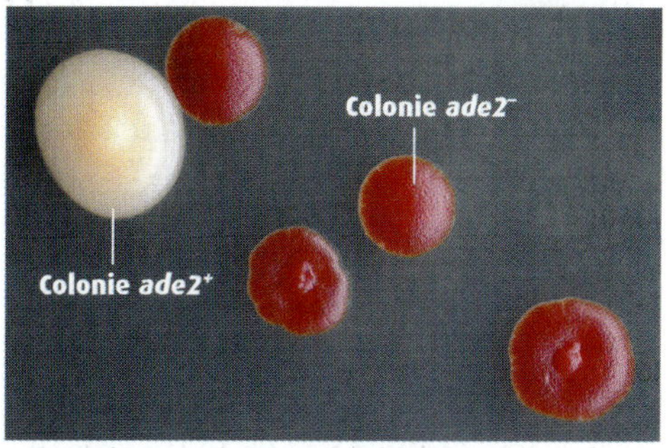

1. Deux types de colonies de levures.

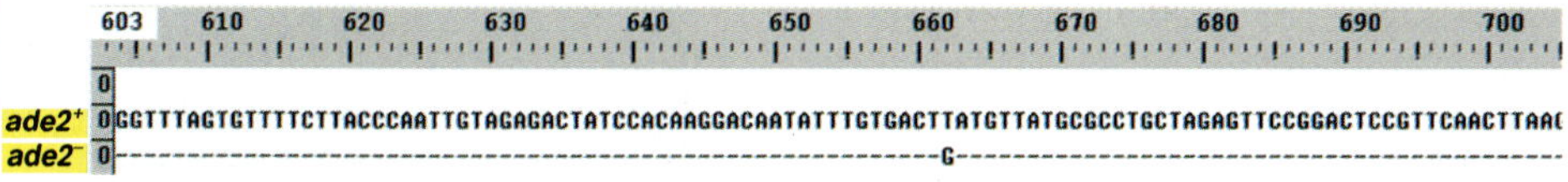

2. Comparaison des séquences nucléotidiques de l'allèle *ade2⁺* et de l'allèle *ade2⁻*.

❶ Comment appelle-t-on les deux versions du gène ?

❷ Rédigez une phrase où vous comparerez les séquences présentées. Nommez le phénomène responsable des différences constatées.

❸ À l'aide de vos réponses aux questions précédentes, expliquez brièvement les différences de caractères observées sur les colonies de levure.

5 Des chenilles pour produire de la soie d'araignée

Raisonner, mobiliser ses connaissances

Plus mince qu'un cheveu, mais plus résistante que l'acier, la soie d'araignée permet de concevoir des objets à la fois légers et résistants. Comme il est impossible d'élever des araignées, des chercheurs ont transféré le gène permettant la fabrication de la soie d'araignée dans des embryons de papillon. Ils ont obtenu des chenilles transgéniques faciles à élever et capables de produire de la soie d'araignée en grande quantité.

● Précisez quelles propriétés de la molécule d'ADN sont mises en évidence par ces manipulations de transgénèse.

6 Des porcelets transgéniques pour étudier la mucoviscidose

Réaliser un schéma, utiliser un langage scientifiquement approprié

La mucoviscidose est une maladie génétique qui se caractérise par un épaississement des sécrétions muqueuses, notamment au niveau du tube digestif et des poumons, entraînant de graves dysfonctionnements. Chez un patient atteint de mucoviscidose, un gène appelé *CFTR* présente une mutation qui provoque l'absence d'une protéine appelée CFTR dans la membrane plasmique des cellules. Une équipe de chercheurs a tenté d'obtenir des porcs transgéniques atteints de mucoviscidose afin de pouvoir travailler sur des animaux présentant les mêmes symptômes que l'Homme. Ils ont transféré, dans des embryons de porcs, un fragment d'ADN capable de s'insérer au milieu du gène *CFTR* du porc et de l'empêcher ainsi de jouer son rôle biologique. Ils ont ensuite obtenu plusieurs portées de porcelets transgéniques.

	Homme atteint de mucoviscidose	Porcelet transgénique
Présence de la protéine CFTR dans la membrane plasmique	Non	Non
Destruction partielle du pancréas avec mucus abondant	+++	+++
Obstruction de l'intestin	+	+++
Vésicule biliaire* de petite taille avec mucus abondant	++	++

* Organe qui sécrète des substances nécessaires à la digestion des graisses.

1. Quelques symptômes observés chez un homme atteint de mucoviscidose et chez un porcelet transgénique.

❶ Schématisez le processus de transgénèse mis en œuvre.

❷ Indiquez si ce processus s'est révélé efficace.

❸ Précisez si les porcelets transgéniques peuvent être considérés comme un bon modèle d'étude de la mucoviscidose.

ATELIERS D'EXPLORATION

SCIENCES ACTUALITÉ — L'ADN de l'homme de Néandertal

Entretien avec Richard E. Green, co-auteur d'une découverte majeure.
« 7 mai 2010, notre équipe de l'Université de Californie et celle de l'Institut Max Planck (Allemagne) ont publié dans la revue *Science* la séquence de 60 % du génome de l'homme de Néandertal. Nous avons ainsi mis en évidence que jusqu'à 4 % de notre ADN provient des néandertaliens, ce qui laisse penser qu'ils se sont reproduits avec certains des *Homo sapiens*, les hommes modernes qui leur étaient contemporains. Une des principales difficultés de ce travail a été de distinguer l'authentique ADN néandertalien de celui des microbes ayant vécu dans les os [des fossiles de néandertaliens] ces 40 000 dernières années, et d'éviter que [l'ADN néandertalien] soit contaminé par de l'ADN moderne (comme celui des chercheurs) durant les manipulations. De plus, l'ADN fossile a subi les outrages du temps, il est donc fortement fragmenté et de nombreuses bases sont modifiées. »

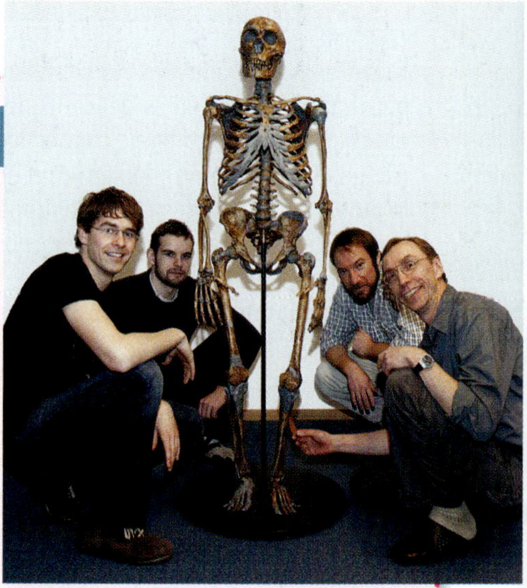

L'homme de Néandertal apparu il y a 400 000 ans et disparu il y a 28 000 ans. Il est entouré de l'équipe scientifique de Richard E. Green.

ACTIVITÉS

1. Expliquez la conclusion importante de cette recherche, qui a mis fin à une controverse scientifique vieille de plusieurs décennies.
2. Recherchez d'autres exemples de fossiles dont l'ADN a pu être séquencé. Quelles sont les plus anciennes molécules d'ADN séquencées ?
3. Quelles sont les mesures nécessaires pour limiter la contamination des fossiles par de l'ADN moderne ?

POUR VOUS GUIDER B2i

- www.pourlascience.fr/ewb_pages/a/actualite-neandertal-est-en-nous-25165.php
- www.linternaute.com/science/biologie/interviews/06/orlando/chat-orlando.shtml
- www.cnrs.fr/cw/dossiers/saga.htm (dossier évolution)

ENQUÊTE — Les OGM dans l'agronomie et l'alimentation

Si la technique de transgénèse présente un intérêt reconnu dans le domaine de la recherche scientifique, l'utilisation des OGM à des fins agronomiques ou alimentaires fait cependant l'objet de nombreux débats au sein de l'opinion publique.

ACTIVITÉS

Effectuez des recherches au CDI et sur Internet pour répondre aux questions suivantes.

1. Recensez quelques exemples de végétaux génétiquement modifiés utilisés en agronomie dans le monde. Pour chaque OGM, vous indiquerez l'intérêt du transgène* introduit.
2. Quels sont les effets néfastes, possibles et couramment évoqués, des OGM sur l'environnement ? Et sur la santé ?
3. En France, quel(s) type(s) d'aliments sont susceptibles de contenir des OGM ou des ingrédients issus d'OGM ? Quelles sont les règles en matière d'étiquetage des OGM dans les produits alimentaires ?

*transgène = gène étranger introduit par transgénèse

L'étiquette d'un produit alimentaire.

POUR VOUS GUIDER B2i

- www.ogm.gouv.qc.ca
- www.ogm.org

calculer des distances réelles à partir d'échelles

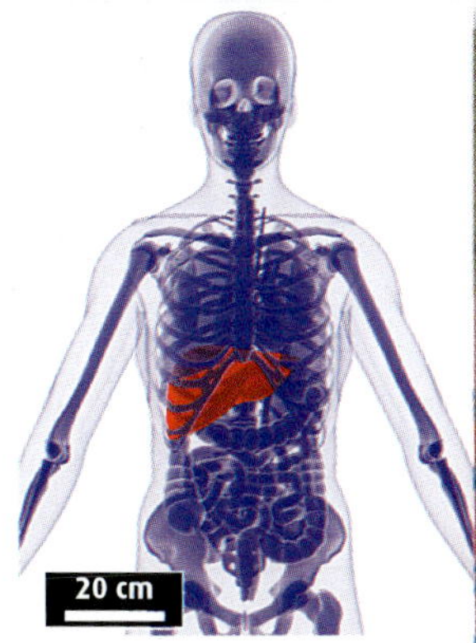

1 La position du foie dans le corps humain.

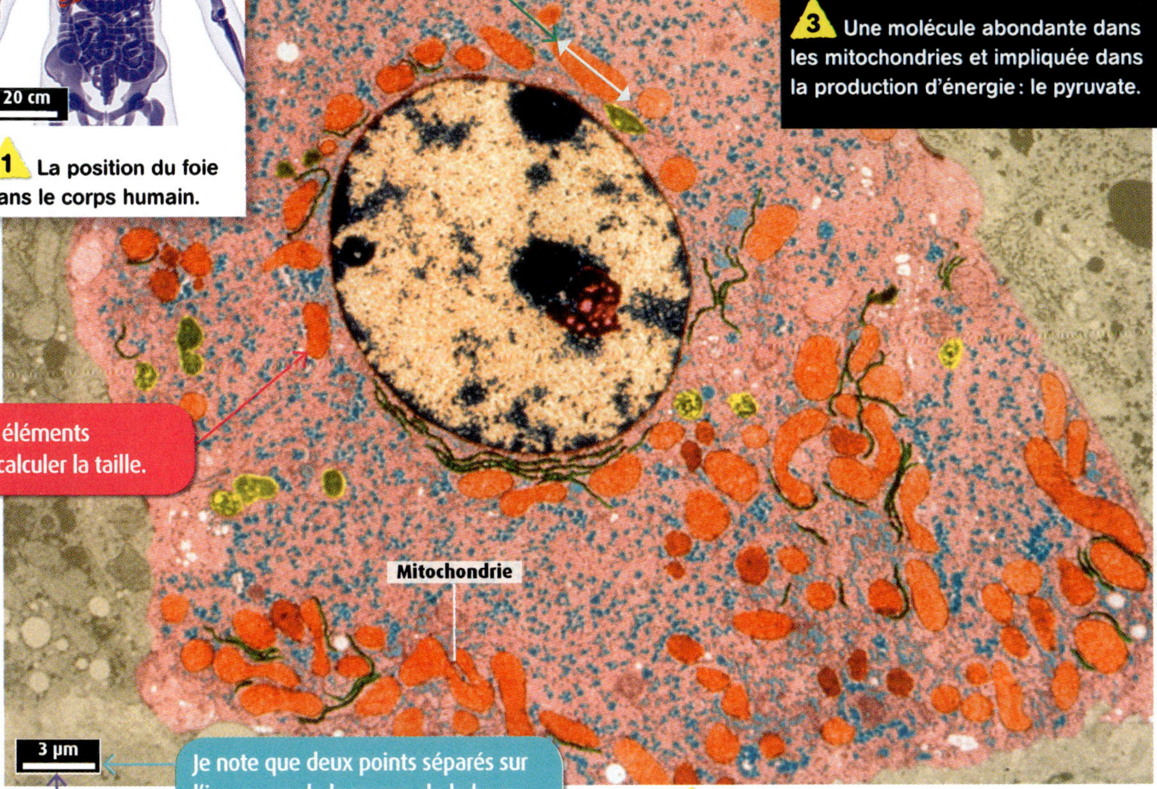

2 Une cellule du foie (hépatocyte) vue au MET.

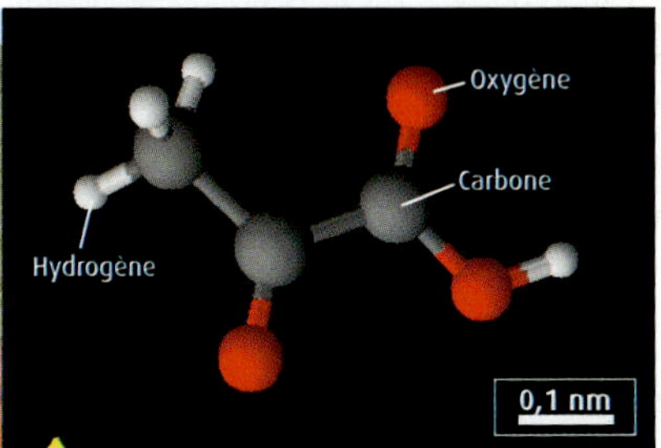

3 Une molécule abondante dans les mitochondries et impliquée dans la production d'énergie : le pyruvate.

QUESTIONS

1 Déterminez la taille réelle du foie, d'un hépatocyte, d'une mitochondrie, de la molécule de pyruvate et d'un atome de carbone.

2 Calculez, pour cet exemple, le rapport de taille entre l'organe et la cellule, la cellule et l'organite, l'organite et la molécule.

Des conseils pour répondre

1 Pour chaque image, mesurez la barre d'échelle et repérez la distance réelle (notée « a ») qu'elle représente. Pour déterminer la longueur réelle (notée « X ») d'un élément d'une image, appliquez une règle de proportionnalité :

$$X = a \times \frac{\text{longueur mesurée de l'élément}}{\text{longueur mesurée de la barre d'échelle}}$$

2 Pour chaque rapport de taille, les deux longueurs doivent être exprimées dans la même unité. La longueur X est obtenue dans la même unité que la longueur a.

SOMMAIRE

C. La biodiversité, résultat et étape de l'évolution

CHAPITRE 5

Biodiversité actuelle, biodiversité passée

Que nous habitions la ville ou la campagne, nous sommes entourés d'êtres vivants. Les scientifiques recensent aujourd'hui 1,76 million d'espèces à la surface de la Terre, dont l'Homme. Elles constituent la biodiversité. L'Homme cherche à connaître cette biodiversité, qu'elle soit actuelle ou passée. Il a également un impact très fort sur la biodiversité actuelle.

Des faucons pélerins nichant dans la ville de New York.

Comment définir et étudier la biodiversité ? Quelles ont été ses variations au cours du temps ?

UNITÉ 1

Les différents niveaux de la biodiversité

On parle beaucoup de biodiversité aujourd'hui, en particulier parce que sa diminution est alarmante. La biodiversité ne concerne pas seulement des êtres vivants à l'autre bout de la planète, elle est autour de nous, chaque jour.

Comment observer la biodiversité et comment la définir ?

Observer la biodiversité sur le terrain

1 Une mare et une forêt de chênes, deux milieux de vie fréquents en France.
Chacun d'eux est habité par différentes espèces et peut être défini par des caractéristiques physiques (luminosité, température, etc.) qui déterminent des conditions de vie propres.

2 Des individus d'une même espèce : l'escargot des bois.
Différents individus appartenant à la même espèce possèdent les mêmes gènes, mais dans des versions différentes appelées allèles.

Comprendre la biodiversité

Interview de **Hervé Le Guyader**, chercheur en systématique et évolution

La biodiversité désigne toutes les variations du monde vivant. Cette diversité biologique est évidente lorsqu'on imagine la quantité fantastique d'espèces différentes (découvertes ou encore inconnues) qui vivent ou ont vécu sur Terre. C'est la biodiversité spécifique. Au sein de chaque espèce, on constate un autre niveau de biodiversité : la biodiversité génétique, c'est-à-dire la diversité des allèles d'un individu à l'autre. Ainsi, différents humains possèderont les mêmes gènes, mais pas les mêmes allèles de ces gènes. Le troisième niveau est la biodiversité des écosystèmes. Il correspond à la diversité des milieux de vie, incluant les espèces qui les habitent et toutes les relations qu'elles ont entre elles (qui mange qui, qui parasite qui, etc.).

3 Qu'est-ce que la biodiversité ?

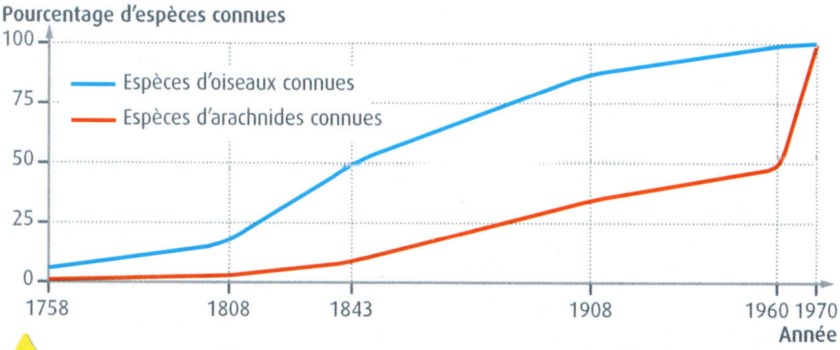

4 Rythme des découvertes de nouvelles espèces chez les oiseaux et les arachnides entre 1758 et 1970. La valeur 100 % correspond au nombre total d'espèces d'oiseaux ou d'arachnides connues en 1970.

5 Une crevette récoltée dans un récif de l'île de Santo (Vanuatu). Fin 2006, 150 scientifiques ont fait un inventaire le plus complet possible de la biodiversité de cette île située dans l'océan Pacifique. Ils ont collecté plusieurs centaines de milliers de spécimens appartenant à plus de 6 000 espèces dans tous les milieux de l'île. Leur analyse est toujours en cours. À ce jour, 45 nouvelles espèces y ont été identifiées.

B2i

Nom du groupe (espèce représentée)	Nombre d'espèces connues
Bactéries (*Nitrosomonas*) 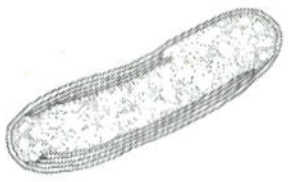	10 600
Végétaux vasculaires (Polypode) 	245 500
Champignons (Cèpe de Bordeaux) 	100 000
Vertébrés (Mormyre) 	50 900
Nématodes (*Draconema*) 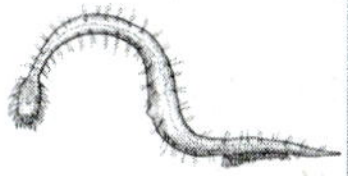	20 000
Mollusques (Moule) 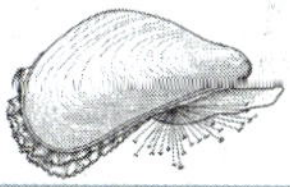	117 500
Arthropodes	956 400
Arachnides (Épeire) 	74 500
Insectes (Machaon) 	827 000
Malacostracés (crustacés) (Gammare) 	22 700
Autres arthropodes	32 200
Autres groupes	259 700
Total	**1 760 600**

6 Répartition par groupe des 1,76 million d'espèces vivantes actuellement connues sur Terre. Le nombre total d'espèces qui peuplent notre planète est estimé à 30 millions.

ACTIVITÉS

1. **DOC. 1 À 3.** Retrouvez les différents niveaux de biodiversité dans le doc. 1 et le doc. 2.
2. **DOC. 4.** À quelle date connaissait-on 50 % des espèces d'oiseaux connues en 1970 ? Et d'arachnides ? Pensez-vous qu'après 1970, on a trouvé encore beaucoup d'espèces d'oiseaux ? Et d'arachnides ?
3. **DOC. 4 À 6.** Grace à ces documents, émettez des hypothèses permettant d'expliquer que l'inventaire de toutes les espèces existantes est difficile et loin d'être terminé.
4. **DOC. 6.** Construisez un « camembert » des différents groupes d'organismes composant la biodiversité. Comparez la part des insectes et celle des vertébrés au total des êtres vivants.
5. **EN CONCLUSION.** Résumez les différents aspects de la biodiversité.

Voir Dico des SVT p. 260

UNITÉ 2

Des modifications de la biodiversité au cours du temps

Grâce aux fossiles, nous disposons d'informations sur la biodiversité passée. Ces fossiles sont souvent très différents des êtres vivants qui font la biodiversité actuelle. La biodiversité des espèces a donc beaucoup changé au cours de l'histoire de la Terre.

Comment et pourquoi la biodiversité a-t-elle varié au cours du temps ?

Comparer la biodiversité actuelle et passée

1 Les espèces d'une mare forestière tropicale aujourd'hui et il y a 300 millions d'années (les reconstitutions du Carbonifère ont été faites sur la base de fossiles du site de Montceau-les-Mines, en Bourgogne).

2 Biodiversité passée et actuelle de deux groupes de mammifères vieux de 55 millions d'années (Ma). La biodiversité actuelle n'est qu'un petit fragment de tout ce qui a déjà existé. Toutefois, ce graphique compare une quantité instantanée (au XXIe siècle) à tout ce qui a existé depuis 55 Ma. Il ne signifie donc pas que la biodiversité est plus faible aujourd'hui que dans le passé. Par ailleurs, on ne sait pas combien de genres fossiles restent à découvrir.

Les causes des variations de la biodiversité : un exemple

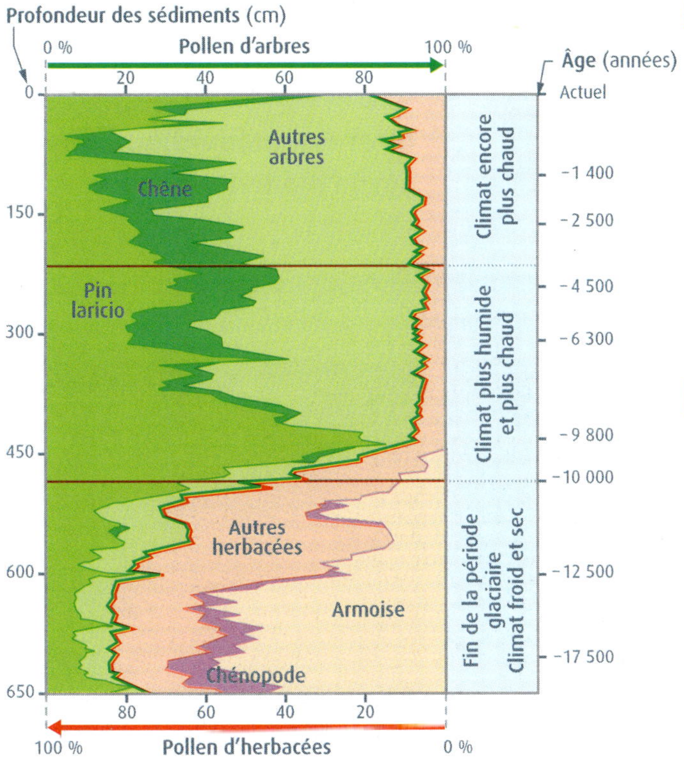

3 L'évolution de la végétation du lac Créno (Corse) depuis 17500 ans (en vignette, grains de pollen vus au MEB). Les sédiments qui se déposent dans le fond du lac emprisonnent les pollens de leur époque. En faisant un prélèvement (carotte) dans ces sédiments, les scientifiques peuvent analyser ces pollens. Le diagramme indique les pollens trouvés à différentes profondeurs dans la carotte. Plus les sédiments sont profonds, plus ils sont anciens. En lisant le diagramme pour un âge donné (ou une profondeur donnée), on reconstitue la végétation de l'époque. S'il y a plus de 60 % de pollens d'arbres, on considère qu'il y a une forêt.

4 Quelques paysages actuels. Lorsque les armoises et les chénopodes dominent la végétation, ils forment une steppe comme on en trouve aujourd'hui en Asie centrale. Les forêts de pin laricio sont très fréquentes dans la montagne corse actuelle.

ACTIVITÉS

1 DOC. 1. Déterminez les points communs et les différences de l'écosystème « mare forestière tropicale » entre le Carbonifère (−300 millions d'années) et aujourd'hui.

2 DOC. 2. Critiquez la phrase suivante : « La biodiversité actuelle représente moins de 1 % de la biodiversité totale qui a existé sur Terre ».

3 DOC. 3 ET 4. À quelle époque le paysage du lac Créno devient-il une forêt ? Cette forêt est-elle toujours la même depuis ?

4 DOC. 3 ET 4. Quel facteur semble lié au passage d'une steppe à une forêt sur les bords du lac Créno ?

5 EN CONCLUSION. Proposez des pistes pour expliquer comment la biodiversité a varié au cours du temps.

UNITÉ 3

L'action de l'Homme sur la biodiversité

L'Homme a toujours eu un impact sur les êtres vivants et les milieux naturels. Depuis quelques décennies, ses activités menacent fortement la biodiversité en raison de l'accélération de l'industrialisation, de la croissance démographique et de la mondialisation des échanges commerciaux.

Quel est, aujourd'hui, l'impact de l'Homme sur la biodiversité ?

Une étude de terrain : l'exemple des espèces invasives

Interview de **Michel Pascal**, chercheur en écologie

L'Homme a fréquemment emporté, volontairement ou non, d'autres mammifères avec lui lors de ses voyages et explorations. C'est par exemple le cas du lapin, du chat ou encore du rat. Ce rongeur voyage souvent en passager clandestin dans les navires. Du coup, quand l'Homme débarque sur une île, le rat en fait de même. Or son arrivée dans des îles où il n'avait pas encore posé les pattes a eu parfois un fort impact sur les espèces locales. Les espèces qui, après être arrivées dans un nouveau territoire, perturbent profondément les écosystèmes de ce territoire sont appelées espèces invasives.

1 Qu'est-ce qu'une espèce invasive ?

2 Le rat surmulot et l'île de Trielen (France).
Le rongeur a débarqué par accident au début du XXe siècle dans cette petite île bretonne. Il s'attaque aux œufs et aux poussins qui sont à sa portée. En 1996, des chercheurs ont capturé tous les rats de l'île. Ils ont ensuite déterminé, chaque année, le nombre de couples de différentes espèces d'oiseaux ayant fait leur nid sur l'île (voir doc. 3 et 4).

Pipit maritime

Hirondelle rustique

3 Deux espèces d'oiseaux étudiées par les chercheurs sur l'île de Trielen.
Toutes deux bâtissent un nid pour se reproduire. Le pipit maritime fait son nid au sol, dans l'herbe, tandis que l'hirondelle le construit le long des poutres des toitures.

B2i

	1992	1996	Éradication des rats	1997	1998	1999	2000	2001
Hirondelle rustique	4	8		8	5	8	4	9
Pipit maritime	11	12		15	34	50	65	66

4 Nombre de couples d'hirondelles rustiques et de pipits maritimes ayant fait leur nid sur l'île sur Trielen entre 1992 et 2001.

Les menaces sur la biodiversité : des causes multiples

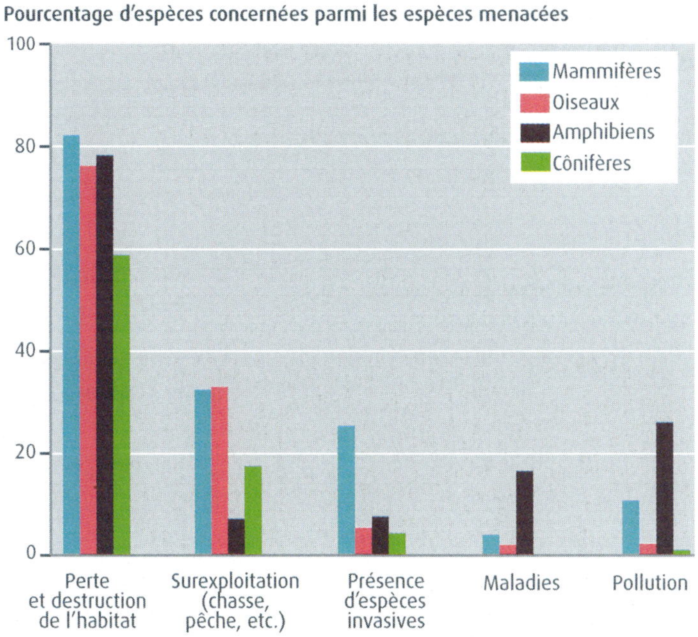

5 L'érosion de la biodiversité et ses différentes causes, pour les espèces de quatre groupes d'êtres vivants.

6 La destruction de la forêt en Amazonie. En Amérique du Sud, 40 millions d'hectares (ha) de forêt ont disparu entre 2000 et 2010. 1 ha = 10 000 m^2.

L'Homme et la biodiversité agricole

7 Plusieurs variétés de maïs. Depuis les débuts de l'agriculture, l'Homme croise et sélectionne les plantes qu'il cultive. Une plante sauvage du Mexique, la téosinte, est ainsi à l'origine de toutes les variétés de maïs, dont beaucoup ont disparu. En France, on compte plus de 1 200 variétés de maïs autorisées. Seules quelques-unes sont réellement cultivées.

ACTIVITÉS

1. **DOC. 1 À 3.** Formulez une hypothèse sur l'espèce d'oiseau qui peut être sensible à la présence du rat surmulot.
2. **DOC. 4.** Représentez graphiquement l'évolution du nombre de couples d'hirondelles et de pipits entre 1992 et 2001. Discutez de la validité de votre hypothèse.
3. **DOC. 5 ET 6.** Comparez l'impact des destructions d'habitats et des autres causes de perte de biodiversité pour chacun des groupes étudiés.
4. **DOC. 7.** Montrez que l'action de l'Homme peut également être bénéfique à la biodiversité.
5. **EN CONCLUSION.** Résumez l'impact actuel de l'Homme sur la biodiversité.

Voir Dico des SVT p. 260

CHAPITRE 5 BILAN

Biodiversité actuelle, biodiversité passée

Les connaissances

Les trois niveaux de la biodiversité

- La biodiversité se définit à trois niveaux qui sont emboîtés les uns dans les autres. Il y a la **biodiversité des écosystèmes**, c'est-à-dire celle des milieux de vie et des espèces qu'ils hébergent (1er niveau). La biodiversité des écosystèmes inclut la **biodiversité des espèces**, ou biodiversité spécifique (2e niveau). Au sein de chaque espèce, on constate des différences d'origine génétique entre les individus : c'est la **biodiversité génétique**, liée à l'existence des allèles (3e niveau). **[Unité 1]**
- Tous les groupes d'êtres vivants ne présentent pas la même biodiversité spécifique. Ainsi, le groupe des insectes est, de loin, celui qui contient le plus grand nombre d'espèces connues. **[Unité 1]**
- L'inventaire de la biodiversité est loin d'être terminé : de très nombreuses espèces vivantes, inconnues à ce jour, restent à découvrir. **[Unité 1]**

Les modifications de la biodiversité au cours du temps

- Au cours des temps géologiques, les espèces peuplant les différents écosystèmes terrestres ont changé : des espèces sont apparues, d'autres ont disparu. **[Unité 2]**
- Les espèces actuelles ne représentent qu'une infime proportion de l'ensemble des espèces qui a existé depuis l'apparition de la vie : la plupart de ces espèces a aujourd'hui disparu. La biodiversité actuelle est seulement une étape de l'histoire du monde vivant. **[Unité 2]**
- Les variations de l'environnement sont une des principales causes de modification de la biodiversité au cours du temps. Ces variations sont notamment dues aux changements climatiques. **[Unité 2]**

L'Homme a une action forte sur la biodiversité

- L'Homme est responsable d'une importante baisse de la biodiversité actuelle. La destruction des habitats (déforestation par exemple) et la surexploitation par la pêche ou la chasse sont les deux premières causes d'**érosion de la biodiversité**. Cette érosion ne touche cependant pas tous les groupes d'êtres vivants de la même façon. **[Unité 3]**
- L'Homme a facilité l'introduction de nombreuses espèces qui peuvent devenir invasives, c'est-à-dire modifier la biodiversité de l'écosystème où elles ont été introduites. **[Unité 3]**
- L'Homme a aussi contribué à l'augmentation de la biodiversité génétique des espèces agricoles. Ainsi, il existe aujourd'hui un grand nombre de variétés de chaque espèce cultivée. Toutefois, seul un petit nombre de ces variétés est utilisé par l'agriculture moderne. **[Unité 3]**

Les capacités et attitudes

- ▸ Réaliser des représentations graphiques pour comparer le nombre d'espèces connues dans différents groupes **[Unité 1]**
- ▸ Exploiter et analyser des documents pour mettre en évidence les modifications de la biodiversité au cours du temps **[Unité 2]**
- ▸ Comprendre les effets multiples des activités humaines sur la biodiversité **[Unité 3]**
- ▸ **Définir : biodiversité des écosystèmes • biodiversité des espèces • biodiversité génétique • érosion de la biodiversité**

Voir Dico des SVT p. 260

L'essentiel par l'image

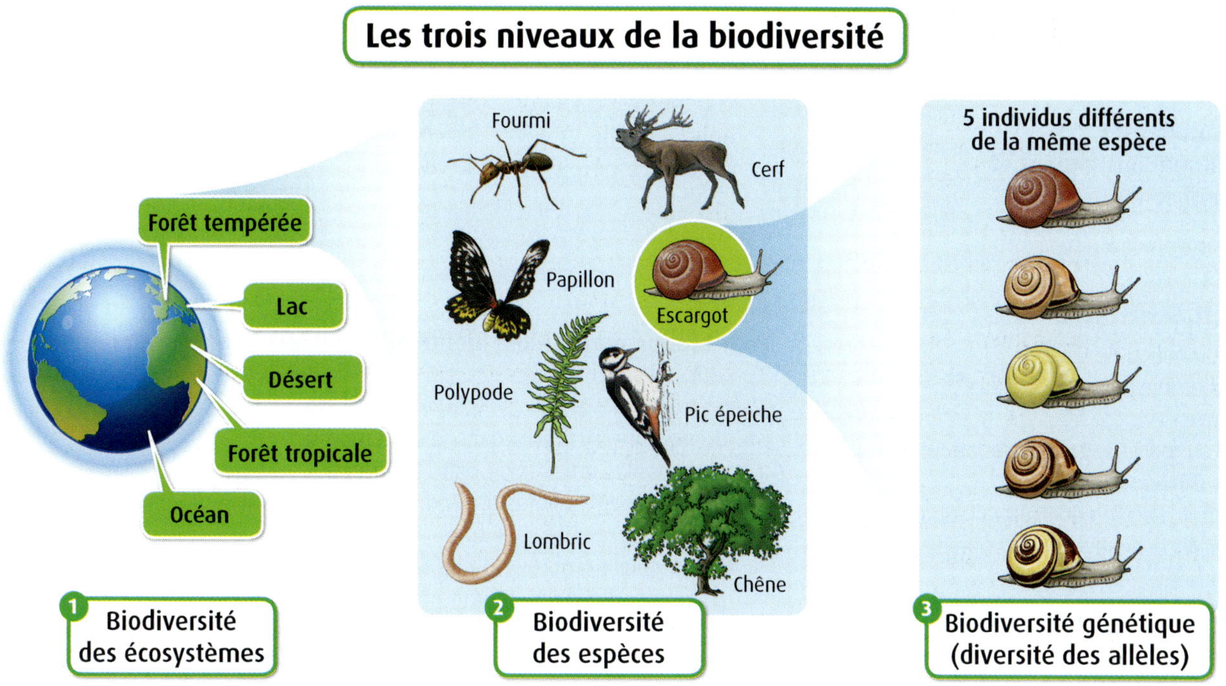

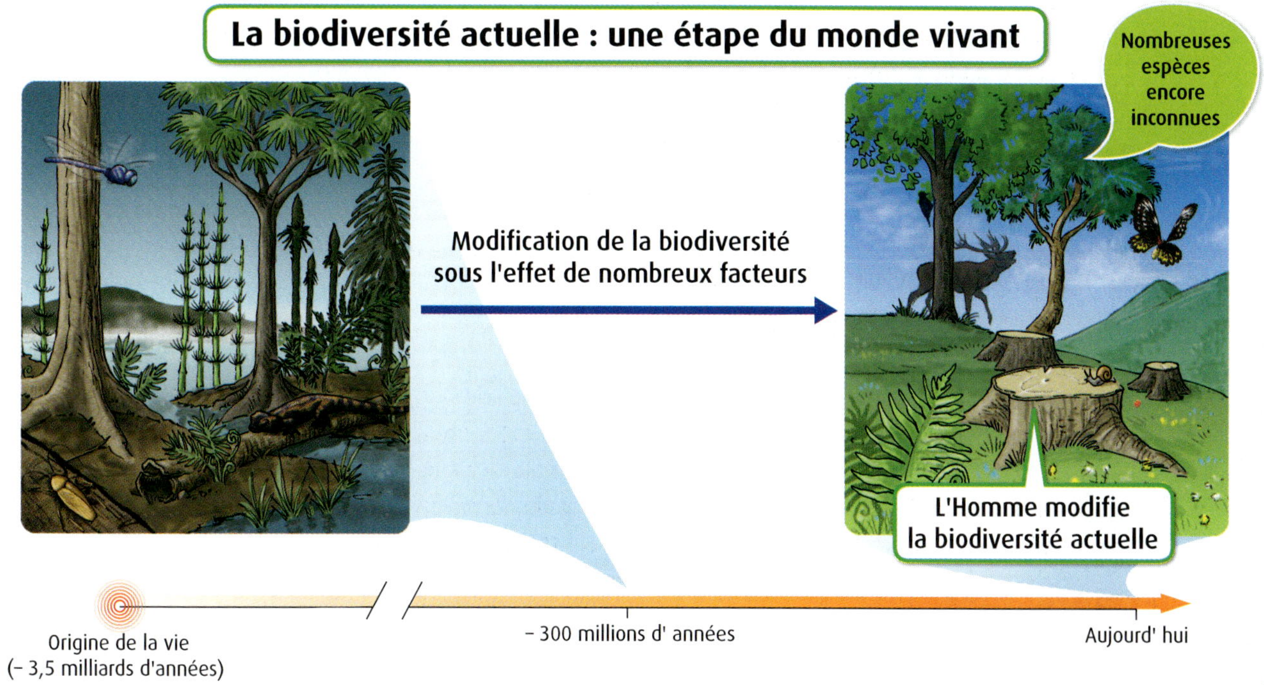

L'essentiel par le texte

> La biodiversité du vivant comprend la diversité des écosystèmes, la diversité des espèces et la diversité génétique au sein des espèces.

> La grande majorité des êtres vivants ayant vécu sur Terre a disparu. La biodiversité actuelle n'est qu'une étape dans l'histoire du monde vivant.

> Les modifications de la biodiversité au cours du temps sont dues notamment à des facteurs environnementaux et aux activités humaines.

EXERCICES

évaluer ses connaissances

1 Vrai ou faux ?

Identifiez les affirmations fausses et rectifiez-les.

a. La grande majorité des espèces vivant sur Terre sont connues aujourd'hui.

b. Le groupe des vertébrés est celui qui contient le plus grand nombre d'espèces.

c. La biodiversité est modifiée par les changements du climat.

d. L'Homme, par ses actions, peut diminuer ou augmenter la biodiversité.

2 Qui suis-je ?

1. Un milieu de vie avec l'ensemble des espèces qui s'y trouve.

2. La biodiversité observée au sein des espèces.

3. Ceux que l'on doit connaître pour évaluer la biodiversité au sein des espèces.

4. La principale cause d'érosion de biodiversité actuelle.

3 QCM

Pour chaque proposition, identifiez la (ou les) bonne(s) réponse(s).

1. Pour mesurer la biodiversité génétique d'une espèce, il faut tenir compte :

a. du nombre d'espèces dans le milieu de vie.

b. des fossiles proches de cette espèce.

c. des différents allèles des individus de cette espèce.

2. Les espèces actuelles :

a. sont plus nombreuses que les espèces disparues.

b. représentent une infime partie des espèces ayant existé.

c. ne subissent pas toutes les mêmes menaces.

s'entraîner avec un exercice guidé

4 L'impact d'un traitement pesticide sur la faune du sol

Après un traitement pesticide, on suit l'évolution des effectifs de deux groupes d'animaux du sol : les gamases et les collemboles. Les gamases sont des prédateurs de collemboles. Pour chaque groupe, on a déterminé le pourcentage de la population initiale (avant traitement) présent à un instant donné. On a également mesuré l'évolution de la quantité de pesticide dans le sol en fonction du temps.

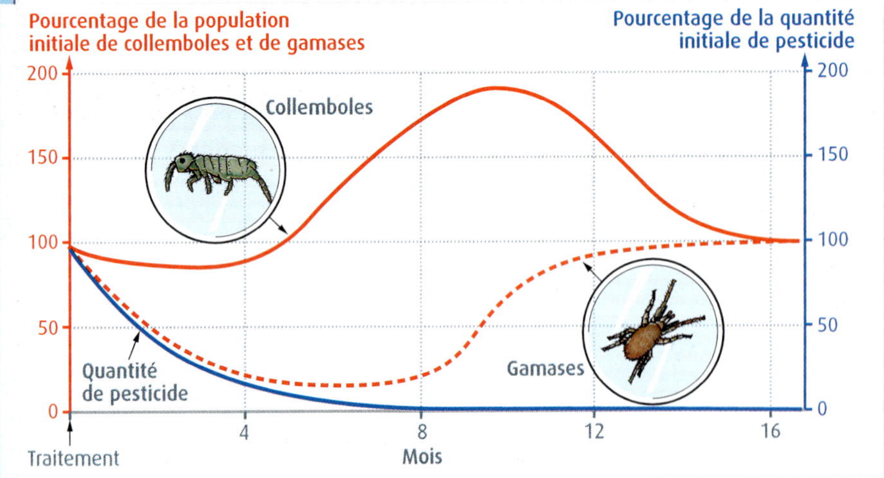

1. Évolution des effectifs de deux groupes d'animaux du sol et de la concentration en pesticide dans le sol après un traitement.

Un peu d'aide

• Saisir des informations

Décrivez l'évolution en fonction du temps :
- des effectifs de chaque groupe ;
- de la concentration en pesticide.

• Mettre en relation des informations

- Pour chaque groupe, mettez en relation les effectifs et la concentration en pesticide.
- Mettez en relation les effectifs des prédateurs et ceux des proies.

• Raisonner

- Pensez que tous les individus n'ont pas la même sensibilité à un pesticide.
- Déterminez les deux facteurs qui font varier la population des proies.

QUESTIONS ❶ Expliquez l'évolution des effectifs des gamases et des collemboles après le traitement.
❷ Déterminez les niveaux de la biodiversité qui ont été modifiés suite à l'action de l'Homme.

Appliquer ses connaissances

5 Des fossiles trompeurs

Analyser des données et faire preuve d'esprit critique

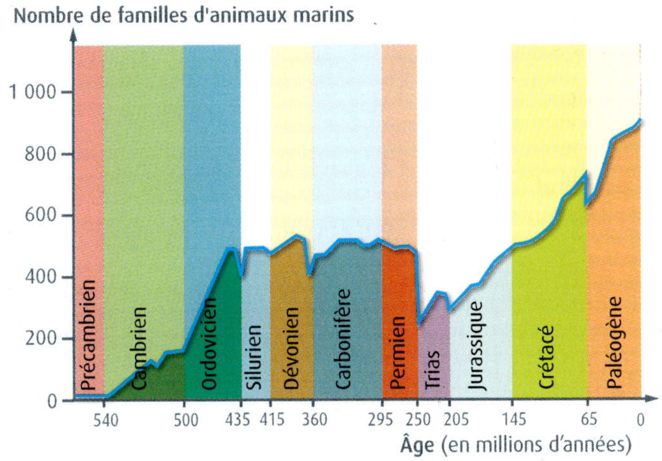

1. **Évolution du nombre de familles d'organismes marins connues depuis 540 millions d'années.**

Rechercher des fossiles est une activité difficile. La grande majorité des organismes sont décomposés après leur mort et disparaissent avant d'être fossilisés, et certaines espèces ne se fossilisent pas ou très mal (la plupart des bactéries et des champignons par exemple). En outre, plus les roches sont anciennes, plus elles sont rares à la surface de la Terre (elles ont pu disparaître par érosion par exemple). Enfin, de nombreuses roches riches en fossiles sont enfouies sous des kilomètres d'autres roches.

2. **Les fossiles, une denrée rare.**

1. D'après le doc. 1, décrivez les variations de la biodiversité marine depuis 540 millions d'années.
2. D'après le doc. 2, que pouvez-vous dire de notre connaissance de la biodiversité du passé ?
3. Peut-on affirmer que la biodiversité est moins importante aujourd'hui qu'il y a 100 millions d'années ?

6 Une sixième crise de la vie ?

S'informer et raisonner

Depuis 540 millions d'années, la biosphère terrestre a connu cinq « crises de la biodiversité », au cours desquelles plus de 75 % des espèces ont disparu dans un intervalle de temps bref à l'échelle des temps géologiques (3 millions d'années au plus). Aujourd'hui, certains scientifiques s'alarment car les activités humaines seraient à l'origine d'une sixième crise de la vie : une espèce animale ou végétale disparaîtrait toutes les 25 minutes.

1. D'après le doc. 1 de l'exercice 5, donnez la date des cinq crises de la biodiversité depuis 540 millions d'années.
2. Donnez plusieurs exemples d'actions de l'Homme qui menacent la biodiversité.

7 Les récifs coralliens et le réchauffement climatique

Exprimer et exploiter des résultats

Les récifs de coraux abritent plus d'un tiers des espèces de poissons. Ils sont aujourd'hui gravement menacés de destruction par la pêche, la pollution et les espèces invasives. Les coraux sont des animaux fixés. Ils s'alimentent grâce à une algue microscopique qui vit en étroite association avec eux. En présence de lumière et de matières minérales, cette algue produit des sucres : c'est la photosynthèse. Elle transmet une partie de ces sucres au corail.

● Sachant que les climatologues prévoient qu'en 2050, la température moyenne de la Terre aura augmenté de 1 à 3 °C en raison de l'accumulation dans l'atmosphère de gaz à effet de serre, montrez qu'une nouvelle menace pèse sur les récifs coralliens.

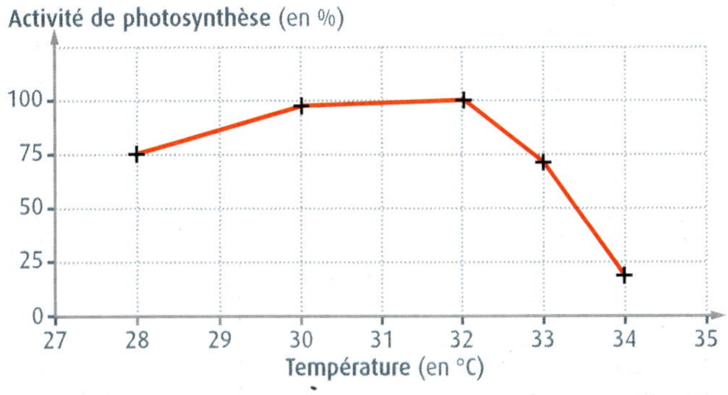

1. **Évolution de l'activité de photosynthèse d'une algue associée avec un corail en fonction de la température.**
À chaque température, on a déterminé l'activité photosynthétique. Celle-ci est exprimée en pourcentage de l'activité de photosynthèse mesurée aujourd'hui dans le milieu de vie du corail (à 32 °C).

ATELIERS D'EXPLORATION

PLUS LOIN AVEC INTERNET — À la recherche de la biodiversité

B2i

Seules 1,76 million d'espèces vivant sur Terre ont été décrites, sur un potentiel de 30 millions ! Pour combler ce handicap, de grandes expéditions sont organisées dans des régions du monde peu explorées jusqu'à présent.

ACTIVITÉS

1. Sur le site du programme « La Planète revisitée », cherchez les milieux qui ont été étudiés par l'expédition Madagascar 2010.
2. Quelles méthodes utilise-t-on pour étudier la biodiversité de ces milieux ?
3. Quels sont les premiers résultats obtenus ?

Inventoriez vous aussi la biodiversité proche

1. Choisissez un milieu à étudier, naturel (forêt, sol, plage de rochers, etc.) ou modifié par l'Homme (jardin, parc).
2. Cherchez des techniques simples pour étudier la biodiversité : par exemple, un piège lumineux pour capturer les insectes.
3. Identifiez les espèces récoltées et faites un bilan.
4. Renseignez-vous auprès d'un responsable de la zone étudiée pour comprendre comment il favorise et maintient la biodiversité.

www.laplaneterevisitee.org

Le site de l'expédition Madagascar 2010 menée par le Muséum national d'histoire naturelle de Paris.

ENQUÊTE — Un futur sans abeilles ?

Plus des trois quarts des cultures (fruitières, légumières, café, cacao, etc.) bénéficient de l'activité pollinisatrice des animaux, et tout particulièrement des abeilles. Actuellement, le « syndrome d'effondrement des colonies d'abeilles » (CDD) menace une bonne partie de la production alimentaire mondiale.

Une abeille pollinisant une fleur de cerisier.

ACTIVITÉS

1. Expliquez le rôle joué par les abeilles vis-à-vis des plantes à fleurs.
2. Cherchez cinq produits alimentaires qui sont obtenus grâce à la pollinisation par les abeilles.
3. Identifiez les suspects pouvant être responsables de la disparition des abeilles. Mots clés : CDD, prédateurs de l'abeille, maladies, insecticides, problèmes alimentaires...

POUR VOUS GUIDER

B2i

- www.inra.fr/presse (faire une recherche avec « abeilles »)
- www.insectes.org
- http://lesilencedesabeilles.over-blog.com

CHAPITRE 6

Diversité et parentés au sein des vertébrés

La biodiversité actuelle est caractérisée par une grande richesse d'espèces vivantes. On connaît aussi, par leurs restes fossiles, de très nombreuses espèces disparues, tout aussi diverses que les espèces actuelles. Au sein de la diversité des espèces, les scientifiques ont reconnu des groupes comme, par exemple, celui des vertébrés.

Gravures rupestres dans le tassili des Ajjer, Sahara algérien (–5 000 ans).

Comment expliquer à la fois les points communs et les différences d'organisation que l'on constate entre les vertébrés ?

UNITÉ 1

L'organisation générale de deux vertébrés

L'observation externe et la dissection d'un animal permettent de connaître son organisation d'ensemble. Cette organisation est définie par la disposition des structures suivant des axes, appelés axes de polarité.

Quelles sont les caractéristiques communes de l'organisation de deux vertébrés ?

L'organisation de la souris TP

1 Une souris domestique (vertébré, mammifère).

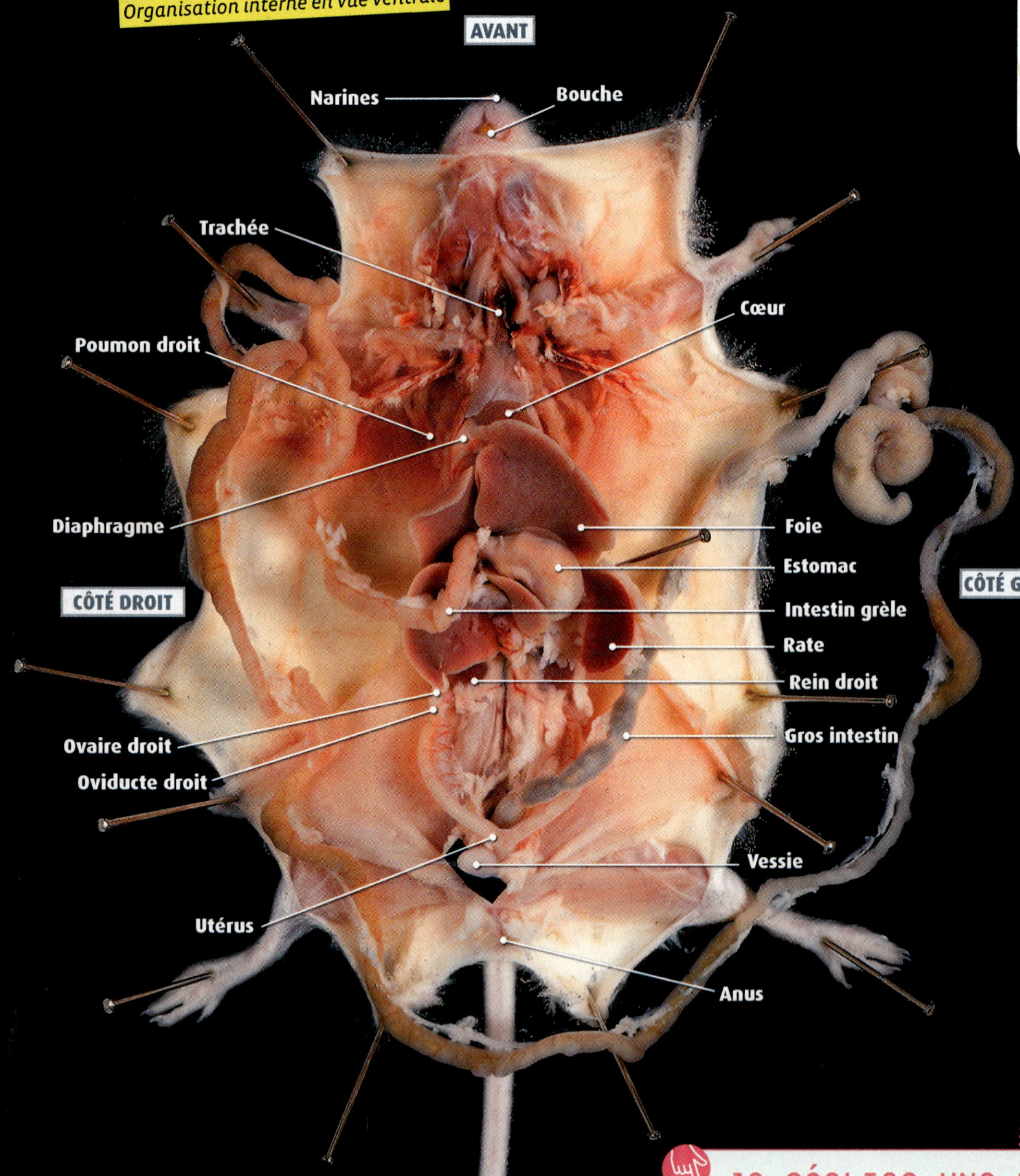

2 La dissection d'une souris femelle.

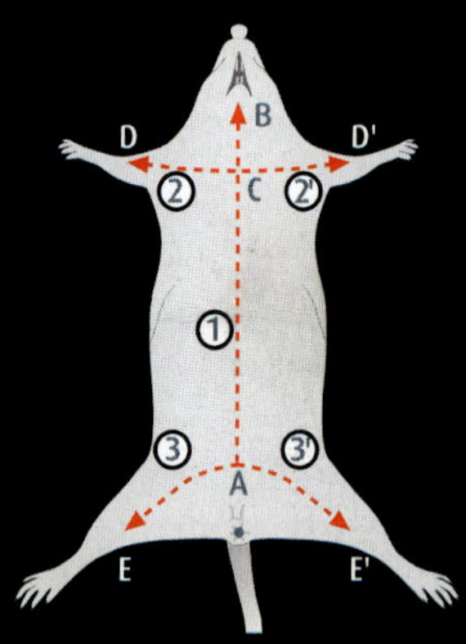

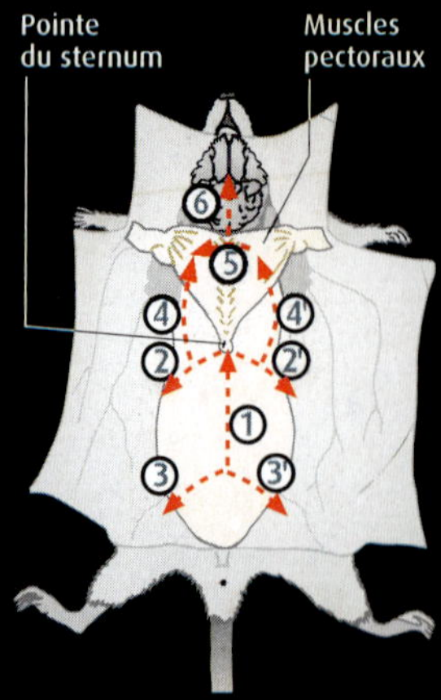

JE RÉALISE UNE DISSECTION

- Fixez la souris sur le dos à l'aide d'épingles.
- Effectuez les incisions cutanées dans le sens et l'ordre indiqués ci-dessus.
- Recouvrez d'eau, puis effectuez les incisions musculaires dans le sens et l'ordre indiqués ci-dessus.
- Repérez le diaphragme, qui sépare le tronc en thorax et abdomen.
- Rabattez le foie vers l'avant et déroulez l'intestin en sectionnant progressivement l'enveloppe qui maintient les anses intestinales.

L'organisation de la grenouille

TP

Organisation interne en vue ventrale

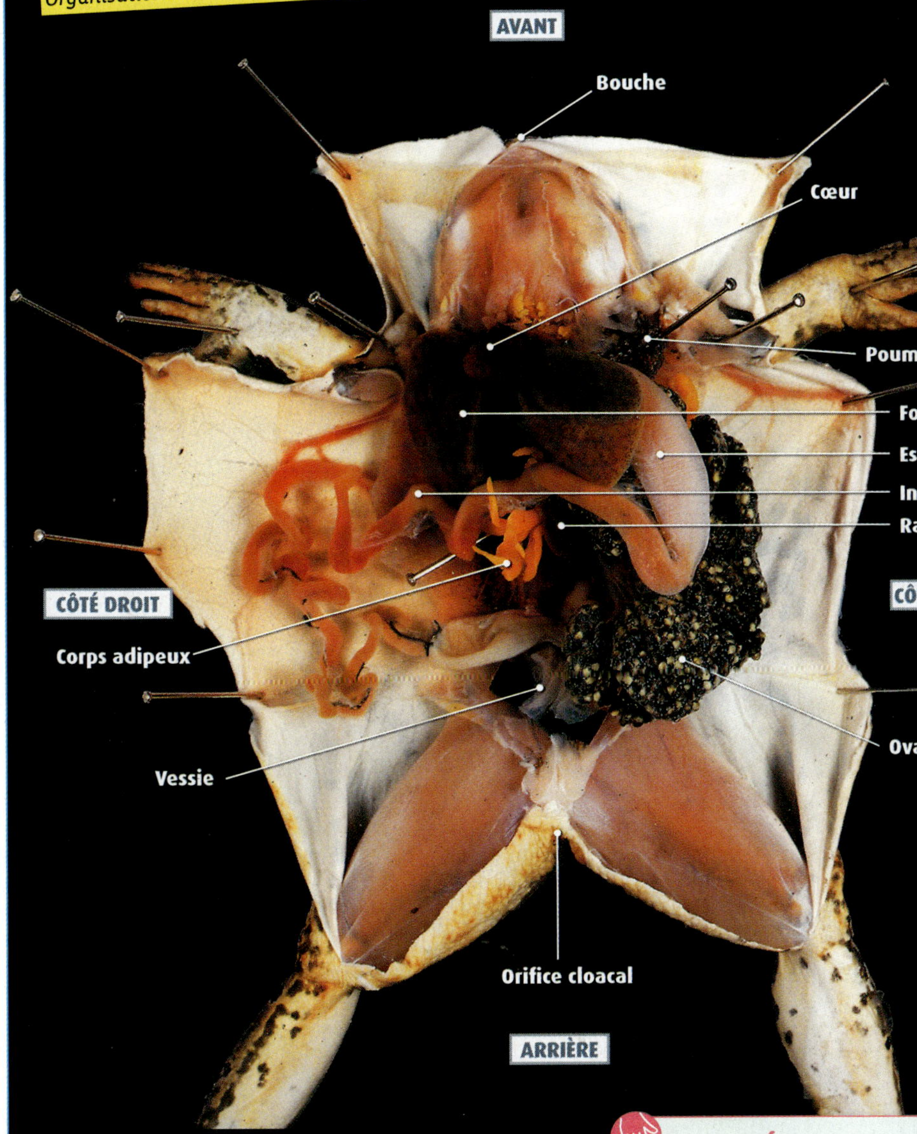

4 La dissection d'une grenouille femelle.

3 **Une grenouille verte (vertébré, amphibien).**

Incisions cutanées

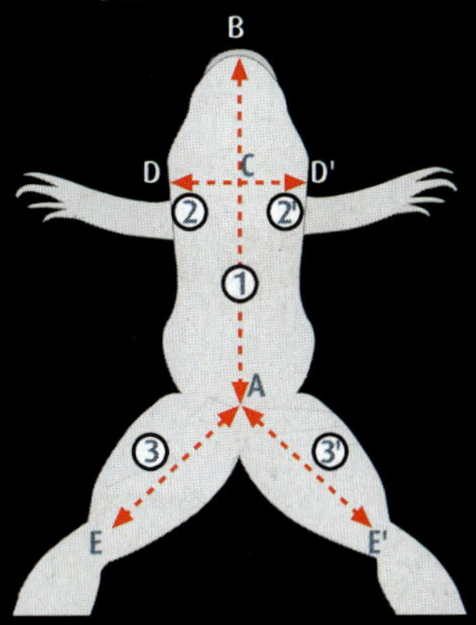

Incisions musculaires

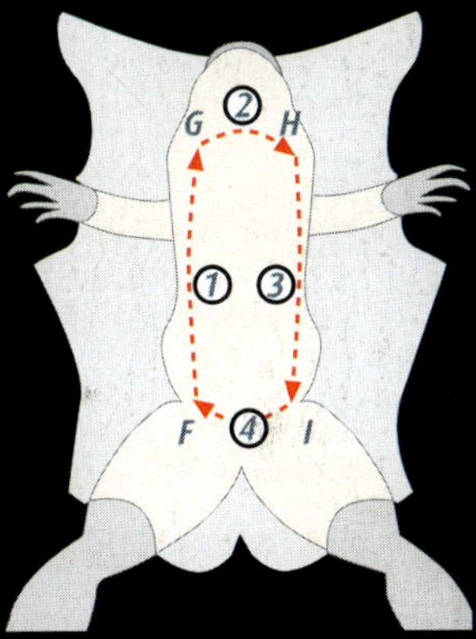

JE RÉALISE UNE DISSECTION

- *Fixez la grenouille sur le dos à l'aide d'épingles.*
- *Effectuez les incisions cutanées dans le sens et l'ordre indiqués ci-dessus.*
- *Recouvrez d'eau, puis effectuez les incisions musculaires dans le sens et l'ordre indiqués ci-dessus.*
- *Rabattez le foie et déroulez l'intestin.*
- *Chez une femelle, il convient de supprimer, d'un côté, l'ovaire et l'oviducte, très volumineux.*

ACTIVITÉS

1 **DOC. 1 ET 3.** Identifiez les structures visibles de l'avant à l'arrière de chaque animal.

2 **DOC. 1 ET 3.** Identifiez les côtés droit et gauche de l'animal et nommez les organes pairs, c'est-à-dire disposés de façon symétrique par rapport à un plan.

3 **DOC. 2 ET 4.** Faites un schéma d'une coupe transversale orientée (dos/ventre, droite/gauche) de la souris ou de la grenouille au niveau du tronc, en situant la peau, la colonne vertébrale, les muscles, les reins, les ovaires et le tube digestif.

4 **DOC. 1 À 4.** Définissez les axes de polarité antéro-postérieure et dorso-ventrale des animaux et montrez qu'ils présentent une symétrie bilatérale (par rapport à un plan).

5 **EN CONCLUSION.** Déterminez quelques caractéristiques communes de l'organisation de la souris et de la grenouille.

UNITÉ 2

L'organisation du squelette de quelques vertébrés

Les vertébrés présentent tous une symétrie bilatérale et une succession ordonnée d'organes suivant deux axes de polarité. Ils possèdent en outre un squelette interne qui assure le soutien du corps et permet les mouvements, grâce à ses attaches avec les muscles.

Quels sont les points communs et les différences dans l'organisation du squelette de quelques vertébrés ?

L'organisation générale du squelette de quelques vertébrés

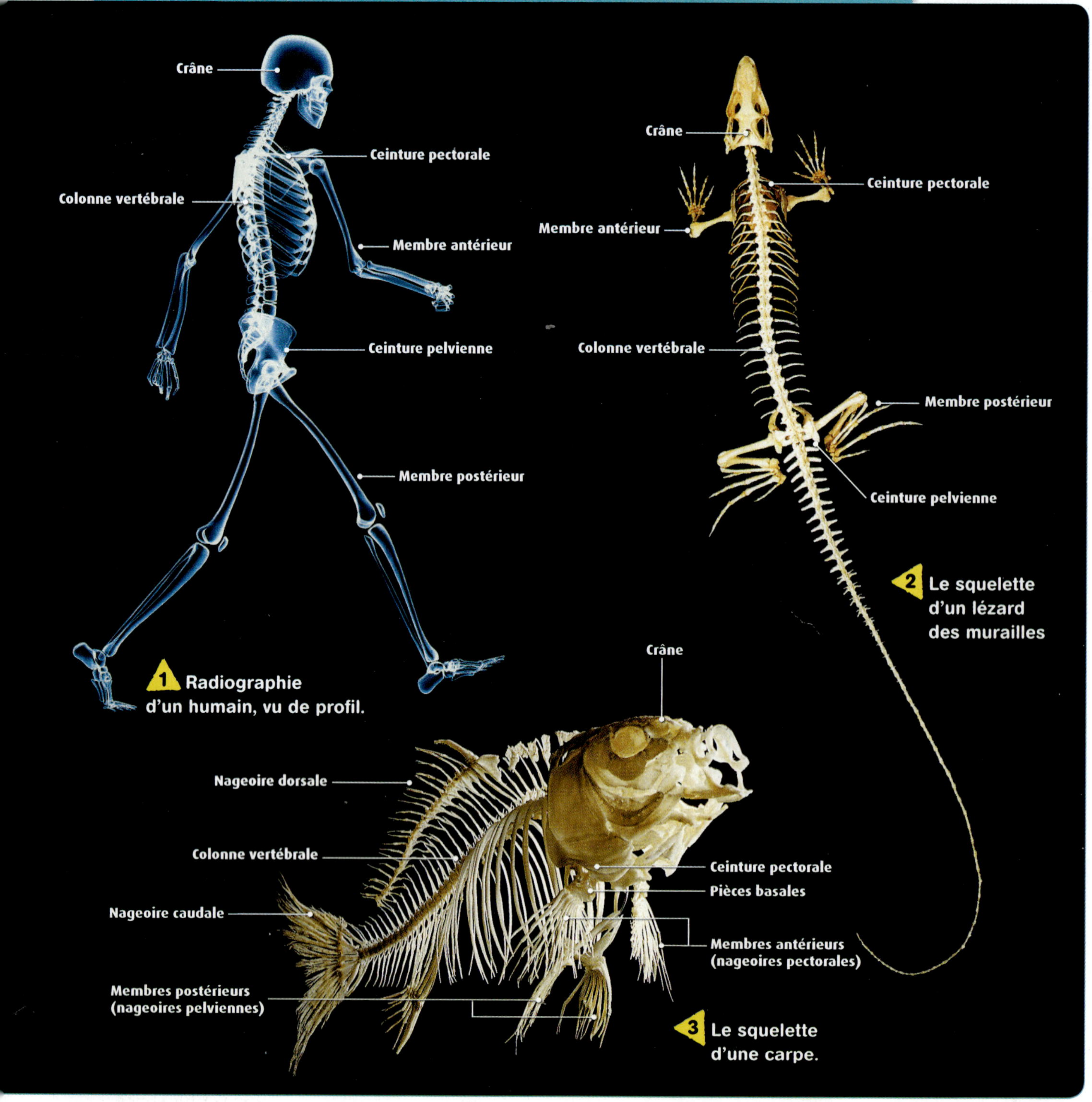

1 Radiographie d'un humain, vu de profil.

2 Le squelette d'un lézard des murailles

3 Le squelette d'une carpe.

Le squelette des membres pairs de quelques vertébrés

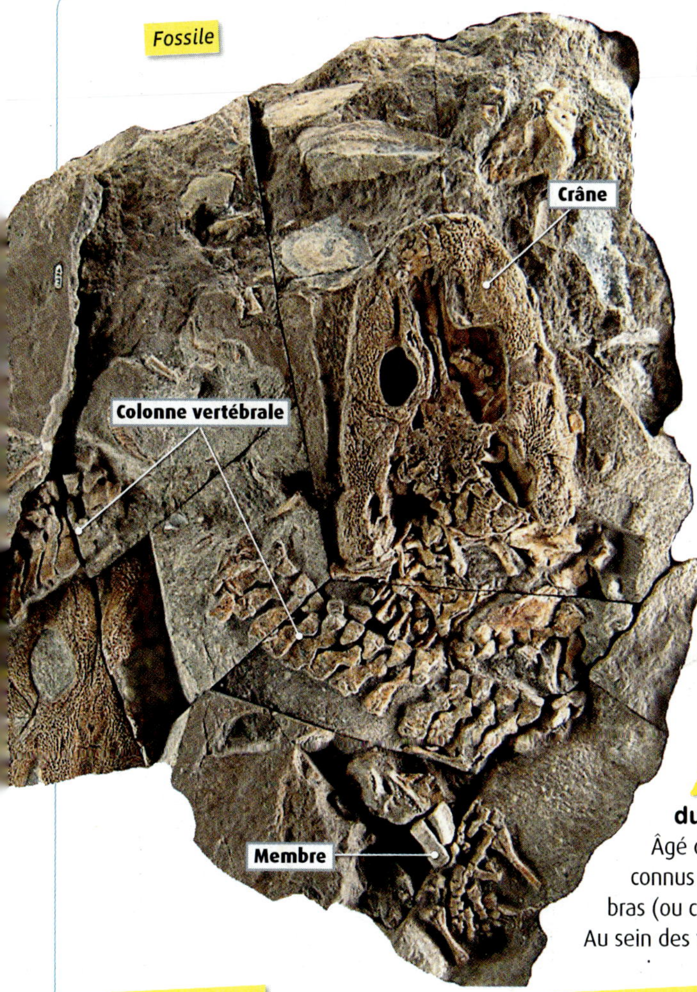

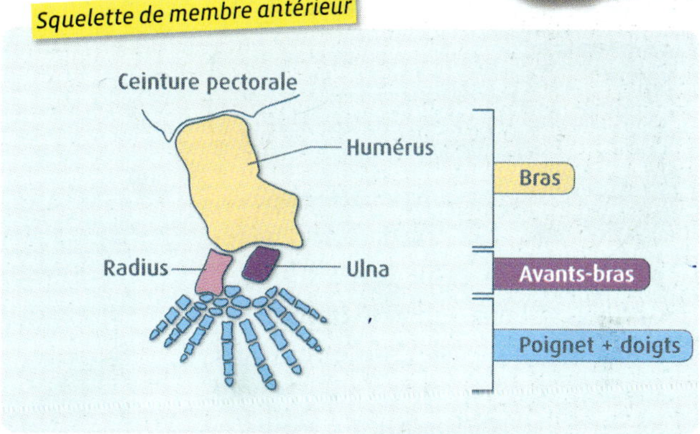

4 Fossile, reconstitution et vue schématique du squelette du membre antérieur d'*Acanthostega*.
Âge de 360 millions d'années, *Acanthostega* est l'un des plus vieux vertébrés connus qui possède des membres organisés en trois segments successifs : bras (ou cuisse), avant-bras (ou jambe) et main (ou pied) pourvue de doigts. Au sein des vertébrés, *Acanthostega* est classé dans le groupe des tétrapodes.

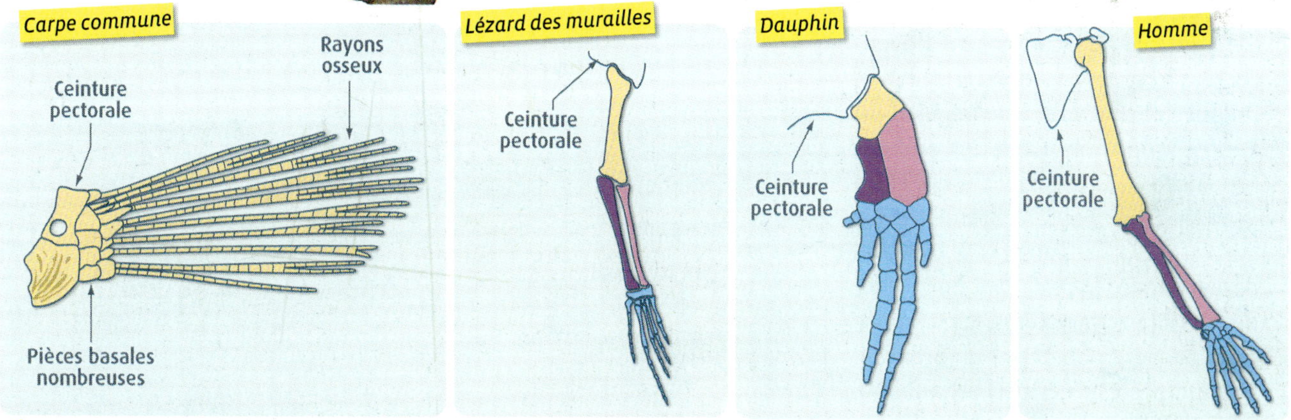

5 Le squelette du membre antérieur de quatre vertébrés.
Chez la carpe et chez le dauphin, le membre antérieur est une nageoire.

ACTIVITÉS

1. **DOC. 1 À 3.** Repérez les points communs au squelette des trois vertébrés.
2. **DOC. 4 ET 5.** Montrez en quoi l'organisation du membre antérieur d'*Acanthostega*, de l'Homme, du dauphin et du lézard est similaire.
3. **DOC. 5.** Montrez en quoi l'organisation de la nageoire pectorale de carpe est différente de celle de la nageoire antérieure de dauphin.
4. **DOC. 4 ET 5.** Sachant que l'organisation du squelette du membre est un caractère commun à toutes les espèces de tétrapodes, identifiez les tétrapodes parmi les espèces étudiées.
5. **EN CONCLUSION.** Résumez les points communs et les différences dans l'organisation du squelette des cinq vertébrés étudiés.

Voir Dico des SVT p. 260

UNITÉ 3

Des parentés chez les vertébrés

En comparant différents vertébrés, on constate que certaines caractéristiques sont communes à tous (crâne, colonne vertébrale), tandis que d'autres sont communes à certains vertébrés seulement.

Comment expliquer l'existence de ces différents points communs dans l'organisation des vertébrés ?

Établir des parentés

Interview de **Guillaume Lecointre**, chercheur en systématique et évolution

Au sein d'une espèce, des caractères héréditaires nouveaux apparaissent. Certains d'entre eux conduisent à la transformation des espèces, souvent sur des durées imperceptibles pour nous : c'est l'évolution. La biodiversité actuelle est ainsi le résultat d'une longue histoire. Pour tenter de la reconstituer, les scientifiques étudient des échantillons d'espèces et comparent leurs caractères. Si un caractère X est présent chez certaines espèces d'un échantillon et pas chez d'autres, alors les scientifiques posent l'hypothèse que toutes les espèces qui possèdent ce caractère sont issues d'un ancêtre commun. Chez cet ancêtre, le caractère X, qualifié d'innovation évolutive, est pour la première fois apparu, et il l'a transmis à toute sa descendance. En analysant de la sorte de nombreux caractères, les scientifiques peuvent construire un arbre de parenté des espèces de l'échantillon. Si les espèces ayant le caractère X sont ensemble sur l'arbre, l'hypothèse est validée (dans le cas contraire, elle est rejetée) et les espèces ayant le caractère X sont plus proches parentes entre elles qu'avec d'autres espèces de l'échantillon. Elles forment alors un groupe de la classification du vivant.

1 **Comment l'évolution explique-t-elle les parentés ?**

	1. yeux et bouche	2. colonne vertébrale et crâne	3. membre pourvu de doigts	4. vertèbres du cou avec quille*	5. poils
Homme	présents	présents	présent	absentes	présents
Souris domestique	présents	présents	présent	absentes	présents
Lézard des murailles	présents	présents	présent	présentes	absents
Carpe commune	présents	présents	absent	absentes	absents
Escargot petit gris	présents	absents	absent	absentes	absents

* la quille est une protubérance ventrale.

2 **Exemple de tableau de caractères (ou attributs) pour un échantillon d'espèces.**

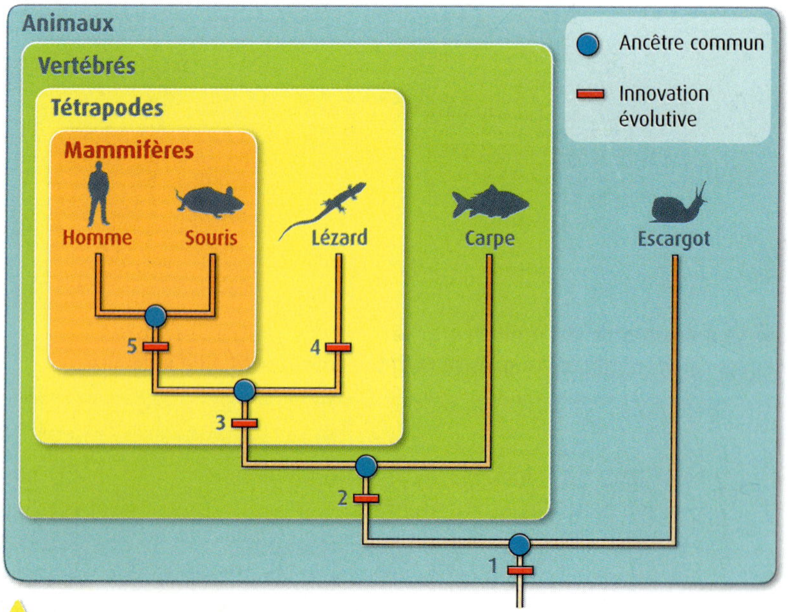

3 **L'arbre de parenté et les groupes emboîtés obtenues avec l'échantillon d'espèces étudié dans le doc. 2.**
Chaque numéro renvoie à un attribut du doc. 2.

Construire un arbre de parenté de vertébrés actuels et fossiles

4 Reconstitution de deux vertébrés fossiles. *Ichtyostega* est un vertébré fossile proche d'*Acanthostega* (voir doc. 4, p. 81). *Cladoselache* est un requin fossile. Son squelette, comme celui de tous les requins, n'est pas constitué d'os, mais de cartilage.

TP

	Crâne et Vertèbres	Pièces basales	Squelette	Vertèbres cervicales	Poils
Chat sauvage	Présents	Une seule	Osseux	Plus de 3	Présents
Cladoselache	Présents	0 ou plusieurs	Cartilagineux	Moins de 3	Absents
Dauphin	Présents	Une seule	Osseux	Plus de 3	Présents
Grenouille	Présents	Une seule	Osseux	Moins de 3	Absents
Homme	Présents	Une seule	Osseux	Plus de 3	Présents
Ichtyostega	Présents	Une seule	Osseux	Moins de 3	Absents
Lézard	Présents	Une seule	Osseux	Plus de 3	Absents
Sardine	Présents	0 ou plusieurs	Osseux	Moins de 3	Absents
Requin	Présents	0 ou plusieurs	Cartilagineux	Moins de 3	Absents

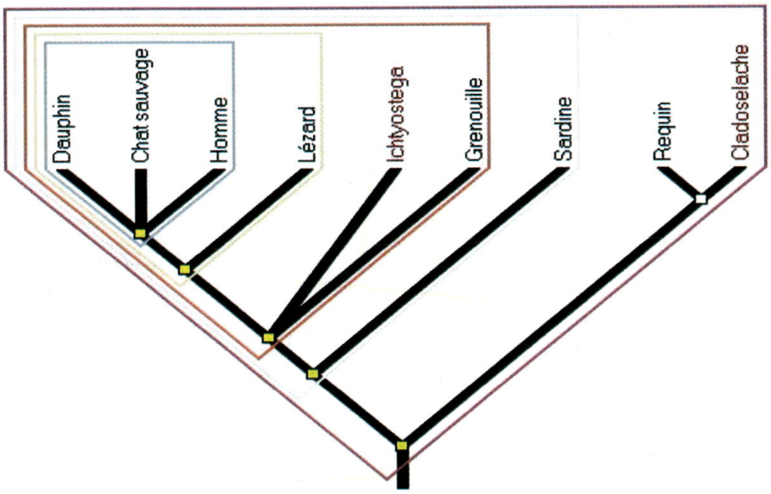

5 Tableau de caractères et arbre de parenté obtenus par le logiciel Phylogène à partir d'un échantillon de vertébrés actuels et fossiles. Dans un arbre de parenté, les espèces fossiles se classent comme les espèces actuelles : au bout des branches. Les pièces basales correspondent aux éléments du squelette situés au contact de la ceinture pectorale (voir doc. 5, p. 81).

J'UTILISE UN LOGICIEL

- *Grâce à la banque de données du logiciel* ***Phylogène****, établissez pour chaque espèce de l'échantillon choisi le tableau qui permet de comparer les caractères.*
- *Construisez l'arbre en regroupant entre elles les espèces qui ont le plus d'innovations évolutives en commun.*

ACTIVITÉS

1 DOC. 1 À 3. Indiquez quelques innovations évolutives apparues dans la lignée conduisant au lézard et dans celle conduisant aux mammifères.

2 DOC. 1 À 3. Localisez, au niveau de l'arbre, l'emplacement du dernier ancêtre commun à la souris et à l'Homme et donnez quelques-unes de ses caractéristiques.

3 DOC. 3. Donnez les caractéristiques communes aux vertébrés inclus dans chacun des groupes figurés.

4 DOC. 4 ET 5. En tenant compte de l'âge d'*Ichtyostega* et de *Cladoselache*, donnez l'âge minimum du dernier ancêtre commun à la grenouille et à l'Homme et celui du dernier ancêtre commun au requin et au dauphin.

5 EN CONCLUSION. Expliquez l'origine des différents points communs que l'on peut constater dans l'organisation des vertébrés.

Voir Dico des SVT p. 260

CHAPITRE 6

Diversité et parentés au sein des vertébrés

Les connaissances

L'organisation générale des vertébrés

- Les vertébrés présentent une organisation générale commune. Leurs organes sont disposés de façon ordonnée suivant deux **axes de polarité**. On reconnaît, de l'avant vers l'arrière, la tête, le tronc et la queue : c'est l'axe de polarité antéro-postérieure. La face du corps située dessous (dans le sens de la pesanteur) est la face ventrale, la face opposée est la face dorsale. Ces deux faces révèlent la polarité dorso-ventrale. **[Unité 1]**
- Les axes de polarité antéro-postérieure et dorso-ventrale définissent un **plan de symétrie** qui sépare la moitié droite et la moitié gauche de l'organisme. **[Unité 1]**

Le squelette des vertébrés

- Tous les vertébrés présentent un **squelette interne** organisé de la même façon. Il comprend un crâne et une colonne vertébrale formée d'unités similaires : les **vertèbres**. Les membres sont soutenus par le squelette et reliés à des ceintures osseuses. **[Unité 2]**
- L'organisation du squelette présente des points communs que l'on retrouve chez certains vertébrés seulement. Ainsi, chez les vertébrés tétrapodes (mammifères ou amphibiens par exemple), le squelette des membres comporte toujours trois segments : bras ou cuisse (qui relient le membre aux ceintures), avant-bras ou jambe, main ou pied munis de doigts. Cette organisation est conservée quelles que soient la forme et la fonction du membre (nageoire ou membre marcheur par exemple). **[Unité 2]**

Les parentés au sein des vertébrés

- Les espèces, qu'elles soient actuelles ou fossiles, représentent une étape de l'histoire de la vie. Elles sont le fruit de l'évolution. Les caractères (ou attributs) communs à tous les vertébrés (squelette interne, vertèbres, crânes) sont hérités d'un **ancêtre commun**. Cet ancêtre les a transmis à tous ses descendants. Dans la suite de l'évolution des vertébrés, des caractères nouveaux, ou **innovations évolutives** (le membre muni de doigts des tétrapodes par exemple), sont apparus. Ces innovations ont conduit à la grande biodiversité que l'on observe chez les vertébrés actuels et fossiles. **[Unité 3]**
- Les espèces qui partagent les mêmes innovations évolutives sont plus proches parentes entre elles qu'avec d'autres espèces. En effet, elles sont issues d'un même ancêtre commun chez lequel ces innovations évolutives sont apparues et qui les leur a transmises. Le partage des innovations évolutives permet ainsi de déterminer des **relations de parenté** entre toutes les espèces qui constituent la biodiversité et de construire des arbres de parenté. **[Unité 3]**
- Les espèces qui partagent les mêmes innovations évolutives forment un **groupe** de la **classification du vivant**. **[Unité 3]**

Les capacités et attitudes

- Mettre en œuvre un protocole de dissection pour comparer l'organisation de la souris et de la grenouille **[Unité 1]**
- Recenser, extraire et organiser des informations afin d'identifier les points communs de l'organisation du squelette de quelques vertébrés **[Unité 2]**
- Utiliser un logiciel pour classer un échantillon de vertébrés **[Unité 3]**
- **Définir :** ancêtre commun • axe de polarité • classification du vivant • innovation évolutive • groupe • plan de symétrie • relation de parenté • squelette interne • vertèbre

Voir Dico des SVT p. 260

L'essentiel par l'image

Les espèces d'un même groupe partagent une organisation commune

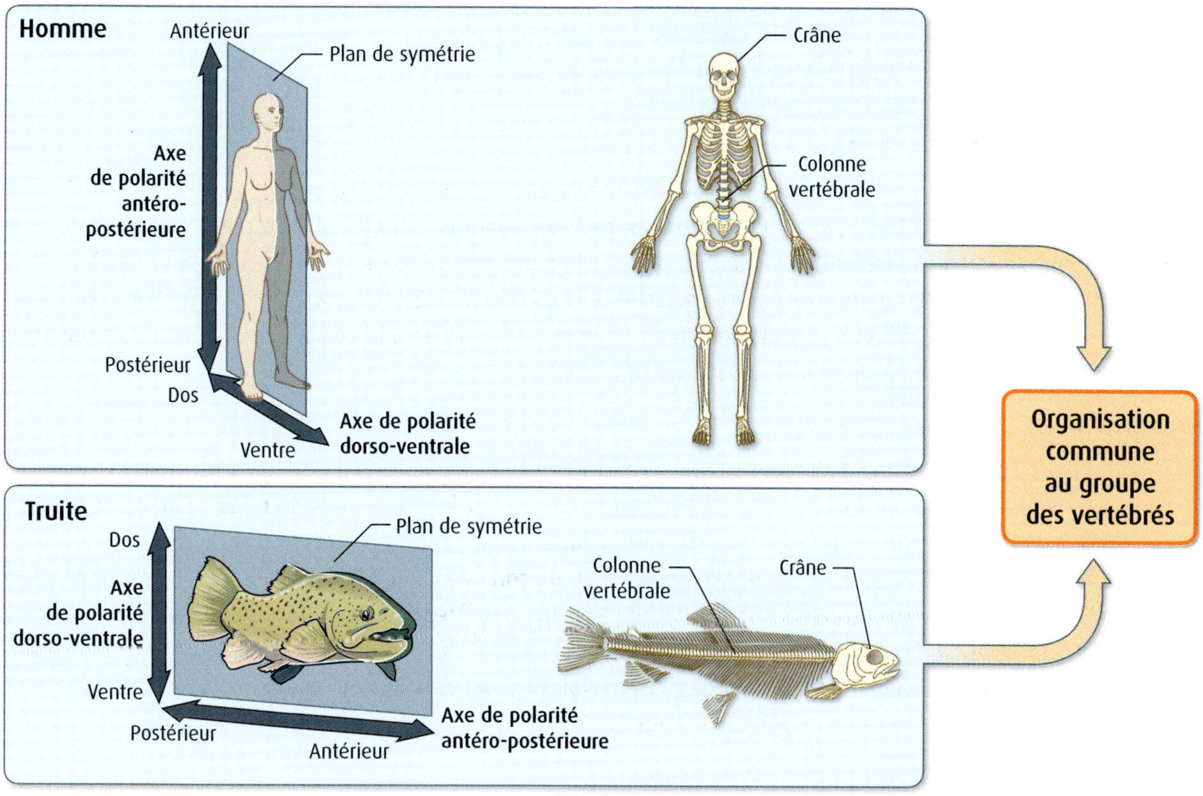

Les espèces d'un même groupe partagent un ancêtre commun

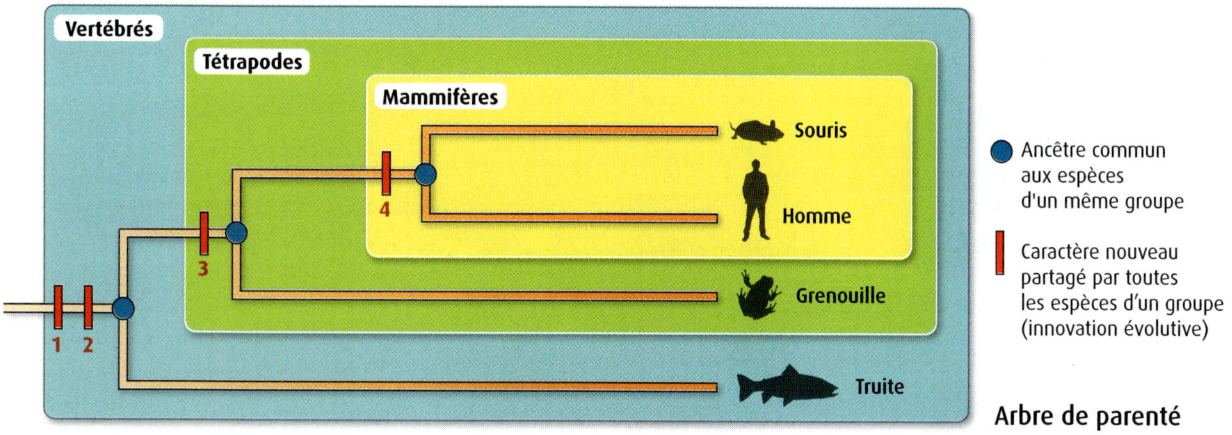

Arbre de parenté

L'essentiel par le texte

> Les vertébrés présentent un plan d'organisation commun défini par des axes de polarité et un plan de symétrie. Ils possèdent tous un squelette comportant un crâne et une colonne vertébrale constituée de vertèbres. Ces similitudes d'organisation suggèrent que tous les vertébrés partagent un ancêtre commun.

> Les espèces qui partagent la même organisation sont plus proches parentes entre elles qu'avec d'autres espèces. Ces espèces, issues d'un même ancêtre commun, forment un groupe de la classification du vivant.

EXERCICES

évaluer ses connaissances

1 VRAI OU FAUX ?

Indentifiez les affirmations fausses et rectifiez-les.

a. La polarité antéro-postérieure est donnée par la disposition ordonnée des organes de l'avant vers l'arrière.

b. Chez un vertébré, le plan de symétrie sépare les moitiés dorsale et ventrale.

c. La colonne vertébrale existe chez tous les animaux terrestres.

2 Une phrase appropriée

Rédigez une phrase scientifiquement correcte avec les termes suivants :

a. Polarité ; axe ; anus ; bouche ; antéro-postérieur.

b. Vertébrés ; vertèbres ; colonne vertébrale ; crâne.

3 QCM

Pour chaque proposition, identifiez la (ou les) bonne(s) réponse(s).

1. L'organisation commune à tous les vertébrés :

a. comporte des polarités antéro-postérieure et dorso-ventrale.

b. ne comporte pas de plan de symétrie.

c. suggère une parenté entre les espèces.

2. Le squelette des vertébrés :

a. comporte toujours une colonne vertébrale.

b. est dépourvu de colonne vertébrale chez les vertébrés fossiles.

c. comporte toujours un membre pourvu de doigts.

s'entraîner avec un exercice guidé

4 L'organisation de deux embryons de vertébrés

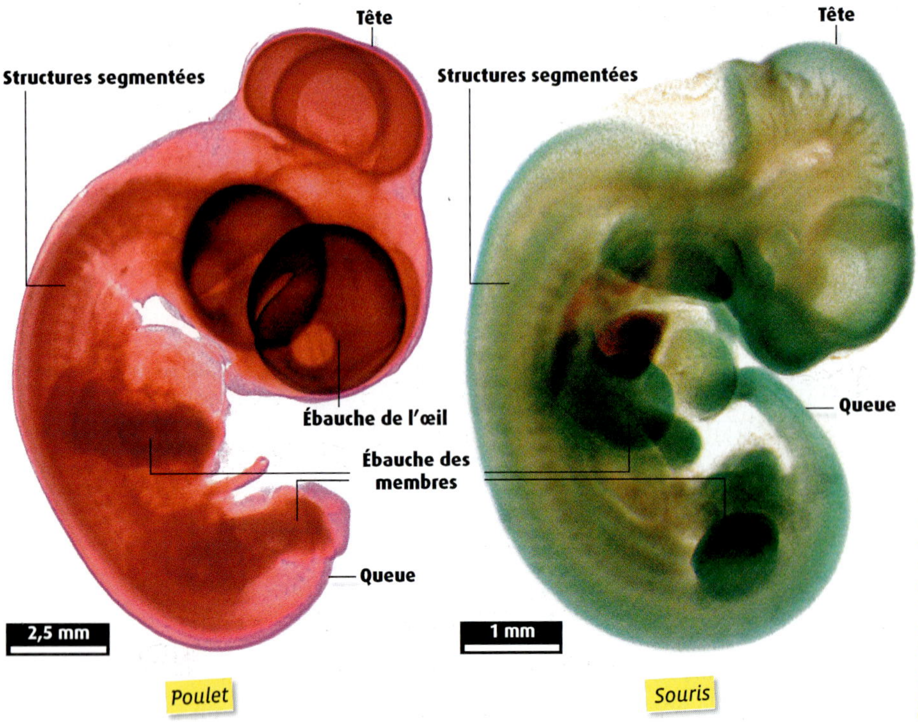

1. Embryon de poulet 11 jours après la fécondation et de souris 13 jours après la fécondation.

Un peu d'aide

- **Saisir des informations**
  - Identifiez les axes de polarité antéro-postérieure et dorso-ventrale et situez le plan de symétrie.
  - Identifiez des organes pairs dans la région antérieure.
- **Raisonner**
  - Rapprochez l'organisation générale des embryons de celle des animaux au stade adulte.
  - Émettez une hypothèse quant à la nature des structures segmentées visibles du côté dorsal et cherchez les ébauches des membres pairs.
- **Conclure**

  Organisez vos arguments concernant l'organisation au stade embryonnaire. Expliquez en quoi ils permettent de déduire des liens de parenté.

QUESTION Déterminez, à partir de l'analyse des photographies, des arguments en faveur d'une parenté entre la souris et le poulet.

5 L'organisation d'un serpent

Réaliser un schéma et raisonner

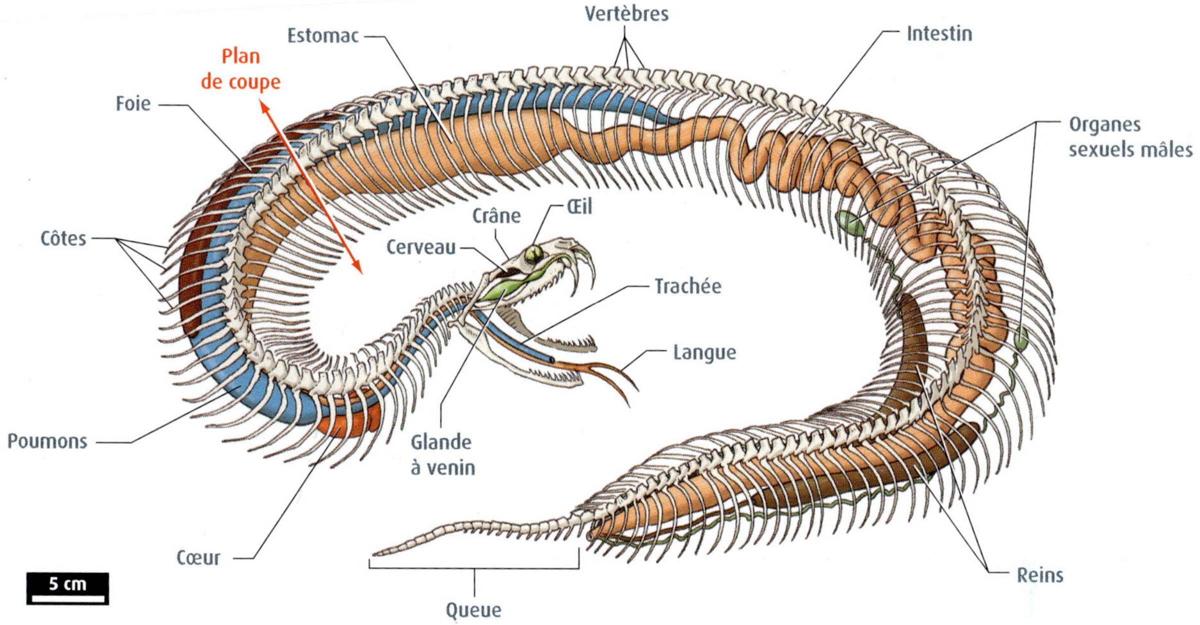

1. Morphologie et anatomie d'un crotale (ou « serpent à sonnette ») mâle. Les serpents sont des animaux principalement terrestres. Ils se déplacent par reptation.

1. Faites un schéma d'une coupe transversale de la partie moyenne du tronc (selon le plan de coupe indiqué sur le doc. 1) sur lequel vous placerez les organes représentés.
2. Indiquez les caractères du crotale qui permettent d'établir son appartenance au groupe des vertébrés.
3. Sachant qu'il a été démontré que les serpents sont de proches parents des lézards (voir doc. 2, p. 80), identifiez une différence importante entre lézards et serpents et proposez une interprétation concernant l'origine de cette différence.

6 Les mésosaures, des animaux fossiles

Extraire et mettre en relation des informations

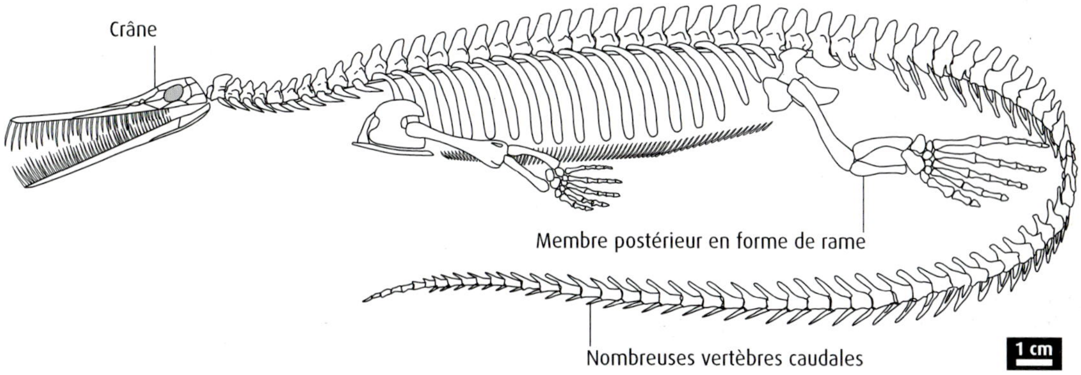

1. Le squelette d'un mésosaure (*Mesosaurus tenuidens*). Il a été trouvé en Amérique du Sud et en Afrique du Sud, dans des sédiments littoraux et marins datés de −320 millions à −280 millions d'années environ (Permien).

1. Décrivez le squelette fossile.
2. Indiquez quel pouvait être son milieu de vie en justifiant votre réponse.
3. D'après l'ensemble des caractères constatés, proposez des parentés entre les mésosaures et des animaux actuels.

ATELIERS D'EXPLORATION

PLUS LOIN AVEC INTERNET — L'organisation de la grenouille et du calmar

B2i

Établir les liens de parenté entre les animaux nécessite de connaître le détail de leur anatomie, et donc de procéder à leur dissection (voir p. 78-79). Celle-ci peut aussi être réalisée de manière plus virtuelle.

Un calmar de récif, photographié de nuit dans l'océan Indien.

ACTIVITÉS

1 Sur le site http://mariemarie0000.free.fr/fichiers/images/frog.swf, vous pouvez réaliser une dissection virtuelle de la grenouille. Notez les principales caractéristiques de son organisation anatomique.

2 Observez la dissection du calmar, un animal marin : www.canal-u.tv/producteurs/science_en_cours/dossier_programmes/biologie_animale/la_dissection_du_calmar. Notez également les principales caractéristiques de son organisation anatomique.

3 Comparez l'organisation anatomique de la grenouille et du calmar et argumentez le fait que ces animaux ne sont pas étroitement apparentés.

MÉTIER — Devenir paléontologue

Sur le terrain, le paléontologue recherche et prélève les traces d'organismes passés : les fossiles. Mais la fossilisation d'un organisme est un phénomène rare et les parties dures (dents, os, coquilles, etc.) fossilisent mieux que les parties molles (tissus cellulaires). Le paléontologue doit donc le plus souvent reconstruire l'animal entier à partir de quelques morceaux seulement.

ACTIVITÉS

1 Vous êtes paléontologue : observez les deux crânes ci-contre et indiquez lequel semble appartenir à un mammifère.

2 Préparez une fiche sur ce métier, en décrivant l'activité du paléontologue, le niveau d'études et les qualités requises.

3 La science est un travail collectif, qui nécessite la collaboration de plusieurs personnes (chercheurs, techniciens, etc.). Quels pourraient être les métiers indispensables dans une équipe de paléontologie ?

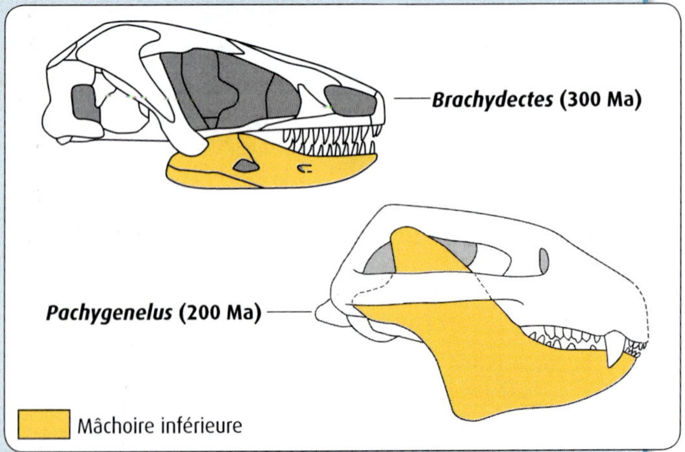

Reconstitutions du crâne de deux espèces fossiles différentes.
La présence d'une mâchoire constituée d'un os unique indique l'appartenance d'une espèce au groupe des mammifères.

POUR VOUS GUIDER B2i

- **Visite virtuelle de la Galerie de paléontologie du Muséum d'histoire naturelle de Paris :** www.mnhn.fr/museum/front/medias/dossEnseignant/18190_PALEO-fiche_A4.pdf
- www.libtheque.fr/svtlycee
- www.onisep.fr onisep

CHAPITRE 7

Une première approche de l'évolution

Au sein d'une espèce, tous les individus d'une population ne se ressemblent pas. Chaque caractère héréditaire présente des variations liées à l'existence de nombreux allèles. Cette variabilité génétique est le point de départ des phénomènes qui conduisent à l'évolution des espèces. Ces phénomènes interviennent à l'échelle des populations.

Une collection de différentes espèces de papillons.

Comment la diversité génétique des populations peut-elle conduire à l'évolution des espèces ?

UNITÉ 1

La dérive génétique

La diversité génétique d'une population d'individus se mesure par le nombre d'allèles existant pour chaque gène et par la fréquence de ces allèles. Cette diversité peut varier au fil des générations sous l'effet du hasard : c'est la « dérive génétique ».

Comment la diversité génétique d'une population est-elle influencée par la dérive génétique ?

Comprendre la dérive génétique

Interview de **Guillaume Lecointre**, chercheur en systématique et en évolution

Dans une population, il peut exister plusieurs allèles d'un même gène, c'est-à-dire différentes versions de ce gène. Au fil des générations, les fréquences de ces allèles peuvent varier de manière aléatoire. Cela signifie qu'elles peuvent diminuer ou augmenter « au hasard ». Ces changements de fréquence se font donc dans n'importe quel sens, comme un iceberg dérive sans direction précise dans l'océan. C'est pourquoi les scientifiques parlent de « dérive » génétique. On distingue au moins deux causes à l'origine de la dérive génétique :

– d'une part, si une fraction importante de la population meurt, certains allèles peuvent être perdus (phénomène du « goulot d'étranglement ») ;

– d'autre part, lors de la reproduction sexuée, il y a un brassage génétique : les cellules reproductrices des parents transmettent au hasard un échantillon d'allèles de l'organisme, c'est-à-dire certains allèles, mais pas d'autres.

1 Qu'est-ce que la dérive génétique ?

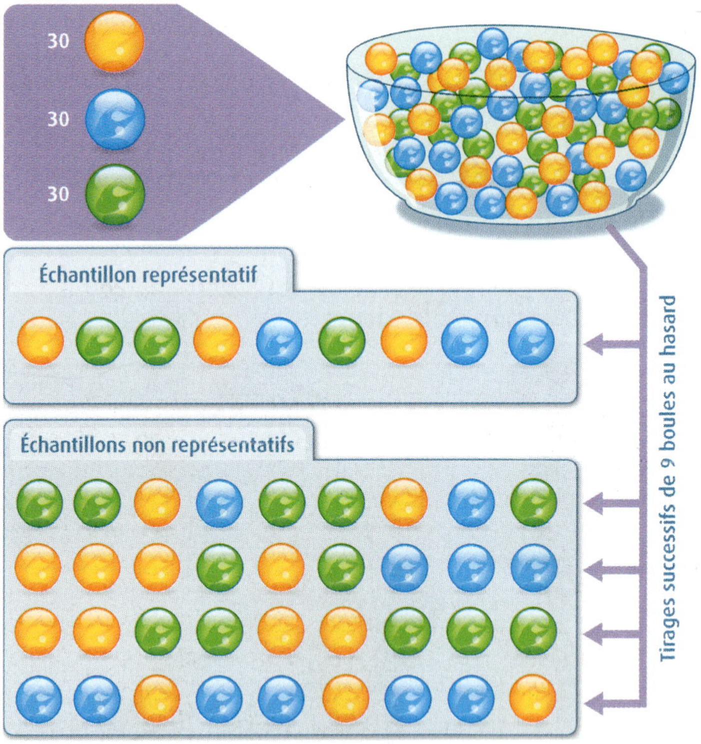

2 Une modélisation d'un tirage aléatoire.
On tire de façon aléatoire (au hasard) 9 boules de l'urne. On note la combinaison des couleurs (c'est l'échantillon, c'est-à-dire le résultat du tirage aléatoire), et l'on replace les boules dans l'urne pour effectuer un nouveau tirage. Un échantillon est dit représentatif si la fréquence des trois types de boules est la même que dans l'urne.

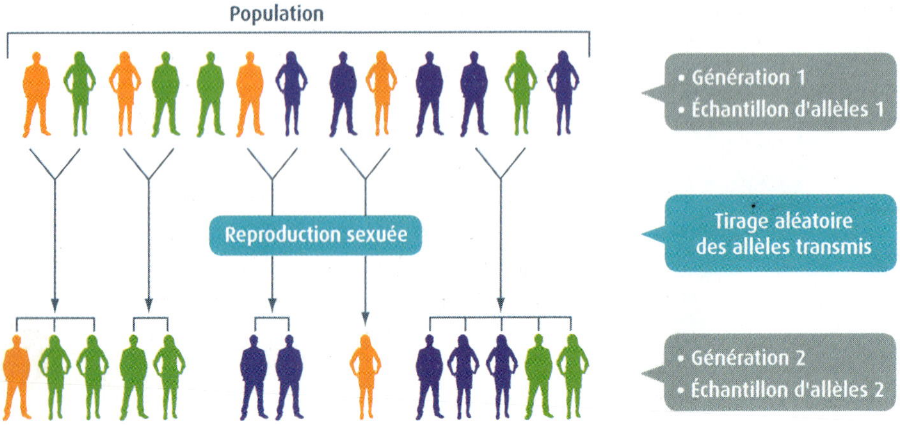

3 Le brassage génétique lors de la reproduction sexuée.
L'échantillon des allèles transmis d'une génération à la suivante est le résultat d'un tirage aléatoire parmi tous les allèles présents dans la population. La couleur ici associée à chaque individu correspond à la présence, chez lui, d'un allèle d'un gène donné pris pour exemple.

Simuler la dérive génétique et observer ses effets TP

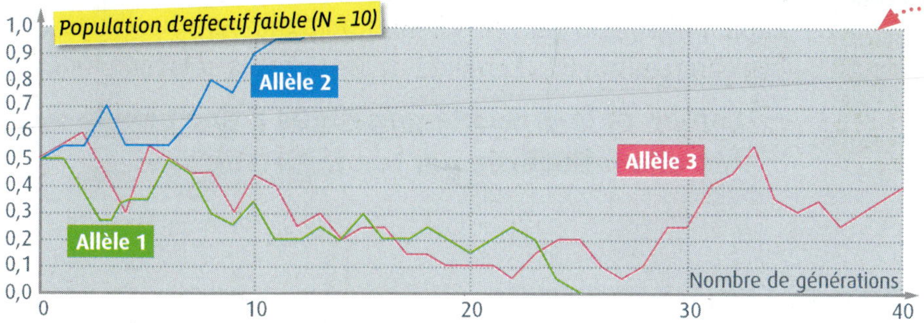

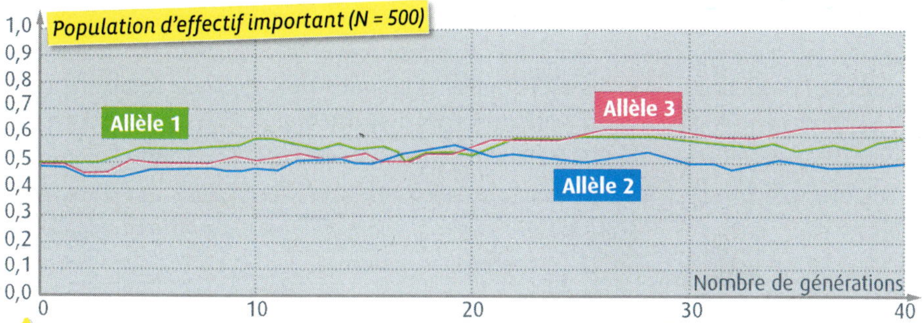

4 L'évolution de la fréquence de trois allèles au cours du temps pour deux populations.
Les trois allèles correspondent chacun à trois gènes différents.

J'UTILISE UN LOGICIEL

▸ *Avec le logiciel* ***Populus*****, on simule l'évolution de la fréquence de trois allèles au cours du temps dans une population comprenant soit 10, soit 500 individus.*

▸ *Sur les graphiques, on lit sur l'axe vertical la fréquence (p) des trois allèles étudiés. Elle peut varier de 0 à 1 (0 : fréquence de 0 % ; 1 : fréquence de 100 %). L'axe horizontal représente le nombre de générations successives (t). La fréquence de chaque allèle à la première génération vaut 0,5 (50 %).*

▸ *Les simulations ne prennent en compte que les effets liés à la reproduction sexuée.*

* www.cbs.umn.edu/populus

5 Un exemple de dérive génétique.
Les lions du cratère Ngorongoro (Afrique de l'Est) forment une population d'une centaine d'individus issus de la population voisine du parc naturel du Serengeti. Ils vivent isolés dans leur écosystème. En 1962, une grave infection fit chuter brutalement l'effectif de la population et la diversité génétique : seule une dizaine d'individus survécurent. En 1975, la population retrouva sa taille initiale. Les scientifiques constatèrent que la diversité génétique continuait pourtant de baisser. En 1990, ils mesurèrent les fréquences des allèles de quatre gènes chez les lions du Serengeti et chez les lions du cratère Ngorongoro.

B2i

	Effectifs	Gène 1	Gène 2	Gène 3	Gène 4
Lions du Serengeti	> 2 000	a = 79 % b = 19 % c = 2 %	m = 74 % n = 26 %	r = 99 % s = 1 %	y = 99 % z = 1 %
Lions du cratère Ngorongoro	Env. 100	a = 85 % b = 15 %	m = 94 % n = 6 %	r = 100 %	y = 100 %

Les lettres représentent les différents allèles d'un gène.

ACTIVITÉS

① **DOC. 1 À 3.** Résumez les processus qui, dans une population, peuvent faire varier au hasard la fréquence d'un allèle.

② **DOC. 4.** Montrez que la dérive génétique est d'autant plus forte que l'effectif de la population est faible.

③ **DOC. 5.** Pour les quatre gènes considérés, comparez le nombre et la fréquence des allèles dans les deux populations de lions.

④ **DOC. 1 À 5.** Proposez une explication à l'origine des différences constatées à la question 3.

⑤ **EN CONCLUSION.** Expliquez l'effet principal de la dérive génétique : au sein d'une population et entre deux populations d'une même espèce.

Voir Dico des SVT p. 260

UNITÉ 2

La sélection naturelle

La diversité génétique d'une population ne varie pas seulement de façon aléatoire. La fréquence de certains allèles au sein d'une population peut augmenter ou diminuer sous l'effet des caractéristiques du milieu de vie : c'est la sélection naturelle.

Comment la diversité génétique d'une population est-elle influencée par son milieu de vie ?

La naissance du concept de sélection naturelle

HISTOIRE DES SCIENCES

Charles Darwin, célèbre naturaliste anglais, a, pour la première fois, exposé le principe de la sélection naturelle dans un ouvrage publié en 1859 : *L'Origine des espèces.* Alors qu'il travaillait à ce livre, il était en relation avec de nombreux éleveurs. Il fut frappé par la manière dont ces derniers pouvaient modifier les différentes races domestiques. L'exemple des pigeons lui sembla le plus spectaculaire : l'Homme avait réussi à modifier de façon très importante les caractéristiques physiques des pigeons. Le problème était d'expliquer comment l'éleveur était arrivé à de tels résultats. Darwin proposa l'explication suivante :

« *Le pouvoir de sélection, d'accumulation, que possède l'Homme, est la clef de ce problème ; la nature fournit les variations successives, l'Homme les accumule dans certaines directions qui lui sont utiles.* »

Pour cela, l'éleveur effectue un tri : il sélectionne à chaque génération les individus qu'il considère comme les mieux adaptés à ses besoins et seuls ceux-ci pourront se reproduire et ainsi transmettre leurs caractéristiques.

1 Charles Darwin (1809-1882) et le modèle de la sélection artificielle.

2 Différentes races de la même espèce de pigeon (pigeon domestique), étudiées par Charles Darwin.

Dans son ouvrage *L'Origine des espèces*, Darwin détaille le fonctionnement de la sélection naturelle :

« *Les variations, quelque faibles qu'elles soient et de quelque cause qu'elles proviennent, tendent à préserver les individus d'une espèce et se transmettent ordinairement à leur descendance, pourvu qu'elles soient utiles à ces individus dans leurs rapports infiniment complexes avec les autres êtres organisés et avec la nature extérieure* [c'est-à-dire avec le milieu de vie]. »

Un peu plus loin, il explique l'origine de son idée :

« *J'ai donné à ce principe, en vertu duquel une variation si insignifiante qu'elle soit se conserve et se perpétue, si elle est utile, le nom de* ***sélection naturelle****, pour indiquer les rapports de cette sélection avec celle que l'Homme peut accomplir.* »

En 1859, les scientifiques savaient très peu de choses sur l'hérédité. L'ADN n'avait pas encore été découvert et les notions de la génétique (gène, allèle, mutation) ne seront développées que durant la première moitié du XXe siècle.

3 De la sélection artificielle à la sélection naturelle.

Un exemple : les souris à abajoues

4 Les souris à abajoues et leur milieu de vie.
Dans le sud de l'Arizona (sud-ouest des États-Unis), vivent plusieurs populations d'une même espèce de souris : la souris à abajoues. Ces populations se distinguent par la couleur de leur pelage et leur milieu de vie : certaines peuplent de vastes zones formées de roches claires et de sables blancs, tandis que d'autres habitent des zones plus petites, recouvertes d'anciennes coulées de lave très sombres (voir p. 57).

5 Un grand hibou à cornes.
Il est le principal prédateur des souris à abajoues. Bien qu'il chasse de nuit, il est capable de distinguer la couleur du pelage de ces animaux.

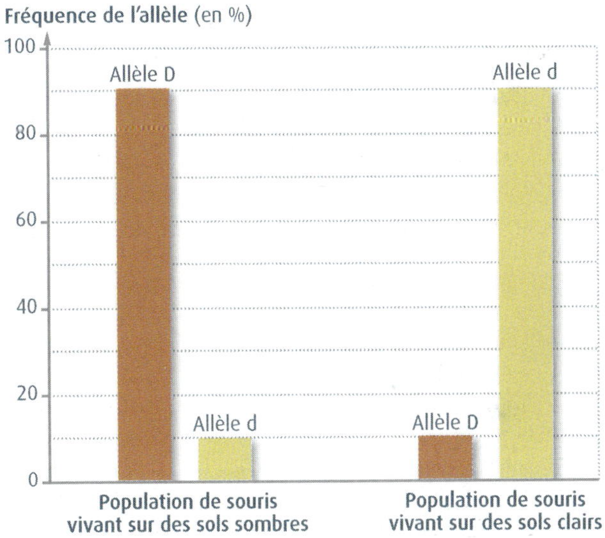

6 La fréquence de deux allèles gouvernant la couleur du pelage dans deux populations de souris à abajoues de l'Arizona.
La coloration du pelage des souris est contrôlée par différents gènes, mais l'un d'entre eux est particulièrement important. On connaît deux allèles de ce gène : D et d. L'allèle D conduit à la formation d'un pelage foncé, l'allèle d conduit à la formation d'un pelage clair. On sait que l'allèle D est issu de l'allèle d par mutation (voir leur séquence doc. 5, p. 57).

ACTIVITÉS

1. **DOC. 1 À 3.** Comparez la sélection naturelle et la sélection artificielle. Dans chaque cas, précisez ce que Darwin veut dire lorsqu'il parle de « variation *utile* ».
2. **DOC. 4 ET 5.** Indiquez la caractéristique sur laquelle la sélection naturelle peut agir et l'agent du milieu qui peut effectuer un tri parmi les souris.
3. **DOC. 6.** Comparez les fréquences des allèles D et d en fonction du milieu de vie des souris.
4. **DOC. 3 À 6.** Expliquez l'origine des différences constatées et indiquez à quoi correspondent, dans cet exemple, les « *variations* » mentionnées par Darwin.
5. **EN CONCLUSION.** Résumez l'effet principal de la sélection naturelle : au sein d'une population pour un milieu donné, et entre deux populations d'une même espèce habitant des milieux différents.

Voir Dico des SVT p. 260

UNITÉ 3

La formation de nouvelles espèces

Les différences génétiques entre deux populations d'une même espèce peuvent augmenter au cours du temps sous l'action de la dérive génétique et/ou de la sélection naturelle.

Ces deux processus peuvent-ils aboutir à la formation de nouvelles espèces ?

Espèces et différences génétiques

1 La limite entre deux espèces : l'exemple du tigre et du lion.
Dans un passé proche, en Inde, des populations de lions et de tigres occupaient les mêmes territoires. On ne constatait aucun accouplement entre les individus de ces deux populations. Toutefois, en captivité, le lion et le tigre peuvent se reproduire si l'on force l'accouplement. Quand le mâle est un lion et la femelle un tigre, l'animal issu de ce croisement est un ligre. Dans le cas inverse, c'est un tigron. Les animaux issus de tels accouplements sont stériles : ils ne peuvent pas se reproduire à leur tour.

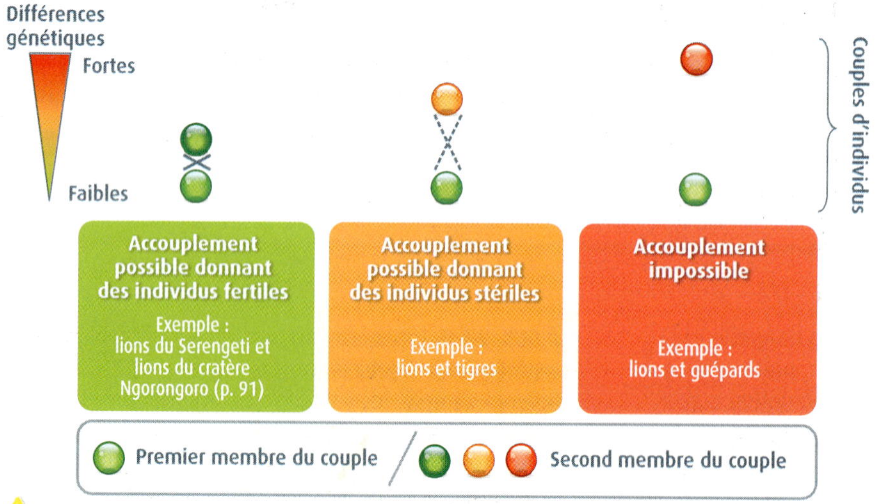

2 La relation entre les différences génétiques séparant deux individus et la possibilité de reproduction entre eux.

Différents individus appartiennent à la même espèce lorsqu'ils sont capables de se reproduire entre eux, et que leurs descendants le peuvent également. On dit alors que leur descendance est fertile. De tels individus se ressemblent aussi beaucoup par leur aspect général, même si l'on observe souvent des dissemblances entre mâles et femelles d'une même espèce.

3 La définition de l'espèce.

Un exemple : les pinsons des îles Galápagos

4 L'archipel des Galápagos.
Ces îles d'origine volcanique ont émergé il y a 4-5 millions d'années (Ma). Elles ont été visitées par Charles Darwin au cours de son voyage autour du monde. Entre autres choses, le naturaliste observa avec attention les pinsons qui peuplent l'archipel. On en dénombre actuellement 15 espèces. Elles se ressemblent beaucoup et diffèrent surtout par la taille et la forme du bec. Des études génétiques ont montré que toutes ces espèces proviennent d'une unique population ancestrale, de faible effectif, arrivée aux Galápagos entre – 2 et – 3 Ma.

5 Deux paysages des Galápagos et deux espèces de pinsons : fauvette (à gauche) et à gros bec (à droite).

Espèce	Pinson fauvette	Pinson à gros bec

Habitat	Explore les feuillages des végétaux	Pinson terrestre, se nourrit au sol
Régime alimentaire	Se nourrit surtout d'insectes	Se nourrit surtout de graines
Mode d'alimentation	Chasse activement les insectes à la surface des plantes Exploite aussi le nectar des fleurs	Avec son bec, écrase de grosses graines dures

6 Deux pinsons des Galápagos : le pinson fauvette et le pinson à gros bec.

ACTIVITÉS

1 DOC. 1 À 3. Montrez qu'au-delà d'un certain niveau de différences génétiques entre deux populations, il y a formation de deux espèces distinctes.

2 DOC. 4. Identifiez une première cause à l'origine de la séparation génétique progressive des différentes populations de pinsons des Galápagos (voir la p. 91).

3 DOC. 5 ET 6. Montrez que le bec de ces deux espèces est adapté à leur milieu de vie. Identifiez une seconde cause à l'origine de la séparation génétique progressive de ces deux espèces (voir la p. 93).

4 EN CONCLUSION. Résumez, sous la forme d'un schéma, la formation des deux espèces de pinsons du doc. 5 à partir d'une population ancestrale unique. Le temps devra y figurer verticalement et la distance génétique horizontalement.

Voir Dico des SVT p. 260

BILAN

CHAPITRE 7

Une première approche de l'évolution

Les connaissances

Dans une **population** d'organismes de la même espèce, il existe souvent une grande diversité génétique : de nombreux gènes sont représentés par plusieurs allèles différents. La **fréquence des allèles** peut varier au cours du temps : c'est le point de départ de l'**évolution**. Deux mécanismes principaux sont à l'origine de ces changements génétiques : la dérive génétique et la sélection naturelle.

La dérive génétique et ses effets

- La **dérive génétique** est une variation au hasard (aléatoire) de la fréquence des allèles au cours du temps dans une population. Elle est surtout une conséquence de la reproduction sexuée : d'une génération à la suivante, seuls certains allèles sont transmis des parents aux descendants. Ce tri entre allèles est complètement aléatoire. **[Unité 1]**
- La dérive génétique est plus marquée lorsque l'effectif de la population est faible. En général, elle appauvrit génétiquement cette population, au sein de laquelle certains allèles peuvent disparaître. **[Unité 1]**
- La dérive génétique contribue à éloigner génétiquement différentes populations d'une même espèce : l'échantillon d'allèles présents devient de plus en plus différent d'une population à l'autre. **[Unité 1]**

La sélection naturelle et ses effets

- La **sélection naturelle** est une variation non aléatoire de la fréquence des allèles. Dans un milieu donné, certains allèles donnent un avantage aux individus qui les portent. Ceux-ci ont donc plus de chance de vivre et de se reproduire. Aussi, au fur et à mesure des générations, la fréquence des allèles avantageux augmente dans une population. **[Unité 2]**
- La sélection naturelle explique l'adaptation génétique des populations à leur milieu de vie. Elle contribue à éloigner génétiquement différentes populations d'une même espèce vivant dans des environnements distincts. **[Unité 2]**

La formation de nouvelles espèces

- Sous l'effet combiné de la dérive génétique et de la sélection naturelle, les populations d'une même **espèce** peuvent se transformer au cours du temps. **[Unités 1 et 2]**
- Lorsque les différences génétiques deviennent importantes entre deux populations, les individus issus de chacune de ces populations perdent la capacité de se reproduire entre eux. Dès lors, les deux populations forment deux espèces distinctes et nouvelles. **[Unité 3]**
- Dérive génétique et sélection naturelle sont donc deux moteurs de l'évolution des espèces.

Les capacités et attitudes

- ▸ Utiliser un logiciel de modélisation pour comprendre la dérive génétique **[Unité 1]**
- ▸ Associer démarche historique et raisonnement scientifique pour comprendre la sélection naturelle **[Unité 2]**
- ▸ Extraire et organiser des informations pour relier dérive génétique, sélection naturelle et évolution des espèces **[Unité 3]**
- ▸ **Définir :** **dérive génétique** • **espèce** • **évolution** • **fréquence allélique** • **population** • **sélection naturelle**

Voir Dico des SVT p. 260

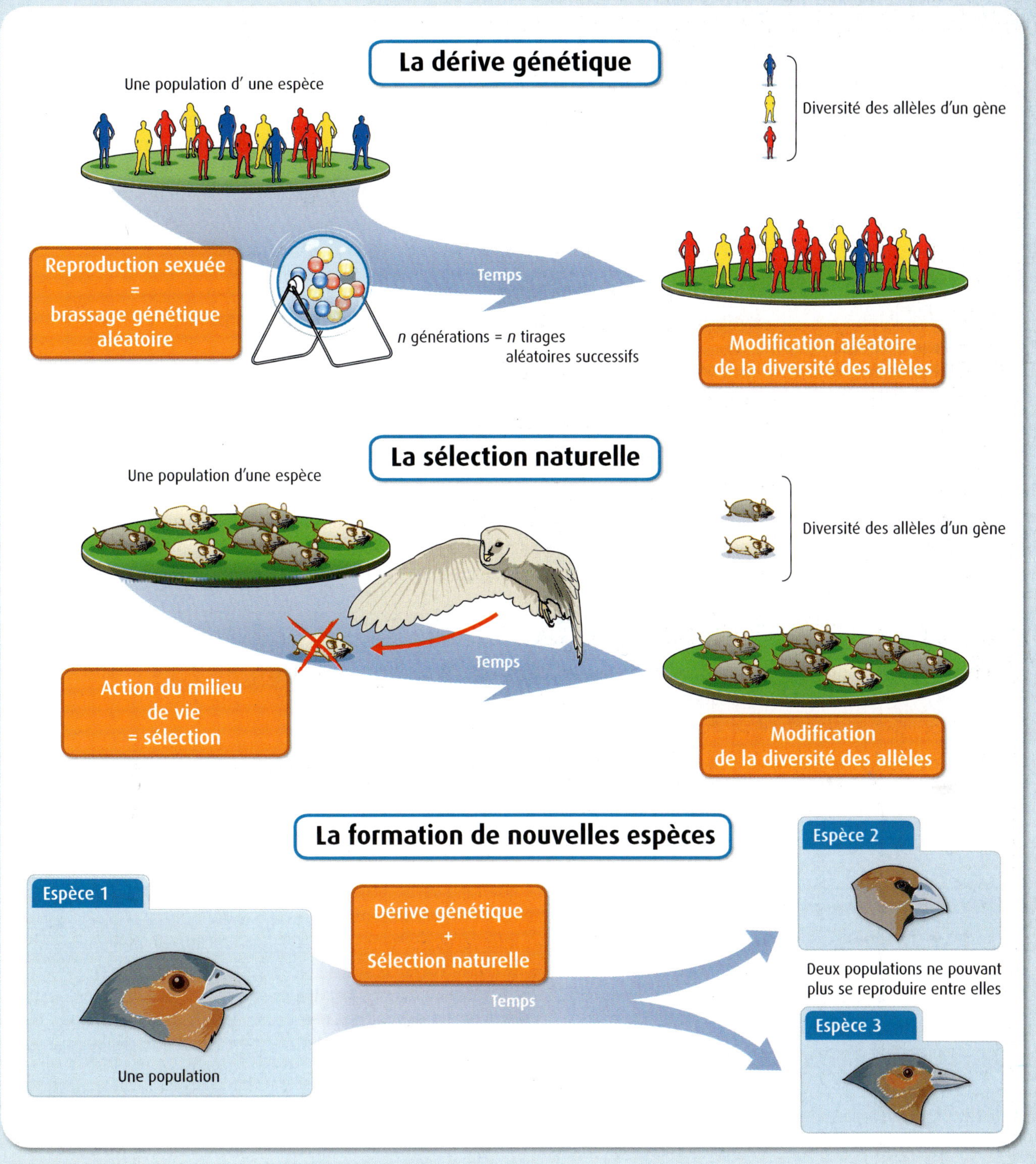

L'essentiel par le texte

> La diversité génétique d'une population varie sous l'effet de la dérive génétique et de la sélection naturelle.

> La dérive génétique entraîne une variation aléatoire des fréquences alléliques. La sélection naturelle entraîne une variation non aléatoire des fréquences alléliques en fonction des caractéristiques du milieu de vie.

> Lorsque les différences génétiques entre populations sont devenues importantes, la dérive génétique et la sélection naturelle peuvent conduire à la formation de nouvelles espèces.

EXERCICES

évaluer ses connaissances

1 Vrai ou faux ?

Identifiez les affirmations fausses et rectifiez-les.

a. L'évolution des espèces est un processus qui se déroule totalement au hasard.

b. Certaines différences génétiques entre populations sont dues au hasard, à cause du processus de dérive génétique.

c. Les organismes d'espèces différentes se distinguent exclusivement par leur apparence différente.

d. Deux populations forment deux espèces différentes lorsque les organismes qui les composent ne peuvent plus se reproduire entre eux.

2 Une phrase appropriée

Rédigez une phrase scientifiquement correcte avec les termes suivants :

a. Fréquence ; allèle ; sélection naturelle ; avantageux ; milieu.

b. Population ; versions ; allèles ; nombreuses ; gène.

3 QCM

Pour chaque proposition, identifiez la (ou les) bonne(s) réponse(s).

1. La sélection naturelle :

a. modifie de manière aléatoire les caractéristiques génétiques d'une population au cours des générations.

b. modifie en fonction du milieu les caractéristiques génétiques d'un individu au cours de sa vie.

c. modifie en fonction du milieu les caractéristiques génétiques d'une population au cours des générations.

2. La dérive génétique :

a. se produit de manière plus marquée lorsque l'effectif de la population est élevé.

b. entraîne une modification de la diversité des allèles au sein des populations.

c. dépend du milieu de vie d'une population.

s'entraîner avec un exercice guidé

HISTOIRE DES SCIENCES

4 Expliquer l'arbre dessiné par Darwin

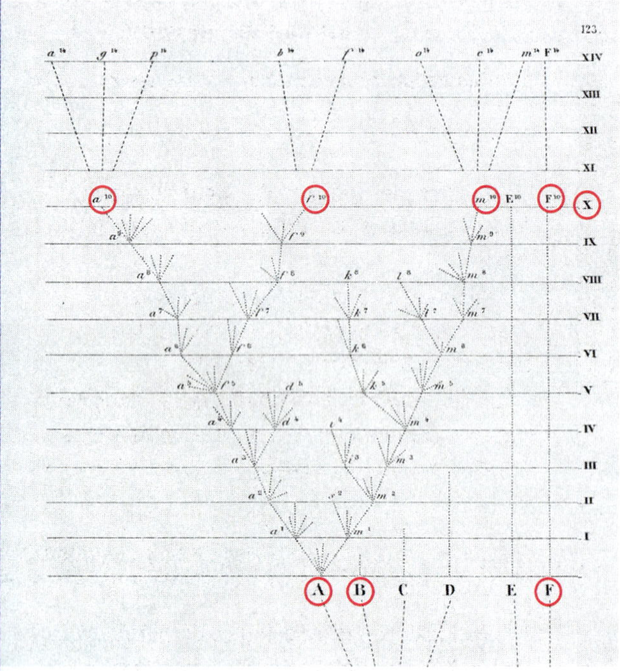

1. **Un arbre dessiné par Charles Darwin (1809-1882).**

Dans son livre *L'Origine des espèces* (1859), Charles Darwin propose à ses lecteurs une seule figure. Il explique que l'axe vertical (numéroté de I à XIV) représente des intervalles de temps depuis le passé vers le présent. L'axe horizontal représente la diversité des formes des êtres vivants. Par exemple, les lettres à la base du schéma, notées de A à F, peuvent symboliser 6 espèces différentes à un moment de l'histoire de la vie.

QUESTION En vous fondant sur les connaissances scientifiques actuelles, comparez l'évolution des espèces A, B et F représentées dans l'arbre de Charles Darwin.

Un peu d'aide

• Saisir des informations

– Identifiez ce que représentent les différentes lettres placées à la fin d'un intervalle de temps donné (par exemple, a^{10}, f^{10} et F^{10} à la fin de l'intervalle de temps noté X).

– Identifiez les populations issues des trois espèces A, B et F à la fin de l'intervalle de temps X.

• Mobiliser ses connaissances

– Indiquez à quoi correspond, d'après les connaissances actuelles, la distance horizontale séparant deux populations à la fin d'un intervalle de temps.

– Identifiez les deux mécanismes qui conduisent à augmenter les différences génétiques entre populations.

– Montrez que ces explications s'appliquent à l'une des trois espèces.

appliquer ses connaissances

5 La diversité génétique des guépards d'Afrique

Exprimer et exploiter des résultats

Le guépard d'Afrique est une espèce qui n'est plus représentée aujourd'hui que par quelques milliers d'individus. Il est possible de greffer un lambeau de peau d'un de ces guépards sur n'importe quel autre individu pris au hasard. Ces greffes n'entraînent aucun rejet. Les rejets, lors d'une greffe, sont dus aux différences génétiques entre l'individu donneur et l'individu receveur.

1. Deux guépards d'Afrique dans la savane.

1 Que peut-on déduire de la réussite des greffes concernant la diversité génétique actuelle des guépards ?

2 D'après vos connaissances, proposez une explication au résultat précédent.

6 Pollution de l'air et sélection naturelle

Mettre en relation des informations et raisonner

Le géomètre du bouleau est un papillon nocturne. Le jour, il se repose sur des troncs d'arbre. Il est alors exposé aux prédateurs (oiseaux). La couleur du corps du géomètre est un caractère héréditaire. En 1848, on remarqua pour la première fois, dans la région de Manchester (Angleterre), l'existence d'une forme de ce papillon au corps sombre. Sa fréquence augmenta progressivement, jusqu'à constituer 98 % des individus aux alentours de 1900. De 1960 à 1975, la fréquence de la forme claire augmenta, alors que celle de la forme sombre diminua, passant de 95 à 82 %.

1. **Une forme sombre et une forme claire du géomètre du bouleau posées sur un tronc non pollué.** Forme sombre et forme claire peuvent se reproduire entre elles.

L'Angleterre fut le premier pays au monde à connaître l'industrialisation, dès la fin du XVIIIe siècle. On utilisait alors massivement le charbon comme source d'énergie. Au milieu du XIXe siècle, la pollution de l'air était déjà importante, et se traduisait notamment par le dépôt de particules sombres sur les troncs des arbres. À partir de 1960, des mesures ont été prises pour réduire cette pollution.

2. **Industrialisation et pollution en Angleterre.**

1 Montrez que chacune des deux formes de ce papillon est avantagée dans un milieu précis.

2 Décrivez l'évolution de la fréquence de la forme claire et de la forme sombre au cours de la période 1848-1975.

3 Expliquez alors, à l'aide du doc. 2, l'origine des changements de couleur des populations de papillons depuis 1848.

7 Les moustiques du métro de Londres

Mobiliser ses connaissances et raisonner

La première ligne du métro de Londres a été inaugurée en 1863. Actuellement, on trouve des moustiques qui vivent exclusivement dans les couloirs du métro londonien. Ces derniers forment un écosystème confiné, sans rapport direct avec l'extérieur. En laboratoire, il est impossible de faire se reproduire des moustiques du métro londonien avec des moustiques londoniens vivant en surface.

1 Montrez que les moustiques du métro de Londres forment une espèce à part entière.

2 Indiquez les étapes ayant pu conduire à la formation de cette nouvelle espèce.

ATELIERS D'EXPLORATION

ENQUÊTE — Les extinctions de masse et l'évolution à grande échelle

À plusieurs reprises au cours de l'histoire de la vie sur Terre, une part importante de la biodiversité a été brutalement détruite. L'extinction de masse la plus célèbre est celle qui a eu lieu il y a 65 millions d'années et qui a vu notamment la disparition de tous les représentants du groupe des dinosaures sauf les oiseaux. À l'échelle des temps géologiques (quelques millions à plusieurs centaines de millions d'années), ces crises biologiques majeures jouent un rôle important dans l'évolution du vivant.

Fossile de dinosaure (*Triceratops*), âgé de 68 Ma.

Fossile de mammifère (*Castorocauda*), âgé de 165 Ma.

ACTIVITÉS

1 En faisant des recherches, identifiez les changements environnementaux à l'origine de l'extinction des dinosaures. Voir par exemple le site : www.mnhn.fr/mnhn/geo/biodiversitecrises/page5.htm#KT

2 Quelle caractéristique des dinosaures pourrait avoir favorisé leur extinction durant la crise survenue il y a 65 millions d'années ?

3 Quel groupe d'animaux pourrait avoir bénéficié de la disparition brutale des dinosaures ?

HISTOIRE DES SCIENCES — Quand Darwin résume la théorie de l'évolution

« It is interesting to contemplate an entangled bank, clothed with many plants of many kinds, with birds singing on the bushes, with various insects flitting about, and with worms crawling through the damp earth, and to reflect that these elaborately constructed forms, so different from each other, and dependent on each other in a so complex manner, have all been produced by laws acting around us. These laws, taken in the largest sense, being Growth with Reproduction ; Inheritance which is almost implied by reproduction ; Variability [...] ; a Ratio of Increase so high as to lead to a Struggle for Life, and as a consequence to Natural Selection [...]. There is a grandeur in this view of life, with its several powers, having been originally breathed into a few forms or into one ; and that, whilst this planet has gone cycling on according to the fixed law of gravity, from so simple a beginning endless forms most beautiful and most wonderful have been, and are being, evolved. »

Extrait de *L'origine des espèces* (1859).
À la dernière page de cet ouvrage majeur, Darwin récapitule l'ensemble de sa théorie de la « descendance avec modification » (le terme « évolution » viendra un peu plus tard).

ACTIVITÉS

1 Identifiez dans le texte les trois conditions nécessaires pour qu'il y ait sélection naturelle. L'une d'entre elles (la lutte pour l'existence, « struggle for life ») n'est pas abordée au lycée. Effectuez des recherches à son sujet et montrez qu'il faut la comprendre comme une métaphore.

2 D'après ce texte, comment Darwin envisageait-il l'origine de la vie sur Terre (voir aussi p. 98) ? Est-ce en accord avec les conceptions scientifiques actuelles ?

3 À quelle loi scientifique Darwin compare-t-il celle de l'évolution ? Pourquoi, selon vous, effectue-t-il ce rapprochement ?

UN PEU D'AIDE

- « entangled bank » : rivage luxuriant
- « clothed » : tapissé
- « crawling » : rampant
- « Ratio of Increase » : taux de croissance

EXERCICE DE MÉTHODE

Thème 1 : La Terre, une planète habitée

construire et interpréter un graphique

Des campagnes de démoustication ont été entreprises dans la région de Montpellier à partir de 1995. Des insecticides ont été régulièrement épandus sur les vingt premiers kilomètres à partir de la côte. On a mesuré, pour les années 1995, 1999 (doc. 2) et 2002 (doc. 1), le taux de résistance des populations de moustiques à ces insecticides, en fonction de la distance à la côte.

Je place les données mesurées par l'expérimentateur en ordonnée.

Je place les données fixées par l'expérimentateur (il choisit les lieux de mesures) en abscisse.

Fréquence des individus résistants (en %)	20	16	10	7	5	2	1
Distance à la côte (en km)	0	5	10	15	20	30	40

1 La résistance des moustiques selon la distance à la côte, mesurée en 2002.

Je repère les valeurs maximales dans le tableau et je trace des axes assez grands pour pouvoir placer ces points sur le graphe.

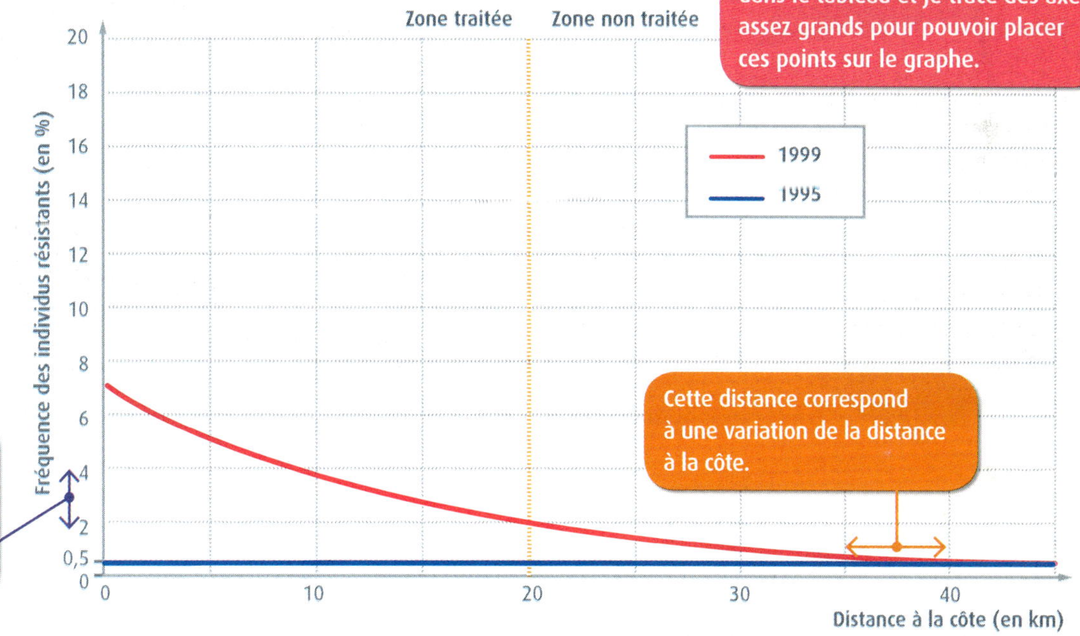

Cette distance correspond à une variation de la fréquence de résistance.

Cette distance correspond à une variation de la distance à la côte.

2 Évolution de la résistance des moustiques aux insecticides dans le Languedoc en fonction de la distance à la côte.

QUESTIONS

❶ Décrivez l'évolution de la résistance entre 1995 et 1999. Expliquez-la en sachant que la résistance aux insecticides est un caractère héréditaire.

❷ Expliquez, pour une année donnée, l'évolution de la résistance en fonction de la distance à la côte.

❸ Construisez la courbe de résistance en fonction de la distance à la côte pour l'année 2002. Expliquez pourquoi les pouvoirs publics songent à changer de type d'insecticide.

Des conseils pour répondre

❶ Indiquez si la résistance augmente ou non, en précisant toujours l'intervalle de distance à la côte que vous décrivez. Repérez si le taux de résistance des moustiques en 1995 est nul. À l'aide de vos connaissances sur la sélection naturelle, expliquez alors l'évolution constatée.

❷ Interrogez-vous sur la possibilité de reproduction entre moustiques de la zone traitée et de la zone non traitée. Pensez que les moustiques se déplacent…

❸ Avant de tracer les axes, choisissez une échelle simple permettant de figurer les valeurs les plus grandes du tableau. Légendez chaque axe en citant le paramètre correspondant et son unité. Figurez chaque point par une croix fine, puis reliez les points par des segments de droite.

Métiers

ILS UTILISENT LES SVT AU QUOTIDIEN

Des métiers dans le domaine de la **biologie**

▶ Biologie moléculaire, génétique, immunologie, etc. : la biologie est constituée d'une multitude de sous-disciplines, avec chacune ses chercheur(e)s, ses ingénieur(e)s, ses technicien(ne)s, etc.

▶ Parmi eux, les métiers de **technicien(ne)s biologistes**, qui exigent à la fois minutie, précision et esprit d'initiative. On y accède avec deux ans d'études après le bac (DUT, BTS), mais il est apprécié de compléter par une licence professionnelle (un an de plus). Le (ou la) technicien(ne) biologiste est recherché(e) autant dans le public que dans de multiples secteurs privés (industries pharmaceutique, agroalimentaire...).

▶ Autre métier d'avenir : **bioinformaticien(ne)**. Ce métier exige une double formation : en biologie et en informatique. L'informatique est en effet devenue indispensable en génomique (étude du génome), mais aussi en neurobiologie, en épidémiologie, etc. Un grand nombre de masters (bac + 5) y prépare, ainsi que des écoles d'ingénieurs. Les bioinformaticiens sont très demandés dans le public comme dans l'industrie.

HOMME OU FEMME ?
Les sciences de la vie sont le domaine des sciences de la nature où la proportion de femmes est à ce jour la plus élevée : environ 40 % des chercheurs au Centre national de la recherche scientifique (CNRS). Mais... le rapport s'inverse pour les professions plus techniques : les femmes forment près de 66 % du corps des ingénieurs et techniciens.

Des métiers dans le domaine de l'**astronomie**

▶ Sommes-nous seuls dans l'Univers ? Cette question taraude l'humanité depuis la nuit des temps. Et il ne faut pas croire que l'idée de l'existence d'êtres vivants ailleurs que sur Terre date d'aujourd'hui : le philosophe latin Lucrèce (Ier siècle av. J.-C.), par exemple, avait déjà proposé cette hypothèse. Aujourd'hui, les astronomes ont remplacé les philosophes et se répartissent en de nombreuses disciplines : astronomie solaire, cosmologie, planétologie, astronomie galactique, etc.

▶ Autant dire que l'astronomie requiert une foule de **chercheurs** spécialisés, tous titulaires d'une thèse. Beaucoup sont des femmes : l'astronomie est la « science dure » où la proportion de femmes est la plus importante, y compris dans les postes de responsabilité. Toutes ces disciplines ont en commun de travailler à partir de la lumière, visible par nos yeux d'humains ou invisible (infrarouge, ultraviolet...) que nous envoient les astres.

▶ D'où une quantité de **technicien(ne))s** et **ingénieur(e)s** de tous niveaux dans les équipes de recherche : pour construire les télescopes, analyser la lumière, traiter les données sur ordinateur, etc.

DU FABRICANT DE MIROIRS AU SPECTROSCOPISTE
Parmi les pièces maîtresses d'un télescope : ses miroirs. Plus ils sont grands, plus ils permettent de voir loin : certains mesurent jusqu'à dix mètres de diamètre. Ils nécessitent une main d'œuvre spécialisée, du technicien à l'ingénieur.
Le spectroscopiste, lui, se fonde sur le spectre du rayonnement pour déterminer température, composition chimique, etc., des objets célestes.

RENCONTRE AVEC....

Sandrine Valade

Directrice adjointe du Laboratoire de police scientifique de Paris, Sandrine Valade fait partie de l'Institut national de police scientifique (INPS). Elle est également experte en empreintes génétiques près la Cour d'Appel de Paris et inscrite sur la liste nationale de la Cour de cassation.

Comment décririez-vous votre métier d'experte?

Après la récupération par les policiers de toutes les traces et indices possibles sur le lieu d'un forfait (cambriolage, crime, etc.), l'expert doit « faire parler » ces pièces à conviction (les « scellés »). L'objectif est de trouver de l'ADN pour établir un profil génétique susceptible d'être comparé. Nous transmettons ce profil au Fichier national des empreintes génétiques (FNAEG). Ce dernier contient des profils génétiques inconnus et d'autres prélevés sur des personnes dans le cadre d'infractions. Si le résultat de la comparaison avec les données du fichier est positif, cela veut dire que ce profil est déjà connu. Les policiers peuvent également nous demander d'analyser un prélèvement salivaire réalisé dans le cadre d'une garde à vue pour le comparer à l'ADN prélevé sur les scellés. L'expert est susceptible d'être convoqué en Cour d'Assises pour exposer ses résultats et répondre aux questions de la Cour.

Quels sont les niveaux de formation dans ce domaine?

Il existe plusieurs corps de fonctionnaires: les agents spécialisés de la police technique et scientifique (ASPTS), en particulier les techniciens et les ingénieurs. Le niveau d'études requis pour passer le concours de techniciens est bac + 2, et pour le concours d'ingénieurs, il faut au minimum bac + 4. Dans les laboratoires, les techniciens s'occupent plus particulièrement des prélèvements et analyses, et les ingénieurs de l'encadrement et de la validation, avant de soumettre le dossier à l'expert.

« L'objectif est de trouver de l'ADN pour établir un profil génétique »

Des métiers d'avenir?

Malheureusement, les postes sont peu nombreux, mais si l'on est motivé, des concours se tiennent régulièrement. Ces métiers sont passionnants, à condition d'être capable de soutenir une charge de travail importante, parfois dans des situations difficiles compte tenu des infractions auxquelles nous sommes confrontés (crime, etc.).

UN MÉTIER À DÉCOUVRIR....

Animateur(trice) nature

L'animateur(trice) nature est là pour aider les citoyens à renouer avec l'histoire d'une région ou d'un pays au travers de ses paysages et de ses habitants, en les sensibilisant à l'environnement. Toutes sortes d'activités sont possibles: exposition de photos, promenades dans les sentiers, inventaires de la faune et de la flore, etc. Le but est de modifier le regard de chacun sur la nature. L'animateur(trice) nature travaille pour des associations, des parcs naturels ou des collectivités territoriales. Sa formation? Un bac + 2 minimum est requis: il existe par exemple un BTS agricole gestion et protection de la nature spécialité animation nature. Mais on peut aussi aller plus loin, en choisissant une licence pro (bac + 3). Un métier à suivre: les animateurs(trices) nature sont de plus en plus recherché(e)s.

THÈME 2

Enjeux planétaires contemporains : énergie, sol

Le parc national de Bryce Canyon aux États-Unis. Ce paysage a été formé par l'érosion.

AVANT DE COMMENCER....

Des documents pour mobiliser les acquis du collège

1. D'où vient la matière constitutive des êtres vivants ?

Jeune chêne

Une mésange huppée

Des champignons de Paris.

1. **De quelles matières sont constitués tous les êtres vivants ?**
2. **Quels sont les besoins vitaux d'un végétal vert ? D'un animal ? D'un champignon ?**
3. **Qu'est-ce qu'une chaîne alimentaire ?**

mots clés

Matière minérale : matière composée d'éléments chimiques provenant le plus souvent du milieu de vie (eau, CO_2, calcium, fer...).
Matière organique : molécule fabriquée par les êtres vivants (glucides, protides, lipides...).
Producteur : se dit d'un être vivant qui fabrique de la matière.

2. Que devient la matière des êtres vivants dans l'environnement ?

Feuilles mortes en cours de décomposition

Des animaux du sol observés à la loupe binoculaire

Une coupe dans le sol

1. **Quel est le devenir d'une feuille en décomposition ?**
2. **Quel est le rôle des êtres vivants dans le sol ?**
3. **Quels sont les principaux constituants d'un sol ?**

Décomposeur : être vivant qui dégrade la matière morte d'autres êtres vivants en matière minérale.
Sol : partie de la surface de la Terre dans laquelle sont implantées les racines des végétaux.

3. De quoi sont composés les paysages et comment évoluent-ils ?

Un affleurement de granite

Un affleurement de calcaire et de marne

Une roche sédimentaire (grès)

1. **Quel est le principal agent d'érosion des paysages sous nos climats ?**
2. **Qu'appelle-t-on des strates ?**
3. **Comment se forme un paysage de roches sédimentaires ?**

Érosion : ensemble des phénomènes qui altèrent les roches et modifient le relief.
Roche sédimentaire : roche issue de la compaction ou de la cimentation de sédiments accumulés.
Sédiment : dépôt de matériaux issus de l'érosion.

4. Comment l'Homme perturbe-t-il son environnement ?

Un champ de blé

Une prairie

L'étang de Berre (Bouches-du-Rhône)

1. **Quel est l'impact des pratiques de l'Homme sur les milieux naturels qu'il exploite ?**
2. **Quelles sont les principales sources de pollution de l'atmosphère ?**
3. **Qu'est-ce que le développement durable ?**

SOMMAIRE

A. De la lumière solaire aux combustibles fossiles

CE QU'IL FAUT SAVOIR POUR ABORDER LE THÈME 2

- Les êtres vivants sont des **producteurs** : ils fabriquent leur propre matière à partir d'éléments prélevés dans leur milieu. Les **végétaux verts** ont besoin de **lumière** et de **matières minérales** (eau, sels minéraux, dioxyde de carbone). Les animaux et les champignons se nourrissent de matières minérales et de **matières organiques** provenant d'autres êtres vivants.
- Un sol est constitué de matières issues des débris d'organismes vivants (**matières organiques**) et de **matière minérale**. Les êtres vivants d'un sol sont des décomposeurs. Ils participent au **recyclage de la matière** et forment des **réseaux alimentaires**.
- L'eau, sous nos climats, est le principal agent d'**érosion** qui transforme les roches du sous-sol en débris. Quand les conditions sont favorables, les produits de l'érosion se déposent **dans l'eau** en couches (ou **strates**) et forment alors des **sédiments**. Avec le temps, les sédiments s'accumulent et se transforment en **roches sédimentaires**.
- Les **activités humaines** perturbent l'environnement (aménagement des paysages, pollution, etc.) et réduisent la biodiversité. Dans une perspective de **développement durable**, il est donc de la responsabilité de l'Homme de **préserver et protéger l'environnement** et la **biodiversité**.

CHAPITRE 1

De la lumière solaire à la matière organique : la photosynthèse

L'énergie lumineuse émise par le Soleil chauffe notre planète. Elle est également indispensable à la croissance des végétaux verts.

Champ clôturé avec soleil levant.
Tableau de Vincent Van Gogh (1889).

Comment les végétaux verts utilisent-ils l'énergie lumineuse ?

UNITÉ 1

L'utilisation de la lumière par les végétaux verts

Une plante verte placée à l'obscurité finit par mourir même si elle est arrosée. La lumière est donc indispensable à la vie des végétaux verts.

En quoi la lumière est-elle indispensable à la vie des végétaux verts ?

Mettre en évidence une réaction du métabolisme TP

Montage expérimental

JE MANIPULE

- *Recouvrez deux feuilles de pélargonium par des caches. Placez la plante une nuit à l'obscurité, puis 24 h à la lumière.*
- *Prélevez une feuille après une nuit à l'obscurité et une autre feuille après 24 h à la lumière. Plongez-les quelques minutes dans de l'alcool bouillant.*
- *Recouvrez de lugol puis rincez. Le lugol colore en brun-noir les zones avec de l'amidon et en clair les zones sans amidon.*

Feuille prélevée après une nuit à l'obscurité

Feuille prélevée après 24 heures d'éclairement

1 Une expérience pour mettre en évidence la production d'amidon par une plante verte.

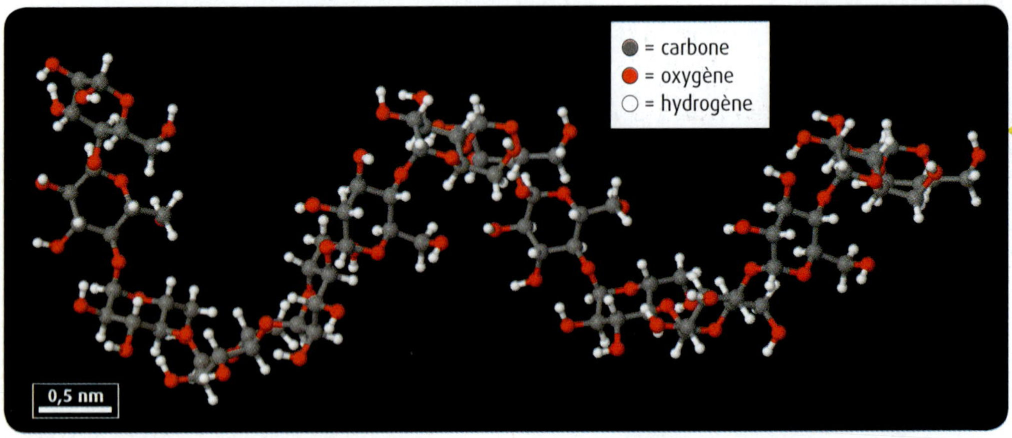

2 Structure atomique de l'amidon.
L'amidon est un glucide qui sert de réserve énergétique aux végétaux. Il entre dans la composition de la matière organique fabriquée par la plante (voir aussi p. 29).

La capture de l'énergie lumineuse

TP

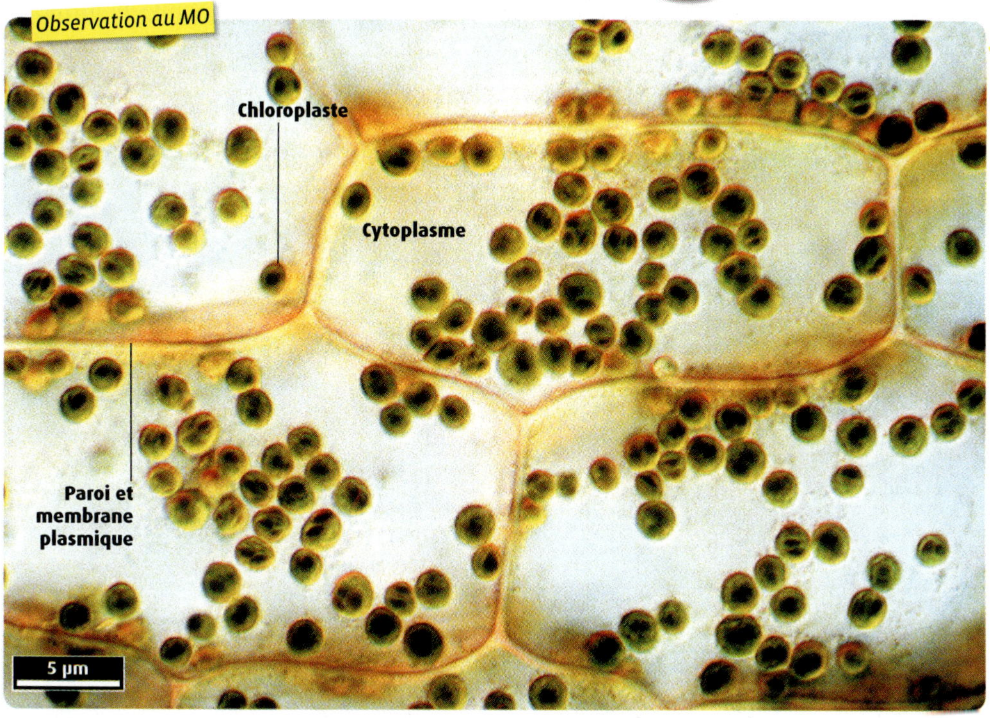

3 Une feuille d'élodée placée 24 heures à la lumière puis colorée au lugol (voir la même feuille avant coloration, doc. 1 p. 44).
Les chloroplastes contiennent un pigment qui donne leur couleur verte aux végétaux : la chlorophylle. Cette molécule est capable de capter l'énergie lumineuse. Une fois captée, cette énergie est transformée et utilisée par la cellule, par exemple afin de réaliser les transformations chimiques du métabolisme. Les organismes possédant de la chlorophylle sont dits chlorophylliens.

	Arabette normale	Mutant « cristal »
Plante à l'obscurité	amidon absent	amidon absent
Plante éclairée pendant 24 h	amidon présent	amidon absent

4 Deux types d'arabettes des dames cultivées sur un milieu artificiel.
L'arabette des dames est une plante couramment utilisée par les chercheurs. Le mutant « cristal » a des feuilles translucides car leurs chloroplastes ne contiennent pas de chlorophylle.
Ce mutant ne survit que s'il est cultivé sur un milieu artificiel enrichi en matière organique (glucides).

ACTIVITÉS

1 **DOC. 1 ET 2.** Montrez que la lumière est indispensable à la production de la matière organique.
2 **DOC. 3.** Indiquez le rôle de la chlorophylle chez les végétaux verts et les autres organismes chlorophylliens.
3 **DOC. 3 ET 4.** En mettant en relation les données des documents, montrez que l'élaboration de matière organique a lieu dans les chloroplastes en présence de chlorophylle et de lumière.
4 **EN CONCLUSION :** Indiquez en quoi la lumière est indispensable à la vie des végétaux verts.

Voir Dico des SVT p. 260

UNITÉ 2 La production de matière organique par les organismes chlorophylliens

L'énergie lumineuse permet aux organismes chlorophylliens de produire leur matière organique. Cette production a lieu dans les chloroplastes, en présence d'un pigment qui capte la lumière : la chlorophylle.

Quelles sont les molécules indispensables à la production de matière organique par les organismes chlorophylliens ?

Étudier le rôle du dioxyde de carbone TP

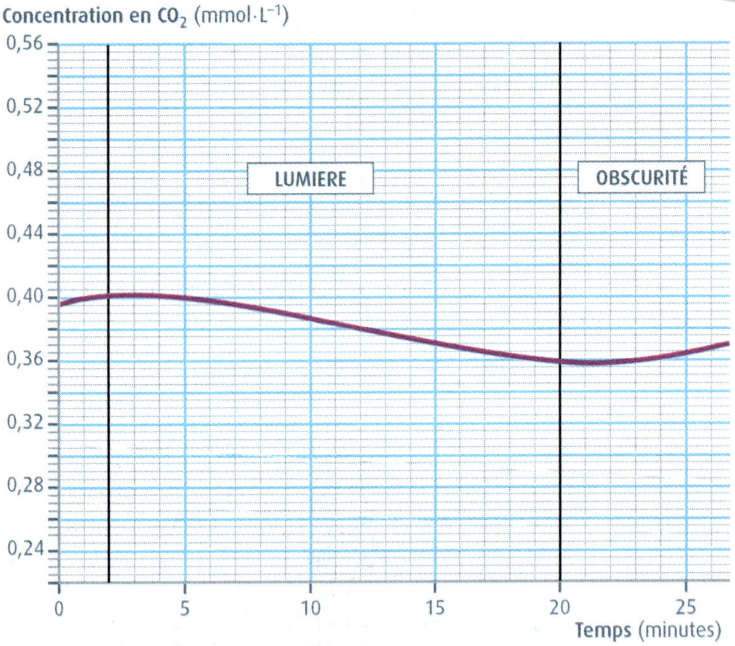

JE MANIPULE

- *Placez dans l'enceinte du bioréacteur des chlorelles en suspension dans de l'eau enrichie en CO_2.*
- *Mesurez l'évolution de la concentration en CO_2 dans l'eau grâce à une sonde à CO_2.*
- *Les conditions de mesure sont :*
  - *lumière de t = 2 min à t = 20 min ;*
  - *obscurité de t = 20 min à t = 27 min.*

1 Évolution de la concentration en CO_2 dans un bioréacteur contenant des chlorelles (algues unicellulaires chlorophylliennes).

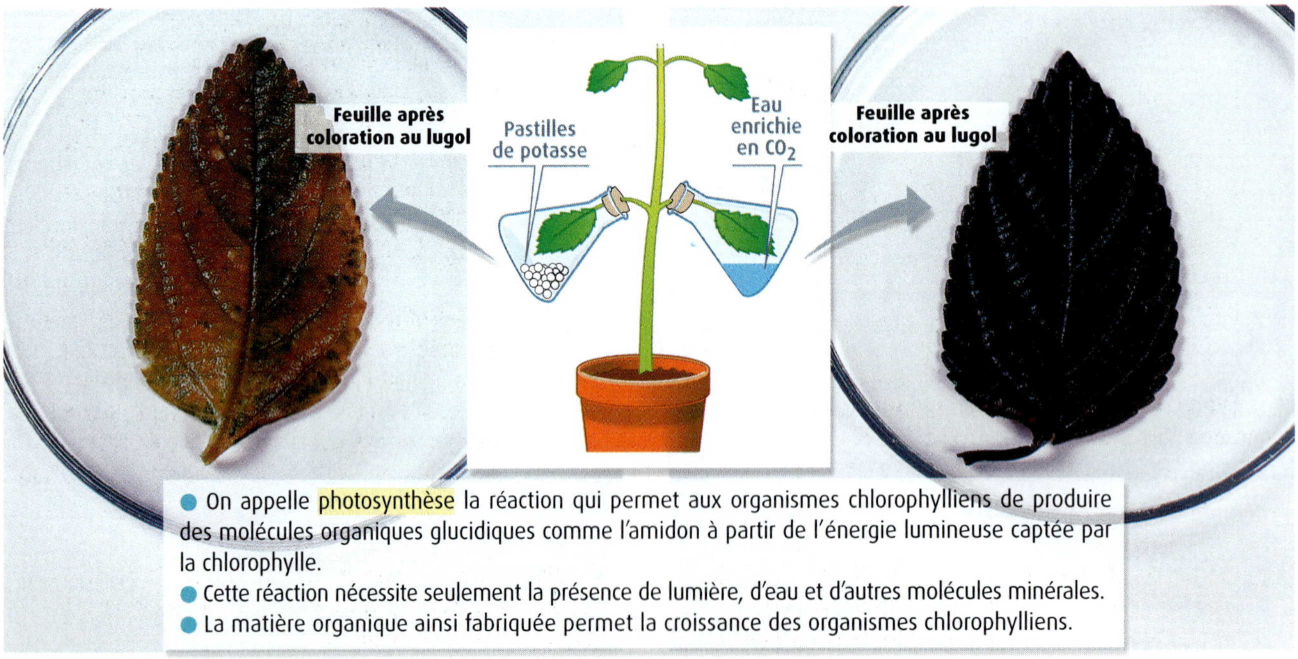

- On appelle photosynthèse la réaction qui permet aux organismes chlorophylliens de produire des molécules organiques glucidiques comme l'amidon à partir de l'énergie lumineuse captée par la chlorophylle.
- Cette réaction nécessite seulement la présence de lumière, d'eau et d'autres molécules minérales.
- La matière organique ainsi fabriquée permet la croissance des organismes chlorophylliens.

2 Étude du rôle du CO_2 dans la production de matière organique par un végétal vert.
Deux feuilles de lantana sont placées dans deux erlenmeyers. L'un contient de l'eau enrichie en CO_2, l'autre de la potasse, qui absorbe le CO_2. Après 24 h à la lumière, les feuilles sont prélevées et traitées au lugol, qui colore en brun-noir l'amidon (molécule organique, voir doc. 2 p. 110).

Étudier le rôle des sels minéraux TP

JE MANIPULE

- *Préparez deux erlenmeyers, l'un contenant 100 mL de solution nutritive exclusivement minérale (A), l'autre 100 mL d'eau déminéralisée (B).*
- *Versez 2 mL d'une solution d'euglènes dans chaque récipient et placez-les à la lumière.*
- *À t = 0, 3 et 6 jours, à l'aide d'une lame de comptage, comptez les cellules dans chaque culture (réalisez la numération après avoir dilué la culture 100 fois).*

Comptages (en millions de cellules par mL)

t (en jours)	Culture A	Culture B
0	1,2	1,2
3	1,5	1,5
6	2,2	1,4

3 Étude du rôle des sels minéraux dans la multiplication d'une algue unicellulaire chlorophyllienne : l'euglène. La multiplication des euglènes implique la production de matière organique.

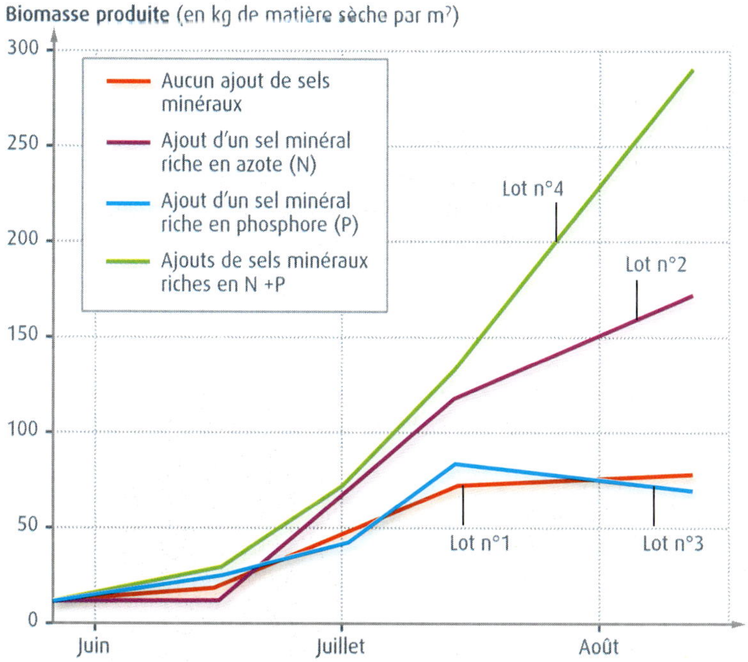

4 Évolution de la biomasse produite par quatre cultures végétales dans différentes conditions.

Parfaitement équilibré, cet engrais apporte une fertilisation douce, naturelle et longue durée à toutes vos cultures.

- *Dégradé progressivement par les micro-organismes du sol, **l'azote** est assimilé et stimule la croissance de la plante.*
- ***Le phosphore** favorise un bon enracinement.*
- ***Le potassium** renforce les plantes, favorise la résistance contre la sécheresse et contribue à la saveur des fruits et légumes.*
- ***Le magnésium** a un effet reverdissant sur le feuillage.*

Mieux nourries, vos plantes seront également plus résistantes aux parasites et aux maladies.

5 L'étiquette d'une boîte d'engrais pour plantes du jardin. Le phosphore, le potassium et le magnésium sont fournis sous forme de molécules minérales : P_2O_5, K_2O, MgO. Il en est de même pour l'azote (sous forme de nitrates).

ACTIVITÉS

1. **DOC. 1 ET 2.** Montrez que le CO_2 est indispensable à la production d'amidon par photosynthèse.
2. **DOC. 2.** Émettez une hypothèse sur l'origine des atomes de carbone dans l'amidon produit par photosynthèse.
3. **DOC. 3 ET 4.** Montrez que les sels minéraux sont nécessaires à la production de matière organique par les végétaux verts.
4. **DOC. 5.** Montrez que les sels minéraux n'entrent pas directement dans la composition des glucides fabriqués par photosynthèse.
5. **EN CONCLUSION.** Résumez les molécules nécessaires à la production de matière organique par les organismes chlorophylliens en présence de lumière.

Voir Dico des SVT p. 260

UNITÉ 3

La photosynthèse à l'échelle de la planète

Au cours de la photosynthèse, les organismes chlorophylliens absorbent le CO_2 atmosphérique et fabriquent de la matière organique.

Quelles sont les conséquences de la photosynthèse à l'échelle de la planète ?

La photosynthèse sur les continents

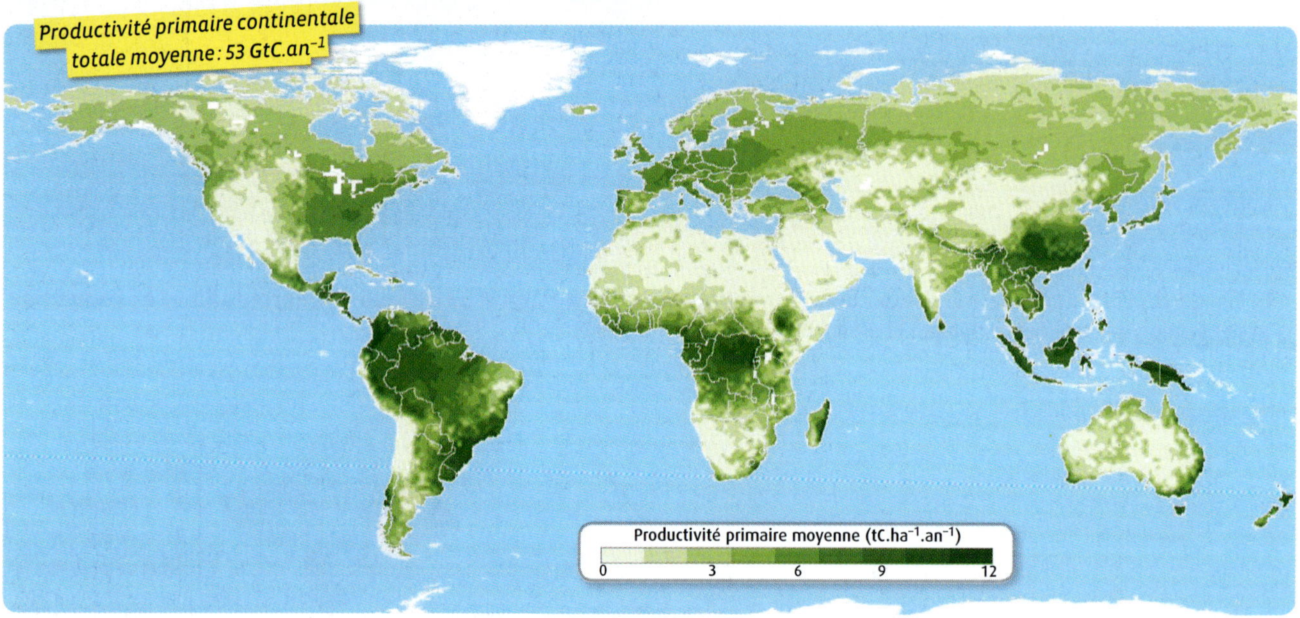

1 La productivité primaire moyenne sur les continents.
Un hectare (ha) = 10 000 m^2 ; tC = tonne de carbone ; GtC = milliard de tonnes de carbone (Gt = gigatonne).

Vocabulaire

Biomasse : masse de matière organique qui constitue un être vivant. Elle est exprimée en masse de carbone.
Productivité primaire : somme des biomasses fabriquées par l'ensemble des organismes chlorophylliens en un lieu donné pendant un an. Elle est exprimée en tonnes de carbone par hectare et par an (tC.ha^{-1}.an^{-1})*.
*1 ha = 10 000 m^2.

Écosystème	Biomasse (tC.ha^{-1})	Productivité primaire (tC.ha^{-1}.an^{-1})
Forêt tropicale	450	18,0
Forêt tempérée	300	12,5
Toundra*	6	1,4
Désert de buissons	7	0,7

* Végétation des hautes latitudes formée d'arbrisseaux nains, de plantes herbacées et de mousses.

2 Productivité primaire et biomasse de quelques écosystèmes.

3 Un exemple d'écosystème produisant de la matière organique : un champ de maïs.

La photosynthèse dans les océans

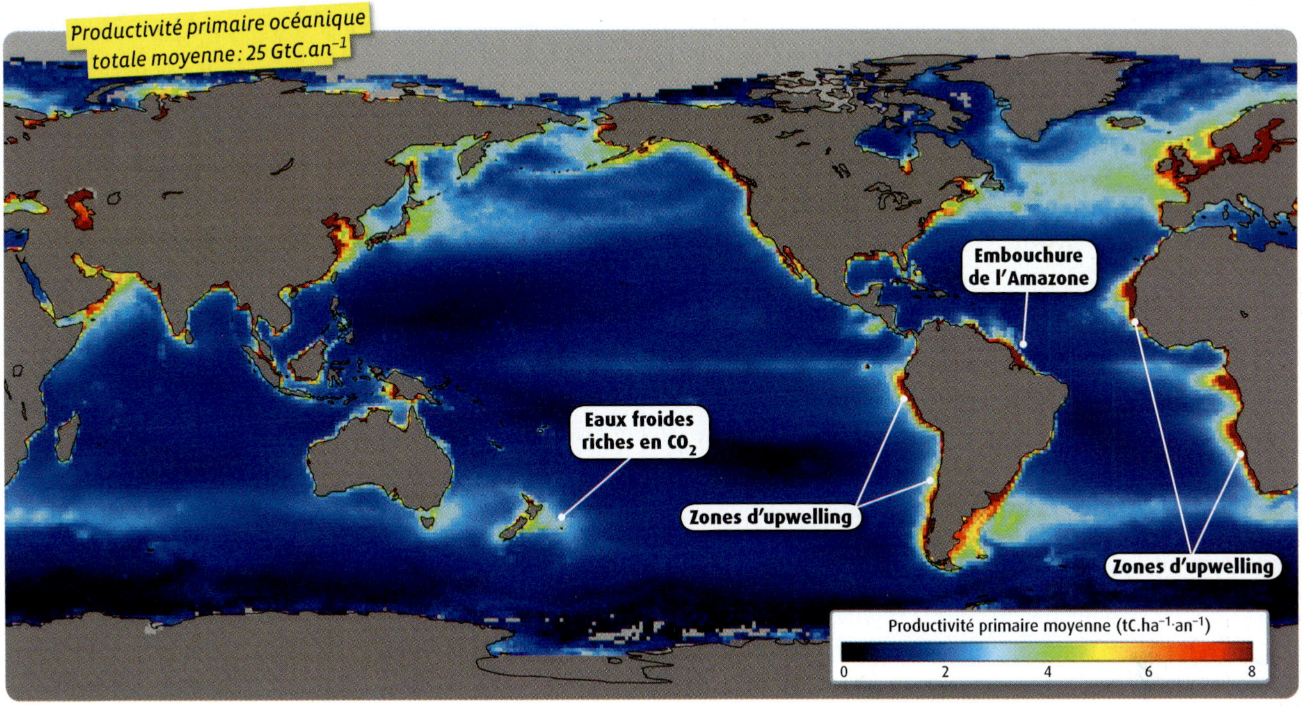

4 La productivité primaire océanique moyenne. Au niveau de leur embouchure, les fleuves apportent à l'océan des sels minéraux qu'ils ont transportés tout au long de leur trajet continental. Dans les zones côtières où les eaux profondes remontent vers la surface (zones d'upwelling), la matière minérale issue de la décomposition des organismes au fond des océans est entraînée en surface.

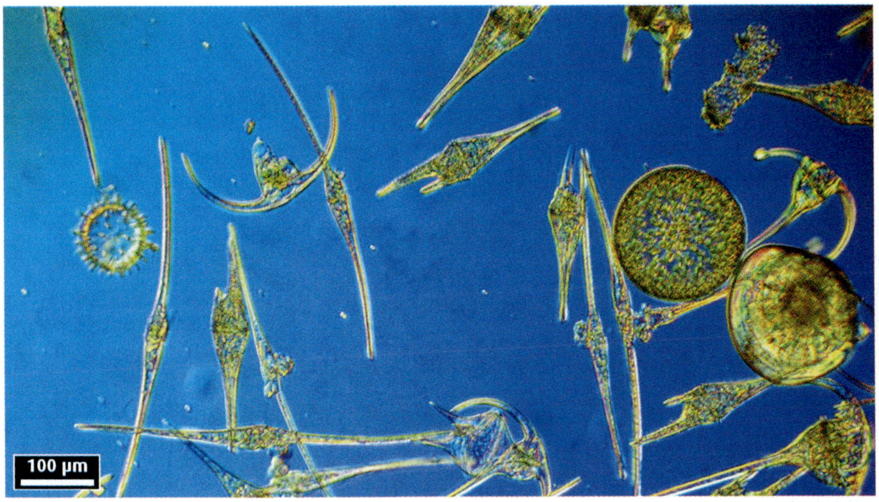

5 Quelques représentants du phytoplancton.
La productivité primaire océanique est presque entièrement due à des organismes unicellulaires microscopiques formant le phytoplancton.

ACTIVITÉS

① **DOC. 1 À 5.** Localisez sur les doc. 1 et 4 les zones présentant une forte productivité primaire. Émettez des hypothèses explicatives.

② **DOC. 2.** Un incendie détruit la végétation de chacun des écosystèmes présentés. Calculez le temps nécessaire pour que la biomasse de départ soit reconstruite. Qu'en déduisez-vous ?

③ **DOC. 3.** Calculez la productivité primaire du champ de maïs.

④ **DOC. 1 ET 4.** Montrez que la photosynthèse est responsable de l'incorporation de l'énergie solaire et de matière minérale dans la biosphère.

⑤ **EN CONCLUSION.** Résumez les conséquences de la photosynthèse à l'échelle de la planète.

Voir Dico des SVT p. 260

BILAN

CHAPITRE 1

De la lumière solaire à la matière organique : la photosynthèse

Les connaissances

La production de matière organique par photosynthèse

- Dans les parties vertes d'un végétal, on observe que des molécules organiques comme l'amidon (un glucide) sont fabriquées à la lumière. Cette production est possible grâce à l'action de la **chlorophylle**. La chlorophylle est une molécule contenue dans les chloroplastes, qui est capable de capter l'énergie lumineuse et de la transformer en énergie utilisable par la cellule pour la réalisation de réactions chimiques. Les organismes qui possèdent de la chlorophylle sont dits chlorophylliens. **[Unité 1]**
- L'énergie lumineuse captée par la chlorophylle permet la production de molécules organiques de type glucidique à partir d'eau (H_2O) et de dioxyde de carbone (CO_2) prélevé dans l'atmosphère. Cette réaction est appelée la **photosynthèse**. **[Unité 2]**
- La photosynthèse nécessite aussi la présence de sels minéraux. Ces derniers n'entrent toutefois pas directement dans la composition des glucides produits. **[Unité 2]**
- Grâce à la photosynthèse, les organismes chlorophylliens n'ont besoin que d'eau, de lumière, de sels minéraux et de CO_2 pour produire leur propre matière organique. Cette matière organique constitue la **biomasse**. **[Unités 1 et 2]**
- Les atomes de carbone de la matière organique produite par photosynthèse sont ceux de la molécule de CO_2. La photosynthèse permet donc la fixation du carbone issu d'une molécule minérale (le CO_2) dans la matière organique des organismes chlorophylliens. **[Unité 2]**

Bilan simplifié de la photosynthèse

$$\text{dioxyde de carbone} + \text{eau} \xrightarrow{\text{lumière + sels minéraux}} \text{glucides}$$

L'importance de la photosynthèse à l'échelle de la planète

- Les organismes chlorophylliens sont très divers et sont présents partout sur la planète, dans la plupart des **écosystèmes** : sur les continents (arbres, mousses, fougères, plantes herbacées et autres végétaux verts) et dans les océans (organismes unicellulaires du **phytoplancton**, algues vertes pluricellulaires). **[Unité 3]**
- La photosynthèse permet donc l'entrée de matière minérale et d'énergie dans l'ensemble du monde vivant (**biosphère**). On quantifie cette entrée par la **productivité primaire** : il s'agit de la somme de la biomasse fabriquée par l'ensemble des organismes chlorophylliens en un lieu donné pendant un an. La productivité primaire en milieu océanique est pour l'essentiel due au phytoplancton. En milieu continental, ce sont les forêts qui présentent la plus forte productivité primaire. **[Unité 3]**

Les capacités et attitudes

- Établir, à l'aide d'arguments expérimentaux, les éléments de bilan de la photosynthèse **[Unités 1 et 2]**
- Recenser, extraire et organiser des informations pour montrer l'importance de la photosynthèse à l'échelle de la planète **[Unité 3]**
- **Définir :** **biomasse** · **biosphère** · **chlorophylle** · **écosystème** · **photosynthèse** · **phytoplancton** · **productivité primaire**

Voir Dico des SVT p. 260

L'essentiel par l'image

La photosynthèse à l'échelle d'un organisme chlorophyllien

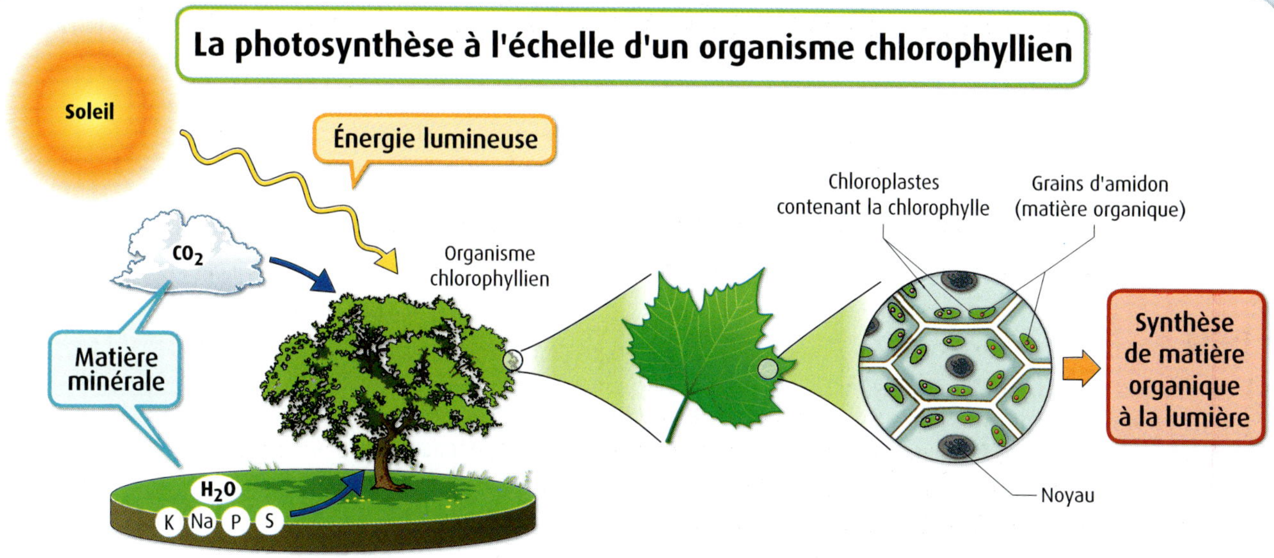

La photosynthèse à l'échelle de la biosphère

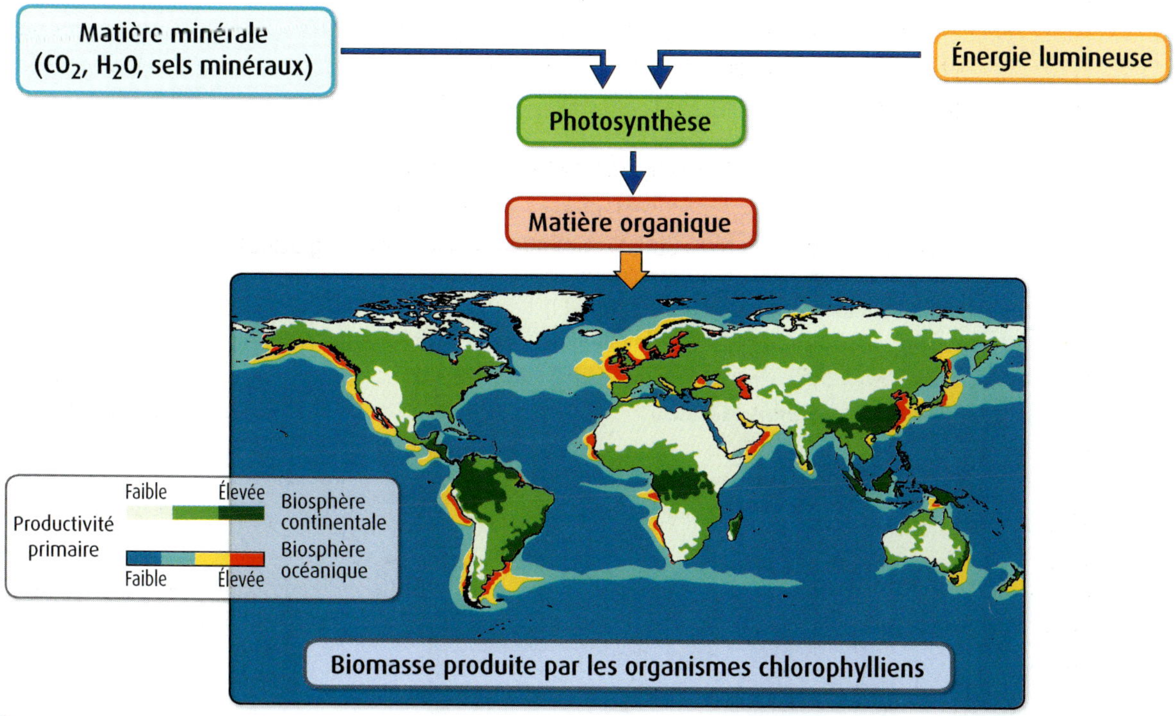

L'essentiel par le texte

> La lumière solaire permet, chez les végétaux verts et les autres organismes chlorophylliens, la synthèse de matière organique à partir d'eau, de sels minéraux et de dioxyde de carbone.

> Ce processus permet, à l'échelle de la planète, l'entrée de matière minérale et d'énergie dans la biosphère.

EXERCICES

évaluer ses connaissances

1 Vrai ou faux ?

Identifiez les affirmations fausses et rectifiez-les.

a. La photosynthèse peut être réalisée par n'importe quel organisme qui contient ou non de la chlorophylle dans ses cellules.

b. L'amidon est produit grâce à l'absorption de sels minéraux et de CO_2 par les organismes chlorophylliens, quelles que soient les conditions du milieu.

c. La photosynthèse permet l'entrée d'eau dans la biosphère.

2 QCM

Pour chaque proposition, identifiez la (ou les) bonne(s) réponse(s).

1. Un organisme chlorophyllien :

a. contient des chloroplastes dans ses cellules.
b. produit de la matière organique seulement à partir des sels minéraux qu'il trouve dans son milieu.
c. réalise la photosynthèse.
d. permet l'entrée de matière et d'énergie dans la biosphère.

2. La synthèse de matière organique dans les parties chlorophylliennes des végétaux :

a. nécessite de la lumière.
b. nécessite de l'eau.
c. nécessite des sels minéraux.
d. nécessite du dioxygène.

3. La chlorophylle est :

a. une molécule présente chez tous les organismes qui réalisent la photosynthèse.
b. une molécule qui capte le CO_2.
c. un composé transformé en matière organique au cours de la photosynthèse.
d. une molécule qui participe à la synthèse de matière organique.

s'entraîner avec un exercice guidé

3 Un phénomène climatique redouté en Amérique du Sud

Les pêcheurs péruviens redoutent les années où « El Niño » sévit. « El Niño » est une augmentation durable de la température des eaux de surface du sud-est de l'océan Pacifique. Ces eaux chaudes bloquent la remontée des eaux froides et riches en sels minéraux que l'on observe normalement au large des côtes du Pérou.

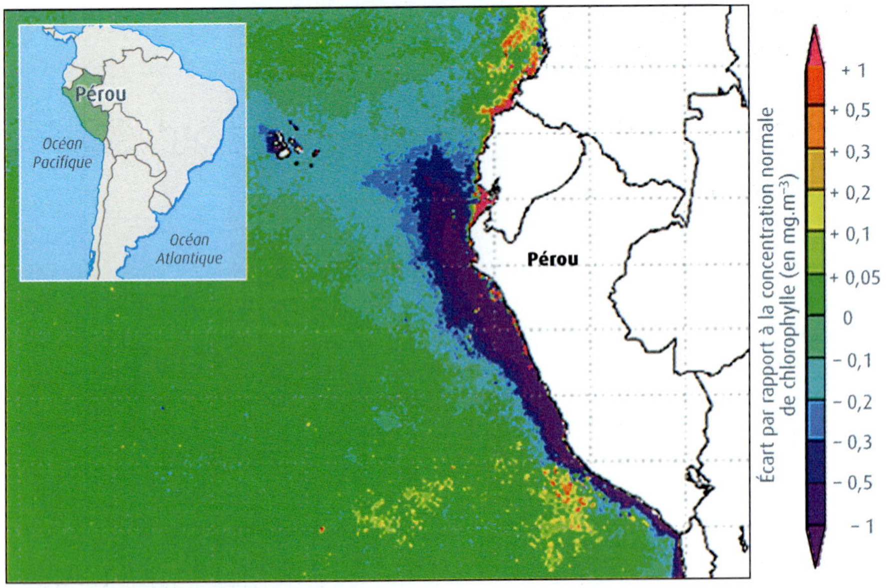

1. Anomalie de concentration en chlorophylle au large des côtes du Pérou lors d'une année « El Niño » (données acquises entre novembre 1997 et février 1998).

Un peu d'aide

• Saisir des informations
– Identifiez les organismes dont on suit l'abondance sur l'image.
– Caractérisez les variations de leur abondance sur les côtes du Pérou.

• Mobiliser les connaissances
– Rappelez l'importance des sels minéraux pour la multiplication du phytoplancton.
– Rappelez le rôle du phytoplancton dans les chaînes alimentaires océaniques.

• Conclure
Décrivez l'enchaînement des effets de « El Niño » sur les eaux des côtes péruviennes et leur activité biologique.

QUESTION Expliquez pourquoi le phénomène « El Niño » perturbe l'activité des pêcheurs du Pérou.

Appliquer ses connaissances

4 Les conditions de croissance d'une algue unicellulaire

Saisir des informations dans un but argumentatif

Deux lots de chlorelles (algues unicellulaires) sont placés dans un milieu de culture contenant de l'eau, des sels minéraux et du dioxyde de carbone. Le lot A est placé à la lumière, le lot B à l'obscurité. On détermine le nombre de cellules au début de l'expérience, puis après 3 et 6 jours de culture. La multiplication des chlorelles peut être mise en relation avec la quantité de matière organique qu'elles produisent.

Temps de culture	Lot A	Lot B
0 jour	1,0	1,0
3 jours	1,8	0,3
6 jours	2,2	0,3

1. Nombre de millions de cellules par mL de milieu de culture.

● Montrez que les chlorelles sont des organismes capables de réaliser la photosynthèse.

5 Le devenir du carbone pendant la photosynthèse

Comprendre une technique et ses résultats

Deux lots de plants d'épinard sont alimentés pendant 10 minutes par de l'air enrichi en molécules de CO_2 dont le carbone est marqué par radioactivité. Ces molécules de CO_2 marquées ont la propriété d'être détectables dans l'organisme. Le lot n° 1 est placé à la lumière. Le lot n° 2 est placé à l'obscurité.
Grâce à une chromatographie, on sépare ensuite en fonction de leur taille les molécules organiques produites par les feuilles de chaque lot.
Chaque chromatographie est placée sur une plaque photographique qui, par réaction avec le carbone radioactif, s'imprime de taches noires : à chaque tache correspond un type de molécule organique.

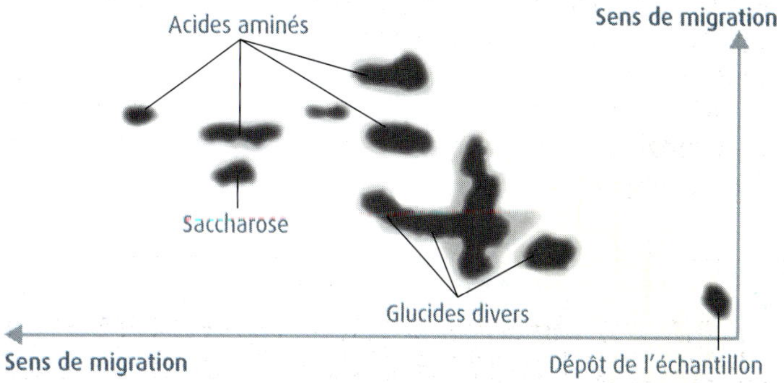

1. Photographie de la chromatographie du lot n° 1. Aucune tache noire n'apparaît sur la photographie de la chromatographie du lot n° 2. Lors d'une chromatographie, chaque molécule migre (se déplace) à une certaine distance du point de dépôt de l'échantillon.

❶ À partir des résultats du lot n° 1, montrez que les atomes de carbone qui constituent la matière organique produite proviennent du CO_2 atmosphérique.
❷ Démontrez que la lumière est indispensable à la production de matière organique à partir du CO_2 atmosphérique. Nommez la réaction qui permet cette production de matière organique.

6 Concentration en CO_2 et photosynthèse

Raisonner à partir d'un graphique

Des chlorelles (algues unicellulaires chlorophylliennes) sont placées dans des milieux de culture contenant de l'eau, des sels minéraux et du CO_2 à des concentrations variables. On mesure la biomasse produite dans chaque condition.

❶ Montrez que la biomasse produite dépend de la quantité de CO_2 dans le milieu.
❷ Émettez des hypothèses afin d'expliquer les deux effets opposés de la concentration en CO_2 sur la multiplication des chlorelles.

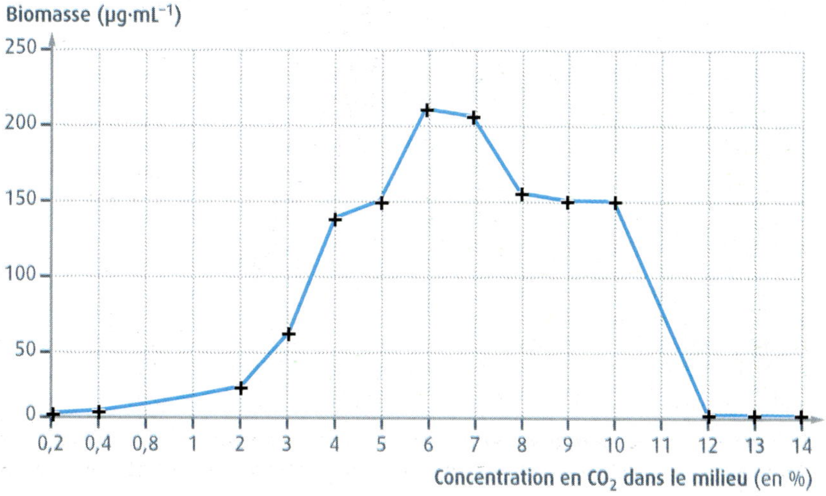

1. Biomasse des différentes cultures après 10 jours.

ATELIERS D'EXPLORATION

ART ET SCIENCE — Murs végétaux : la nature à la ville

Le principe du mur végétal. Il a été mis au point par Patrick Blanc, chercheur au CNRS et spécialiste des plantes tropicales.

« Les racines des plantes sont capables d'exploiter des substrats très peu épais, soit à la surface des rochers, soit dans les anfractuosités, pourvu que l'eau reste disponible. Et c'est précisément dans ces fissures laissées entre les pierres ou les blocs de béton que les plantes s'installent spontanément sur les constructions humaines.

[...] La superposition de trois éléments (cadre métallique, feuille de PVC expansé, nappe d'irrigation) compose le mur végétal, qui est ainsi dissocié du bâti. [...] C'est sur un feutre à fort pouvoir de capillarité et de rétention d'eau, que se développent les racines des plantes. Celles-ci sont installées sous forme de graines, de boutures ou de plantes adultes [...].

L'arrosage s'effectue à partir d'un tuyau régulièrement percé, situé au sommet du mur végétal. Il distribue une solution nutritive très peu concentrée. »

D'après P. Blanc, « Murs végétaux : la biodiversité en ville », *Archi Crée*, 2000.

ACTIVITÉS

1. À partir du site Internet ci-dessous, identifiez trois qualités d'un mur végétal.
2. À partir de vos connaissances et du site Internet, expliquez en quoi le procédé du mur végétal est fondé sur la connaissance des plantes et de leurs besoins.
3. Justifiez l'expression : « Les plantes ne mangent pas la terre sur laquelle elles poussent. »

POUR VOUS GUIDER B2i

www.murvegetalpatrickblanc.com

Un mur végétal sur la façade du musée du Quai Branly à Paris. D'une surface de 800 m^2, il est recouvert par 15 000 plantes de 150 espèces différentes.

SCIENCES ACTUALITÉ — La photosynthèse, une source d'énergie électrique ?

Une biopile (ou photopile biologique).

« Des chercheurs du CNRS ont mis au point en 2010 une biopile. Elle est composée de deux électrodes qui sont très sensibles à des changements de la quantité (ou concentration) des produits de la photosynthèse en présence et en absence de lumière. Insérée dans une plante vivante, dans le cas présent un cactus, cette pile peut générer une puissance de 9 W par cm^2. Dans un futur lointain, ce dispositif pourrait éventuellement offrir une nouvelle stratégie pour transformer l'énergie solaire en énergie électrique d'une façon écologique et renouvelable. »

D'après www2.cnrs.fr/presse/communique/1797.htm

ACTIVITÉS

1. Expliquez l'intérêt potentiel de cette biopile.
2. Quelle serait la puissance produite par une feuille de 100 cm^2 (fondez-vous sur la puissance produite par unité de surface par le cactus) ? Comparez-là à celle d'une ampoule de lampe de chevet.
3. Résumez les avantages et inconvénients de ce dispositif s'il pouvait être généralisé.

CHAPITRE 2

Les combustibles fossiles

Les organismes chlorophylliens fabriquent leur matière organique à partir de l'énergie lumineuse et d'éléments minéraux. Quand ils meurent, cette matière est décomposée en éléments minéraux. Mais en de rares circonstances, elle échappe à ce destin : elle se fossilise et donne naissance aux combustibles fossiles que sont le charbon et le pétrole.

Une plateforme pétrolière au large de la Californie, États-Unis.

Dans quelles conditions les combustibles fossiles et leurs gisements se forment-ils ?

UNITÉ 1

Les conditions de formation du charbon

Le charbon est un combustible fossile. Depuis près de 200 ans et les débuts de la révolution industrielle, l'Homme utilise l'énergie qu'il libère quand il brûle pour ses diverses activités.

Quelle est l'origine du charbon et comment se forme un gisement de charbon ?

L'étude d'un gisement de charbon

1 Une mine de charbon à ciel ouvert à Graissessac (sud du Massif central). Le charbon se présente sous forme de multiples couches appelées veines. Elles sont encadrées chacune par des roches sédimentaires de nature différente. Le charbon est ici âgé de 300 à 295 millions d'années (Ma).

2 Une roche sédimentaire encadrant une veine de charbon.

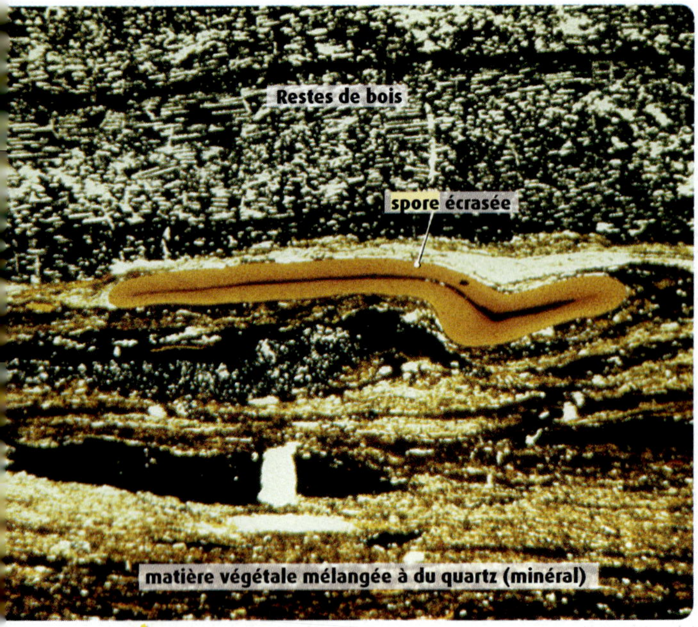

3 Une lame mince de charbon (MO, ×600).

Quand les végétaux d'une forêt meurent, les longues molécules organiques qui les constituent sont décomposées en matière minérale par l'action des organismes décomposeurs. Ces transformations chimiques consomment du dioxygène. C'est pourquoi, lorsqu'une grande quantité de végétaux se trouve noyée dans une couche d'eau peu profonde, celle-ci s'appauvrit en dioxygène. Une partie des végétaux morts peut alors échapper à la dégradation. Dans ces conditions, sous l'action de bactéries vivant en l'absence de dioxygène et sous l'effet d'une augmentation lente de la température, liée à l'enfouissement progressif des débris, les longues molécules organiques végétales évoluent : les molécules volatiles (O_2, H_2, N_2) sont libérées et le carbone se concentre. Ce processus conduit à la transformation des végétaux morts en charbon. Il dure plusieurs dizaines de millions d'années.

4 Le devenir des végétaux d'une forêt après leur mort.

Comprendre la formation d'un gisement de charbon

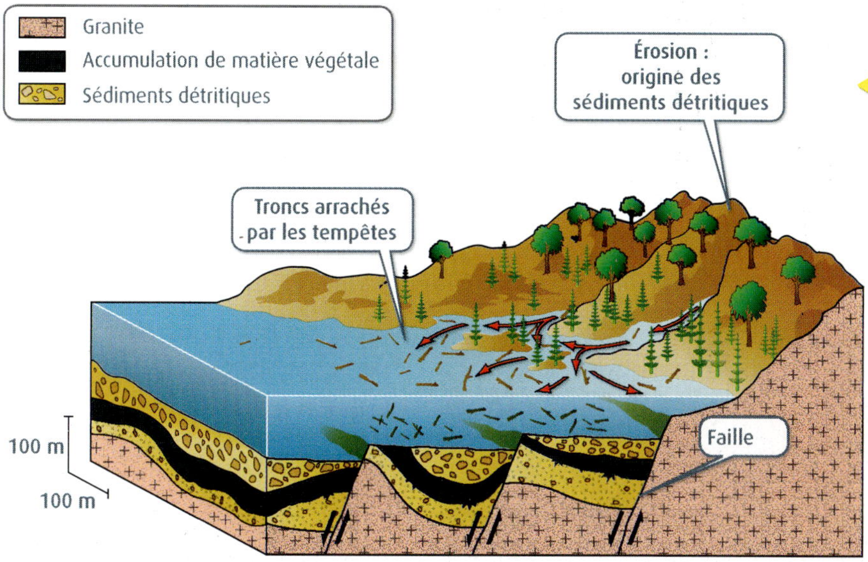

5 Reconstitution du milieu de formation du charbon de Blanzy (Bourgogne) il y a 300 Ma.
Le bassin minier de Blanzy a été exploité jusqu'en 1992. Il y a 300 Ma, le site était un bassin sédimentaire (zone de dépôt des sédiments) recouvert d'un lac peu profond.
La région était animée de mouvements d'enfoncement progressif.
Ces mouvements, dits de subsidence, étaient la conséquence de l'activité de failles. Ils ont permis l'accumulation d'une forte épaisseur de sédiments détritiques (issus de l'érosion) et/ou de matière végétale.

6 Le lac Spirit après l'éruption du mont Saint-Helens (États-Unis).
En 1980, l'explosion de ce volcan a libéré une énergie colossale.
Le souffle a abattu les arbres de la forêt environnante et entraîné un glissement de terrain, déplaçant temporairement l'eau du lac. Quand l'eau est revenue, elle a charrié des milliers d'arbres abattus. Trois ans plus tard, d'énormes quantités de troncs s'étaient accumulées dans les zones profondes du lac, recouvertes de cendres volcaniques et de sédiments détritiques. De telles accumulations de débris végétaux peuvent aussi résulter de la répétition sur de longues périodes des crues saisonnières.

ACTIVITÉS

1 **DOC. 1.** Représentez de façon schématique le gisement de charbon de Graissessac.
2 **DOC. 2 ET 3.** Trouvez les indices en faveur d'une origine biologique du charbon.
3 **DOC. 4.** Citez la caractéristique principale des molécules du charbon. Quelles sont les trois conditions nécessaires à la formation du charbon ?
4 **DOC. 5 ET 6.** Proposez un scénario permettant d'expliquer la présence du charbon sous forme de veines au niveau d'un gisement.
5 **EN CONCLUSION.** Rédigez un texte résumant l'origine du charbon et les conditions nécessaires à la formation de gisements.

Voir Dico des SVT p. 260

UNITÉ 2

Les conditions de formation du pétrole

Le pétrole, comme le charbon, est un combustible fossile. De l'essence aux matières plastiques, il est omniprésent dans notre vie quotidienne.

Quelle est l'origine du pétrole et comment se forme un gisement de pétrole ?

L'étude d'un gisement de pétrole

1 Un geyser de pétrole jaillit d'un puits endommagé durant la guerre du Koweit (1991). Le pétrole brut est un mélange de composés constitués surtout de carbone et d'hydrogène : ce sont les hydrocarbures. Ils se forment dans la roche mère du pétrole et sont liquides, gazeux ou solides. Souvent, le terme « pétrole » désigne toutefois les liquides. Pour accéder au pétrole, on fore un puits jusqu'à la roche réservoir, dans laquelle il est stocké (cette roche est distincte de la roche mère). Il en sort spontanément sous pression.

2 Roche réservoir du gisement du bassin de Wessex (Grande-Bretagne). En de rares endroits (non visibles doc. 3), les mouvements des plaques lithosphériques ont porté en surface cette roche âgée de 168 à 165 Ma. Le pétrole qui y était stocké a alors été détruit au contact de l'air. Sur la lame microscopique, la roche a été imprégnée artificiellement d'une résine bleue capable de remplir tous les pores qu'elle contient.

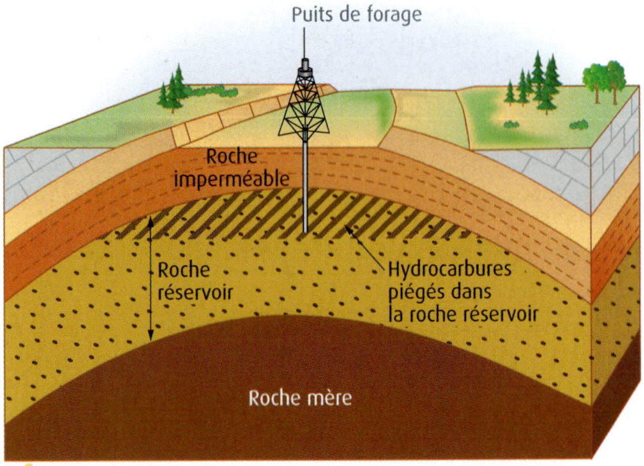

3 Coupe simplifiée du gisement pétrolier de Wessex. La roche réservoir est recouverte par des roches imperméables âgées de 165 à 161 Ma. L'ensemble roche mère, roche réservoir et roche imperméable forme un piège pétrolier.

Comprendre la formation d'un gisement de pétrole

Lorsque le phytoplancton meurt, les molécules organiques qui le constituent sont décomposées par des réactions consommant du dioxygène (O_2). Si la productivité primaire est très forte, il se forme une couche d'eau pauvre en O_2 où une partie de cette matière organique échappe à la décomposition. Elle tombe au fond des océans et donne naissance à des sédiments riches en matière organique. Sous l'action de bactéries et de l'augmentation de température liée à l'enfouissement, la matière organique subit des modifications chimiques qui s'accompagnent d'une réduction de la taille et de la densité des molécules. En plusieurs dizaines de millions d'années, cette matière organique se transforme en un mélange d'hydrocarbures moins denses que la roche dans laquelle ils se trouvent (roche mère du pétrole). Ces hydrocarbures finissent par migrer vers la surface.

4 Le devenir du phytoplancton après sa mort.

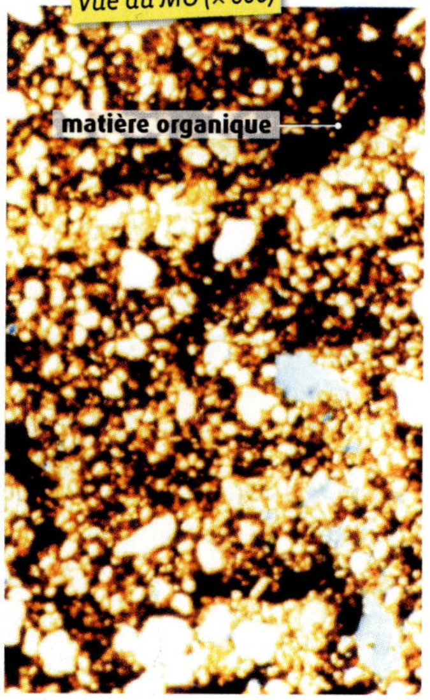

5 Roche mère du gisement de Wessex.
En de rares endroits (non visibles sur le doc. 3), les mouvements des plaques lithosphériques ont porté en surface cette roche (formée entre – 200 et – 190 Ma). Elle ne contient plus de pétrole (il a migré vers la roche réservoir), mais reste riche en matière organique transformée, d'où sa couleur sombre.

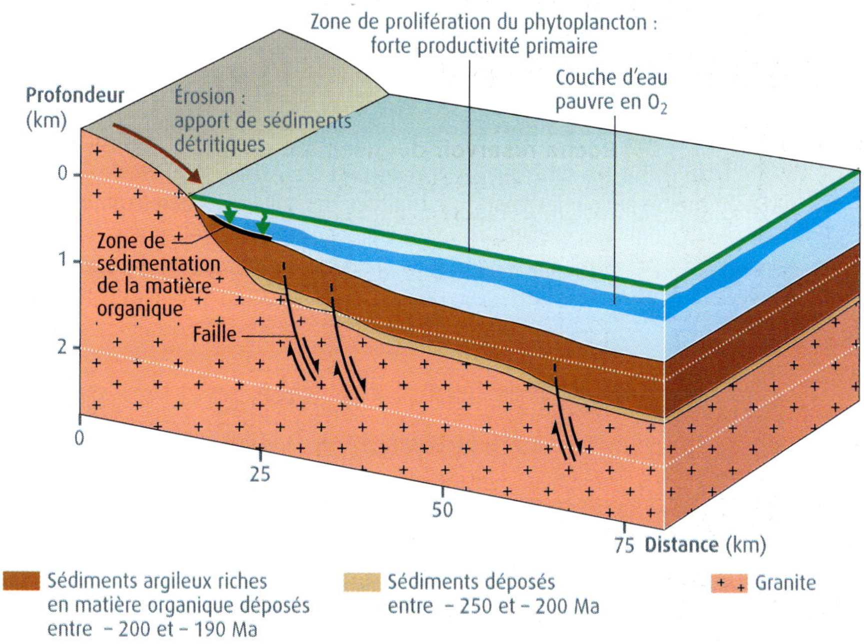

6 Coupe transversale du bassin sédimentaire de Wessex, il y a 200 Ma environ.
À cette époque, la région de Wessex était un plateau continental, c'est-à-dire la partie immergée d'un continent. Les mouvements des plaques lithosphériques entraînaient un étirement de la lithosphère et la mise en place de failles. Leur activité a provoqué un enfoncement progressif du bassin sédimentaire (subsidence). Cela a permis l'accumulation d'une grande épaisseur de sédiments durant des millions d'années.

ACTIVITÉS

1 DOC. 1 À 3. Identifiez sur le doc. 2 les caractéristiques de la roche réservoir qui lui permettent de remplir sa fonction et précisez le milieu où elle s'est formée.

2 DOC. 3 À 5. Expliquez où et comment se forme le pétrole, et pourquoi, au niveau d'un gisement, il est localisé dans la roche réservoir et non dans la roche mère.

3 DOC. 3 À 6. Proposez un scénario permettant d'expliquer la formation du gisement de Wessex. Donnez une estimation du temps qui a été nécessaire à ce phénomène.

4 EN CONCLUSION. Rédigez un texte résumant les événements qui permettent la formation de pétrole et son accumulation dans un gisement.

Voir Dico des SVT p. 260

UNITÉ 3

L'extraction des combustibles fossiles et ses implications

Pétrole et charbon sont des combustibles issus de matière organique fossile. Leur extraction à échelle industrielle a débuté au XIXe siècle. Elle atteint actuellement des niveaux inégalés.

Quelles sont les implications de l'extraction des combustibles fossiles ?

Des implications humaines et environnementales

ART ET SCIENCE

« C'était Maheu qui souffrait le plus. En haut, la température montait jusqu'à trente-cinq degrés, l'air ne circulait pas, l'étouffement à la longue devenait mortel. [...] Mais son supplice s'aggravait surtout de l'humidité. La roche, au-dessus de lui, à quelques centimètres de son visage, ruisselait d'eau, de grosses gouttes continues et rapides [...]. »

Émile Zola, *Germinal* (1885)

1 Il y a un siècle... Gravure : « Les mineurs surpris par l'explosion au fond de la mine ». *La Croix illustrée,* 1er avril 1906, après la catastrophe de Courrières (Pas-de-Calais). Bilan : 1099 victimes.

C'est le « coup de grisou » que les mineurs redoutent : il s'agit de l'explosion d'une poche de méthane, un gaz qui se forme en même temps que le charbon. En 2009, dans le premier pays producteur mondial de charbon (la Chine), les accidents miniers ont tué 2631 personnes, souvent dans de petites mines peu sécurisées.

2 Les accidents miniers au XXIe siècle.

3 Une mine de charbon à ciel ouvert en Afrique du Sud.
Afin de mettre au jour les veines de charbon, des collines entières sont rasées. Les gravats sont stockés dans les vallées, provoquant un nivellement du paysage. Cette technique permet de récupérer davantage de charbon avec une main-d'œuvre réduite.

4 Le site d'exploitation des sables bitumineux d'Alberta (Canada).
Les sables bitumineux représentent des réserves mondiales en pétrole plus importantes que celles des gisements classiques, mais leur exploitation est très difficile, beaucoup plus coûteuse et provoque une forte pollution de l'eau et de l'air.

Des implications économiques : le cas du pétrole

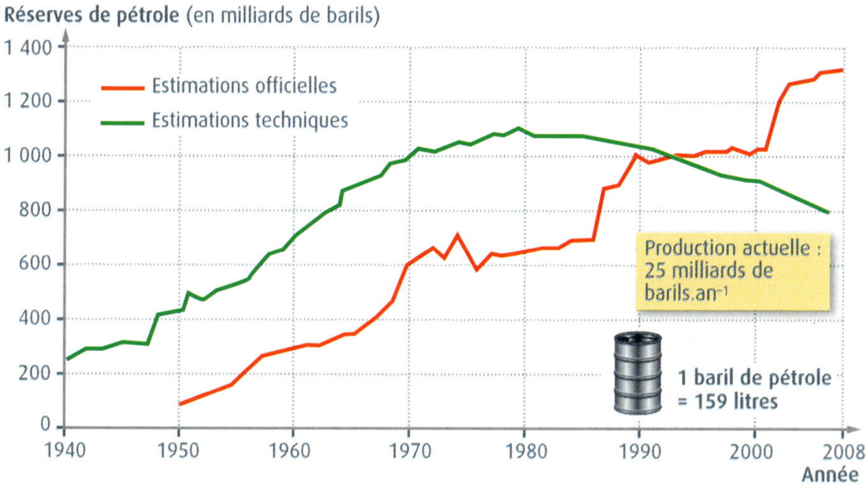

5 Évolution des réserves mondiales de pétrole avec le temps.
Les réserves de pétrole correspondent aux ressources encore disponibles dont l'exploitation est techniquement possible et économiquement rentable. Leur évaluation diffère suivant les estimations « officielles » (autorités politiques, financières, compagnies pétrolières) et « techniques » (géologues et pétroliers indépendants).

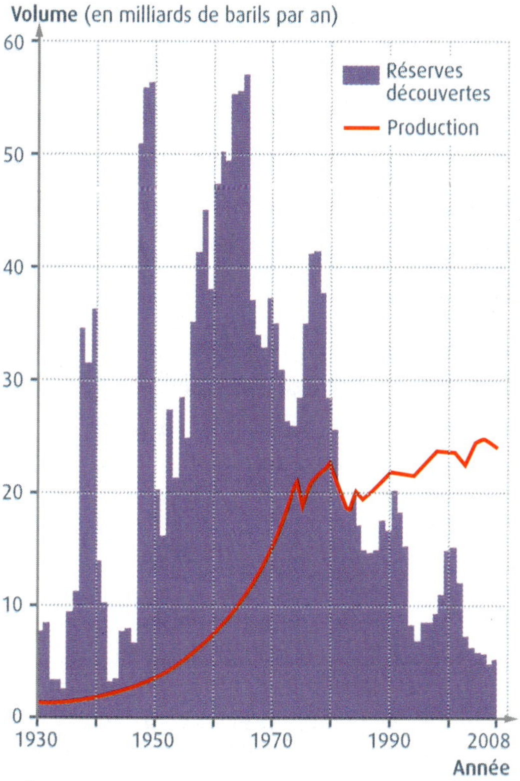

6 Évolution du volume de pétrole brut découvert et du volume de la production annuelle entre 1930 et 2008.

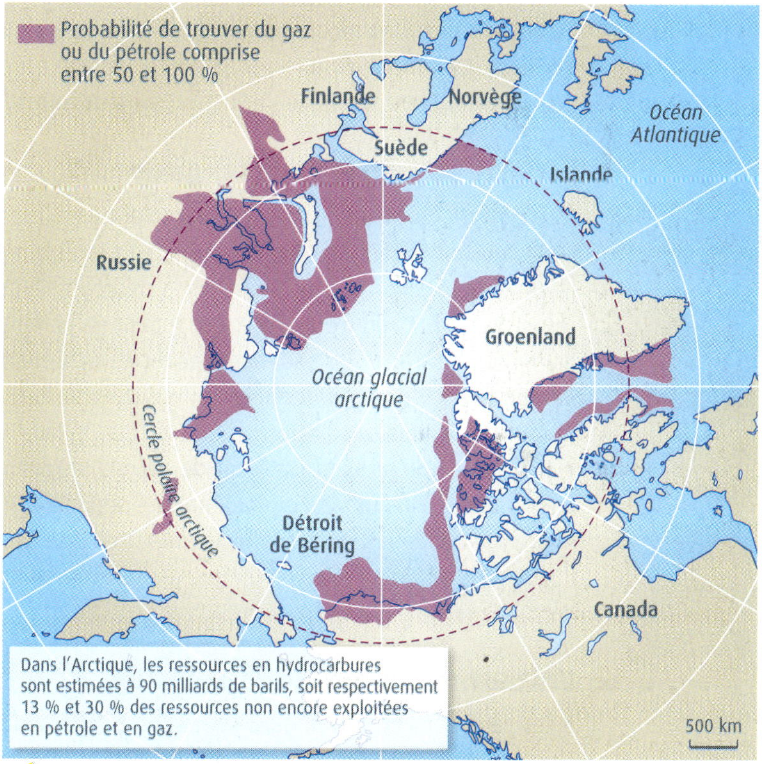

7 Les réserves de pétrole dans l'Arctique.
Ces gisements sont souvent situés sur un plateau continental. Les hydrocarbures qu'ils contiennent se sont formés il y a plusieurs millions d'années, à une époque où la région était déjà un plateau continental.

ACTIVITÉS

1. **DOC. 1 ET 2.** Identifiez les aspects qui mettent en évidence les conditions difficiles du travail des mineurs d'hier et d'aujourd'hui.
2. **DOC. 3 ET 4.** Résumez quelques effets néfastes pour l'environnement de l'extraction des combustibles fossiles.
3. **DOC. 5.** Calculez, d'après les deux estimations, le nombre d'années de réserves mondiales en pétrole si la production reste constante. Concluez.
4. **DOC. 5 ET 6.** Indiquez si l'on peut qualifier le pétrole de ressource énergétique d'avenir.
5. **DOC. 7.** Analysez la répartition des gisements et reconstituez les conditions de formation du pétrole qu'ils contiennent. Aidez-vous du doc. 6 p. 125.
6. **EN CONCLUSION.** Rédigez un texte résumant les implications de l'extraction des combustibles fossiles.

Voir Dico des SVT p. 260

CHAPITRE 2

BILAN

Les combustibles fossiles

Les connaissances

Le charbon et le pétrole résultent de la fossilisation de la biomasse produite, il y a plusieurs dizaines de millions d'années, par les organismes chlorophylliens. Ce sont des **combustibles fossiles**.

L'origine du charbon et de ses gisements

- Le **charbon** est une roche riche en carbone résultant de la transformation de végétaux verts continentaux ou littoraux. Lorsqu'une grande quantité de débris issus de ces végétaux s'accumule dans une couche d'eau peu profonde et pauvre en dioxygène, une fraction de la matière organique qui les compose n'est pas décomposée par les **décomposeurs**. En plusieurs dizaines de millions d'années, elle se transforme en charbon sous l'action de bactéries et sous l'effet d'une lente augmentation de la température liée à l'enfouissement. **[Unité 1]**
- La formation d'un **gisement** de charbon implique des conditions géologiques particulières. Il faut une accumulation et un enfouissement d'une forte épaisseur de débris végétaux pendant plusieurs millions d'années. Cela n'est possible que si la productivité primaire est importante et si les débris végétaux se déposent dans une zone qui s'enfonce (**zone de subsidence**). **[Unité 1]**

L'origine du pétrole et de ses gisements

- Le **pétrole** brut est un mélange de molécules riches en carbone et en hydrogène (hydrocarbures) à l'état liquide, solide et gazeux. Il résulte de la transformation de la matière organique du **phytoplancton**. Dans les océans, lorsque les organismes chlorophylliens du phytoplancton prolifèrent massivement, les restes d'une fraction d'entre eux échappent à l'action des décomposeurs et se déposent sur le fond, donnant naissance à des sédiments riches en matière organique et pauvres en dioxygène. Sous l'action de bactéries et sous l'effet d'une lente augmentation de la température liée à l'enfouissement, cette matière organique se transforme, en plusieurs dizaines de millions d'années, en pétrole. **[Unité 2]**
- La mise en place d'un gisement de pétrole implique des conditions géologiques particulières : une forte productivité primaire et un dépôt des sédiments dans une zone de subsidence. De plus, le pétrole migre spontanément depuis la roche mère (où il se forme) vers la surface. Pour qu'il y ait un gisement, il faut donc que le pétrole soit bloqué dans sa remontée par une roche imperméable et qu'il s'accumule dans une roche poreuse (roche réservoir). **[Unité 2]**

L'extraction des combustibles fossiles

- Les conditions de travail dans les mines de charbon sont rudes et de nombreux hommes y ont péri. L'extraction des combustibles fossiles peut aussi être une source de pollution. **[Unité 3]**
- Les **réserves** de combustibles fossiles (c'est-à-dire la fraction des **ressources** exploitable par l'Homme) ne sont pas inépuisables. Ainsi, les réserves actuelles de pétrole couvrent 50 années de consommation mondiale au plus. Les combustibles fossiles ne sont pas les ressources énergétiques de l'avenir. **[Unité 3]**

Les capacités et attitudes

- Proposer un scénario de la formation de gisements de charbon et de pétrole. **[Unités 1 et 2]**
- Manifester de l'intérêt pour un grand enjeu de société : l'avenir des énergies fossiles. **[Unité 3]**
- **Définir :** **charbon** · **combustible fossile** · **décomposeur** · **gisement** · **pétrole** · **phytoplancton** · **réserve** · **ressource** · **zone de subsidence**

Voir Dico des SVT p. 260

L'essentiel par l'image

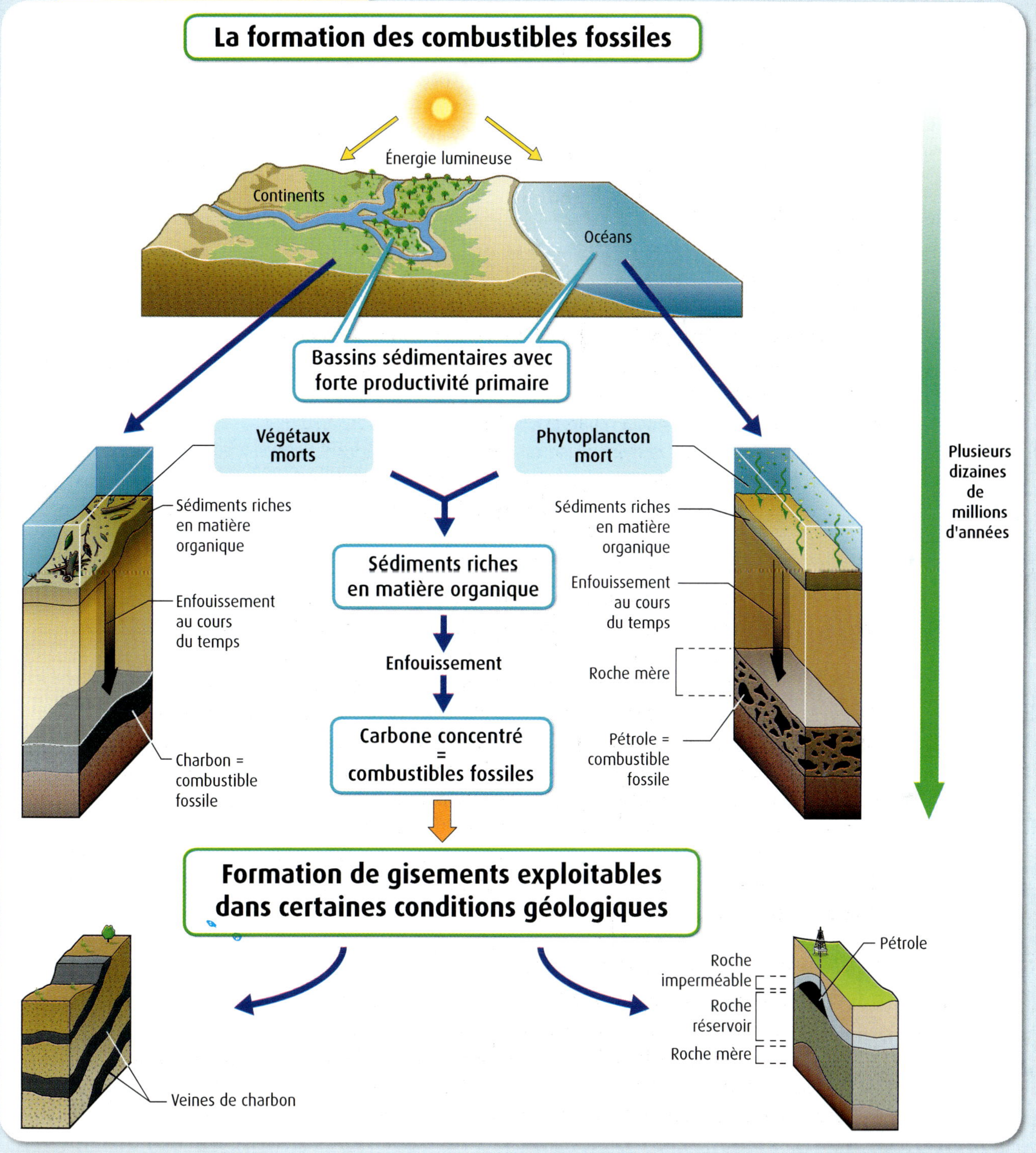

L'essentiel par le texte

> Dans des environnements de haute productivité, une fraction de la matière organique issue des restes d'organismes chlorophylliens échappe à l'action des décomposeurs et se transforme en combustible fossile (pétrole ou charbon) au cours de son enfouissement.

> La transformation et la conservation de la matière organique à l'origine des combustibles fossiles se déroulent dans des circonstances géologiques particulières.

> L'extraction des combustibles fossiles a des implications humaines, environnementales et économiques.

EXERCICES

évaluer ses connaissances

1 Vrai ou faux ?

Identifiez les affirmations fausses et rectifiez-les.

a. Le pétrole se forme si des restes d'organismes chlorophylliens se déposent dans des sédiments riches en O_2.

b. Le charbon est une roche formée à partir de carbone minéral.

c. Le pétrole est une roche essentiellement liquide.

2 QCM

Pour chaque proposition, identifiez la (ou les) bonne(s) réponse(s).

1. Lorsque le phytoplancton meurt, ses molécules organiques évoluent en pétrole si :

a. la productivité primaire en surface de l'océan est faible.
b. il se forme une couche d'eau pauvre en dioxygène.
c. des modifications chimiques réduisent la taille des molécules organiques.
d. elles s'accumulent dans des sédiments qui évoluent en roche réservoir.

2. La transformation de la matière organique à l'origine des combustibles fossiles :

a. est un processus rapide.
b. peut se dérouler n'importe où à la surface de la Terre.
c. implique une forte productivité primaire.
d. implique un enfouissement des sédiments.

s'entraîner avec un exercice guidé

3 Un piège pétrolier à l'air libre

Au cap de la Crèche (près de Boulogne-sur-Mer), on observe des roches sédimentaires argileuses âgées de 140 millions d'années. Leur couleur sombre montre qu'elles sont riches en matière organique. Elles ont le même âge et la même nature que les roches mères du pétrole de la mer du Nord. Au-dessus d'elles, on distingue des grès, qui sont des roches sédimentaires composées de grains de quartz soudés par un ciment. Les grès sont surmontés par des roches sédimentaires imperméables (marnes). L'ensemble a été porté en surface par des mouvements tectoniques, puis par l'érosion. Il ne contient plus de pétrole.

1. Les roches du cap de la Crèche. Ci-contre, une lame mince du grès vue au microscope optique après imprégnation par une résine bleue qui remplit les pores de la roche.

Un peu d'aide

- **Saisir des informations**
  - Observez la lame mince et déterminez si les grès peuvent constituer une roche réservoir de pétrole.
  - Observez la photographie du panorama et déterminez si l'ensemble du Cap de la Crèche constitue un piège pétrolier.
  - Comparez la position dans la croûte terrestre de cet ensemble géologique avec celle d'un piège pétrolier exploitable (doc. 3 p. 124).
- **Conclure**
  - Précisez ce que devient le pétrole lorsqu'il est mis en contact avec le dioxygène de l'air.
  - Déduisez-en le devenir du pétrole du cap de la Crèche.

QUESTION Montrez que l'ensemble géologique du cap de la Crèche avait toutes les caractéristiques pour former un gisement de pétrole et expliquez pourquoi il ne contient plus de pétrole.

4 L'origine d'une marée noire

Extraire et organiser des informations

Le 20 avril 2010, la remontée d'une importante bulle de gaz provoque l'explosion d'une plate-forme d'exploitation du pétrole localisée dans le golfe du Mexique, au niveau d'un plateau continental. Onze personnes sont tuées.

1. Après l'explosion...

« Environ 800 000 litres de pétrole s'échappent chaque jour de la plate-forme qui a sombré jeudi 22 avril dans le golfe du Mexique. Quelques heures avant l'arrivée de la marée noire sur les côtes de la Louisiane, l'administration [des États-Unis] a décrété "l'état de catastrophe nationale" [...]. Cette marée noire, qui pourrait être l'une des pires de l'histoire [...] pourrait avoir des conséquences sur la politique énergétique du pays.»

Le Monde, 2 mai 2010

2. La plate-forme pétrolière peu après l'explosion.

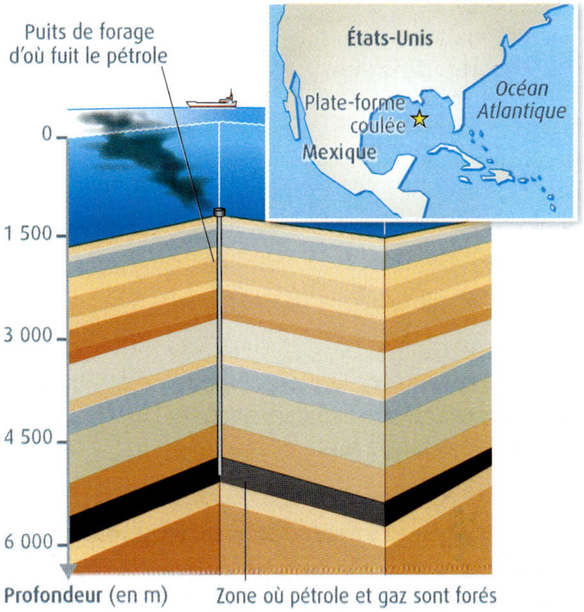

3. Coupe du gisement de pétrole.

1 Expliquez dans quel type de roche était foré le pétrole et pourquoi il y restait stocké.

2 Expliquez comment la roche qui contient le pétrole a pu être recouverte de 5 000 m d'autres roches sédimentaires.

3 Expliquez en quoi l'accident peut avoir des conséquences sur la politique énergétique des États-Unis.

5 La formation d'une couche de charbon

Calculer et raisonner

La mangrove est une formation végétale qui occupe les trois-quarts des côtes et deltas des régions tropicales actuelles, dans des zones calmes et peu profondes. Le sol de la mangrove est formé de vase littorale, un milieu très pauvre en dioxygène, où les débris végétaux s'accumulent. Leur évolution peut conduire, à la longue, à la formation de charbon. Ce phénomène s'accompagne d'une compaction : une épaisseur d'un mètre de charbon résulte de la transformation d'une épaisseur de dix mètres de sédiments riches en matières organiques.

1. Une mangrove.

- Sachant que la vitesse moyenne de dépôt d'une vase littorale est estimée à 4 mm par an, calculez la durée nécessaire à la formation d'une couche de charbon épaisse de 20 mètres.

ATELIERS D'EXPLORATION

LE COIN DU LABO — Un dispositif pour modéliser le piégeage du pétrole (TP)

1 Mise au point du dispositif expérimental (doc. 1)

– Au fond de deux béchers, on dépose une couche de petits graviers (a), sur laquelle on verse jusqu'à ras-bord de l'huile colorée, qui modélise le pétrole.

– On ajoute une couche de sable (b), puis, dans l'un des béchers, une couche d'argile (c). Dans ce dernier, on enfonce un petit tube de verre qui doit traverser la couche d'argile, sans s'obturer (d).

– Dans les 2 béchers, on enfonce un tube (e) jusque dans la couche de graviers, que l'on reliera à une grosse seringue pour injecter de l'eau.

Doc. 1. Dispositif expérimental avant mouillage.

2 Piégeage et exploitation du pétrole (doc. 2)

Pour simuler le piégeage du pétrole dans le sous-sol, injectez lentement de l'eau directement dans les graviers via les tubes (e). Observez le tube de dégagement (d) dans le bécher avec argile.

Doc. 2. Extraction de l'huile après mouillage.

ACTIVITÉS

1. Dans ce dispositif expérimental, repérez la roche-mère du pétrole, puis, dans l'un des deux béchers, le piège à pétrole.
2. Décrivez le comportement du pétrole dans les deux modèles (avec ou sans argile), et expliquez-le en vous fondant sur les propriétés des trois types de roche utilisés (a, b et c).
3. Résumez les conditions géologiques nécessaires au piègeage du pétrole dans le sous-sol.

MÉTIER — Travailler dans le pétrole

De l'extraction du pétrole à son utilisation par l'Homme, l'exploitation de cette ressource énergétique requiert différentes compétences.

Des techniciens sur un site d'extraction.

ACTIVITÉS

1. Faites des recherches sur Internet et retrouvez les étapes de l'exploitation du pétrole et les métiers associés à chaque étape.
2. Rédigez pour chaque métier de votre choix une fiche décrivant le métier, le niveau d'études et les qualités requises.

POUR VOUS GUIDER B2i

- www.planete-energies.com/contenu/metiers/raffinage-distribution.html
- www.libtheque.fr/svtlycee
- www.onisep.fr onisep

EXERCICE DE MÉTHODE

Thème 2 : Enjeux planétaires contemporains : énergie, sol

Tirer des informations d'une carte

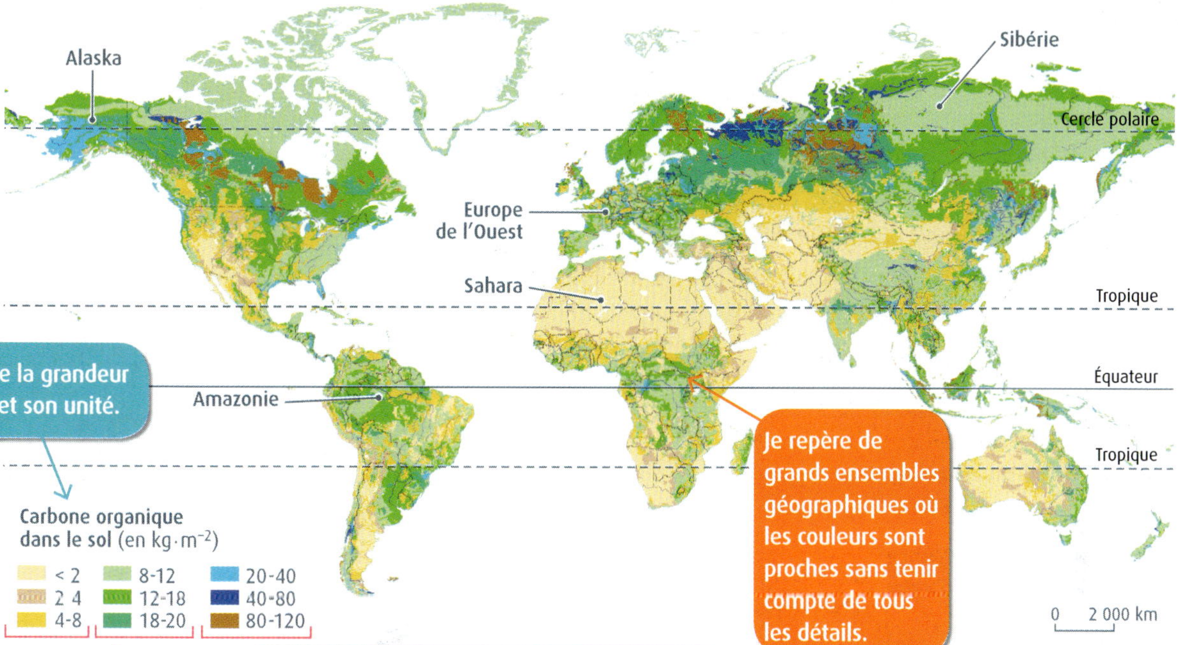

1 Répartition mondiale du stock de carbone d'origine organique dans le sol. L'apport de carbone organique au sol est lié à la productivité primaire (voir p. 114). La vitesse de dégradation de la matière organique dans le sol est d'autant plus rapide que la température est élevée.

Région (écosystème)	Sahara (désert)	Amazonie (forêt tropicale)	Europe (forêt tempérée)	Alaska (forêt de conifères)	Sibérie (toundra)
Productivité primaire	Faible	Forte	Moyenne	Moyenne	Faible

2 Productivité primaire des écosystèmes de quelques régions.

QUESTIONS

1. Expliquez pourquoi l'apport de carbone organique au sol dépend de la productivité primaire.
2. Complétez le doc. 2 en indiquant, pour chaque région, si le stock de carbone organique du sol est faible, moyen ou fort. Faites de même pour la vitesse de dégradation.
3. Comparez le stock de carbone organique du sol entre : Amazonie et Sahara ; Alaska et Sibérie ; Europe et Amazonie. Expliquez les résultats obtenus.

Des conseils pour répondre

1. Interrogez-vous sur le devenir de la matière végétale après sa mort.
2. Pour chaque région, à l'aide du doc. 1 : estimez l'ordre de grandeur du stock de carbone organique ; puis, en utilisant les indications de latitudes, estimez la température moyenne. Déduisez-en la vitesse de dégradation de la matière organique.
3. Pensez que le stock de carbone organique est la différence entre les apports et la dégradation du carbone organique.

SOMMAIRE

B. Quelques enjeux énergétiques du XXIe siècle

CHAPITRE 3

Les conséquences de l'utilisation des combustibles fossiles

Voilà près de 200 ans que l'Homme utilise le pétrole et le charbon. En brûlant ces combustibles fossiles, il obtient de l'énergie qui lui sert à se déplacer, à se chauffer, etc. Depuis les années 1950, la consommation de combustibles fossiles augmente fortement et, aujourd'hui, elle atteint des niveaux inégalés.

Une installation de capture du CO_2 à Ejsberg (Danemark). Elle permet de récupérer le CO_2 émis par une centrale et de le stocker dans le sous-sol.

L'utilisation massive des combustibles fossiles par l'Homme a-t-elle des conséquences sur l'environnement ?

UNITÉ 1

L'énergie des combustibles fossiles

Les pays industrialisés utilisent massivement les combustibles fossiles car ils possèdent des propriétés énergétiques exceptionnelles. Cette consommation intensive n'est pas sans effets sur notre planète.

Comment expliquer les propriétés énergétiques des combustibles fossiles ? Comment expliquer les effets de leur exploitation ?

Comprendre l'origine de l'énergie des combustibles fossiles

1 Caractéristiques comparées d'un Airbus A380 et du prototype d'avion solaire *Solar Impulse*.
L'A380 consomme du kérosène. Ce dérivé du pétrole constitue une énergie compacte, maniable et facile d'emploi. L'énergie solaire est beaucoup moins concentrée. Elle doit ainsi être recueillie sur une surface de près de 200 m^2 sur les ailes de *Solar Impulse*.

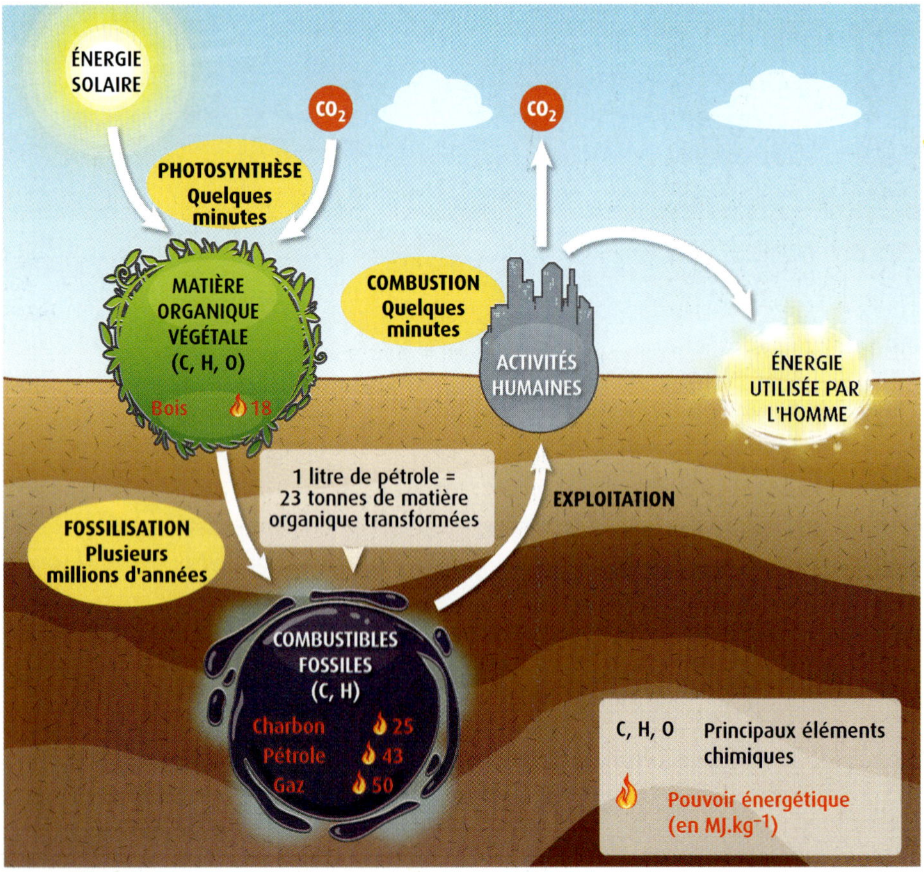

2 Du Soleil à la combustion, le long chemin de l'énergie et du carbone.
Depuis environ 200 ans, l'Homme utilise les combustibles fossiles dans des réactions de combustion, où le carbone est oxydé en CO_2 en présence du dioxygène de l'air. Le carbone issu du CO_2 atmosphérique, piégé lentement (depuis 440 Ma pour le pétrole et 325 Ma pour le charbon) dans les combustibles fossiles, regagne ainsi instantanément l'atmosphère. Ces combustions libèrent de l'énergie que l'Homme utilise à son profit. La quantité d'énergie dégagée lors de la combustion d'un combustible correspond à son pouvoir énergétique, mesuré en million de Joules par kg (MJ.kg $^{-1}$).

Quelques effets de l'exploitation des combustibles fossiles

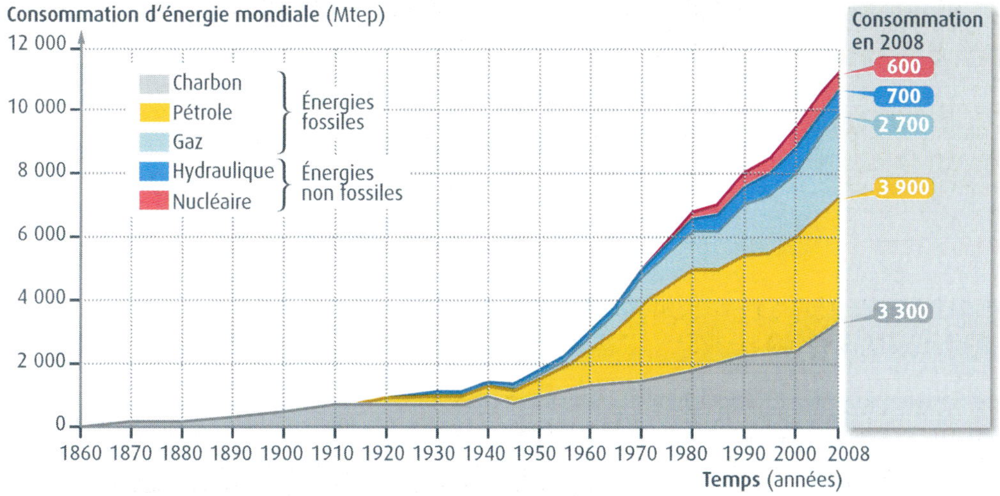

3 Évolution de la consommation mondiale d'énergie de 1860 à 2008 (en millions de tep).
1 tep correspond à l'énergie libérée par la combustion d'une tonne de pétrole.

4 Une carotte de glace forée en Antarctique.
Cette glace se forme par accumulation de couches de neige. Lors de ce processus, de minuscules bulles d'air sont emprisonnées (voir vignette). Leur analyse révèle la composition de l'atmosphère de la Terre quand la couche de neige s'est déposée. Plus la glace est profonde, plus elle est ancienne. Les forages les plus profonds atteignent des glaces formées il y a 800 000 ans.

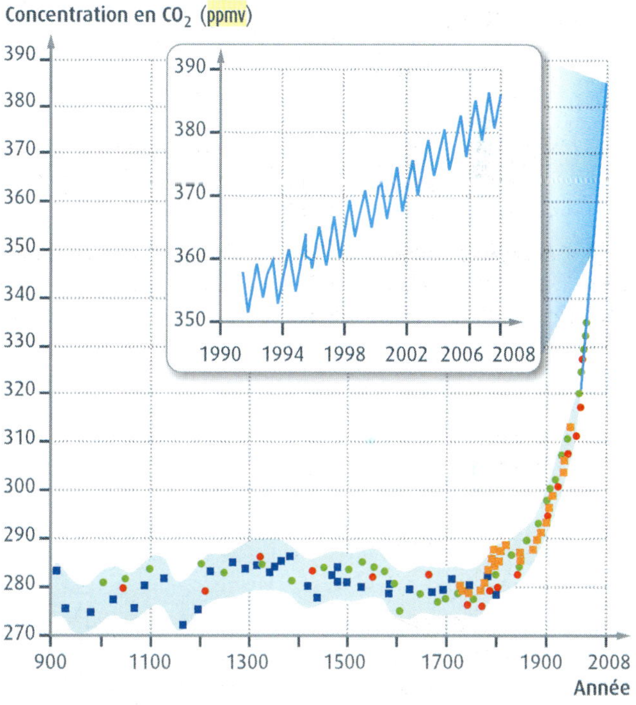

Mesures issues de différentes carottes de glace
Mesures directes

1 ppmv de CO_2 = 1 cm^3 de CO_2 par m^3 d'air

5 Évolution de la concentration de CO_2 atmosphérique entre l'an 900 et 2008.

ACTIVITÉS

1 DOC. 1 ET 2. Montrez que l'énergie des combustibles fossiles correspond à une forme concentrée d'énergie solaire du passé.

2 DOC. 2. Résumez le trajet qu'a parcouru, depuis son précédent jour passé dans l'atmosphère, un atome de carbone contenu dans du CO_2 libéré par la combustion d'un combustible fossile.

Voir Dico des SVT p. 260

3 DOC. 2. Discutez le caractère non renouvelable des combustibles fossiles (aidez-vous de la p. 127).

4 DOC. 3 ET 5. Confrontez les deux graphiques pour proposer une explication à l'augmentation de la concentration de CO_2 atmosphérique.

5 EN CONCLUSION. Expliquez les propriétés énergétiques des combustibles fossiles et résumez quelques effets de leur exploitation.

UNITÉ 2

Combustibles fossiles et cycle du carbone

Les combustibles fossiles correspondent à une forme concentrée d'énergie solaire du passé. Leur utilisation par l'Homme provoque des rejets importants de dioxyde de carbone dans l'atmosphère, où la concentration de ce gaz augmente.

Quel est le devenir du CO_2 rejeté dans l'atmosphère suite à l'utilisation des combustibles fossiles par l'Homme ?

Comprendre le cycle naturel du carbone

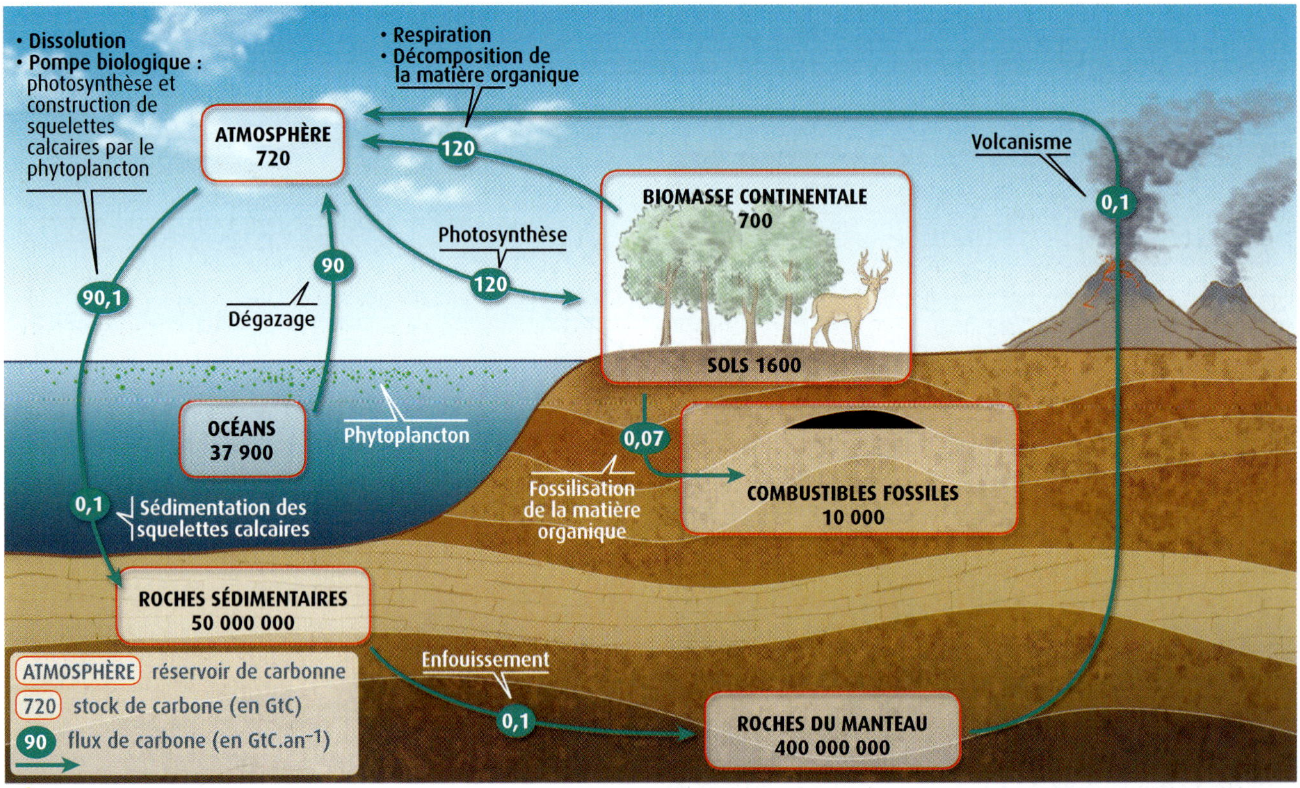

1 **Le cycle naturel du carbone.** GtC : milliard de tonnes de carbone.

Le CO_2 atmosphérique n'est qu'une des formes chimiques sous laquelle se trouve le carbone sur notre planète. Cet élément chimique est stocké sous d'autres formes dans plusieurs compartiments terrestres qualifiés de réservoirs de carbone. On le trouve dans l'eau sous forme dissoute (ions HCO_3^-), dans la matière organique (glucides, lipides, protides) et la matière minérale (coquilles, squelettes, etc.) des êtres vivants, dans les combustibles fossiles (sous forme d'hydrocarbures), dans les roches sédimentaires comme les calcaires (sous forme de carbonate de calcium $CaCO_3$) et dans les roches du manteau terrestre.

Les molécules carbonées sont soumises à des échanges permanents entre ces réservoirs, où elles séjournent pendant des durées très variables. Ces transferts impliquent des processus physiques, chimiques et biologiques divers, dont la vitesse est mesurée par des flux de carbone annuels. Ces échanges entre réservoirs constituent le cycle du carbone, qualifié de « naturel » si l'on ne tient pas compte des effets des activités humaines.
Pour suivre et quantifier le devenir du carbone dans ce cycle, il faut comparer différentes formes de molécules carbonées. Pour cela, on ramène la masse de ces différentes molécules carbonées à leur masse de carbone.

2 **Le carbone stocké et échangé sous différentes formes.**

L'action de l'Homme sur le cycle du carbone

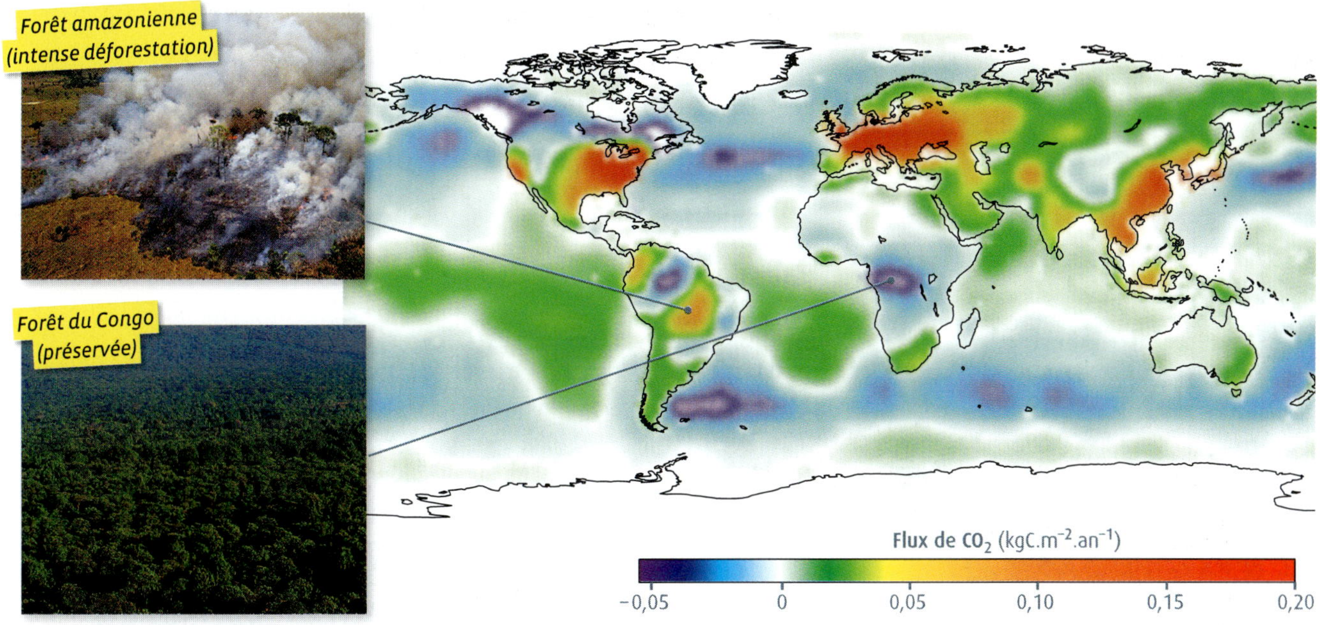

3 Flux annuels moyens actuels de carbone vers l'atmosphère.
Les flux positifs correspondent à des accumulations atmosphériques du CO_2 provenant de régions sources de carbone.
Les flux négatifs sont des absorptions de CO_2 au niveau de régions puits de carbone. L'eau froide, plus riche en CO_2 et sels minéraux dissous, favorise le développement du phytoplancton.

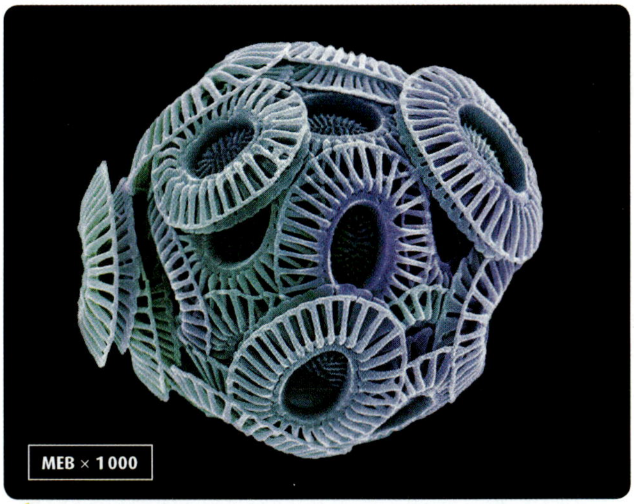

4 Squelette calcaire externe de micro-algues du phytoplancton.
Le squelette de ces organismes chlorophylliens (coccolithophoridés) est constitué de plaques de $CaCO_3$ formé à partir du CO_2 atmosphérique dissous dans l'eau de mer.

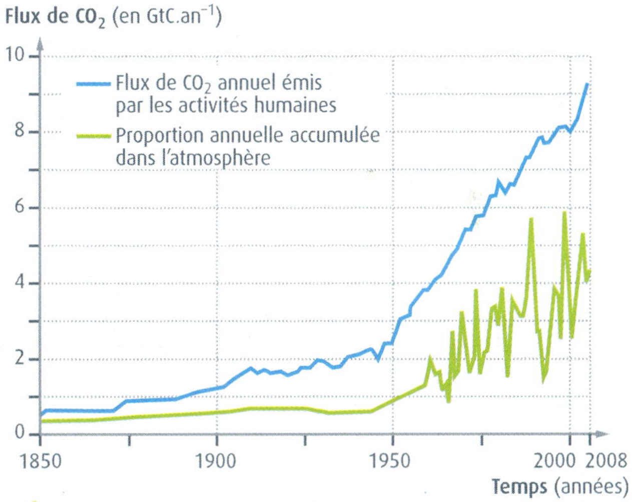

5 Évolution du flux de CO_2 émis par les activités humaines et de la proportion accumulée chaque année dans l'atmosphère entre 1850 et 2008.

ACTIVITÉS

1 DOC. 1 ET 2. Comparez l'importance relative des différents stocks et flux de carbone dans le cycle naturel du carbone. Discutez la notion de cycle.

2 DOC. 1 ET 3 À 5. Repérez sur le doc. 3 des régions puits de carbone et des régions sources de carbone. Émettez des hypothèses quant aux mécanismes en jeu.

3 DOC. 3 À 5. Montrez que les activités humaines augmentent le stock de carbone du réservoir atmosphérique, mais que des mécanismes régulateurs naturels entrent aussi en jeu.

4 EN CONCLUSION. Résumez le devenir du CO_2 émis lors de l'utilisation humaine de combustibles fossiles.

Voir Dico des SVT p. 260

UNITÉ 3

Quelques conséquences de la perturbation du cycle du carbone

L'utilisation des combustibles fossiles par l'Homme provoque une accumulation de dioxyde de carbone dans l'atmosphère et une perturbation du cycle naturel du carbone.

Quelles sont les conséquences actuelles et à venir de la perturbation du cycle naturel du carbone par l'Homme ?

Des conséquences sur les océans

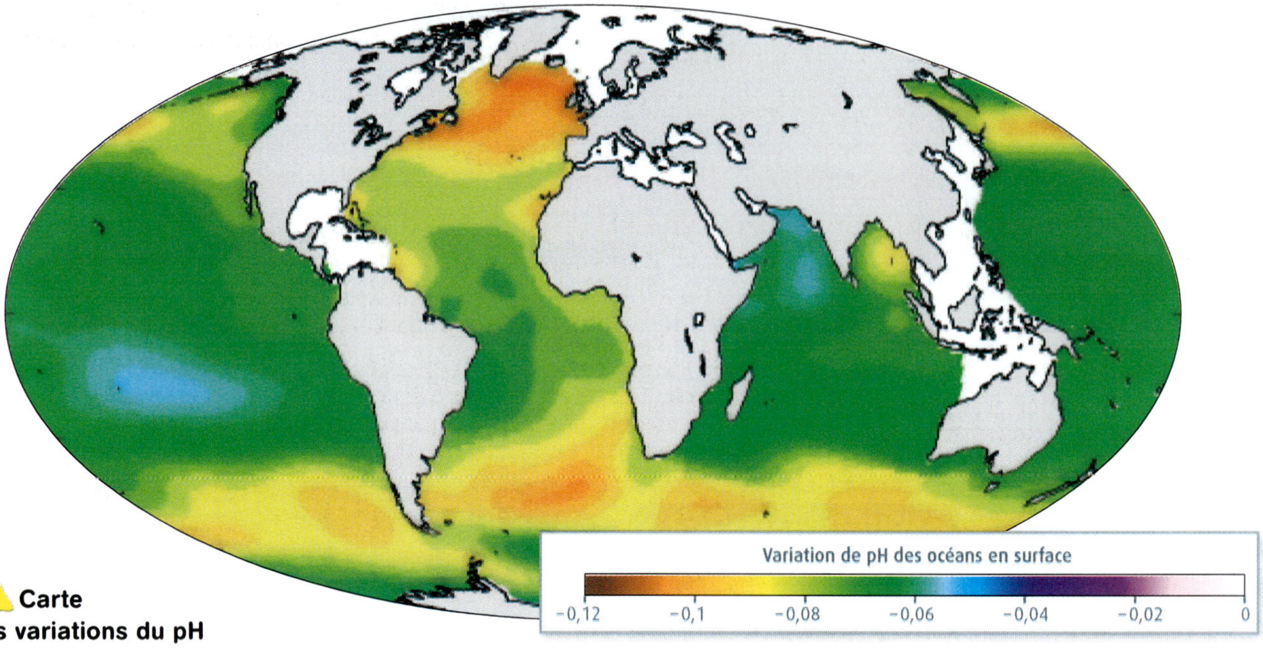

1 Carte des variations du pH des océans entre 1700 et 1990.
Les océans absorbent actuellement 25 à 30 % du CO_2 émis par l'Homme. En absorbant le CO_2, l'océan s'acidifie (son pH baisse). Or une eau acide est moins apte à solubiliser le CO_2. Il en est de même pour une eau plus chaude. L'Atlantique Nord a ainsi perdu plus de la moitié de sa capacité à absorber le CO_2 atmosphérique entre 1996 et 2005.

2 Un ptéropode *(Limacina helicina)*.
Dans une eau acide, le calcaire tend à se dissoudre. La vitesse de construction de la coquille de ce petit mollusque est ralentie de 30 % lorsqu'il vit dans une eau riche en CO_2.

3 Scène de vie dans un récif corallien.
Les récifs coralliens, ces « bio-constructions » à base de squelettes calcaires, sont des écosystèmes très riches. Le taux de calcification de la Grande Barrière de corail (au large de l'Australie) a diminué de 13,3 % depuis 1990.

L'avenir du carbone sous surveillance

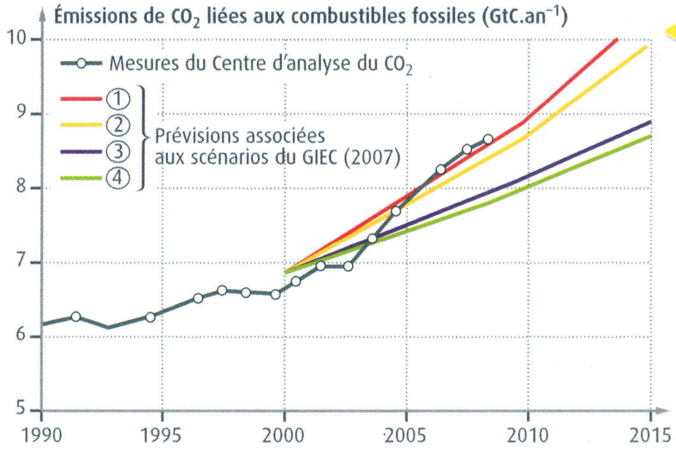

4 Évolution des émissions annuelles de CO_2 dans l'atmosphère liées à l'utilisation des combustibles fossiles.
On a superposé ici les mesures de CO_2 émis de 1990 à 2008 et les prévisions pour la période 2000-2015 proposées par le GIEC (Groupement international d'experts sur le changement climatique). Ces prévisions se fondent sur des scénarios, plus ou moins économes en énergie, laissant plus ou moins de place aux énergies autres que fossiles, et anticipant une croissance économique et démographique plus ou moins forte.

Scénario du GIEC	Augmentation de température en 2100*
1	+ 4 °C
2	+2,8 °C
3	+ 2,4 °C
4	+1,4 °C

* par rapport à la température moyenne de surface en 2000

5 Prévision d'augmentation de la température moyenne à la surface de la Terre en 2100 selon les différents scénarios du GIEC (2007).
Présent naturellement dans l'atmosphère, le CO_2 participe à l'effet de serre qui réchauffe la surface de la Terre. L'augmentation de la teneur atmosphérique en CO_2 entraîne une intensification de l'effet de serre et un réchauffement du climat. Un accroissement de température même faible pourrait entraîner des changements climatiques importants.

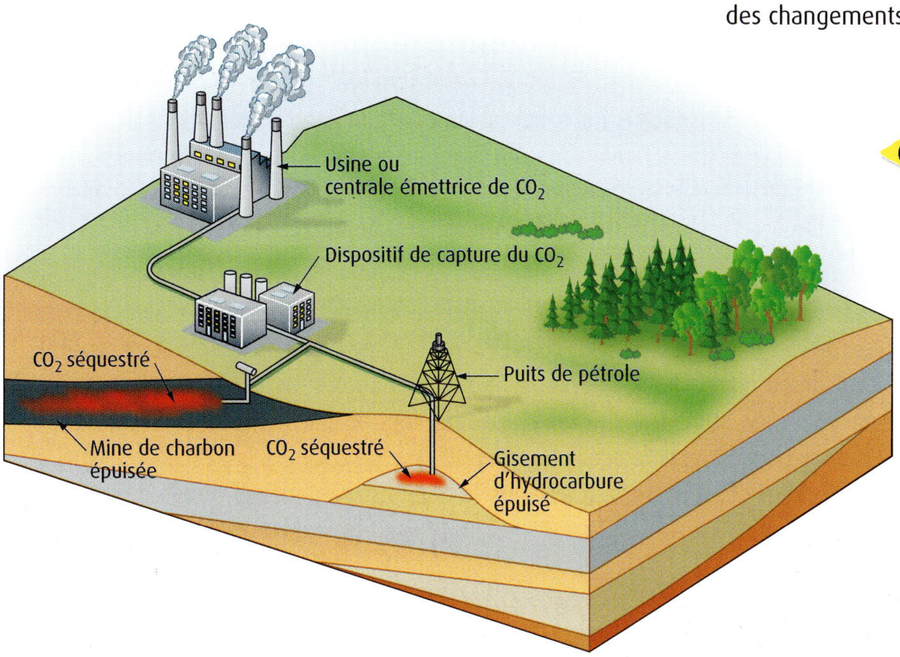

6 La séquestration géologique du CO_2.
Outre les économies d'énergie, l'une des solutions envisagées pour lutter contre le réchauffement climatique à venir est la séquestration géologique du CO_2. Il s'agit de récupérer le gaz émis par une usine ou une centrale pour l'injecter dans des réservoirs souterrains (voir photo p. 135). Malgré de nombreuses difficultés (fuites de gaz, coûts, etc.), on est actuellement capable de capturer 15 % du CO_2 émis par les grosses installations industrielles.

ACTIVITÉS

1 **DOC. 1.** Montrez que le puits de carbone océanique est particulièrement menacé dans certaines régions.
2 **DOC. 2 ET 3.** Identifiez quelques conséquences de l'acidification des océans.
3 **DOC. 4 ET 5.** Identifiez une autre conséquence de la perturbation du cycle naturel du carbone.
4 **DOC. 4 ET 5.** Indiquez en quoi les scénarios du GIEC peuvent aider les décideurs politiques dans leurs orientations économiques.
5 **DOC. 6.** Présentez les avantages et les inconvénients de la séquestration géologique du CO_2.
6 **EN CONCLUSION.** Indiquez quelques conséquences actuelles et à venir de la perturbation du cycle naturel du carbone par l'Homme.

Voir Dico des SVT p. 260

BILAN

CHAPITRE 3

Les conséquences de l'utilisation des combustibles fossiles

Les connaissances

Les combustibles fossiles : de l'énergie solaire concentrée

- Le charbon et le pétrole se sont formés en plusieurs dizaines de millions d'années à partir de biomasse végétale. Cette biomasse a été produite à partir du CO_2 atmosphérique et de l'énergie lumineuse grâce la photosynthèse. Quand l'Homme brûle un combustible fossile, il récupère l'énergie solaire du passé qui s'était accumulée dans la biomasse et il libère instantanément dans l'atmosphère du CO_2 qui avait été prélevé lentement et piégé pendant des millions d'années. L'utilisation massive des combustibles fossiles par l'Homme depuis près de 200 ans se traduit donc par une augmentation de la concentration du CO_2 dans l'atmosphère. **[Unité 1]**
- L'énergie d'origine solaire qui a permis la synthèse de biomasse se trouve concentrée dans les **combustibles fossiles** : un litre de pétrole est le résultat de la transformation de 23 tonnes de matière organique ! Les combustibles fossiles sont donc une source d'énergie très concentrée. **[Unité 1]**
- Les combustibles fossiles sont utilisés massivement par l'Homme. Or, ils se forment en plusieurs millions d'années et leurs réserves sont limitées. Ce sont donc des ressources **non-renouvelables**. **[Unité 1]**

L'utilisation des combustibles fossiles perturbe le cycle du carbone

- Le carbone est un constituant de nombreuses molécules organiques (matière organique vivante ou fossile) et minérales (CO_2, calcaire, etc.). Sous ces différentes formes, le carbone est stocké dans l'atmosphère, l'hydrosphère, la biosphère et les roches. Il circule entre ces **réservoirs** grâce à de nombreux mécanismes d'échanges (photosynthèse/respiration, dissolution/dégazage par les océans, rejets volcaniques, etc.). Ces **flux de carbone** constituent le **cycle du carbone**, qui reste équilibré à l'état naturel. **[Unité 2]**
- Les rejets de CO_2 vers l'atmosphère liés à l'utilisation des combustibles fossiles par l'Homme perturbent le cycle du carbone : une partie de ces rejets est absorbée par la végétation et les océans (qui sont des **puits de carbone**) et l'autre partie s'accumule dans l'atmosphère. **[Unité 2]**

La perturbation du cycle du carbone a de lourdes conséquences

- La perturbation du cycle du carbone a de multiples conséquences. Ainsi, l'augmentation de la concentration en CO_2 dans l'atmosphère accroît l'**effet de serre** naturel et entraîne un réchauffement climatique de la planète. L'absorption de CO_2 par les océans provoque leur acidification, ce qui fragilise les écosystèmes marins et menace la biodiversité océanique. **[Unité 3]**
- Ces conséquences sont sensibles dès à présent, mais elles se manifesteront encore pendant plusieurs centaines d'années au moins.

Les capacités et attitudes

- ▸ Recenser, extraire et organiser les informations pour comprendre en quoi les combustibles fossiles contiennent une énergie solaire du passé **[Unité 1]**
- ▸ Pratiquer une démarche scientifique pour comprendre le devenir du CO_2 émis par l'Homme **[Unité 2]**
- ▸ Manifester de l'intérêt pour un grand enjeu de société : les conséquences de la perturbation du cycle du carbone **[Unité 3]**
- ▸ **Définir : combustibles fossiles · cycle du carbone · effet de serre · flux de carbone · réservoir de carbone · puits de carbone · ressource non renouvelable**

Voir Dico des SVT p. 260

L'essentiel par l'image

Combustibles fossiles et CO_2 atmosphérique

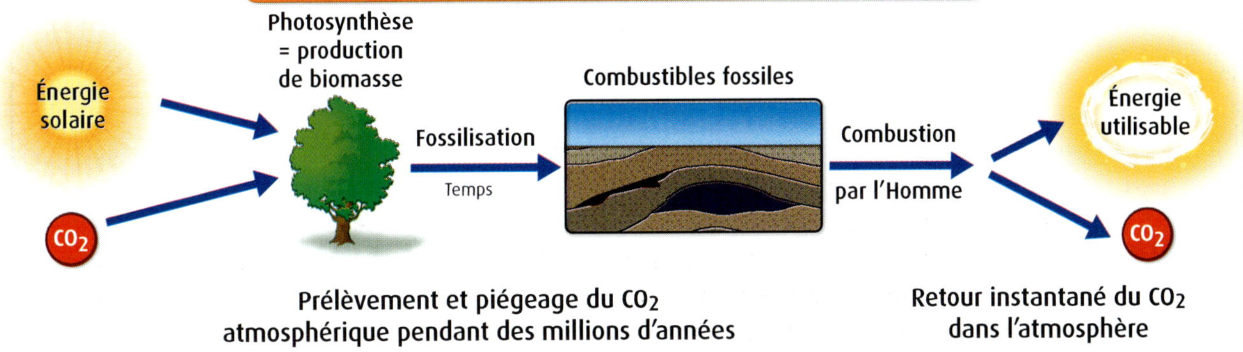

Le cycle du carbone et sa perturbation par l'Homme

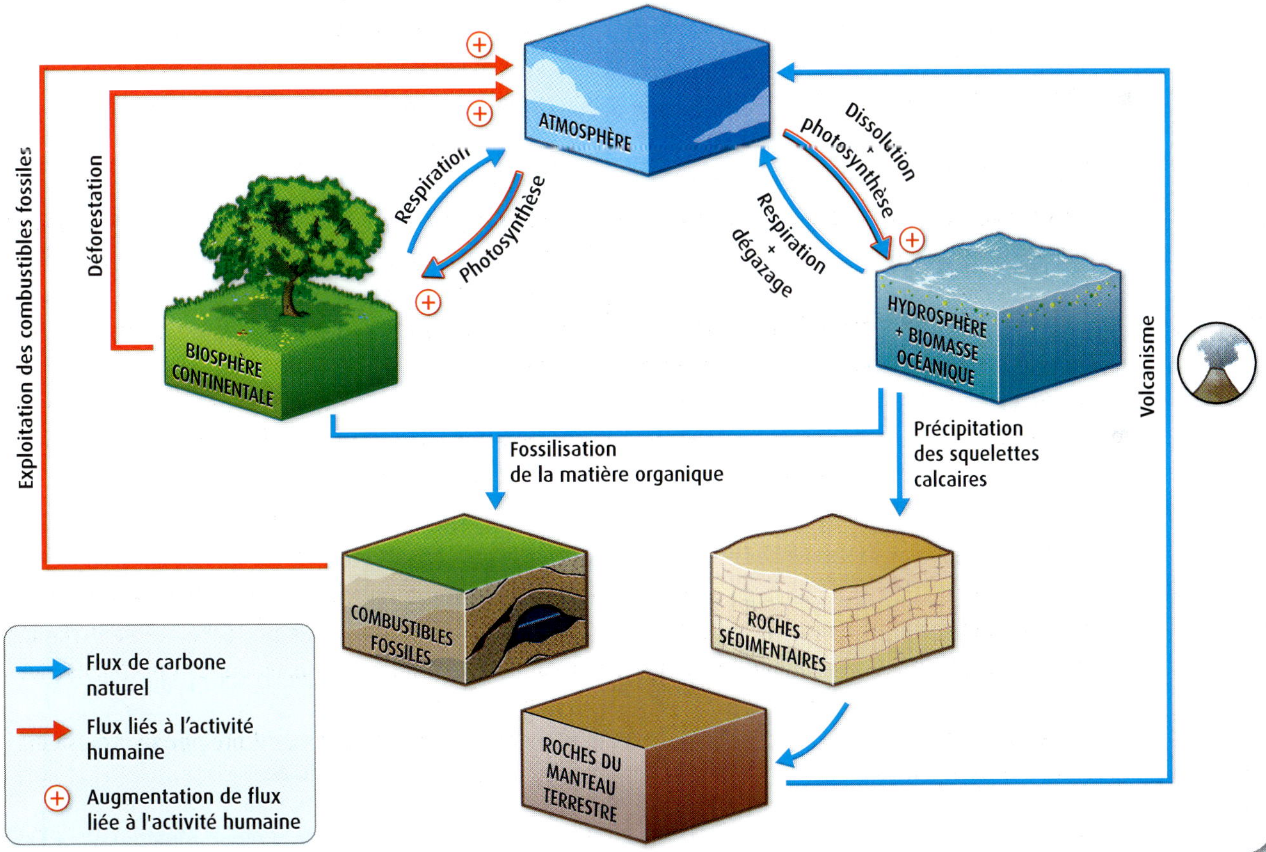

L'essentiel par le texte

> Quand l'Homme brûle un combustible fossile, il récupère l'énergie solaire du passé qui s'est accumulée dans une importante biomasse végétale. Les combustibles fossiles sont une source d'énergie concentrée.

> L'utilisation de combustibles fossiles restitue rapidement à l'atmosphère du CO_2 prélevé lentement et piégé depuis longtemps. Elle entraîne une augmentation rapide de la concentration en CO_2 dans l'atmosphère, à l'origine d'une perturbation du cycle du carbone. Cette perturbation a de lourdes conséquences environnementales.

EXERCICES

évaluer ses connaissances

1 **Vrai ou faux ?**

Identifiez les affirmations fausses et rectifiez-les.

a. Les rejets de CO_2 par l'Homme n'interfèrent pas avec le cycle naturel du carbone.

b. Brûler un combustible fossile, c'est utiliser une énergie solaire actuelle.

c. Les organismes marins (coraux, organismes du plancton, etc.) participent au stockage du carbone.

2 **Une phrase appropriée**

Rédigez une phrase scientifiquement correcte avec les termes suivants :

a. Charbon – Soleil – photosynthèse – matière organique.

b. Océan – CO_2 – coraux – acidification.

c. Homme – cycle du carbone – techniques de capture du CO_2 – impact négatif.

3 **QCM**

Pour chaque proposition, identifiez la (ou les) bonne(s) réponse(s).

1. Les océans :

a. permettent d'absorber de manière illimitée le CO_2 atmosphérique.

b. sont un lieu de stockage du carbone.

c. peuvent relâcher du carbone dans l'atmosphère.

2. Les combustibles fossiles :

a. sont des énergies renouvelables.

b. dégagent du dioxyde de carbone dans l'atmosphère lors de leur combustion.

c. ont un pouvoir énergétique inférieur à celui du bois.

3. Le cycle naturel du carbone :

a. n'implique pas le manteau terrestre.

b. implique des échanges avec l'atmosphère.

c. est perturbé depuis le début de l'ère industrielle (depuis près de 200 ans).

s'entraîner avec un exercice guidé

4 **L'acidification des océans**

Dans le contexte du réchauffement climatique actuel, les scientifiques surveillent de près l'évolution des océans, particulièrement leur concentration en dioxyde de carbone (CO_2) et leur pH.

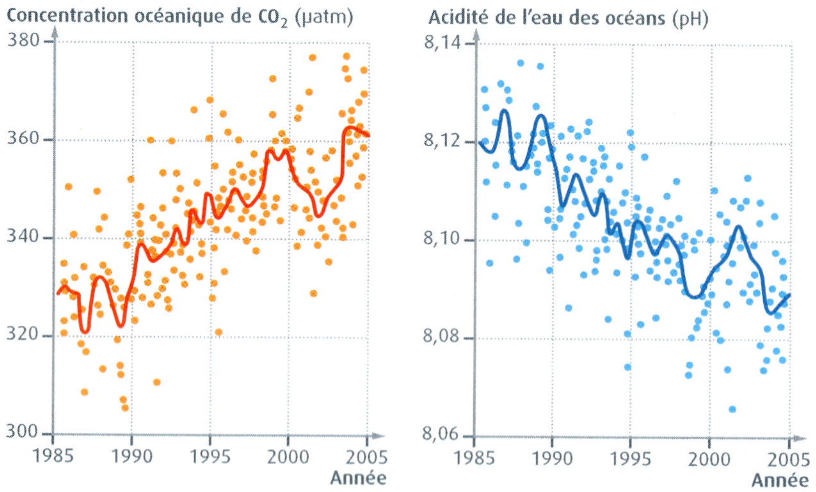

1. Évolution comparée de la concentration en CO_2 et du pH de l'eau des océans entre 1985 et 2005. Les points sont des mesures précises, qui permettent de construire les courbes moyennes.

Un peu d'aide

- **Saisir des informations**
Indiquez les évolutions globales du pH et de la teneur en CO_2 des océans entre 1985 et 2005.
- **Mobiliser les connaissances**
Indiquez si des gaz peuvent se dissoudre dans l'eau.
- **Mettre en relation les données**
Repérez si les variations des paramètres étudiés sont liées, en étudiant le détail des courbes (entre 1999 et 2003 par exemple).
- **Conclure**
Émettez une hypothèse sur l'enchaînement possible des faits mis en jeu, dans le contexte de l'augmentation actuelle de la teneur en CO_2 de l'atmosphère.

QUESTIONS ❶ Décrivez l'évolution du pH et de la teneur en CO_2 des océans entre 1985 et 2005.
❷ Proposez une hypothèse pour expliquer l'évolution constatée.

Appliquer ses connaissances

5 Le cycle du carbone et sa perturbation par l'Homme

Restituer des connaissances de façon organisée

L'accumulation du CO_2 dans l'atmosphère est devenue un problème majeur pour l'avenir de notre planète. Elle influence de plus en plus le fonctionnement de nos sociétés et nos comportements quotidiens.

● Montrez que l'augmentation de la concentration en CO_2 atmosphérique depuis près de 200 ans est fondamentalement liée aux activités humaines, mais que des mécanismes naturels permettent de la modérer.

6 Les cimenteries, sources de carbone

Recenser, extraire, et organiser des informations, raisonner

Le ciment est un matériau de construction très utilisé. Il s'agit d'une poudre minérale produite à partir de roches calcaires (80 %) et de roches riches en argile (20 %). L'industrie cimentière est responsable de 7 % des émissions mondiales annuelles de CO_2.

1. Une cimenterie.

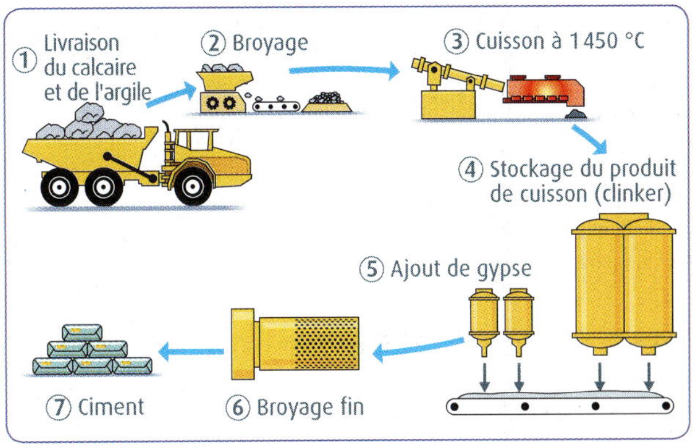

2. Le processus industriel de fabrication du ciment. La cuisson transforme le carbonate de calcium ($CaCO_3$) des roches calcaires en chaux (CaO) selon la réaction : $CaCO_3 \rightarrow CaO + CO_2$. Celle-ci libère 0,35 tonne de CO_2 pour une tonne de ciment produite. Le clinker est le matériau solide issu de la cuisson du calcaire et de l'argile. La fabrication d'une tonne de clinker nécessite la consommation de 100 kg de combustibles (charbon ou fuel).

❶ À l'aide du doc. 2, indiquez les deux sources de rejet de CO_2 dans l'atmosphère par l'industrie cimentière.

❷ Montrez que la fabrication du ciment libère le carbone stocké dans le réservoir des roches sédimentaires.

7 Des variations saisonnières de la concentration en CO_2 atmosphérique

Formuler une hypothèse

Des scientifiques ont réalisé des mesures de la teneur en CO_2 de l'atmosphère au sommet du puy de Dôme. Ce volcan, aujourd'hui éteint, est situé en Auvergne, au cœur d'une région où la végétation est abondante.

❶ À l'aide du doc.1, caractérisez l'évolution saisonnière du taux de CO_2 atmosphérique. Quelle hypothèse pouvez-vous émettre quant à l'origine de cette variation ?

❷ En utilisant vos connaissances, mettez en relation les documents 1 et 2 pour valider votre hypothèse.

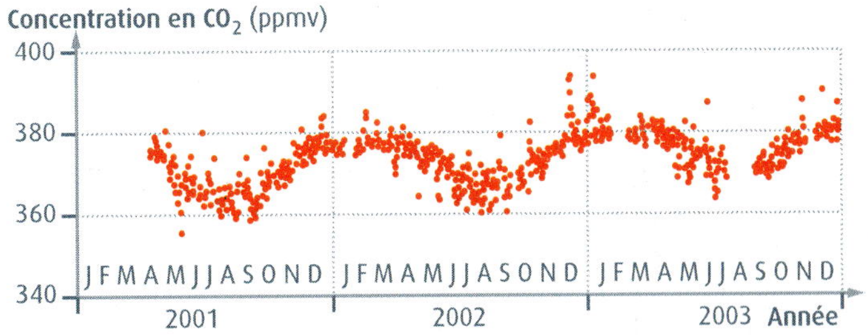

1. Évolution de la teneur en CO_2 de l'atmosphère au sommet du puy de Dôme entre 2001 et 2003.

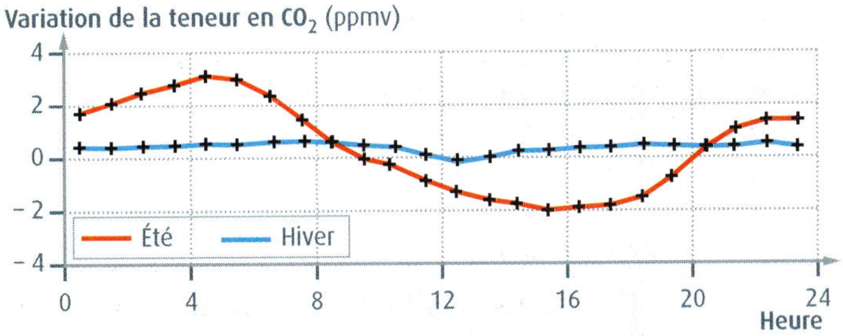

2. Évolution de la teneur en CO_2 de l'atmosphère au sommet du puy de Dôme, un jour d'hiver et un jour d'été. La valeur 0 de l'axe des ordonnées correspond à la concentration saisonnière moyenne de CO_2 atmosphérique.

ATELIERS D'EXPLORATION

PLUS LOIN AVEC INTERNET — Les Terriens inégaux face aux émissions de CO_2 B2i

En moyenne et sur l'ensemble de la planète, un Terrien produit annuellement 4,38 tonnes de CO_2 (en 2007). Mais ce chiffre masque une disparité considérable selon les pays.

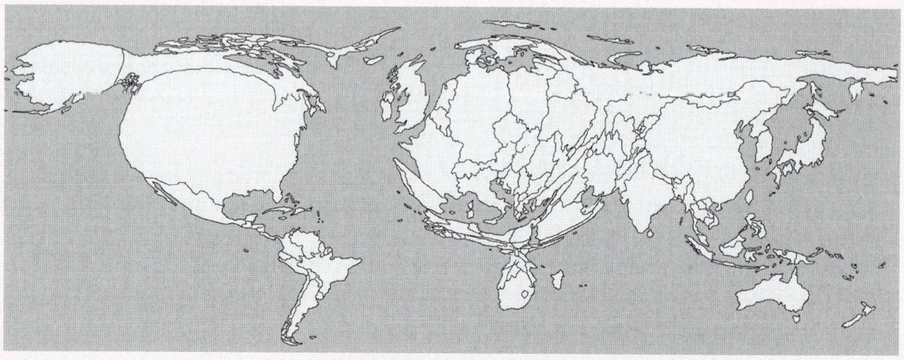

Le monde distordu des émissions de CO_2 par pays (valeurs cumulées entre 1950 et 2000). La surface du pays est proportionnelle à ses émissions de CO_2.

ACTIVITÉS

1. Recherchez sur Internet les quantités totales de CO_2 émis annuellement par quelques pays de votre choix. Pour chaque pays, calculez les émissions de CO_2 par habitant.
2. Indiquez la quantité de CO_2 que rejette chaque Français, en moyenne et sur une année.
3. Et vous, combien rejetez-vous de CO_2 chaque année ? Faites le test sur « Test Climact » (voir ci-contre). Donnez quelques exemples de solutions pour réduire vos propres émissions de CO_2.

POUR VOUS GUIDER

- www.statistiques-mondiales.com/emissions_co2.htm
- http://maps.grida.no/go/graphic/national_carbon_dioxide_co2_emissions_per_capita
- www.ucsusa.org/global_warming/science_and_impacts/science/graph-showing-each-countrys.html
- www2.ademe.fr/servlet/KBaseShow?sort=-1&cid=96&m=3&catid=12599
- **Test Climact :** www.defipourlaterre.org/jemengage/climact

INFORMATIQUE — D'où proviennent les rejets de CO_2 en France ? B2i

Les activités des quelque 60 millions de Français participent à l'accroissement du taux de CO_2 dans l'atmosphère de notre planète. Mais selon l'énergie fossile utilisée, la production de CO_2 est variable : pour 1 tep de combustible consommé, le charbon rejette environ 4 tonnes de CO_2, le pétrole environ 3 et le gaz, environ 2,6.

Secteurs d'activité	Charbon	Pétrole	Gaz
Industrie	6,1	5,1	12
Résidentiel-Tertiaire	0,4	13,4	22,7
Agriculture	-	3,3	0,3
Transports	-	46,6	0,1
Production d'énergie	5,5	6.9	4,1
Consommation non énergétique	0,1	13,6	1,6

Consommation de combustibles fossiles en France en 2008 par secteur d'activité (en millions de tep).

ACTIVITÉS

1. À partir des valeurs fournies dans le texte et le tableau, calculez à l'aide d'un tableur la part respective (en %) des secteurs d'activités en France dans les rejets de CO_2. Présentez vos résultats sous forme d'un graphique de type « camembert » avec titre et légende.
2. Quelle analyse faites-vous des résultats obtenus ?
3. Proposez quelques solutions pour réduire les rejets de CO_2 en France.

CHAPITRE 4

Les énergies renouvelables, d'autres formes d'énergie solaire

L'énergie solaire fossilisée (charbon et pétrole) est épuisable et son utilisation a provoqué une augmentation rapide de la concentration atmosphérique en dioxyde de carbone. La croissance démographique et le réchauffement climatique imposent à l'Homme d'exploiter d'autres ressources énergétiques, tout en gérant son environnement.

Les chutes du Niagara (Amérique du Nord). Depuis des siècles, l'Homme utilise l'énergie que véhicule l'eau quand elle se déplace.

Quelles sont les alternatives énergétiques aux énergies fossiles et en quoi sont-elles renouvelables ?

UNITÉ 1

Vent et eau, des sources d'énergie pour l'Homme

L'épuisement prévisible des combustibles fossiles et les besoins croissants en énergie amènent l'Homme à exploiter d'autres sources d'énergie. Parmi celles-ci, les mouvements de l'air et de l'eau sont utilisés depuis longtemps.

En quoi les mouvements de l'air et de l'eau sont-ils des sources d'énergie exploitables par l'Homme ?

Exploiter l'énergie de l'air

HISTOIRE DES TECHNIQUES

Ce moulin à vent fut utilisé pour produire de la farine de blé jusqu'en 1945. L'énergie du vent (énergie éolienne) fait tourner les ailes du moulin. Cette énergie cinétique est ensuite transformée en énergie mécanique : par un système d'axes et d'engrenages, le mouvement des ailes est transmis à une pièce circulaire lourde d'une tonne (la « volante »), qui tourne à 100 tours par minute au-dessus d'une pièce de même dimension, mais fixe (la « gisante »). Le blé est broyé par le mouvement de la volante contre la gisante (l'ensemble forme une meule).

1 Moulin à vent au mont des Alouettes (Vendée).

2 Le champ d'éoliennes de Port-Saint-Louis-du-Rhône. Les pales tournent sous l'action du vent. L'énergie cinétique correspondante est convertie en énergie mécanique par une turbine, puis en énergie électrique par un générateur. Ce champ d'éoliennes d'une puissance de 21 MW, relié au réseau d'EDF, compte 25 éoliennes et produit en moyenne chaque année 53 GWh d'électricité.

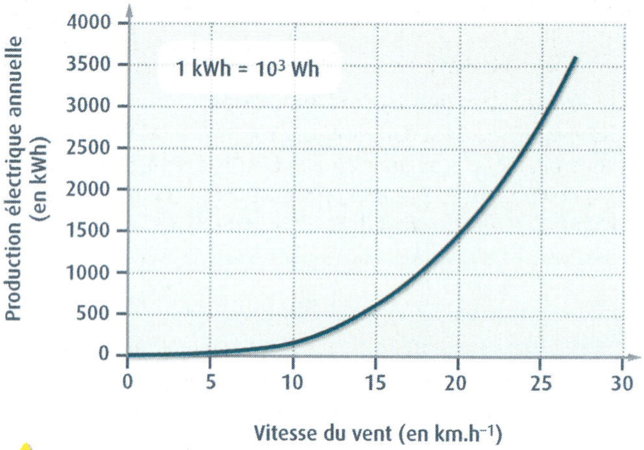

3 Production électrique annuelle d'une éolienne domestique en fonction de la vitesse moyenne du vent. C'est ce type d'éolienne qu'un particulier peut installer chez lui. Une maison européenne « standard » consomme en moyenne 8 kWh par jour.

Vocabulaire

Puissance (en W) : quantité d'énergie produite par unité de temps.
Watt heure (Wh) : unité d'énergie.
1 Wh = 3 600 Joules.
1 kWh = 1000 Wh.
1 GWh = 10^9 Wh.

Exploiter l'énergie de l'eau

HISTOIRE DES TECHNIQUES

Construit au IIe siècle sur le trajet d'un des aqueducs alimentant la ville d'Arles, cet ensemble de moulins pouvait broyer 4,5 tonnes de blé par jour. Sa construction résulterait d'une adaptation de l'économie au déclin de l'esclavage : ne pouvant plus contraindre des hommes à effectuer un travail pénible, le machinisme aurait été privilégié. L'eau était conduite dans deux aqueducs parallèles et son énergie (énergie hydraulique) mettait en mouvement seize roues verticales sur un dénivelé de 20 m. Cette énergie cinétique était convertie en énergie mécanique par les meules.

4 Reconstitution des moulins à eau de Barbegal (Bouches-du-Rhône).
Il s'agit d'un des rares exemples d'installation industrielle laissée par les Romains.

Barrage « type voûte » de Vouglans (sur l'Ain)
- Hauteur de la chute d'eau = 103 m
- Épaisseur sur pied/en crête = 25 m/6 m
- Débit d'eau au niveau des turbines = 353 $m^3.s^{-1}$
- 3 turbines
- Production électrique annuelle = 300 GWh

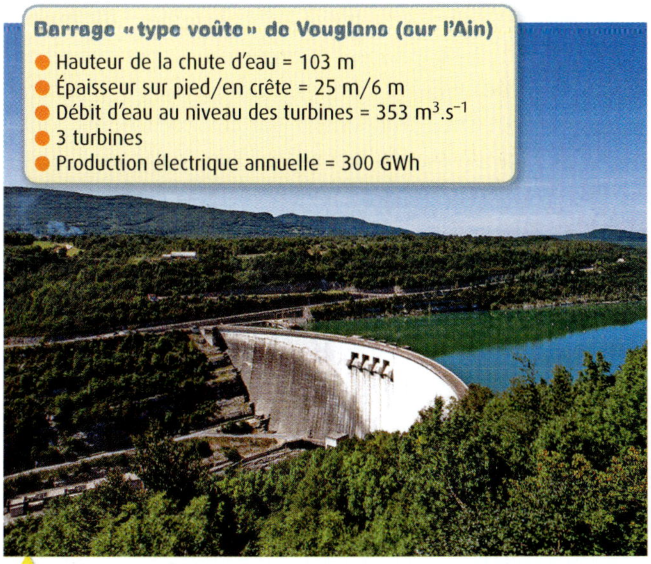

Barrage « au fil de l'eau » de Rhinau (sur le Rhin)
- Hauteur de la chute d'eau = 13 m
- 4 turbines
- Débit d'eau au niveau des turbines = 1 400 $m^3.s^{-1}$
- Production électrique annuelle = 950 GWh

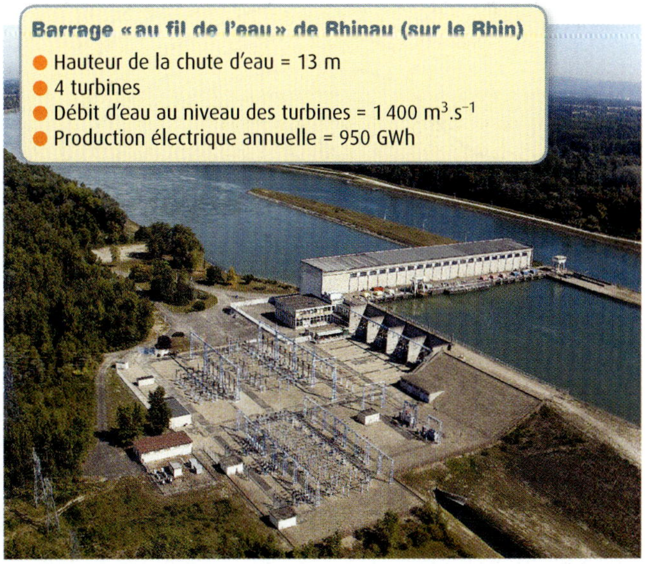

5 Deux barrages hydroélectriques.
L'écoulement de l'eau dans les torrents, rivières et fleuves constitue une forme d'énergie cinétique. Cette énergie est convertie en énergie mécanique, puis en énergie électrique. L'énergie hydroélectrique est proportionnelle à la hauteur de la chute d'eau et au débit du cours d'eau. La puissance P (en W) mise en jeu par une chute d'eau (de masse volumique $\rho = 10^3$ $kg.m^{-3}$) de hauteur h (en m) et de débit q (en $m^3.s^{-1}$) est égale à : $P = \rho.g.h.q$, avec $g = 9{,}81$ $m^2.s^{-1}$.

ACTIVITÉS

1 DOC. 1 ET 4. Relevez les informations montrant que le vent et l'eau sont des sources d'énergie. Peut-on les qualifier de renouvelables ?

2 DOC. 3. Calculez la proportion des besoins énergétiques d'un foyer couvert par l'éolienne pour une vitesse moyenne de vent de 15 $km.h^{-1}$ et de 25 $km.h^{-1}$. Comparez et concluez.

3 DOC. 5. Calculez et comparez les puissances fournies par les deux barrages hydroélectriques. Précisez les paramètres pris en compte pour implanter un barrage hydroélectrique.

4 DOC. 2, 3 ET 5. Calculez combien de foyers le champ d'éoliennes (doc. 2) et chacun des deux barrages (doc. 5) peuvent alimenter en un an. Comparez et concluez.

5 EN CONCLUSION. Montrez que les mouvements de l'air et de l'eau constituent des sources d'énergies renouvelables exploitées par l'Homme.

Voir Dico des SVT p. 260

UNITÉ 2 L'origine des mouvements d'air et d'eau

Les mouvements de l'air et de l'eau constituent des sources d'énergie renouvelables exploitables par l'Homme. Rechercher l'origine de ces énergies, c'est expliquer leur caractère renouvelable.

··➝ **Comment sont mis en mouvement l'air et l'eau ?**

Observer et modéliser des mouvements d'air et d'eau

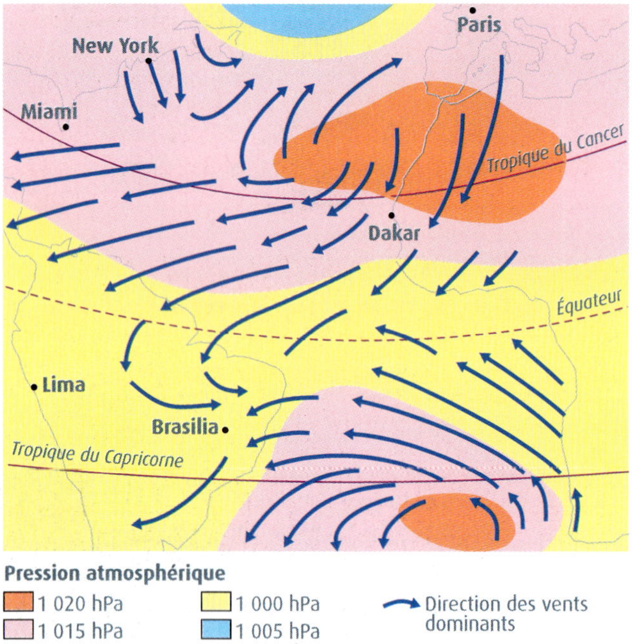

1 Carte météorologique de l'océan Atlantique aux faibles et moyennes latitudes. Cette carte montre la valeur moyenne des pressions atmosphériques au mois de janvier et les régimes de vents dominants au sol. Pression atmosphérique moyenne : 1013 hPa (hectopascal).

Sur Terre, l'eau peut se trouver à l'état liquide, solide ou vapeur dans différents réservoirs. Des mouvements d'eau s'établissent entre ces réservoirs : c'est le cycle de l'eau. L'une des étapes du cycle implique la transformation de l'eau liquide en vapeur grâce à l'énergie solaire. Ce processus se déroule surtout au-dessus des océans. Dans l'atmosphère, la vapeur d'eau est ensuite mise en mouvement par les vents et elle y séjourne pendant un temps variable. Puis, quand l'eau se condense, elle retourne à l'état liquide. Elle rend alors à l'atmosphère l'énergie qui a permis son évaporation. Cette condensation peut se réaliser sur les océans, mais aussi sur les continents, où l'eau liquide s'écoulera en surface (dans les rivières et fleuves) ou bien sera stockée provisoirement (dans les lacs par exemple).

2 Le cycle de l'eau.
L'atmosphère recycle son eau plus de 45 fois par an.

TP

JE MANIPULE

▸ Dans une pièce à l'abri des courants d'air, placez du papier d'Arménie qui se consume à 10 cm d'une bougie éteinte. Observez la trajectoire de la fumée.
▸ Allumez la bougie et observez la nouvelle trajectoire de la fumée.

3 Un modèle analogique de mouvement d'air.
Lorsque l'air s'échauffe, il se dilate, sa masse volumique diminue et donc la pression exercée par un volume donné de cet air chaud diminue. Au contraire, un refroidissement de l'air entraîne sa contraction et une augmentation de la pression exercée par un volume donné de cet air froid.

Comprendre l'origine des mouvements d'air et d'eau

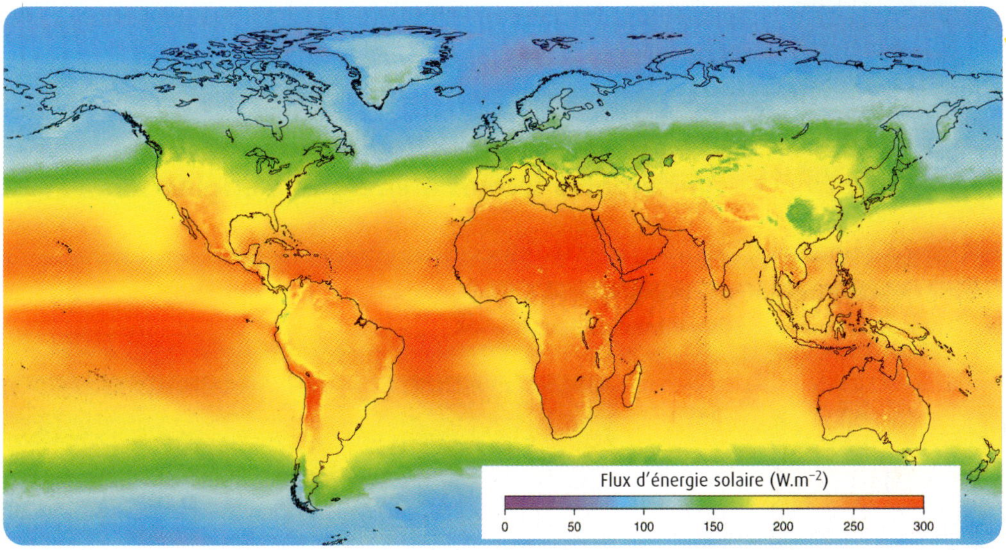

4 La répartition de l'énergie solaire à la surface terrestre en fonction de la latitude.
La carte représente le flux d'énergie solaire en W.m^{-2}, c'est-à-dire la quantité d'énergie solaire reçue par une surface de 1 m^2 au sol en une seconde (moyenne sur trois années).

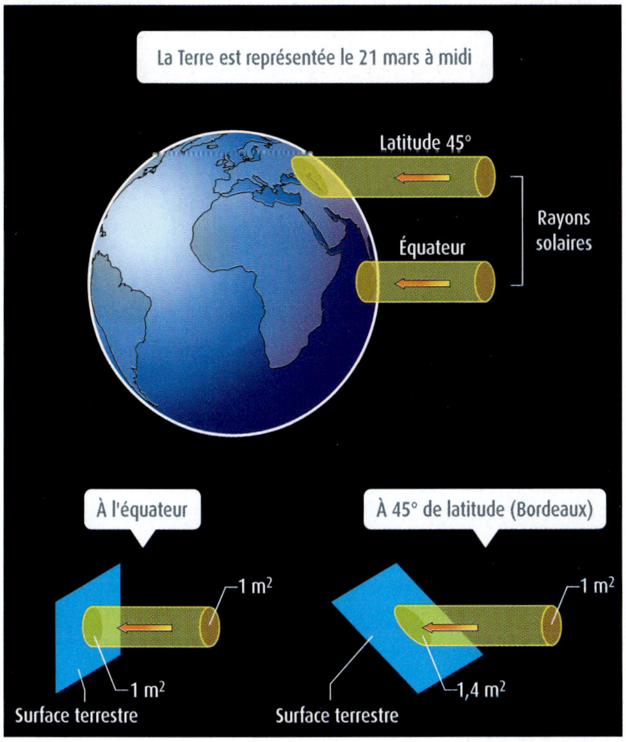

5 Surface terrestre éclairée par un même faisceau de lumière solaire à l'équateur et à 45° de latitude.

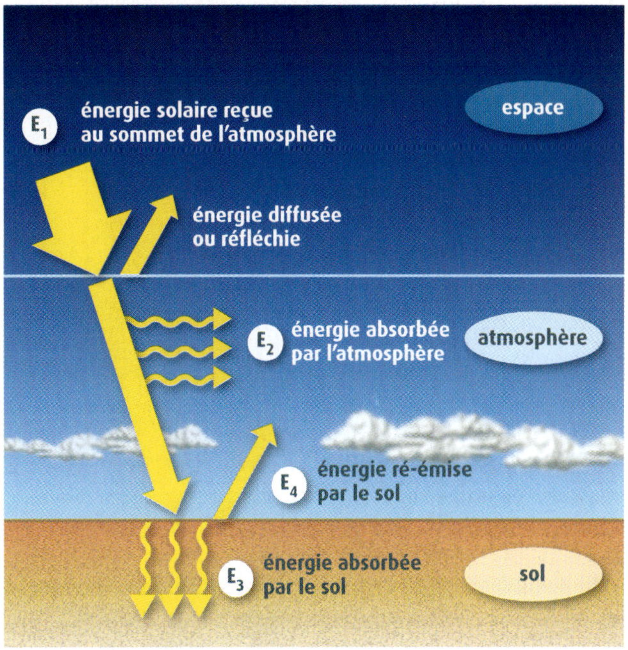

6 Le devenir de l'énergie solaire.
La Terre reçoit de l'énergie solaire (E_1). Une partie de cette énergie est absorbée par l'atmosphère (E_2) et par le sol (E_3). Le sol réémet une quantité d'énergie (E_4). On estime que la photosynthèse utilise moins de 1% de l'énergie solaire incidente.

ACTIVITÉS

1 **DOC. 1.** Établissez une relation entre les différences de pression atmosphérique et la direction des vents dominants.

2 **DOC. 1 ET 3.** Expliquez le changement de trajectoire de la fumée et émettez une hypothèse expliquant les différences de pression atmosphérique à l'origine des vents.

3 **DOC. 6.** Expliquez comment la Terre (surface et atmosphère) est chauffée.

4 **DOC. 3 À 5.** Décrivez et expliquez la répartition de la quantité d'énergie solaire reçue selon la latitude. Identifiez un moteur des mouvements de l'air.

5 **DOC. 2.** Déterminez le moteur du cycle de l'eau et donc des mouvements de l'eau.

6 **EN CONCLUSION.** Expliquez le caractère renouvelable de l'énergie éolienne et de l'énergie hydraulique.

Voir Dico des SVT p. 260

UNITÉ 3

Énergies renouvelables et enjeux énergétiques de demain

L'énergie solaire procure à l'Homme des ressources énergétiques. Parmi ces dernières, les énergies fossiles sont épuisables et les énergies éolienne et hydraulique sont renouvelables. Gérer les ressources énergétiques est un enjeu majeur pour l'humanité.

Quelle est la place actuelle et future de ces différentes formes d'énergies d'origine solaire ?

La place actuelle des énergies renouvelables

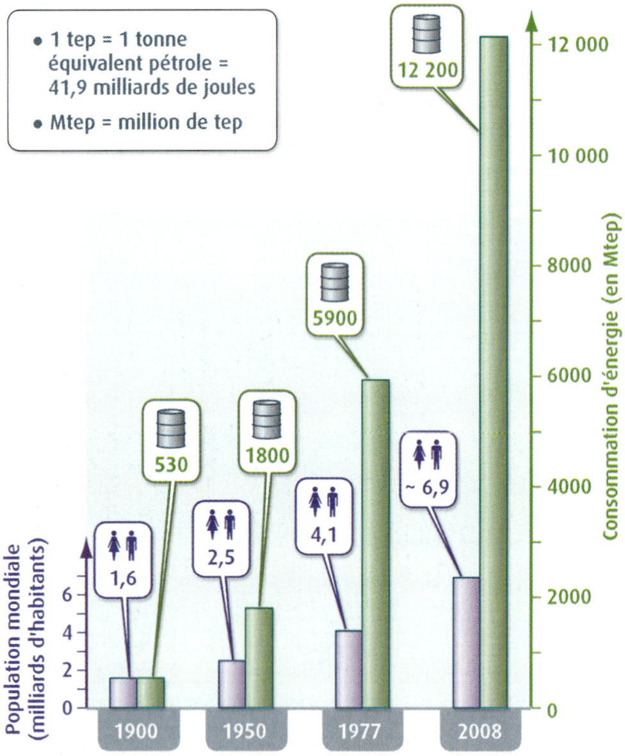

1 Évolution de la consommation mondiale d'énergie et de la population humaine totale entre 1900 et 2008.

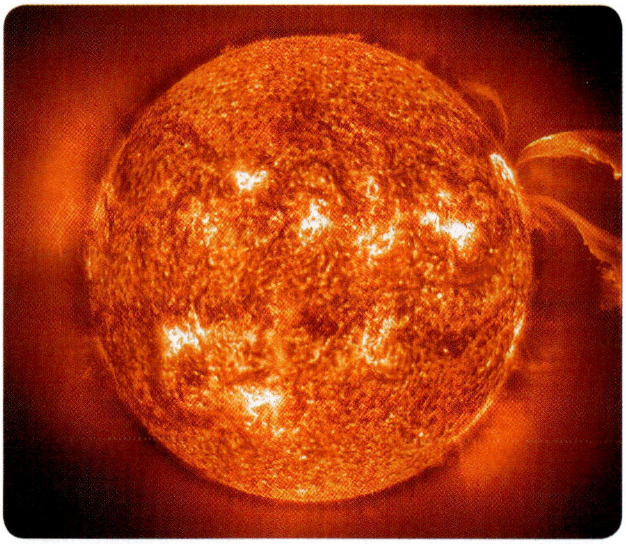

2 L'activité solaire.
Le Soleil transforme chaque seconde plus de 4 millions de tonnes de matière en énergie émise dans l'espace sous forme de rayonnement électromagnétique. Il fournit à la Terre une énergie équivalente à 91 000 milliards de tep par an.

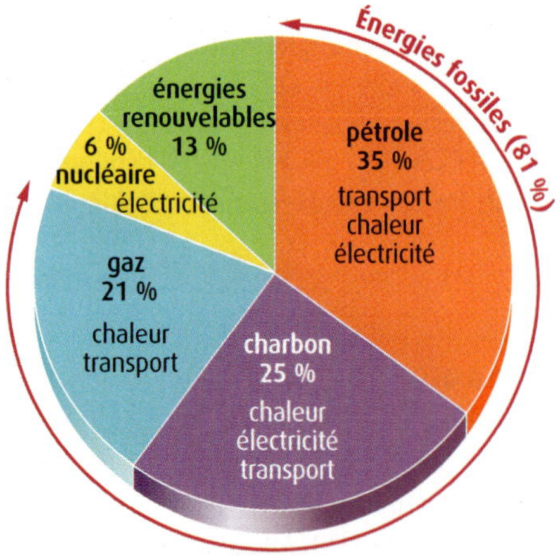

3 Les principales sources d'énergie dans le monde et leur utilisation. Les énergies renouvelables (biomasse [79 %], hydraulique, éolien, photovoltaïque, géothermie, courants, etc.) sont utilisées pour le chauffage et la production d'électricité.

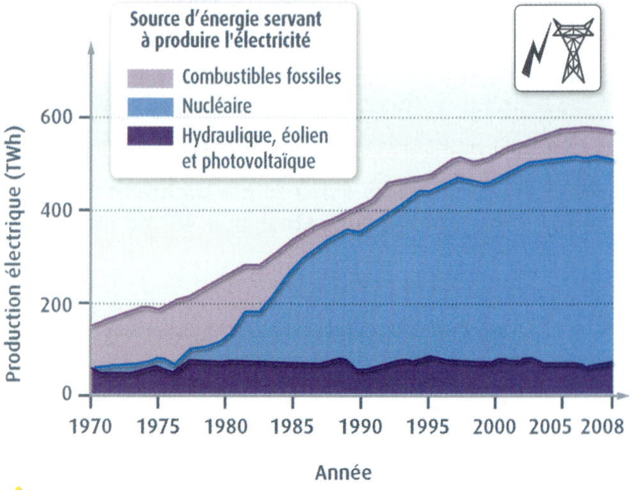

4 Évolution de la quantité d'énergie électrique produite en France de 1970 à 2008 selon les modes de production. Le nucléaire produit des déchets radioactifs de longue durée de vie (plus de 1 000 ans). 1 TWh = 10^{12} Wh.

Un exemple : l'avenir de l'éolien en France

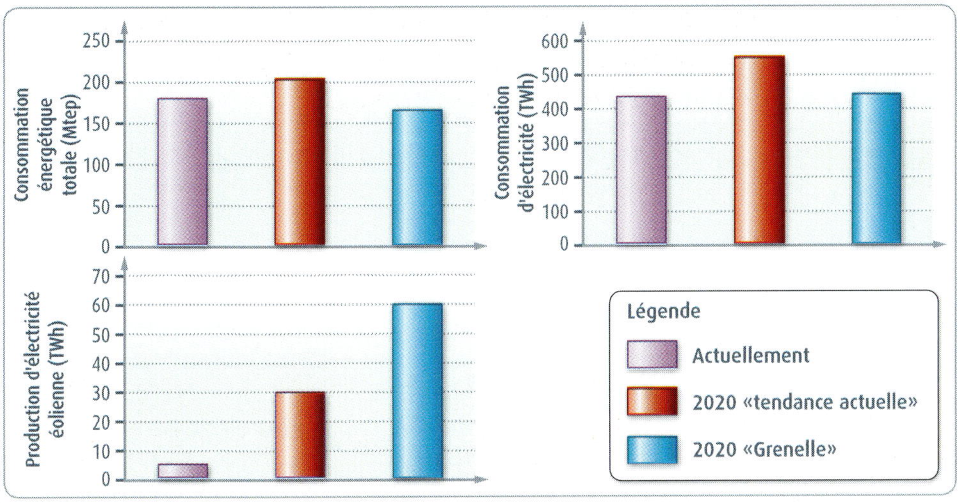

5 Quelle énergie en France en 2020 ?

Dans le scénario « tendance actuelle », aucune mesure nouvelle n'est prise.
Le scénario « Grenelle » prend en compte les mesures décidées lors du « Grenelle de l'environnement » qui, en 2007, a réuni politiques, scientifiques et membres de la société civile autour des questions de l'environnement et du développement durable.

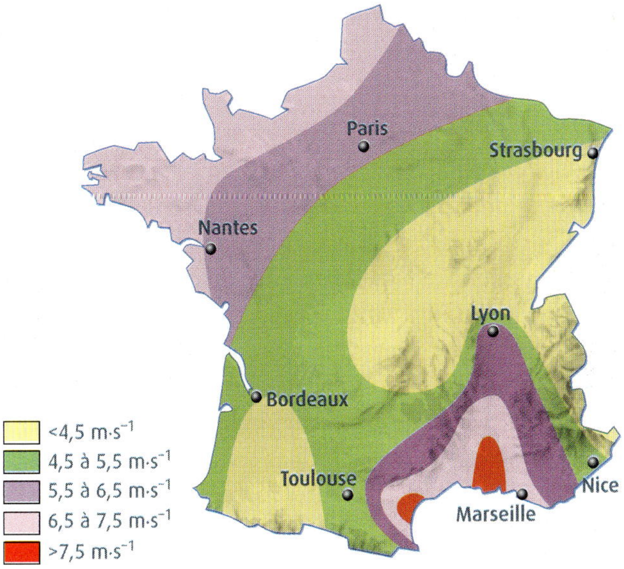

6 La vitesse moyenne des vents en France à 50 mètres au-dessus du sol.
Parc éolien français en 2009 : 2 627 éoliennes.

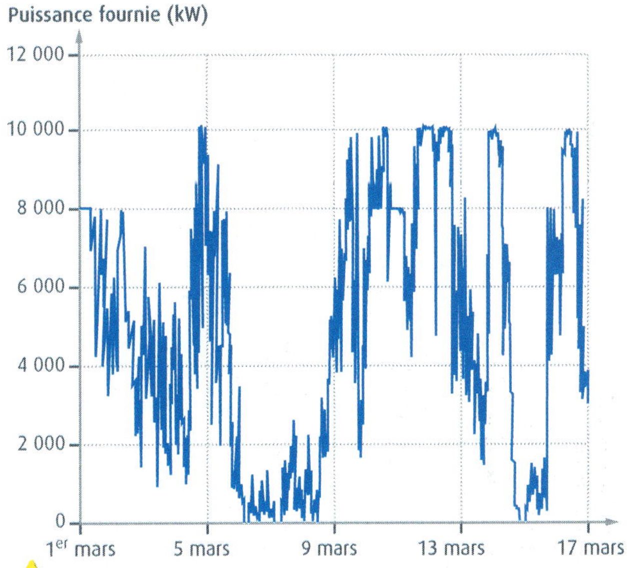

7 La puissance électrique fournie par un parc éolien pendant 18 jours.

- La France est considérée comme le 2e plus important gisement d'énergie éolienne d'Europe. Mais en 2009, la puissance cumulée de ses installations éoliennes ne représentait que 6 % de la puissance cumulée en Europe.
- Satisfaire l'objectif du Grenelle de l'environnement d'ici 2020 nécessitera près de 8 000 éoliennes.
- La construction et l'exploitation des installations éoliennes, souvent dans des zones rurales, soulèvent la question des nuisances visuelles et sonores.

8 L'avenir de l'éolien en France.

ACTIVITÉS

1. **DOC. 1 ET 2.** Calculez la proportion d'énergie solaire totale reçue qui a été consommée par la population mondiale en 1900 et en 2008. Concluez.
2. **DOC. 3 ET 4.** Discutez la place actuelle des énergies renouvelables dans le monde et en France.
3. **DOC. 5.** Indiquez les objectifs et les préconisations du scénario « Grenelle ».
4. **DOC. 5 À 8.** Considérant le nombre d'éoliennes supplémentaires nécessaires pour atteindre les objectifs « Grenelle », discutez des problèmes liés à leur installation et à leur fonctionnement.
5. **EN CONCLUSION.** En prenant l'exemple de la France, discutez de quelques aspects de la place actuelle et future de l'énergie éolienne.

Voir Dico des SVT p. 260

CHAPITRE 4

Les énergies renouvelables, d'autres formes d'énergie solaire

Les connaissances

D'ici une cinquantaine d'années, la Terre comptera deux milliards d'habitants en plus et les ressources en combustibles fossiles viendront à manquer. La question des ressources énergétiques est donc cruciale pour l'humanité.

Vents et eau, des sources d'énergie pour l'Homme

- Depuis longtemps, les mouvements de l'air et de l'eau constituent des sources d'énergie utilisables par l'Homme. **[Unité 1]**
- L'énergie du vent, ou **énergie éolienne**, fait tourner les pales des éoliennes ; l'énergie liée à ce mouvement est convertie en électricité. Au niveau des barrages hydroélectriques, l'énergie liée au déplacement de l'eau, ou **énergie hydraulique**, est convertie en électricité. **[Unité 1]**

Vents et eau, des sources d'énergie renouvelables

- La sphéricité de la Terre est à l'origine d'une inégale répartition de l'énergie solaire selon la latitude : la quantité d'énergie reçue par unité de surface diminue depuis l'équateur vers les pôles. **[Unité 2]**
- L'énergie solaire chauffe la surface de la Terre. Celle-ci réémet de l'énergie vers l'atmosphère, ce qui chauffe l'air. L'inégale répartition de l'énergie solaire reçue se traduit ainsi par des différences de température et donc de pression atmosphérique selon la latitude. Or les vents se déplacent depuis les zones de hautes pressions atmosphériques vers les zones de basses pressions. L'inégale répartition de l'énergie solaire est donc à l'origine des déplacements de masses d'air et de l'énergie éolienne. **[Unité 2]**
- L'énergie solaire chauffe également l'eau et permet son évaporation. Le vent transporte la vapeur d'eau. Sa condensation entraîne, sur les continents, l'écoulement de l'eau liquide sous l'effet de la gravité, à l'origine de l'énergie hydraulique. L'énergie solaire est donc le moteur du **cycle de l'eau**. **[Unité 2]**
- L'énergie éolienne et l'énergie hydraulique sont des **énergies renouvelables** car c'est l'énergie solaire qui met en mouvement l'air et l'eau. **[Unité 2]**

Énergies renouvelables et enjeux énergétiques de demain

- Depuis quelques d'années, la part des énergies renouvelables dans la production d'électricité augmente dans le monde. Leur exploitation peut poser certains problèmes (caractère intermittent de l'énergie éolienne par exemple), mais les énergies renouvelables sont inépuisables et permettent de limiter les émissions de CO_2 dans l'atmosphère liées à l'usage des combustibles fossiles. **[Unité 3]**
- La France dispose d'un important potentiel d'énergie éolienne. Des projets ont pour objectif de mieux exploiter ce gisement énergétique. Ils s'accompagnent de mesures visant à réduire la consommation d'énergie. **[Unité 3]**

Les capacités et attitudes

- Saisir des informations pour montrer en quoi les mouvements d'air et d'eau constituent des sources d'énergie **[Unité 1]**
- Réaliser un modèle analogique pour expliquer l'origine du vent **[Unité 2]**
- Manifester de l'intérêt pour un grand enjeu de société : l'avenir des énergies renouvelables **[Unité 3]**
- **Définir : cycle de l'eau · énergie éolienne · énergie hydraulique · énergie renouvelable**

Voir Dico des SVT p. 260

L'essentiel par l'image

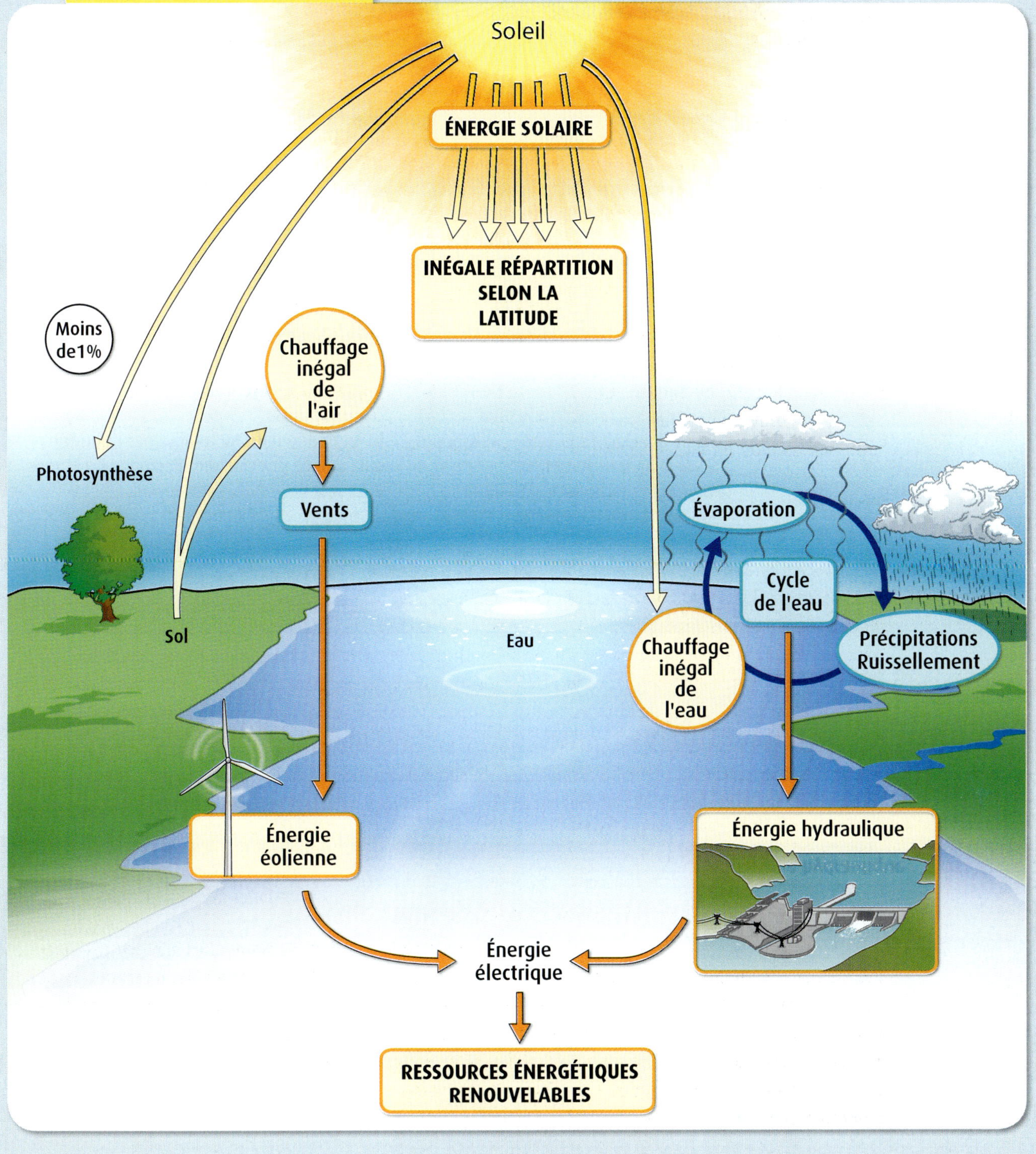

L'essentiel par le texte

> Les mouvements de l'air et de l'eau constituent des sources d'énergie utilisables par l'Homme.

> L'inégale répartition de l'énergie solaire à la surface de la Terre est le moteur du déplacement des masses d'air et donc de l'énergie éolienne. L'énergie solaire est également le moteur du cycle de l'eau. Elle est donc aussi à l'origine de l'énergie hydraulique.

> L'énergie éolienne et l'énergie hydraulique sont renouvelables car d'origine solaire.

> Gérer les ressources énergétiques est devenu un enjeu majeur pour l'humanité.

EXERCICES

évaluer ses connaissances

1 Qui suis-je ?

a. Je suis une forme d'énergie et je me déplace des zones de haute pression atmosphérique vers les zones de basse pression.
b. Je suis source de vent et de mouvements d'eau et je suis inépuisable.
c. Je décris les changements d'état et la circulation de l'eau.
d. Je diminue quand la température augmente et j'augmente quand la température diminue.

2 QCM

Pour chaque proposition, identifiez la (ou les) bonne(s) réponse(s).

1. L'énergie éolienne est une énergie renouvelable car :
a. c'est une énergie nouvelle.
b. elle est liée à l'inégale répartition de l'énergie solaire.
c. sa production s'accompagne d'une faible pollution de l'atmosphère.
d. le Soleil est une source d'énergie renouvelable.

2. L'inégale répartition de l'énergie solaire selon les latitudes est due à :
a. l'inclinaison de la Terre par rapport à son plan de rotation.
b. la rotation de la Terre autour du Soleil.
c. la distance Terre-Soleil qui varie selon la latitude.
d. la sphéricité de la Terre.

3. L'énergie hydroélectrique a pour origine :
a. l'énergie solaire nécessaire pour évaporer l'eau au-dessus des océans.
b. l'inégale répartition de l'énergie solaire.
c. la gravité uniquement.
d. la gravité et l'énergie solaire.

4. L'énergie solaire est :
a. principalement utilisée par la photosynthèse.
b. exploitée dans sa totalité par l'Homme.
c. la source principale d'électricité en France.
d. une source d'énergies renouvelables de plus en plus exploitée.

s'entraîner avec un exercice guidé

3 L'énergie solaire à la surface de la Terre

Afin de déterminer l'origine de l'inégale répartition de l'énergie solaire à la surface du globe, on réalise les modèles suivants. À l'aide d'un faisceau lumineux, un globe terrestre est éclairé à trois latitudes différentes. Ces mesures sont répétées aux mêmes latitudes mais, cette fois, sur un planisphère.

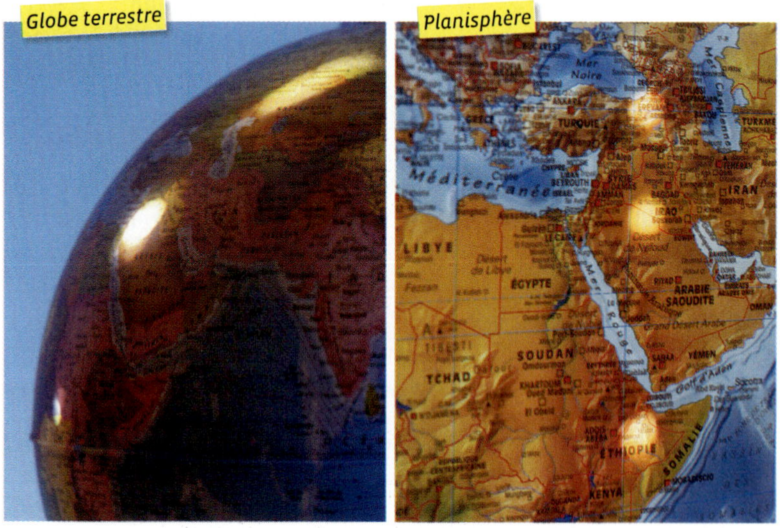

1. Deux modèles : un globe terreste et un planisphère éclairés à trois latitudes différentes par un faisceau de lumière.
Ce faisceau a la même intensité pour chacune des trois latitudes éclairées et pour chacun des deux modèles réalisés.

QUESTION Présentez l'intérêt d'une modélisation appropriée pour expliquer l'inégale répartition de l'énergie solaire à la surface de la Terre.

Un peu d'aide

• Saisir des informations
– Comparez les deux modèles ; déterminez le paramètre que l'on fait varier et les paramètres que l'on maintient constants dans chaque modèle.
– Comparez les surfaces éclairées aux trois latitudes dans le modèle « globe terrestre ».
– Faites de même dans le modèle « planisphère ».

• Mettre en relation des informations
Déterminez comment varie l'énergie reçue par unité de surface lorsque la latitude augmente (c'est-à-dire lorsque l'on se rapproche du pôle Nord) dans le modèle « globe terrestre », puis dans le modèle « planisphère ».

• Effectuer une synthèse
– Expliquez l'inégale répartition de l'énergie solaire à la surface du globe.
– Montrez comment la modélisation a permis d'expliquer cette inégale répartition.

appliquer ses connaissances

4 Les températures de l'océan Atlantique

Mettre en relation des connaissances et des informations

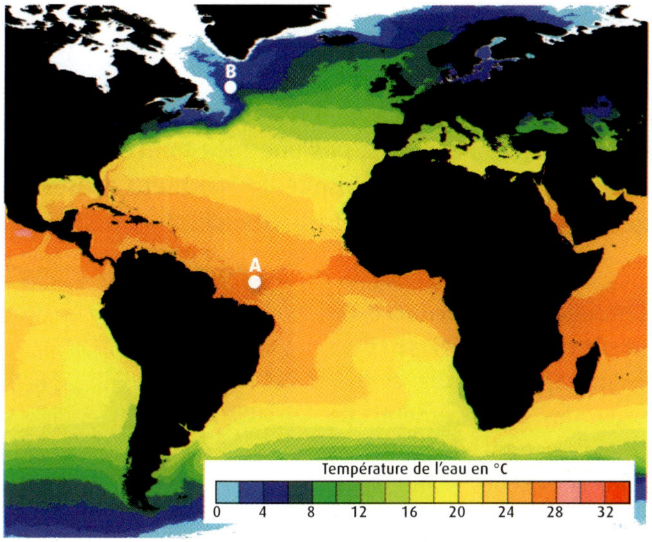

1. Températures moyennes des eaux de surface au mois de décembre 2009.

1 Décrivez les variations de la température des eaux de surface selon la latitude.

2 Expliquez l'origine de la différence de température observée entre les points A et B.

5 Vent et températures en Méditerranée

Formuler une hypothèse

Les deux images ci-contre sont des thermographies : il s'agit de mesures instantanées de la température des eaux de surface du golfe du Lion, en mer Méditerranée. Elles ont été réalisées au mois de juillet par un satellite. Lors de la première semaine de juillet, la météo est estivale et le vent faible. Les trois premiers jours de la deuxième semaine de juillet, un vent violent provenant du Nord (le Mistral) souffle avec des rafales atteignant 120 à 140 km.h^{-1}.

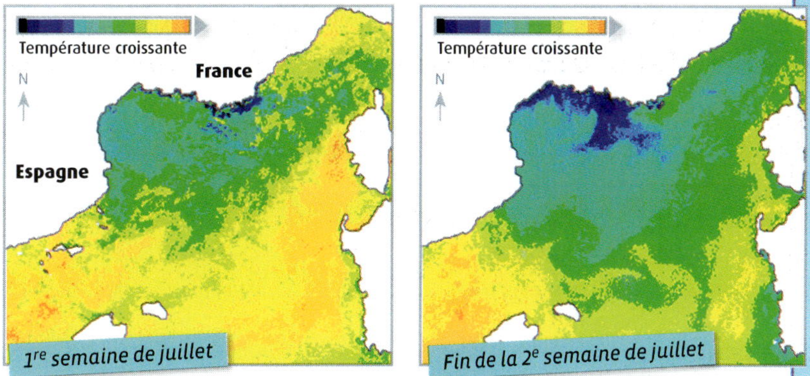

1. Thermographies du golfe du Lion (mer Méditerranée).

1 Comparez la répartition des températures sur les thermographies et proposez une hypothèse expliquant les différences.

2 Montrez que l'évolution des températures témoigne de la direction du vent et éprouvez votre hypothèse.

3 Montrez que le vent contribue au transfert de l'énergie solaire entre les différentes latitudes.

6 Les variations de la production d'électricité éolienne

Exploiter des données graphiques

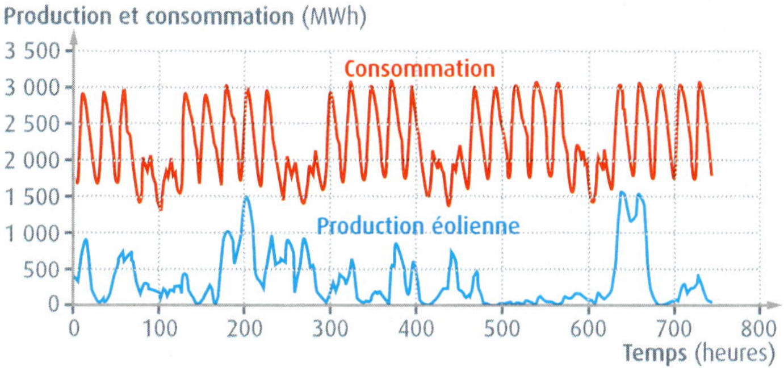

1. Évolution de la production d'électricité éolienne et de la consommation totale d'électricité dans le sud du Danemark pendant un mois.

1 Expliquez les variations quotidiennes et hebdomadaires de la consommation d'électricité.

2 Justifiez le caractère imprévisible de la production d'électricité éolienne.

3 Montrez que la production d'électricité éolienne n'a jamais permis de satisfaire la demande.

4 Envisagez des solutions pour que la production d'électricité éolienne réponde davantage à la demande.

ATELIERS D'EXPLORATION

ART ET SCIENCE — Une histoire des moulins à vent

L'utilisation de l'énergie naturellement fournie par le vent ou l'eau n'est pas une idée nouvelle. Éléments du paysage, mais aussi de notre culture collective, les moulins ont inspiré de nombreux artistes dans le domaine de la littérature et de la peinture. Notre patrimoine est riche en moulins !

ACTIVITÉS

1. Quelles informations dans le texte de Cervantes indiquent que le vent est une force ?
2. Retrouvez des références artistiques (peinture, littérature) où les moulins sont mis en valeur.
3. Retrouvez les métiers associés aux moulins et leur importance dans l'économie de votre région aux XVIIIe et XIXe siècles.

Extrait de *L'Ingénieux Hidalgo Don Quichotte de la Manche*, par Miguel de Cervantès (1547-1616).

« [...] Et aussitôt, il donna des éperons à Rossinante, sans se soucier des avertissements de Sancho, qui lui criait que ceux qu'il allait attaquer étaient bien des moulins et non des géants. Mais Don Quichotte était tellement sûr de son fait qu'il n'entendait pas Sancho et que, même arrivé devant le moulin, il ne voyait pas qu'il se trompait. [...] Là-dessus, [...] la lance en arrêt, il se précipita au galop de Rossinante et, chargeant le premier moulin qui se trouvait devant sa route, lui donna un coup de lance dans l'aile, laquelle, actionnée par un vent violent, brisa la lance, emportant après elle le cheval et le chevalier, qu'elle envoya rouler sans ménagement dans la poussière. »

POUR VOUS GUIDER B2i

- **L'annuaire des moulins à eau ou à vent :** www.bottin-moulin.com
- **Le site des moulins à vent en France :** www.moulins-a-vent.net

INFORMATIQUE — Simuler les variations d'énergie reçue par la Terre

http://pedagogie.ac-toulouse.fr/svt/serveur/lycee/perez/PP_logo/logiciels.htm B2i

À cette adresse, vous pouvez télécharger le logiciel « Terre2 » et, grâce à lui, observer des mouvements atmosphériques, les variations de la température des eaux de la surface océanique au cours de l'année, etc.

ACTIVITÉS

1. Décrivez la répartition des températures à la surface des océans (module « Hydrosphère »).
2. Dans le module « Énergie », réalisez les simulations d'éclairement à différentes latitudes (Expériences).
3. En faisant varier l'inclinaison de l'écran, expliquez l'inégale répartition de l'énergie solaire à la surface de la Terre.
4. Expliquez les mouvements des masses atmosphériques (module « Atmosphère »).

EXERCICE DE MÉTHODE

Thème 2 : Enjeux planétaires contemporains : énergie, sol

Interpréter et critiquer un modèle analogique simple

À l'aide du dispositif ci-dessous, on cherche à modéliser l'effet des rejets de CO_2 dans l'atmosphère par l'Homme sur la concentration en CO_2 dissous dans les océans. Pour cela, on injecte du CO_2 dans l'air d'une enceinte étanche contenant un bécher rempli à moitié d'eau du robinet. Un indicateur coloré a été mélangé avec l'eau. Sa couleur passe du bleu au jaune lorsque la quantité de CO_2 dissous dans l'eau augmente.

J'identifie le phénomène que le dispositif expérimental va permettre de modéliser (ici, la dissolution du CO_2 de l'atmosphère dans l'océan).

Je repère l'élément du modèle qui va permettre de suivre le phénomène étudié (ici, les changements de couleur de l'indicateur coloré).

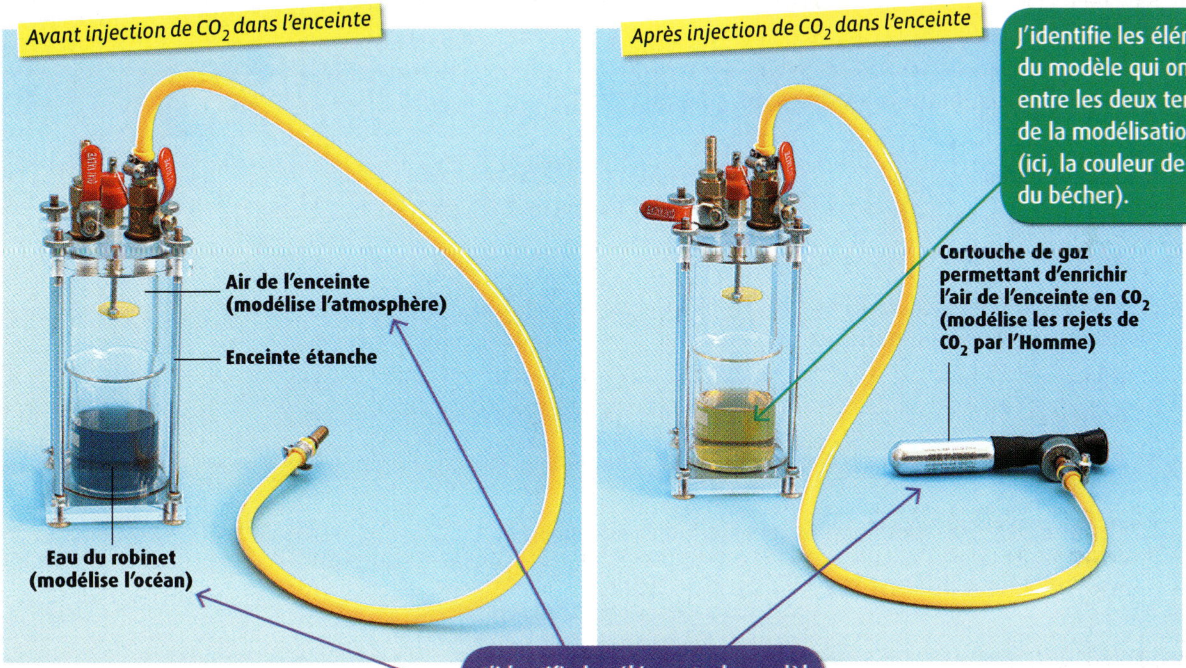

J'identifie les éléments du modèle qui ont changé entre les deux temps de la modélisation (ici, la couleur de l'eau du bécher).

J'identifie les éléments du modèle et les éléments de la réalité qu'ils modélisent.

1 Une modélisation analogique des échanges de CO_2 entre l'atmosphère et l'océan.

QUESTIONS

1. Expliquez pourquoi l'utilisation d'un modèle analogique est utile pour observer les échanges de CO_2 entre océans et atmosphère.
2. Formulez une hypothèse quant au devenir d'au moins une partie du CO_2 rejeté dans l'atmosphère par l'Homme.
3. Discutez des limites de la modélisation réalisée.

Des conseils pour répondre

1. Réalisez qu'un modèle permet d'étudier un phénomène difficile à observer dans la réalité, soit parce qu'il est trop complexe, soit parce qu'il se déroule à une échelle de temps et de taille trop importante.
2. Interprétez d'abord l'expérience réalisée à l'échelle du modèle, en précisant ce qui modélise l'augmentation de la teneur atmosphérique en CO_2. Transposez ensuite votre conclusion à l'échelle du phénomène réel étudié.
3. Identifiez quelques différences entre les éléments de l'expérience et les éléments de la réalité qu'ils sont censés modéliser.

SOMMAIRE

C. Le sol : un patrimoine durable ?

CHAPITRE 5

L'agriculture et l'alimentation humaine

Depuis près de 10 000 ans, l'Homme pratique l'agriculture. Il cultive des végétaux chlorophylliens et prélève une partie de la matière organique qu'ils ont fabriquée par photosynthèse. Cette matière organique lui sert à se nourrir ou à nourrir son bétail. Elle a également d'autres usages, comme la production de tissus ou de combustibles.

Une culture d'ail dans la Drôme.

De quelles ressources naturelles l'agriculture a-t-elle besoin pour satisfaire les besoins alimentaires de l'humanité ?

UNITÉ 1 Nourrir 9 milliards d'humains en 2050

La Terre comptait, en 2009, près de 8 fois plus d'habitants qu'en 1800. Et d'ici à 2050, la population mondiale aura encore augmenté de 30 %. Nourrir 9 milliards d'hommes et de femmes est un véritable défi.

De quelles ressources naturelles l'agriculture a-t-elle besoin en priorité pour relever ce défi ?

L'agriculture et l'alimentation humaine

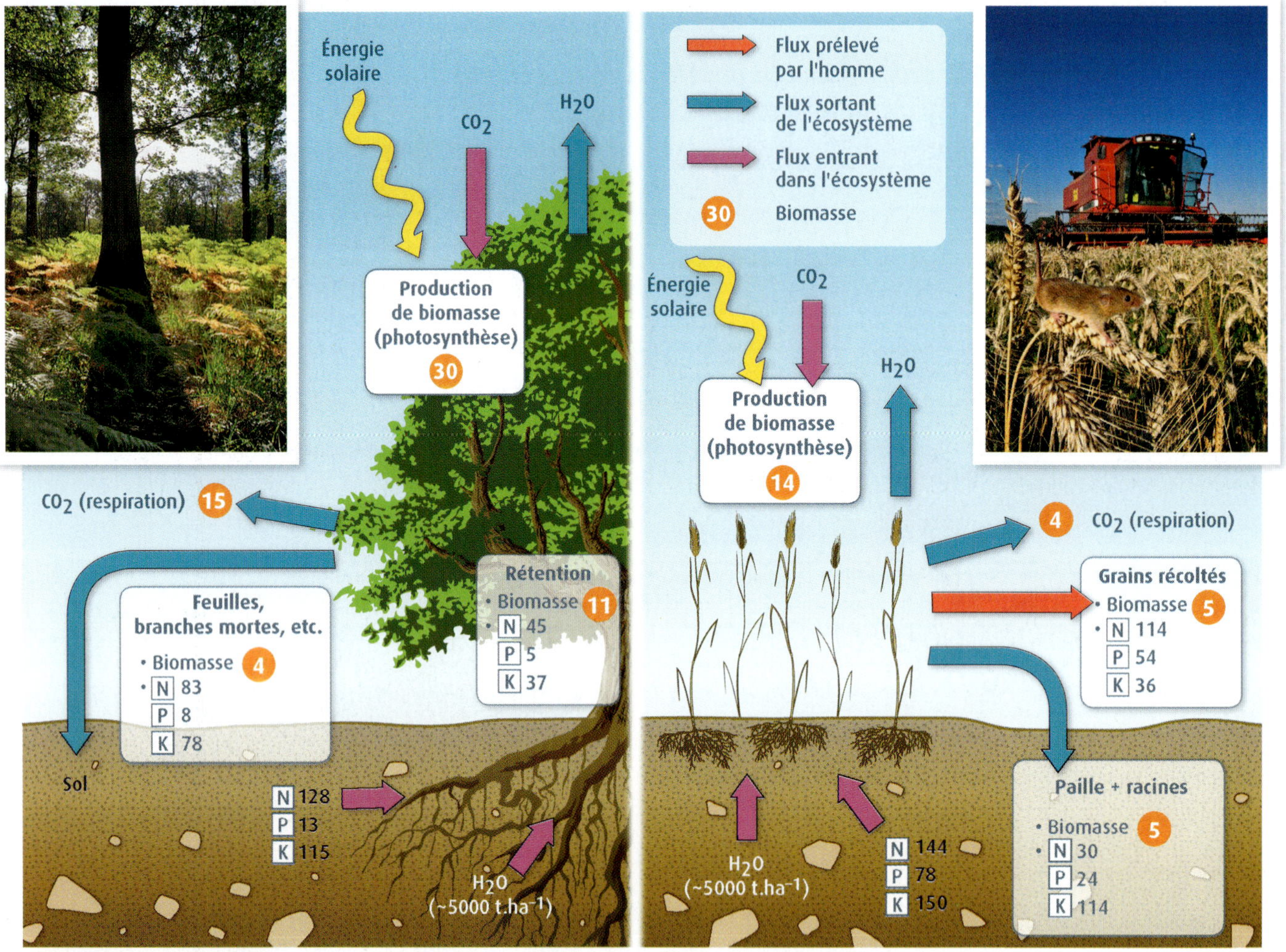

1 Les flux de matière dans une forêt de chênes et dans un champ de blé.
Biomasses en t.ha^{-1}.an^{-1} (1 ha = 1 hectare = 10 000 m^2). Minéraux (azote N, phosphore P, potassium K) en kg.ha^{-1}.an^{-1}. Biomasse produite par les végétaux cultivés : 9,1 milliards de t.an^{-1} ; biomasse produite par tous les végétaux continentaux : 115 milliards de t.an^{-1}.

	Masse de grains/épi	Nombre de grains/épi
Avec irrigation	127,6 g	523
Sans irrigation*	84,4 g	424

* Irrigation stoppée 15 jours lors de la floraison.

	Rendement année 1	Rendement année 4
Sans engrais	20 t.ha^{-1}	11 t.ha^{-1}
Avec fumier	32 t.ha^{-1}	24,5 t.ha^{-1}
Avec engrais chimique	31,5 t.ha^{-1}	25 t.ha^{-1}

2 Croissance du maïs en fonction de l'irrigation et rendement d'un champ de blé en fonction de l'apport d'engrais. Un engrais contient des éléments minéraux. Le fumier est un engrais naturel. Un apport trop important d'azote nuit à l'environnement (prolifération d'espèces dans les cours d'eau et la mer) et à la santé (pollution des nappes phréatiques).

Le défi alimentaire

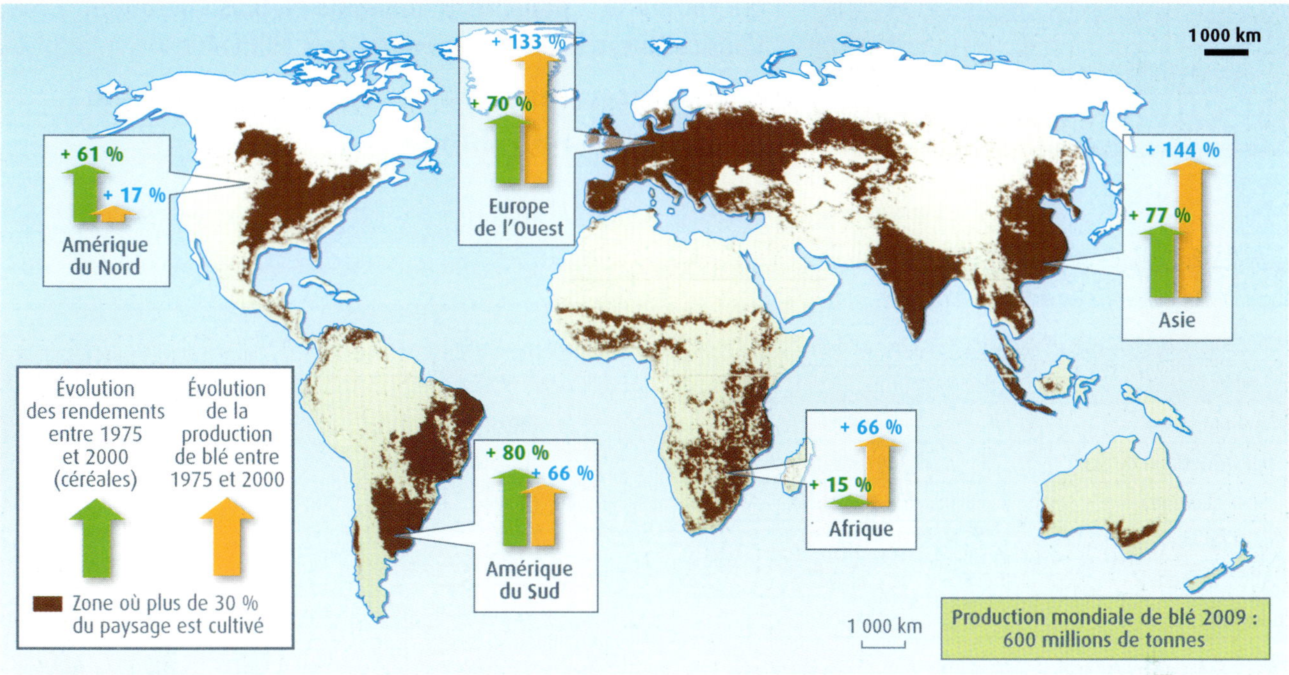

3 Carte des zones cultivées et production de céréales dans le monde.
Un sol cultivable fournit à la plante les éléments minéraux nécessaires à sa croissance. L'augmentation des rendements observée ces dernières décennies est due à l'utilisation massive d'engrais et de pesticides. Ces meilleurs rendements ont donc des conséquences sur l'environnement. Par ailleurs, la quantité de biomasse que l'on peut produire sur une surface donnée ne peut pas augmenter indéfiniment. Dans certaines régions agricoles, la limite est déjà presque atteinte.

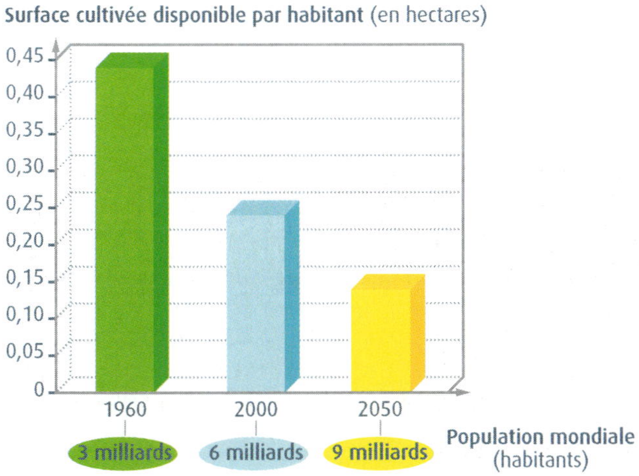

4 L'évolution de la surface des terres agricoles par habitant. Pour nourrir 9 milliards d'humains en 2050, la production alimentaire doit augmenter d'environ 70 %.

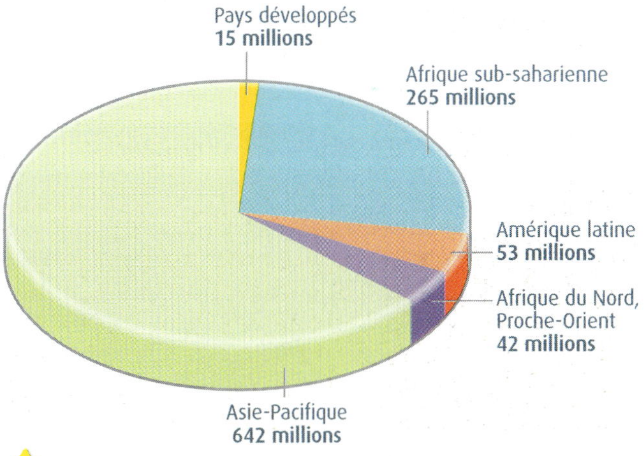

5 Population ayant souffert de la faim dans le monde en 2009. Les causes de la faim sont multiples : trop faible production agricole (problèmes climatiques, guerres, catastrophes naturelles), mauvaise circulation et distribution des denrées alimentaires, montée des prix, pauvreté, guerres, etc.

ACTIVITÉS

1. **DOC. 1.** Calculez la part de biomasse et d'éléments minéraux que l'Homme prélève dans un champ de blé.
2. **DOC. 1 ET 3.** Calculez la part de la biomasse continentale prélevée par l'Homme via la culture du blé.
3. **DOC. 2 ET 3.** Identifiez deux ressources naturelles essentielles et limitantes pour l'agriculture.
4. **DOC. 2 À 5.** Indiquez les principaux défis que l'agriculture doit relever dans un futur proche. L'utilisation massive d'engrais est-elle une solution suffisante ?
5. **EN CONCLUSION.** Montrez que l'eau et les sols cultivables sont deux ressources clés pour l'avenir de l'humanité.

Voir Dico des SVT p. 260

UNITÉ 2

L'eau et les sols cultivables dans le monde

Une augmentation de la production agricole est nécessaire pour satisfaire les besoins alimentaires d'un monde qui comptera 2 milliards d'habitants en plus en 2050. L'agriculture a besoin d'eau et de sols cultivables.

··› Les ressources en eau et en sols de la planète sont-elles suffisantes ?

Les ressources en eau

Pays	Précipitations moyennes annuelles (mm)
Niger (Afrique)	300
Chili (Amérique du Sud)	360 (Santiago)
France (Europe)	630 (Paris)
Corée du Sud (Asie)	1 000
Gabon (Afrique)	2 500
Bangladesh (Asie)	4 000

1 Les précipitations moyennes annuelles dans quelques pays.

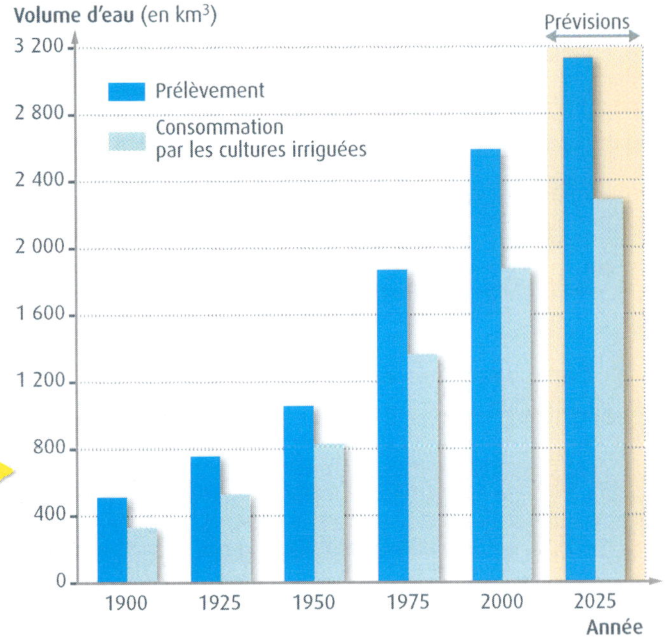

2 Évolution de la consommation mondiale d'eau pour l'irrigation.
En 2008, moins de 20 % des terres cultivées dans le monde étaient irriguées. On prévoit moins de 1 % par an d'augmentation des surfaces irriguées d'ici à 2050, à cause du manque d'eau et de sols favorables, et du coût des installations.

Système « goutte à goutte »

Système par aspersion

3 Deux techniques différentes d'irrigation.
Dans l'irrigation au goutte à goutte (utilisée surtout pour les cultures de fruits et de légumes), une petite quantité d'eau est apportée directement au pied de la plante plusieurs fois par jour. L'évaporation est limitée et les économies d'eau peuvent atteindre 70 %. L'irrigation par aspersion utilise de grandes quantités d'eau. La majeure partie s'évapore ou ruisselle sur le sol.

Les ressources en sols cultivables

Terres émergées 14 900 Mha

Sols non cultivables 11 600 Mha

Sols cultivés 1 500 Mha

Sols cultivables non exploités 1 800 Mha

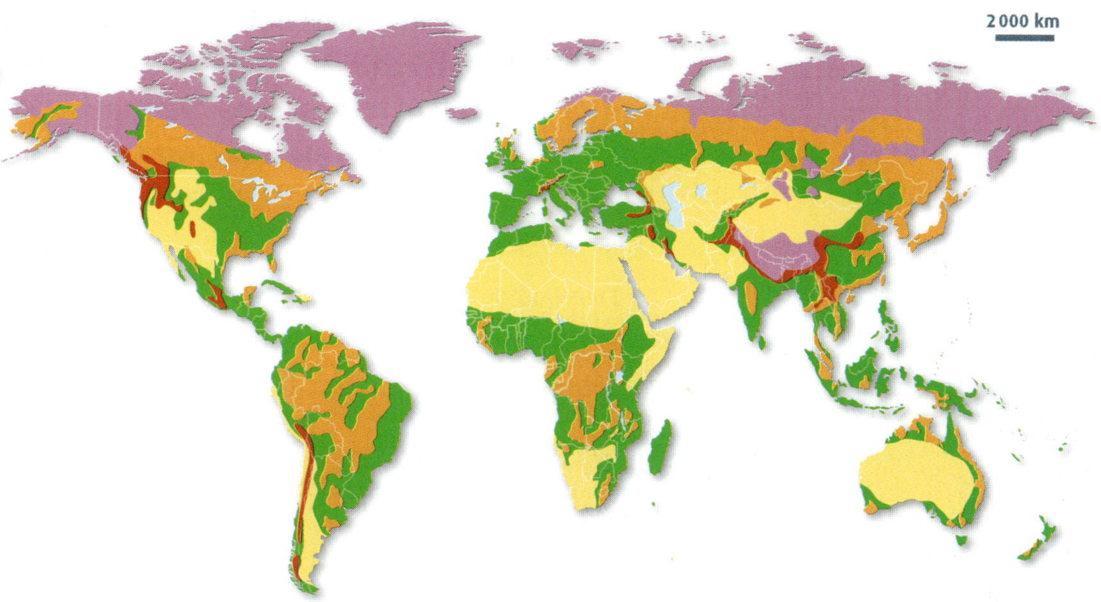

Types de contraintes environnementales pesant sur les sols
Trop froid | Trop sec | Trop pentu | Trop pauvres | Faibles contraintes (sols favorables à l'agriculture)

4 Les contraintes liées à l'environnement qui pèsent sur les sols.
Une part importante des sols cultivables non exploités est soit située en zone aride, soit couverte de forêts. Mha : millions d'hectares.

5 Des terres salinisées par l'irrigation en Thaïlande.
Si l'apport d'eau d'irrigation est supérieur aux besoins, les sels dissous dans cette eau s'accumulent dans les sols quand elle s'évapore, ce qui les rend impropres à la culture. Actuellement, 15 % des surfaces irriguées dans le monde ont des problèmes de salinisation et près de 50 % sont menacées à long terme.

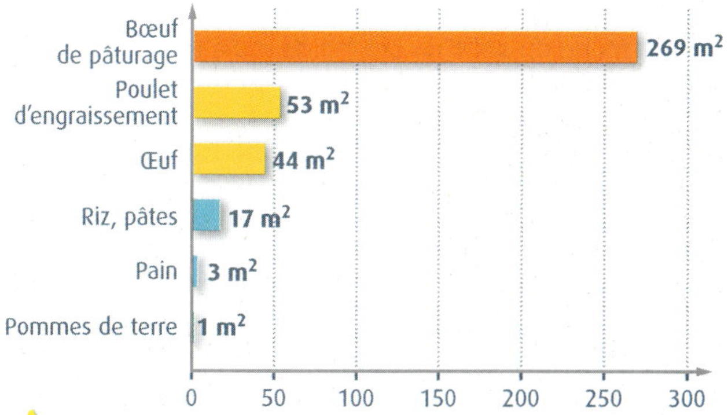

6 Surface de sol nécessaire pour produire un kilogramme de quelques aliments.

ACTIVITÉS

❶ **DOC. 1, 2 ET 5.** Indiquez quels problèmes la ressource en eau pose à l'agriculture.
❷ **DOC. 2 ET 3.** Expliquez la différence entre l'eau prélevée et l'eau effectivement consommée.
❸ **DOC. 4.** Caractérisez la ressource en sols cultivables à l'échelle de la planète et expliquez pourquoi il est difficile de gagner de nouvelles terres cultivables.
❹ **DOC. 3 ET 6.** Indiquez de quelle façon simple un citoyen peut exercer sa responsabilité concernant le problème des sols cultivables.
❺ **EN CONCLUSION.** Résumez les problèmes que posent à l'agriculture les ressources en eau et en sols cultivables.

Voir Dico des SVT p. 260

UNITÉ 3

Agriculture, biodiversité et agrocarburants

Outre le problème de l'eau et des sols cultivables, l'agriculture est au cœur de deux autres questions essentielles :
celle de la préservation de la biodiversité naturelle et celle des carburants produits à partir de biomasse (agrocarburants).

Quels sont les effets de l'agriculture sur la biodiversité ? Quel est l'impact du développement des agrocarburants sur l'agriculture ?

Agriculture et biodiversité naturelle

Insectes	Lombrics	Acariens	Collemboles
		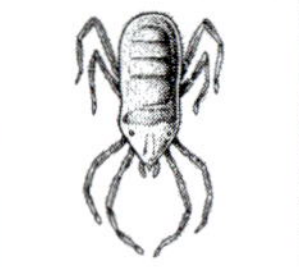	
1 000	41	10 000	10 000

Insectes	Lombrics	Acariens	Collemboles
	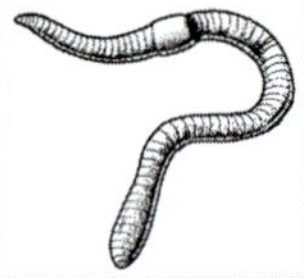		
4 500	97	40 000	20 000

1 La faune du sol d'un champ de maïs et d'une prairie (en nombre d'individus par m^2). La faune du sol joue un grand rôle dans le recyclage de la matière organique (voir p. 177) et dans la structuration des sols (oxygénation). Elle contribue à les rendre plus fertiles.

2 Un champ labouré. Le labour prépare le sol pour les cultures, mais déstabilise sa structure et perturbe la vie dans le sol.

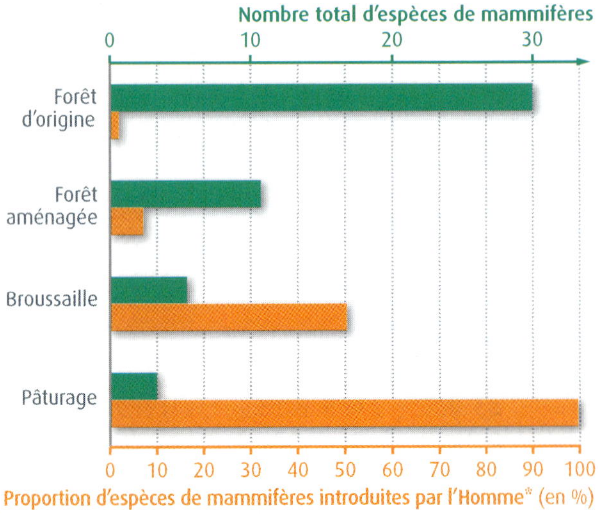

3 Diversité des mammifères dans les forêts de Malaisie et dans divers milieux issus de leur transformation par l'Homme (*voir p. 70).

Agriculture et agrocarburants

4 Forêt abattue et palmeraie à huile en Indonésie. Certaines palmeraies sont installées en bordure d'un parc qui abrite l'une des dernières populations d'orang-outangs (primates). Les palmiers plantés sur des surfaces récupérées sur la forêt du parc servent à produire une huile utilisée comme carburant (agrocarburant).

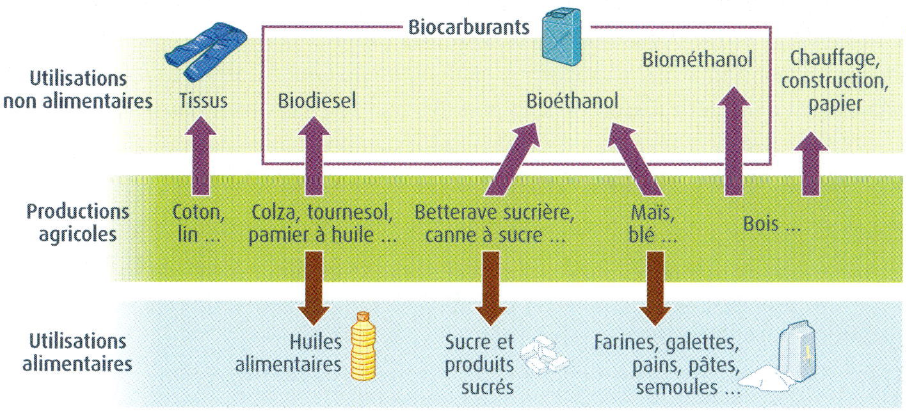

5 Exemples d'utilisations non alimentaires et d'utilisations alimentaires de productions agricoles. Les agrocarburants (ou biocarburants) sont des carburants produits à partir de matière organique fabriquée par les plantes cultivées.

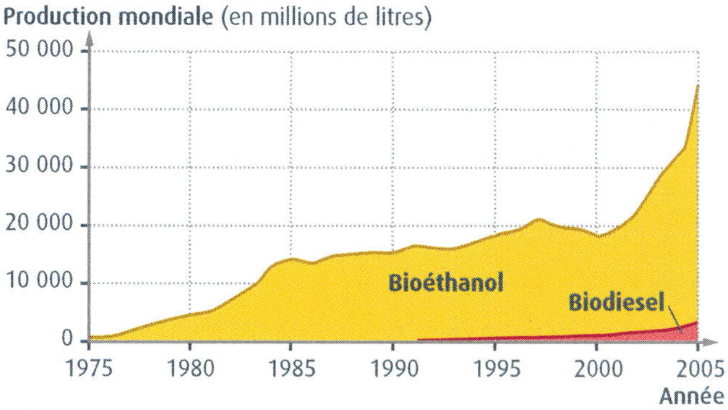

6 Évolution de la production mondiale annuelle d'agrocarburants depuis 1975.

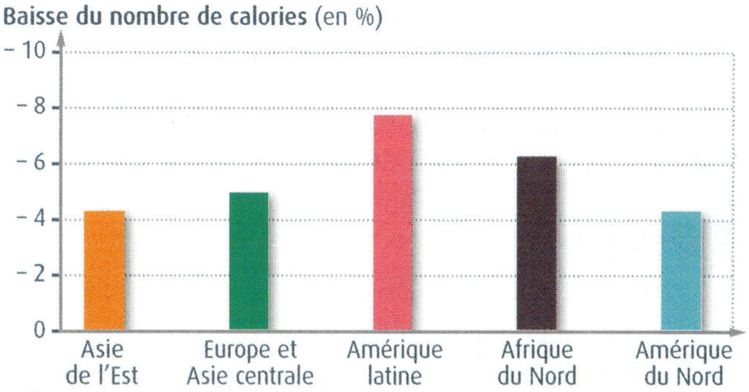

7 Baisse du nombre de calories alimentaires disponibles d'ici à 2020 selon les régions du monde, dans un scénario de fort développement des agrocarburants.

ACTIVITÉS

1. **DOC. 1 À 3.** Expliquez pourquoi l'agriculture peut avoir des conséquences sur la biodiversité naturelle.
2. **DOC. 4 ET 5.** Considérant que les rendements agricoles restent identiques, indiquez les deux seules solutions pour produire davantage de biocarburants.
3. **DOC. 6 ET 7.** Formulez des hypothèses expliquant pourquoi le développement des agrocarburants peut avoir des effets sur les ressources alimentaires.
4. **DOC. 4 À 7.** Résumez, sous la forme d'un diagramme montrant les liens de cause à effets, les conséquences d'une trop forte augmentation de la production d'agrocarburants.
5. **EN CONCLUSION.** Montrez comment la protection de la biodiversité naturelle ou la production d'agrocarburants peuvent entrer en concurrence avec l'alimentation humaine.

Voir Dico des SVT p. 260

BILAN

CHAPITRE 5

L'agriculture et l'alimentation humaine

Les connaissances

En 2009, un milliard de personnes ont souffert de la faim dans le monde. Satisfaire aux besoins alimentaires de l'humanité est un enjeu essentiel.

Eaux et sols cultivés : deux ressources clés

- Dans un champ cultivé, une partie de la **biomasse** produite par les végétaux est exportée hors de l'**écosystème** pour la fabrication d'aliments. Dans un écosystème naturel, la biomasse produite par les végétaux retourne dans le sol après leur mort. Par l'agriculture, l'Homme détourne donc à son profit une partie de la biomasse fabriquée par la **photosynthèse**. **[Unité 1]**
- Les éléments minéraux sont indispensables à la croissance d'une plante. Un **sol cultivable** doit en contenir une quantité suffisante. L'eau est également nécessaire aux cultures. **[Unité 1]**
- Pour nourrir 9 milliards d'humains en 2050, la production alimentaire doit augmenter d'environ 70 %. L'eau et les sols cultivables sont donc deux ressources clés pour l'avenir de l'humanité. **[Unité 1]**

Eaux et sols cultivés : deux ressources limitées et inégalement réparties

- L'eau est inégalement répartie sur Terre. Dans certaines régions, les sols n'apportent pas suffisamment d'eau pour les cultures et ils doivent être irrigués. Cela n'est pas toujours possible et, dans les années à venir, l'augmentation des surfaces irriguées risque d'être faible. L'une des solutions consiste à utiliser des techniques d'**irrigation** plus économes en eau. **[Unité 2]**
- Les sols cultivables sont inégalement répartis à la surface de la Terre. Ils sont en quantité limitée : seuls 20 % des terres émergées sont cultivables et seuls 10 % sont effectivement cultivées. Les sols cultivables mais non cultivés sont soit situés en zone aride, soit occupés par des milieux naturels, qui se trouveraient menacés s'ils étaient mis en culture. Il est donc difficile de gagner de nouvelles terres cultivables : la hausse de population mondiale entraîne une baisse de la surface de terre cultivable disponible par habitant **[Unités 1 et 2]**
- Les sols cultivables sont fragiles. Ainsi, une irrigation mal contrôlée peut provoquer une accumulation de sels dans le sol, ce qui le rend impropre à la culture. **[Unité 2]***

Agriculture, biodiversité et agrocarburants

- L'agriculture provoque une diminution de la biodiversité naturelle sur les surfaces cultivées. **[Unité 3]**
- La biomasse produite par l'agriculture est également une source de combustibles, comme les **agrocarburants**. Si la surface cultivée n'augmente pas, ces productions non alimentaires entrent en concurrence avec les productions alimentaires. Dans ces conditions, un fort développement des agrocarburants risque de conduire à une baisse de la production alimentaire mondiale. **[Unité 3]**

*Voir aussi chapitre 6 p. 178-179

Les capacités et attitudes

- Recenser, extraire et organiser des informations pour comprendre en quoi la gestion de l'eau et des sols est un grand enjeu de société **[Unités 1 et 2]**
- Comprendre les liens de causes à conséquences entre une augmentation importante de la production d'agrocarburants et les risques de pénurie alimentaire **[Unité 3]**
- **Définir :** agrocarburant · biomasse · écosystème · irrigation · photosynthèse · sol cultivable

Voir Dico des SVT p. 260

L'essentiel par l'image

L'agriculture, source de l'alimentation humaine

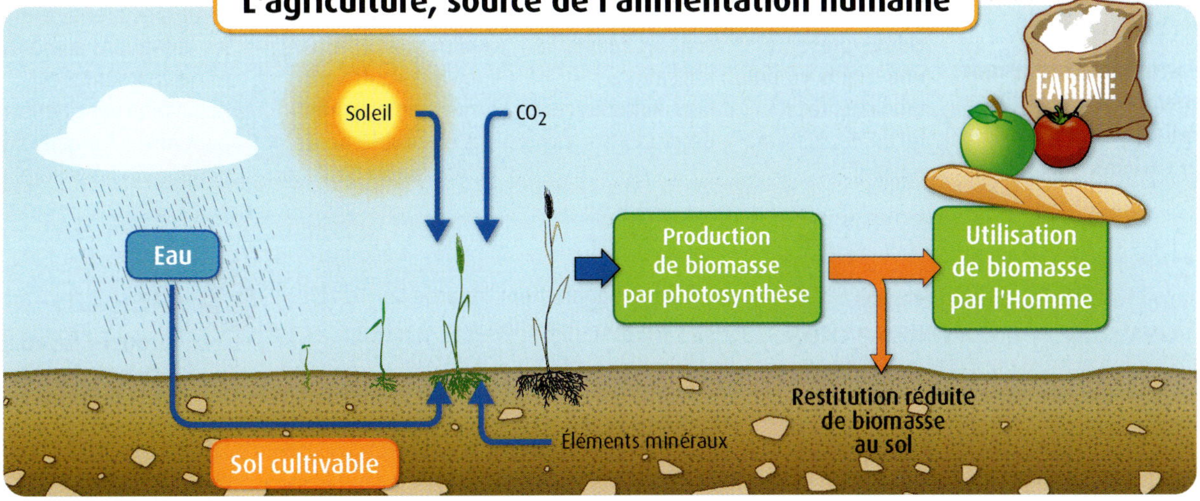

Des enjeux planétaires

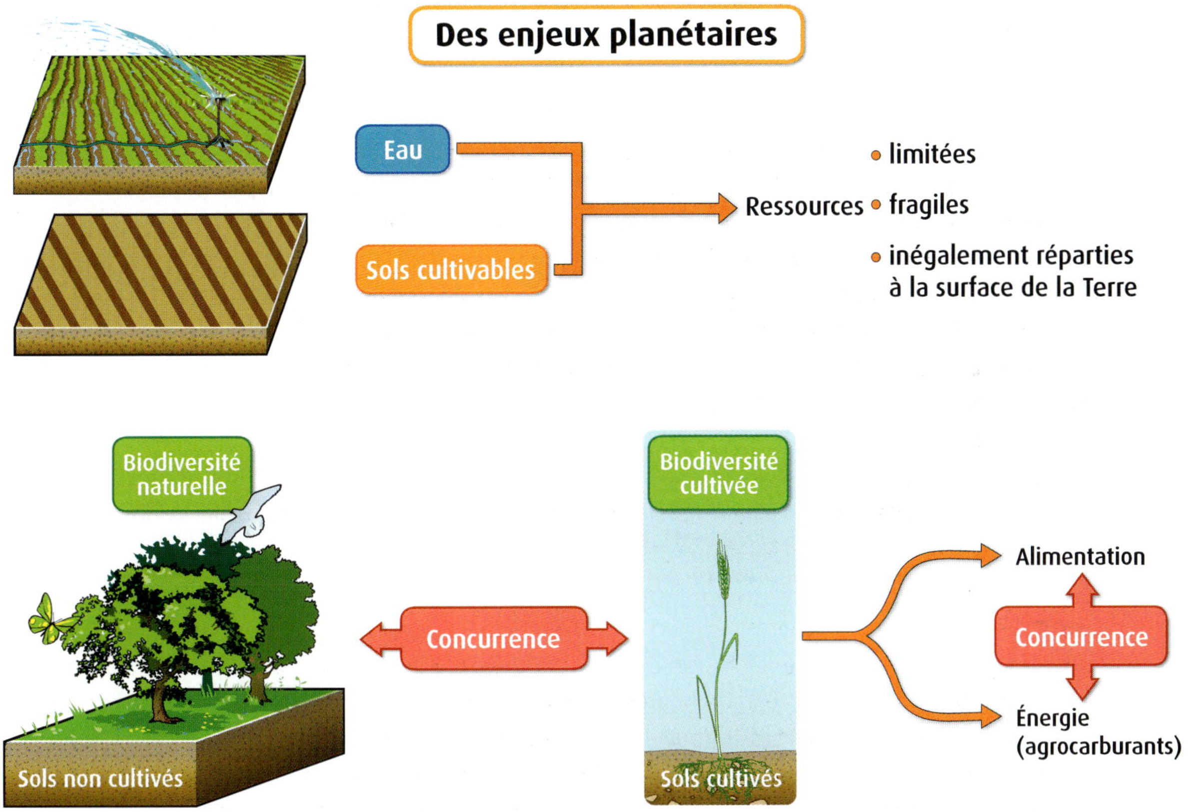

L'essentiel par le texte

> Pour satisfaire les besoins alimentaires de l'humanité, l'Homme cultive des plantes : c'est l'agriculture. Il utilise ainsi à son profit la photosynthèse pour se nourrir.

> Les sols cultivables et l'eau sont indispensables à l'agriculture. Ils sont inégalement répartis sur Terre, fragiles et disponibles en quantité limitée.

> L'augmentation des surfaces cultivées se fait au détriment de la biodiversité naturelle.

> L'agriculture est une source de nourriture, mais aussi d'agrocarburants. Ces deux productions entrent en concurrence.

EXERCICES

évaluer ses connaissances

1 Vrai ou faux ?

Parmi les affirmations suivantes, identifiez celles qui sont fausses et rectifiez-les.

a. Un champ cultivé présente une moins grande biodiversité qu'un écosystème naturel.

b. Les agrocarburants sont les seules utilisations non alimentaires de produits agricoles.

c. Les inégalités alimentaires d'un pays à l'autre sont dues uniquement à un problème de répartition de l'eau.

d. La concurrence entre les utilisations alimentaires et non alimentaires des productions agricoles peut être à l'origine d'une pénurie de nourriture.

2 QCM

Parmi les affirmations suivantes, choisissez la (ou les) réponses exactes.

1. La biomasse d'un champ cultivé :

a. est utilisée au moins en partie par l'Homme.
b. dépend uniquement de la présence d'éléments minéraux dans le sol.
c. retourne entièrement dans le sol.
d. est produite par la photosynthèse.

2. Concernant l'utilisation agricole des sols et de l'eau :

a. les sols cultivables peuvent devenir incultivables.
b. l'eau est également répartie sur Terre, mais pas son utilisation.
c. l'eau est un facteur important de la fertilité des sols.
d. toute l'eau prélevée pour un usage agricole est utilisée.

3. L'utilisation agricole des sols :

a. peut se faire au détriment de forêts naturelles.
b. est uniquement alimentaire.
c. est indispensable pour nourrir l'humanité.
d. peut nuire à la fertilité d'un sol.

3 Qui suis-je ?

Trouvez les mots cachés derrière ces définitions.

1. Carburant issu d'une production agricole.
2. Pratiquée abondamment, elle provoque la salinisation des sols.

s'entraîner avec un exercice guidé

4 La production alimentaire en Afrique

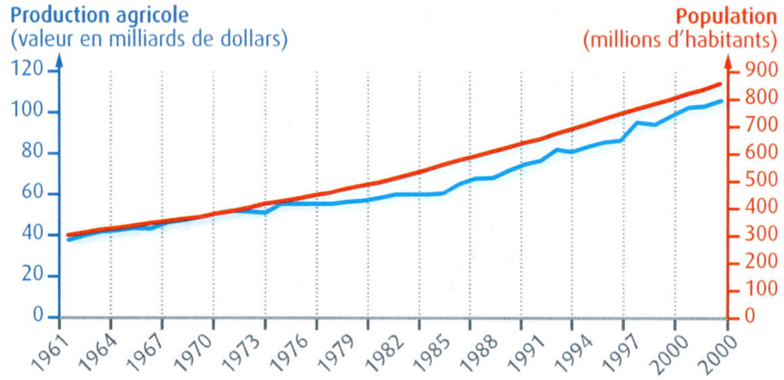

1. **Évolution de la production agricole totale et de la population en Afrique entre 1961 et 2001.**

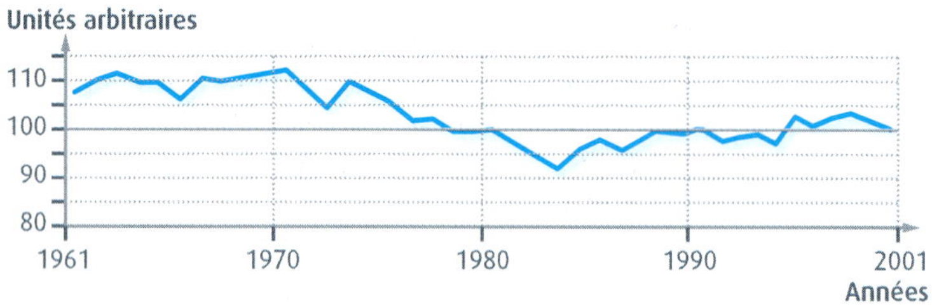

2. **Évolution de la production alimentaire par habitant entre 1961 et 2001.** Celle-ci mesure la nourriture disponible pour les populations.

Un peu d'aide

• **Analyser les graphiques**
– Déterminez le lien entre la grandeur représentée sur le doc. 2 et les deux grandeurs sur le doc. 1.
– Sur le doc. 1, comparez l'évolution relative des deux grandeurs étudiées sur la période 1961-1973. Faites de même sur la période 1973-1986, puis sur la période 1986-2001.
– Mettez alors en relation ces résultats avec les données du doc. 2.

• **Raisonner**
Comparez la production agricole par habitant en 1961 et en 2001.

QUESTIONS ❶ En vous fondant sur l'analyse du doc. 1, expliquez l'évolution de la production agricole en Afrique (doc. 2) entre 1961 et 2001.

❷ En vous fondant sur l'analyse du doc. 2, formulez des hypothèses sur les conséquences probables des variations de la production agricole par habitant en Afrique.

Appliquer ses connaissances

5 L'assèchement de la mer d'Aral

Mettre en relation des informations

Pour irriguer les champs de coton et en développer la culture, l'Union soviétique a détourné, dans les années 1960, les deux fleuves qui alimentaient la mer d'Aral. Celle-ci s'est progressivement asséchée. Les eaux restantes sont devenues trop salées, entraînant la disparition de la vie marine. Les vents ont dispersé le sel, le sable et les pesticides utilisés en grande quantité sur le coton, rendant la production agricole très difficile et polluant les productions alimentaires. En 2000, une grande partie de la population locale était atteinte de graves maladies ou avait fui.

1. Faites la liste des difficultés alimentaires qui se posent à la population voisine de la mer d'Aral.
2. Montrez par un schéma les liens de cause à effet entre les différents phénomènes.
3. À partir de cet exemple et de vos connaissances, expliquez pourquoi on ne peut pas irriguer toutes les terres agricoles dans le monde.

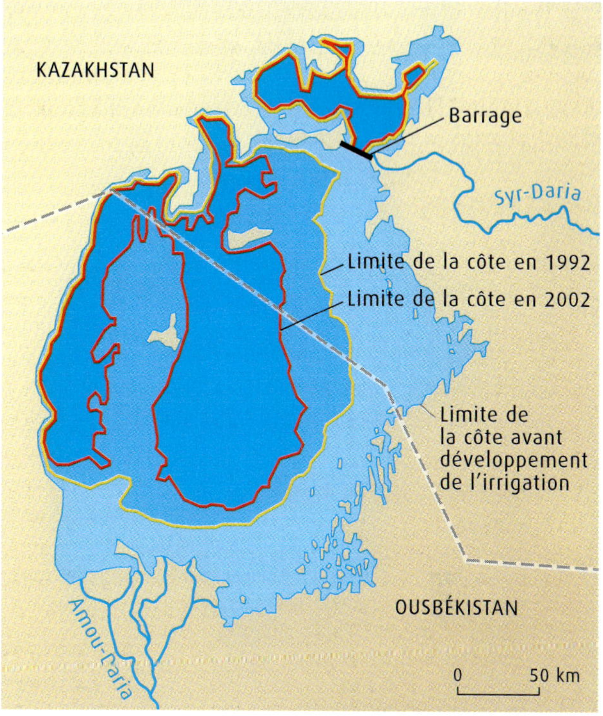

1. Carte de la mer d'Aral. Elle est alimentée par deux fleuves, Amou-Daria et Syr-Daria.

6 L'occupation des sols en Chine

Analyser un graphique et raisonner

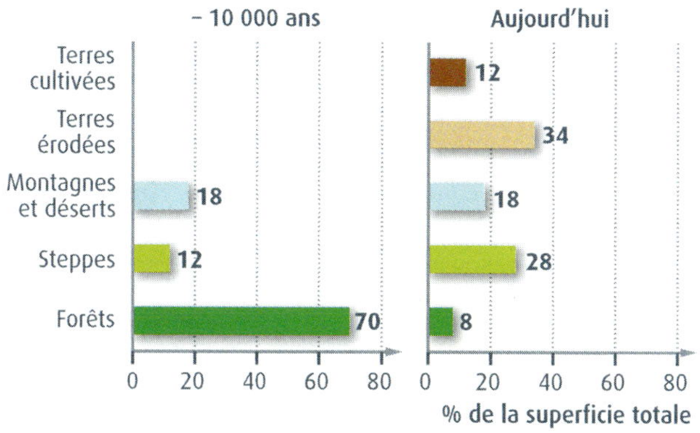

1. Qu'est-ce qui représentait la majorité du territoire chinois, il y a 10 000 ans ? Et aujourd'hui ?
2. Proposez une hypothèse expliquant pourquoi les terres érodées étaient absentes il y a 10 000 ans.
3. Décrivez en un court texte l'évolution de l'occupation de la superficie du territoire chinois.

1. L'occupation de la superficie totale de la Chine de – 10 000 ans à nos jours (les steppes peuvent apparaître dans des zones de pâturage ou après l'abandon d'un champ).

7 Les surfaces cultivées dans le monde

Formuler une hypothèse

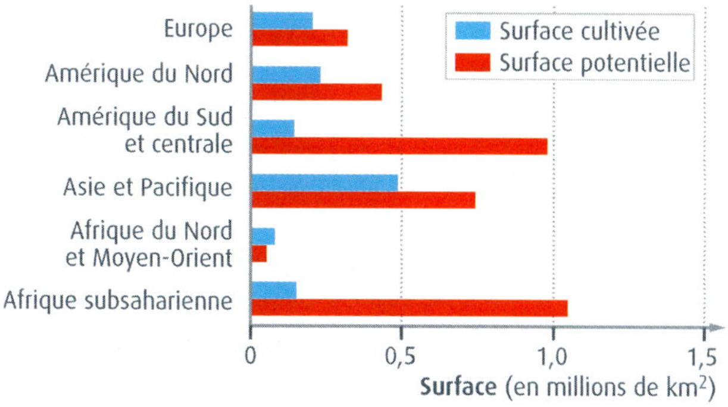

1. Comment expliquez-vous que toutes les surfaces pouvant être cultivées ne le soient pas ?
2. Proposez une hypothèse pour expliquer le cas particulier de l'Afrique du Nord et du Moyen-Orient. Discutez de l'avenir agricole de ces régions en cas d'augmentation de population.

1. Surface pouvant être cultivée (surface potentielle) et surface réellement cultivée dans différentes régions du monde.

ATELIERS D'EXPLORATION

MÉTIER Devenir agronome international

Sur le site d'Agronomes et Vétérinaires Sans Frontière (AVSF), cliquez sur « nos actions en vidéo ». Choisissez un des projets (par exemple, la santé des troupeaux au Mali ou les vétos de la rizière au Cambodge).

ACTIVITÉS

1. Quels sont les problèmes que rencontrent les agriculteurs ?
2. Qu'apportent les échanges avec les agronomes et vétérinaires de l'association ?
3. Quelles sont les solutions trouvées ?
4. Réfléchissez aux qualités nécessaires pour devenir ingénieur agronome en développement international.

Le repiquage du riz dans le nord-est de la Thaïlande.

POUR VOUS GUIDER B2i

- www.avsf.org
- www.studyrama.com/formations/fiches-metiers/environnement/conseiller-agro-developpement-international.html
- http://dapi.apecita.com/metiers.aspx (choisir «Ingénieur Agro-développement à l'international»)
- www.libtheque.fr/svtlycee
- www.onisep.fr. Rubrique «métier de A à Z». Développeur(euse) rural(e) humanitaire

DÉBAT Les agrocarburants en question

Les agrocarburants (ou biocarburants) sont des carburants provenant de la transformation des plantes (voir p. 167). Leur culture se développe un peu partout dans le monde.

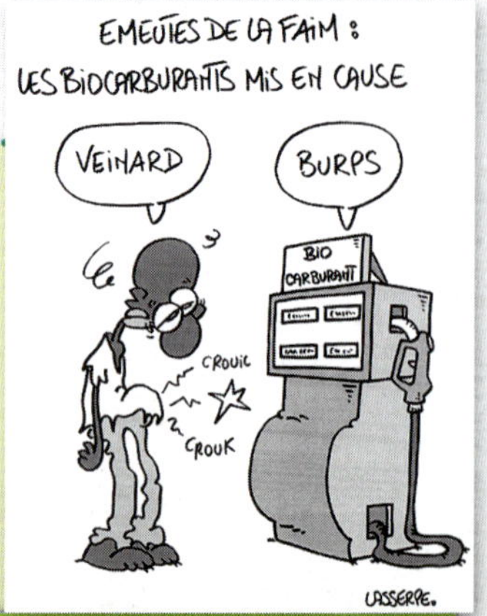

ACTIVITÉS

Développer les agrocarburants, est-ce un avantage ou un inconvénient ?

Pour répondre à cette question, organisez et participez à un débat en classe en répartissant les rôles par binôme.

- **Avant le débat :** les experts préparent leurs arguments, les citoyens se renseignent sur le sujet pour être capables de prendre part au débat.
- **Le jour du débat :** le professeur anime le débat, les experts présentent leurs travaux, et en discutent de façon argumentée avec le public.

Votre rôle : vous êtes...	Votre mission consiste à...
Agronome	Expliquer comment les plantes produisent des agrocarburants et justifier à l'aide d'exemples les avantages de leur utilisation.
Démographe	Expliquer en quoi l'augmentation de la population mondiale pose des questions d'utilisation des surfaces agricoles.
Écologue	À l'aide d'exemples, montrer que l'augmentation de la production de certains agrocarburants menace des espaces naturels.
Responsable politique	Confronter les arguments des partisans et des adversaires des agrocarburants.
Citoyen présent dans le public	Écouter les arguments des experts, leur poser des questions et exprimer son opinion.

POUR VOUS GUIDER B2i

- www.unep.fr/energy/bioenergy/documents/pdf/summarytmcs3_FR.pdf
- www2.ademe.fr (rubrique «Énergies et matières renouvelables»)
- www.inra.fr/presse/evaluation_des_biocarburants

CHAPITRE 6

Les sols, une ressource fragile

Les sols, par leur rôle déterminant pour la production alimentaire, constituent une ressource essentielle. Inégalement répartis à la surface du globe et fragiles, ils doivent être protégés. C'est donc un enjeu majeur pour l'humanité que de mieux connaître les sols.

Une coupe naturelle dans un sol (Afrique du Sud).

Qu'est-ce qu'un sol et comment se forme-t-il ? Comment gérer et protéger les sols ?

UNITÉ 1

À la découverte d'un sol

Découvrir un sol, c'est d'abord l'observer et l'étudier sur le terrain. C'est ensuite en déterminer ses constituants et ses propriétés au laboratoire.

Quelles informations apporte l'étude d'un sol sur le terrain et au laboratoire ?

Découvrir l'organisation d'un sol sur le terrain

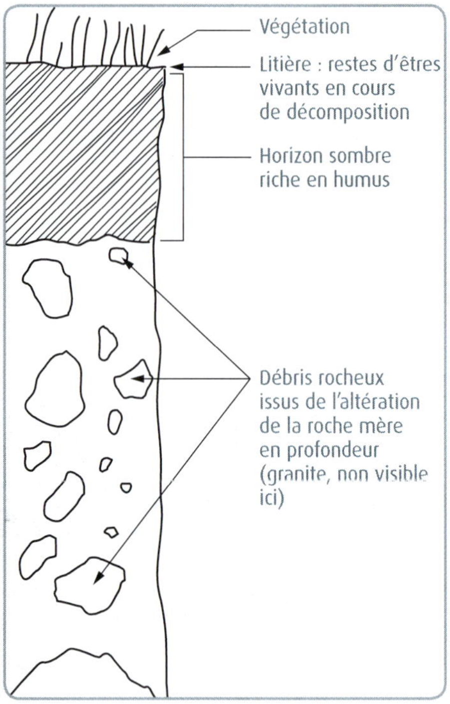

1 Un sol brun forestier sur un massif de granite.
Le sol est formé d'une succession de couches parallèles à la surface : les horizons. Il repose sur une roche appelée roche mère.
L'humus désigne la matière organique du sol. Il provient de la dégradation de la matière organique des êtres vivants après leur mort.

2 Un sol sur roche calcaire.

	Quelques végétaux caractéristiques	Teneur en calcium	pH
Sol sur granite	châtaignier, pin sylvestre	faible	toujours inférieur à 7
Sol sur roche calcaire	chêne vert, buis, chêne kermès	forte	parfois supérieur à 7

3 Quelques caractéristiques d'un sol sur granite et d'un sol sur roche calcaire étudiés dans la même région.

Découvrir les constituants d'un sol au laboratoire

TP

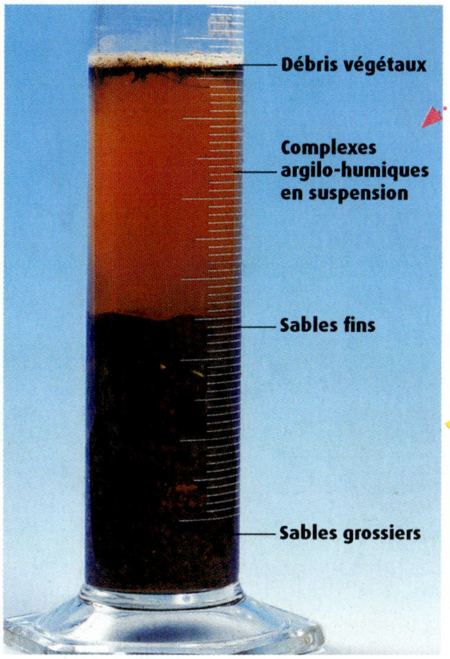

JE MANIPULE

- Placez 200 g de sol à l'étuve pendant 15 min.
- Versez 100 g du sol sec obtenu dans une éprouvette contenant 200 mL d'eau.
- Agitez quelques secondes puis laissez reposer 10 min.
- Réalisez un dessin du résultat obtenu.

4 Étude des constituants de l'horizon superficiel d'un sol brun forestier. L'association d'éléments de l'humus (matière organique) et de particules minérales argileuses forme les complexes argilo-humiques.

5 Étude de l'eau du sol.

JE MANIPULE

- Versez 100 g de sol sec dans un entonnoir dont le fond est recouvert par une grille.
- Placez l'entonnoir au-dessus d'un bécher et versez 200 mL d'eau sur le sol.
- Notez le volume d'eau recueilli dans le bécher.

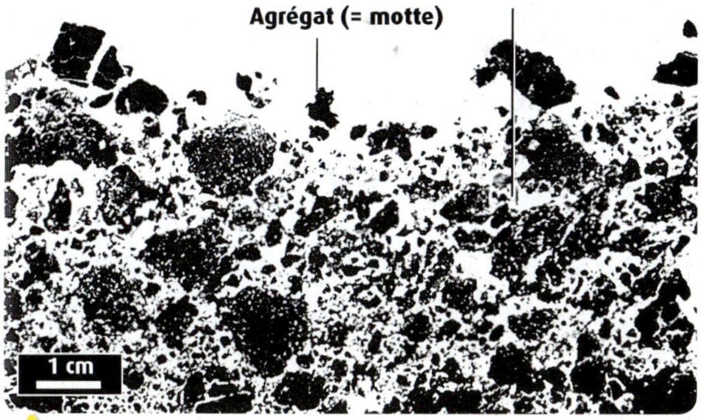

6 Une coupe de sol observée à la loupe binoculaire. Les agrégats (ou mottes) sont des assemblages de complexes argilo-humiques et de particules de roches.

ACTIVITÉS

1. **DOC. 1 ET 2.** Réalisez un schéma d'interprétation du sol sur roche calcaire (doc. 2) en précisant la localisation de la roche mère.
2. **DOC. 3.** Proposez une explication aux différences physico-chimiques et aux différences de végétation entre les deux sols.
3. **DOC. 4.** Classez les constituants de cet échantillon de sol selon leur origine minérale ou organique.
4. **DOC. 5.** Interprétez le résultat de l'expérience et déduisez-en une propriété du sol en lien avec la production végétale.
5. **DOCS. 4 À 6.** Expliquez comment l'organisation des constituants du sol contribue à la rétention d'eau.
6. **EN CONCLUSION.** Résumez les informations apportées par l'étude d'un sol, puis montrez que le sol est une interface entre les roches et la biosphère.

Voir Dico des SVT p. 260

UNITÉ 2

Le sol, un milieu dynamique

Le sol est une interface entre les roches et la biosphère. Il est constitué de matière organique et d'éléments minéraux. C'est un milieu organisé, depuis la roche mère jusqu'à la surface.

Comment expliquer la constitution et l'organisation d'un sol ?

De la roche mère au sol

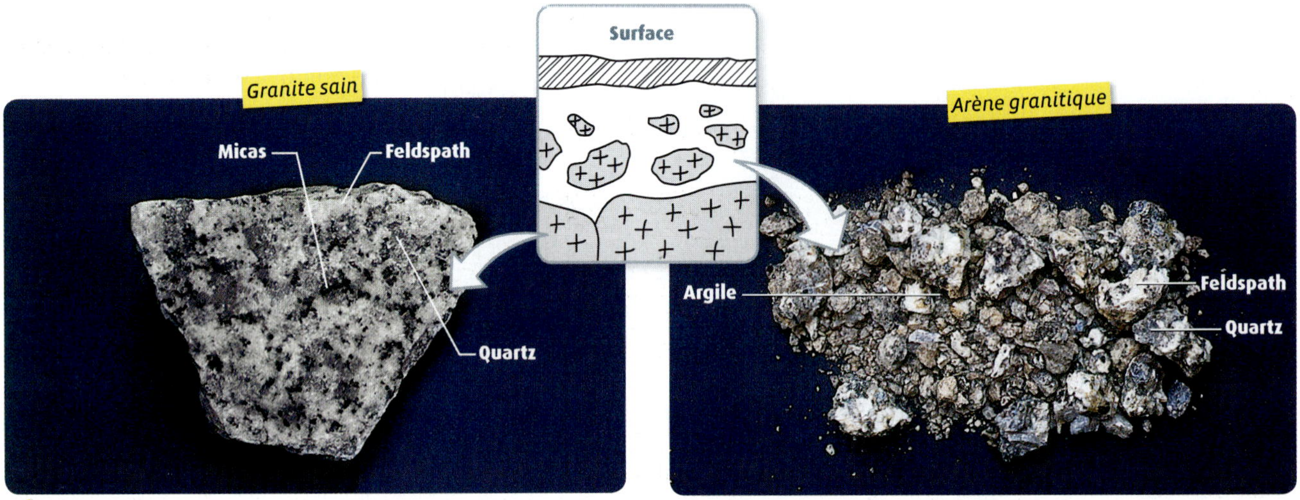

1 Un échantillon de granite sain et un échantillon d'arène granitique. L'arène granitique est le produit de l'altération du granite, principalement sous l'action de l'eau et de la température.

		Granite sain	Arène granitique
Quelques minéraux	Quartz	25 %	27 %
	Orthose (feldspath)	19,3 %	6,4 %
	Plagioclase (feldspath)	35,2 %	3,9 %
	Kaolinite (argile)	0 %	44, 4%

2 Comparaison de la composition d'un granite et d'une arène granitique. La kaolinite est un minéral argileux qui peut être obtenu par hydrolyse (c'est-à-dire par une réaction consommant de l'eau) d'un minéral d'orthose ou de plagioclase.

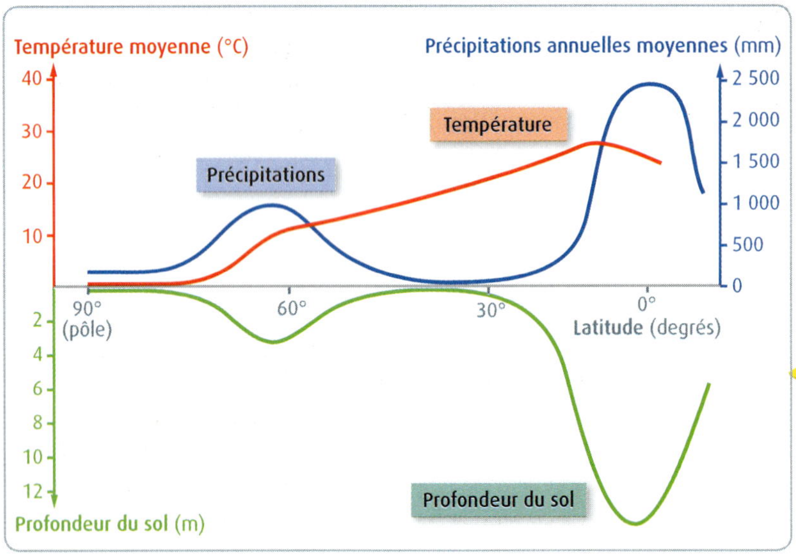

3 Évolution de l'épaisseur moyenne du sol et des conditions climatiques en fonction de la latitude. Selon les conditions climatiques, il faut de 10 à 50 ans pour constituer 1 mm de sol (voir aussi p. 185).

Observer la vie en action dans le sol

TP

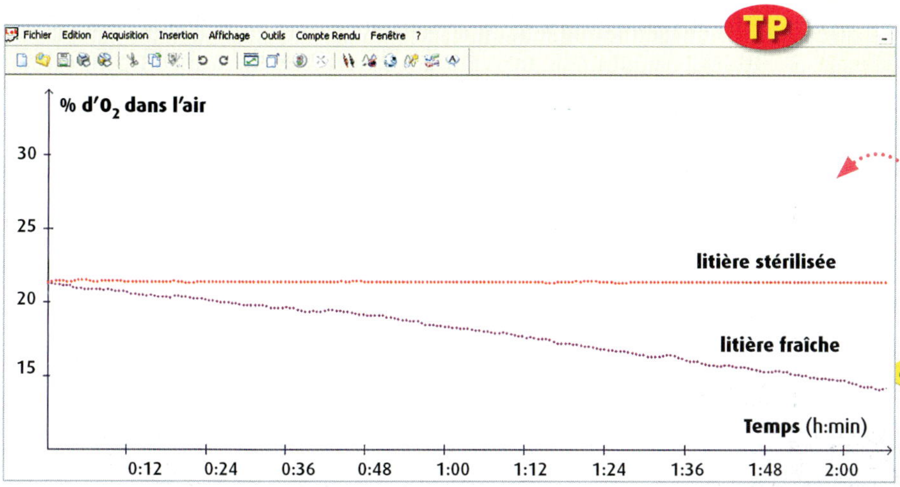

JE MANIPULE

▸ Placez 100 g de terre et de litière fraîche dans une enceinte.

▸ Placez la sonde à O_2 et effectuez les mesures pendant deux heures.

▸ Recommencez avec de la litière stérilisée (portée à 100 °C pendant 10 min).

4 Évolution du taux de dioxygène dans l'air en présence d'un échantillon de litière fraîche ou stérilisée.

6 Galeries creusées par des lombrics (vers de terre) dans le sol. On peut compter jusqu'à 1 000 lombrics par m² de sol.

5 Une feuille prélevée dans la litière.

Faune	Abondance	Rôle écologique
Macrofaune (taille > 2 mm) : annélides (lombrics), araignées, insectes, mollusques, myriapodes, etc.	10 à 10^3 individus par m² de sol	• Aération du sol • Brassage de la matière organique avec la matière minérale • Enrichissement du sol en matière minérale par les excréments (lombrics)
Mésofaune (0,1 < taille < 2 mm) : collemboles, acariens, nématodes (vers), etc.	2.10^4 à 4.10^5 individus par m² de sol	• Fragmentation des débris végétaux
Champignons microscopiques	10^4 à 4.10^6 par g de sol	• Dégradation de la matière organique végétale (prépare la production d'humus)
Bactéries	10^4 à 4.10^9 bactéries par g de sol	• Dégradation de la matière organique végétale en divers composés de l'humus • Décomposition de la matière organique en matière minérale

7 Qui fait quoi dans le sol ?

ACTIVITÉS

1 **DOC. 1.** Comparez l'aspect et la composition des deux échantillons de granite.

2 **DOC. 1 ET 2.** Expliquez les différences entre les deux échantillons et montrez que l'eau joue un rôle déterminant dans la formation du sol.

3 **DOC 3.** Expliquez les variations de l'épaisseur du sol à la surface du globe.

4 **DOC. 4, 5 ET 7.** Mettez en relation les données pour expliquer l'aspect de la feuille.

5 **DOCS 5 À 7.** Utilisez les informations pour montrer comment les êtres vivants participent à l'évolution d'un sol.

6 **EN CONCLUSION.** Expliquez les différents facteurs qui interviennent dans la formation et l'évolution d'un sol.

Voir Dico des SVT p. 260

UNITÉ 3

Le sol, un patrimoine en danger

La formation d'un sol résulte d'une interaction entre la roche mère et les êtres vivants. Ce processus étant très lent, les sols sont non renouvelables à l'échelle humaine. Protéger cette ressource est donc devenu un enjeu majeur pour l'humanité.

Quelles sont les menaces qui pèsent sur les sols ? Comment protéger les sols ?

Les sols, une ressource fragile

1 Des terres cultivables ravinées en Turquie. Le ravinement est surtout la conséquence du ruissellement. Il dépend de la nature du sol, du terrain (pente, disparition du couvert végétal) et du climat.

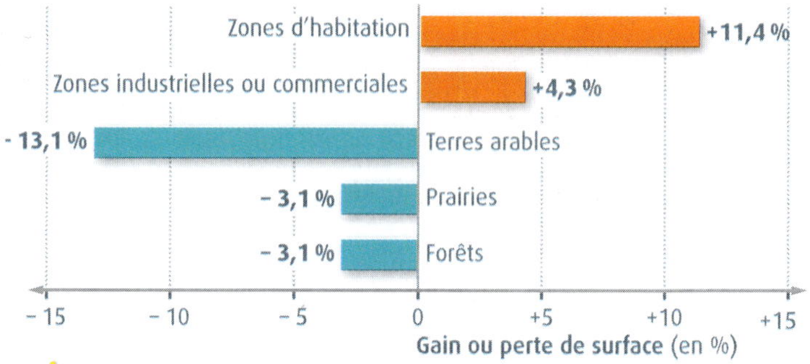

2 Évolution de l'occupation des sols à proximité des grandes villes françaises entre 1990 et 2000. L'urbanisation provoque la disparition d'une surface de sol équivalente à un département français tous les dix ans.

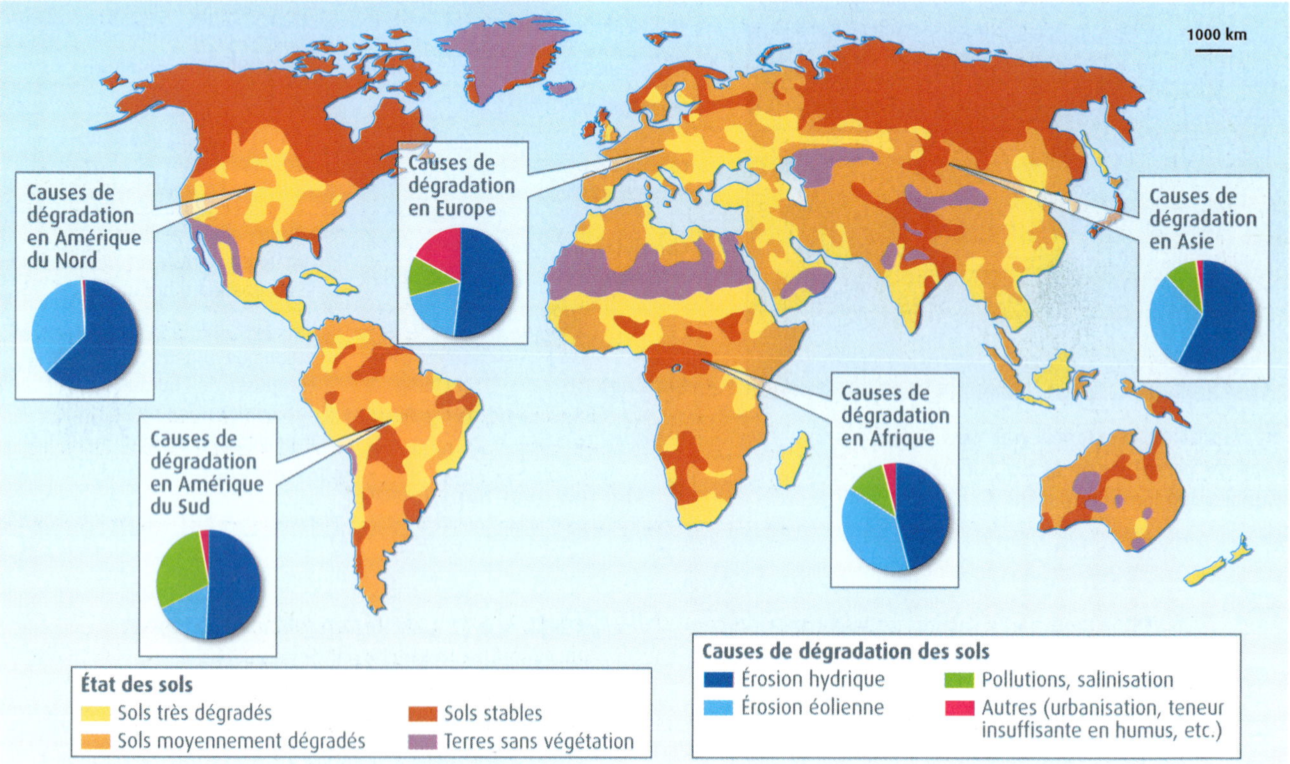

3 Carte de la dégradation des sols sur Terre et des différentes causes de dégradation.

Les sols, un enjeu pour l'humanité

« La protection des sols n'a jusqu'ici été que peu prise en compte dans les politiques publiques. Longtemps considérés comme un bien privé et un simple support de la production agricole, les sols reviennent aujourd'hui au centre des préoccupations à la faveur d'une récente prise de conscience. En position d'interface, les sols jouent en effet des rôles clés dans l'environnement : dans le changement climatique en tant que puits ou sources de carbone, dans la protection de la qualité de la ressource en eau en tant que filtres de nombreuses matières contaminantes, dans la protection des inondations en tant que réservoirs tampons vis-à-vis des eaux pluviales, dans le maintien de la biodiversité en tant que milieux de vie d'un patrimoine encore largement inconnu [...] »

D'après Claudy Jolivet, dans *Le sol*, éditions Quae, 2009.

4 La nécessaire protection des sols.

5 Un semis sur une terre non labourée.
La suppression du labour (voir p. 166) permet de lutter contre l'érosion (par maintien d'une couverture végétale), de préserver la biodiversité et de favoriser la formation d'humus.

- En moyenne, 1 mm/an de sol emporté par l'érosion et 0,02-0,1 mm/an de sol formé (valeurs moyennes).
- En France, environ un tiers des sols cultivés a une teneur insuffisante en humus.

6 Quelques chiffres clés.

Champ de vignes enherbé

Effet de l'enherbement sur l'érosion

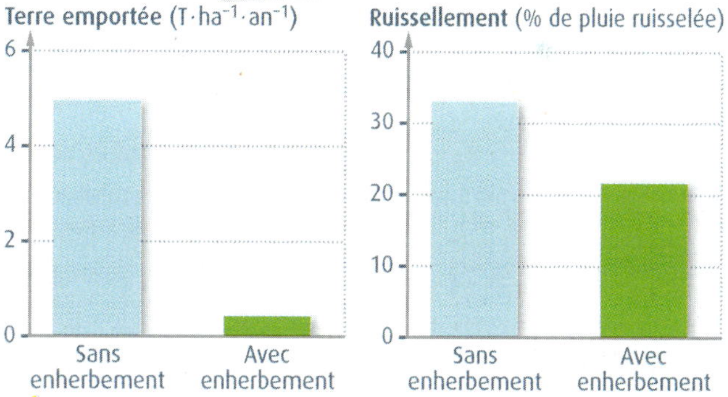

7 Une pratique agricole et ses effets sur l'érosion des sols. L'enherbement consiste à laisser l'herbe recouvrir le sol nu qui sépare les rangées de vignes.

ACTIVITÉS

1 **DOC. 1 À 3.** Identifiez plusieurs causes, naturelles et/ou liées à l'Homme, qui menacent actuellement les sols.

2 **DOC. 3 À 6.** À l'aide de vos connaissances, expliquez pourquoi la protection des sols est un enjeu majeur pour l'humanité.

3 **DOC. 5.** Justifiez l'intérêt de la suppression du labour pour la protection des sols.

4 **DOC. 7.** Justifiez l'intérêt de la pratique de l'enherbement pour la protection des sols.

5 **EN CONCLUSION.** Résumez les menaces qui pèsent sur les sols et quelques solutions pour les protéger.

Voir Dico des SVT p. 260

CHAPITRE 6

Les sols, une ressource fragile

Les connaissances

Le sol, une interface entre les roches et la biosphère

- Le **sol** est constitué d'une succession de couches parallèles à la surface : les **horizons**. Il repose sur la **roche mère.** Le sol est le support des racines des végétaux. Il abrite également de très nombreux êtres vivants. Le sol donc à l'interface entre les roches et la biosphère. **[Unités 1 et 2]**
- Le sol est formé d'éléments minéraux (sables, argiles, etc.) et d'éléments organiques. Les éléments organiques constituent l'**humus**. Ils sont issus de la dégradation de la matière organique des êtres vivants après leur mort. **[Unité 1]**
- Une partie de l'humus s'associe aux éléments minéraux et forme des mottes qui confèrent aux sols sa perméabilité, sa porosité et sa capacité à retenir l'eau. Ces propriétés font du sol un milieu favorable au développement des végétaux. **[Unité 1]**

Le sol, un milieu dynamique

- Le sol provient en partie de l'altération de la roche mère. Sous l'influence de l'eau, certains des minéraux qui constituent la roche mère sont transformés en d'autres minéraux (argiles en particulier). Ces réactions d'**hydrolyse** sont d'autant plus rapides que la température est élevée. **[Unité 2]**
- La nature et l'épaisseur du sol dépendent donc à la fois du climat (précipitations et température) et de la roche mère. Cela explique l'inégale répartition des sols à la surface de la planète. **[Unité 2]**
- Les êtres vivants du sol sont très diversifiés. Ils participent à la formation de l'humus et à la décomposition de la matière organique du sol en matière minérale (minéralisation). Ils sont également responsables d'un brassage de la matière du sol. **[Unité 2]**
- Le sol est donc un milieu vivant et dynamique.

Le sol, un milieu fragile

- Les sols se forment lentement : 0,02 à 0,1 mm par an. Ce sont des ressources non renouvelables à l'échelle humaine. Mais de nombreuses menaces pèsent aujourd'hui sur eux **[Unité 3]** :

– l'**érosion** entraîne une diminution de la surface et de l'épaisseur de sol ; elle est souvent la conséquence d'une dégradation de la qualité du sol suite à une exploitation excessive par l'Homme ;

– l'urbanisation et l'expansion des infrastructures de transport provoquent une diminution irréversible de la surface de sols cultivables ;

– certaines pratiques agricoles appauvrissent le sol en éléments minéraux et en humus (nécessaires au développement des végétaux) ou sont à l'origine des pollutions.

- Les sols cultivables sont des ressources fragiles et indispensables à l'alimentation d'une population humaine qui gagnera deux milliards d'habitants d'ici à 2050. La **gestion des sols** et leur préservation sont donc des enjeux majeurs pour l'humanité. **[Unité 3]**

Les capacités et attitudes

- ▸ Identifier les constituants du sol à partir d'observations sur le terrain et de manipulations en classe **[Unité 1]**
- ▸ Interpréter des données pour comprendre comment se forme un sol et comment il évolue **[Unité 2]**
- ▸ Manifester de l'intérêt pour un grand enjeu de société : la préservation des sols **[Unité 3]**
- ▸ **Définir : érosion · gestion des sols · horizon · humus · hydrolyse · roche mère · sol**

Voir Dico des SVT p. 260

L'essentiel par l'image

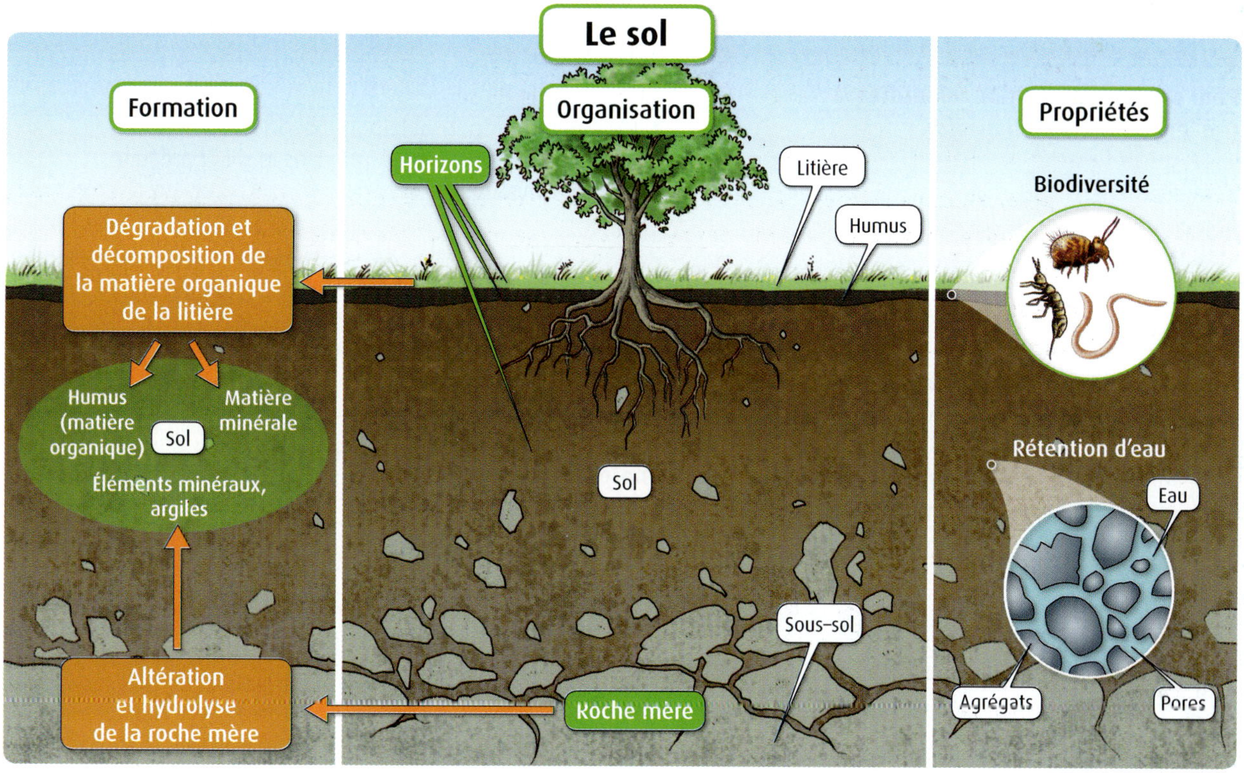

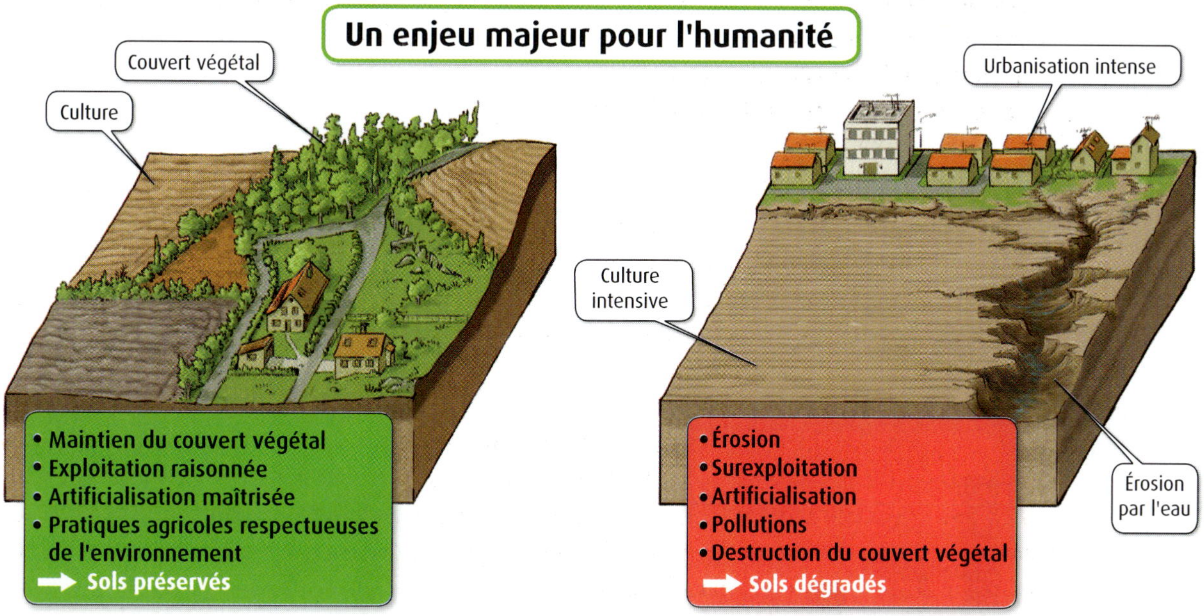

L'essentiel par le texte

> Le sol, formé de matière minérale et de matière organique, est le résultat d'une longue interaction entre la roche mère et la biosphère sous l'influence de l'eau et de la température. Support de la production végétale, le sol est une ressource essentielle pour l'humanité.

> Le sol est inégalement réparti à la surface du globe. Sa lenteur de formation et les nombreuses dégradations dont il est victime en font une ressource fragile. Ainsi, le sol est souvent détourné de sa fonction biologique. Sa gestion raisonnée est un enjeu majeur pour l'avenir de l'humanité.

EXERCICES

évaluer ses connaissances

1 QCM

Pour chaque proposition, identifiez la (ou les) bonne(s) réponse(s).

1. Le sol se forme :

a. rapidement.
b. par interaction entre les êtres vivants et la roche.
c. en l'absence d'eau.

2. Le sol est une ressource :

a. inépuisable.
b. renouvelable à l'échelle humaine.
c. fragile.

3. Le sol est constitué :

a. de matière minérale et de matière organique.
b. de matière minérale et de matière vivante.
c. d'eau et de gaz.

2 Qui suis-je ?

1. Une couche du sol.
2. L'élément indispensable pour l'hydrolyse.
3. La matière organique présente dans le sol et produite par les êtres vivants.

3 Un schéma à compléter

Le schéma ci-contre représente un sol sur roche calcaire. Complétez ses légendes.

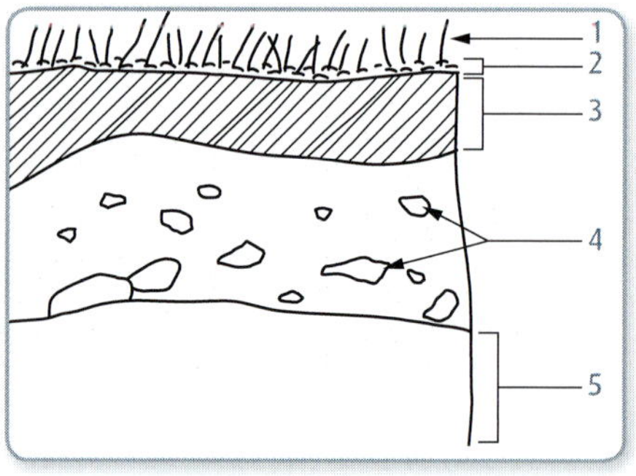

s'entraîner avec un exercice guidé

4 Un sol pollué par le plomb

Sur certains sites industriels, les sols sont fortement pollués par le plomb. Ils présentent une accumulation anormale de litière qui n'est justifiée ni par les conditions d'acidité, ni par un défaut d'irrigation. L'activité des micro-organismes a été évaluée par un système approprié. Elle s'est révélée comparable à celle de sols non pollués. Des études ont alors été menées pour dénombrer certains animaux de la faune du sol.

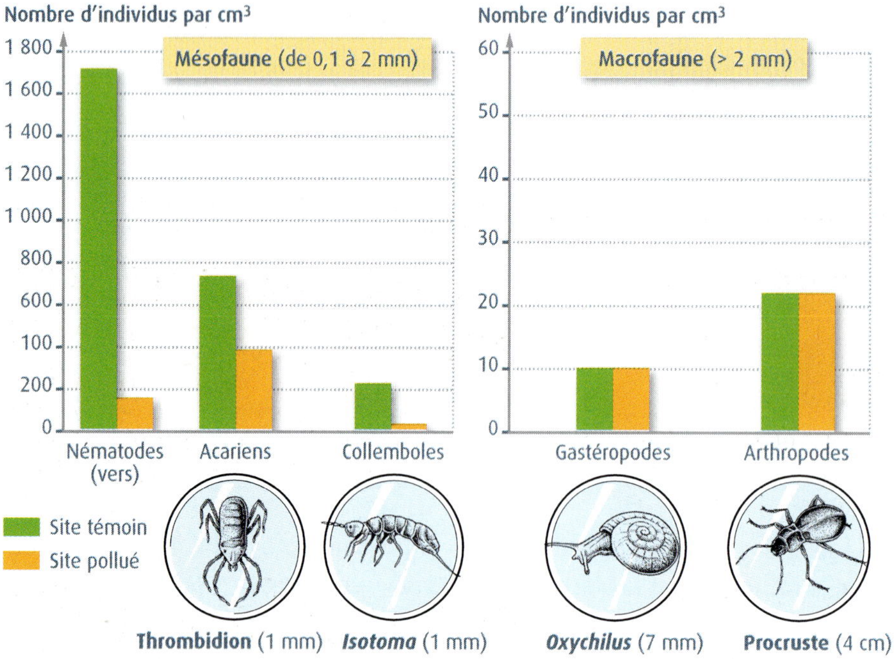

1. Effet de la pollution au plomb sur la faune du sol.
La mésofaune fragmente les débris végétaux et facilite ainsi l'action des micro-organismes.

> **Un peu d'aide**
>
> **• Comparer des informations**
> Comparez la faune du site témoin et du site pollué en précisant les différences et les points communs.
>
> **• Mettre en relation les informations saisies**
> Expliquez les effets sur la litière de la variation de la mésofaune.
>
> **• Effectuer une synthèse**
> En utilisant vos connaissances sur les constituants du sol, déterminez les conséquences de la pollution au plomb sur la structure du sol.

QUESTION Expliquez les effets de la pollution au plomb sur la structure des sols étudiés.

Appliquer ses connaissances

5 L'érosion d'un champ en milieu tropical

Réaliser un schéma et adopter une démarche explicative

1. **Un champ raviné au Brésil.**
Le ravin s'est formé en 6 mois après plusieurs années de pâturage.

1. Réalisez un schéma d'interprétation du cliché ci-contre.
2. Déterminez les causes probables du phénomène observé.
3. Proposez un moyen de limiter l'érosion de ce sol.

6 L'artificialisation des sols

Exploiter des données graphiques

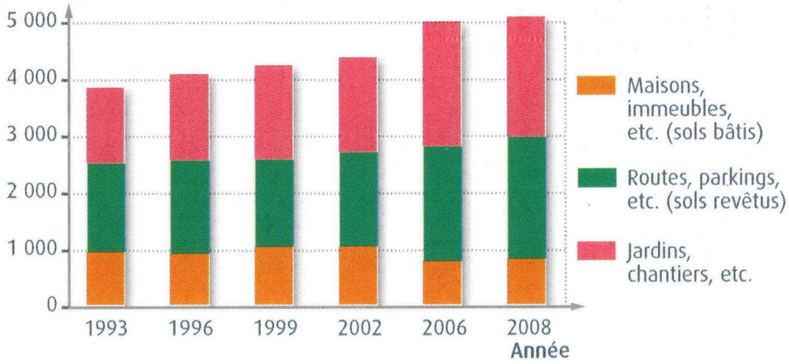

1. **Évolution des surfaces artificialisées de 1993 à 2008 en France.**
Superficie de la France : 675 417 km^2 ; population en 2008 : 64,4 millions d'habitants. 1 hectare = 10 000m^2.

1. Exploitez le graphique pour définir la notion d'artificialisation des sols et envisager une conséquence sur les terres agricoles.
2. Déterminez la proportion de surface artificialisée en France en 1993 et en 2008.
3. Calculez la surface de sol artificialisé par habitant en 2008. Vous exprimerez le résultat en m^2 par habitant.

7 La formation d'un podzol

Réaliser un schéma et adopter une démarche explicative

Le podzol est un sol très acide qui se forme dans des milieux froids et humides sur une roche mère perméable (souvent du sable, riche en quartz) et une végétation de forêts de conifères. Ces derniers produisent une litière très peu abondante dont la dégradation produit un humus très acide, peu favorable à l'agriculture. L'eau s'infiltre et entraîne (on parle de lessivage) les acides humiques et des oxydes de fer qui s'accumulent dans un horizon couleur rouille. L'horizon gris-blanc (essentiellement des grains de quartz) est l'horizon lessivé.

1. En vous aidant du texte ci-dessus, réalisez un schéma légendé du podzol.
2. Expliquez le rôle du lessivage dans la formation d'un podzol.
3. Expliquez l'influence de la roche mère, du climat et de la végétation sur les caractéristiques du podzol.

1. **Un sol particulier : le podzol.**

ATELIERS D'EXPLORATION

LE COIN DU LABO — À la découverte de la faune du sol

Il est possible de récolter quelques animaux vivant dans la litière et la partie la plus superficielle du sol, en réalisant un montage simple : le montage de Berlèse. Le principe est le suivant : les animaux du sol (voir pp. 106 et 177) sont lucifuges, ce qui veut dire qu'ils fuient la lumière… et tombent dans l'alcool où ils pourront être conservés quelques jours.

ACTIVITÉS

1. Réalisez le montage avec le matériel présent dans votre lycée. Utilisez des échantillons de sols prélevés dans divers sous-bois (feuillus, résineux).
2. Après 3-4 jours, observez et comparez la faune récoltée à l'aide d'une loupe binoculaire ou d'un microscope au faible grossissement (récupérez les animaux à l'aide d'un pinceau).
3. Classez les animaux récoltés en utilisant des critères adéquats (nombre de pattes, présence d'antennes…). Utilisez ensuite une clé de détermination afin d'identifier les espèces.
4. Recherchez le régime alimentaire des animaux identifiés.

POUR VOUS GUIDER B2i

- www.ac-grenoble.fr/svt/SITE/prof/outils/Faune/faune_corps.html
- www.inra.fr/dpenv/faunedusol.htm

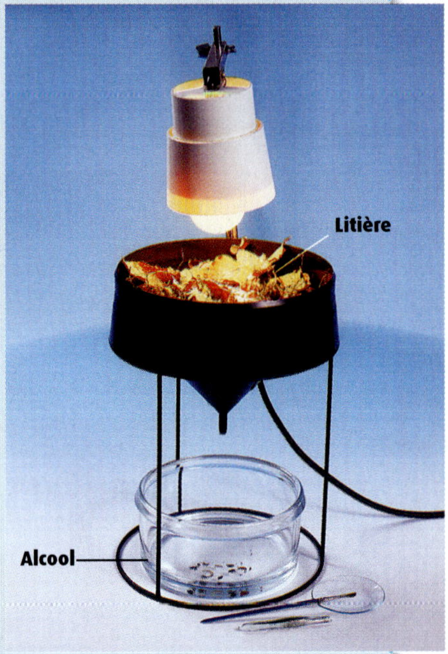

Le montage de Berlèse.

SCIENCES ACTUALITÉ — Les sols en danger

« Il est urgent de sauver les sols »

« Cruciales pour nourrir 9 milliards d'humains en 2050, les surfaces cultivables s'épuisent à grande vitesse. Ce patrimoine mondial non renouvelable doit être protégé dans les plus brefs délais. Daniel Nahon est professeur de géochimie […], il tire la sonnette d'alarme. “Les sols n'en peuvent plus. Nous sommes au bord de l'abîme et, si cela continue, il y aura des famines. À force de pollutions industrielles, de pesticides à hautes doses, d'urbanisation forcenée, d'érosion, de déforestation et d'irrigation mal contrôlée, près d'un quart des terres cultivables dans le monde sont déjà dégradées”. […] Face à ce danger croissant, une prise de conscience se fait jour. En novembre 2007, le Parlement européen a adopté une proposition de directive sur la protection des sols. […] Mais les chercheurs voient déjà plus loin et imaginent d'autres fonctions pour les terres arables.[…] On leur demandera peut-être de lutter contre le réchauffement climatique en piégeant le carbone, de mieux filtrer l'eau, de recycler les déchets urbains, ou encore de participer au maintien de la biodiversité. […] »

Le Monde, 22 juin 2008.

ACTIVITÉS

● Construisez un argumentaire à partir de ce texte et de vos connaissances pour sensibiliser le public à la menace qui pèse sur les sols :
- rappelez la définition d'un sol, ses fonctions, et expliquez son caractère non renouvelable ;
- présentez quelques-unes des menaces qui pèsent sur les sols ;
- envisagez les mesures qui peuvent être prises collectivement et individuellement pour contribuer à la protection des sols.

POUR VOUS GUIDER B2i

- www.mpl.ird.fr/suds-en-ligne/sols/index.html
- www.sites-pollues.developpement-durable.gouv.fr

EXERCICE DE MÉTHODE

Thème 2 : Enjeux planétaires contemporains : énergie, sol

Analyser un graphique complexe

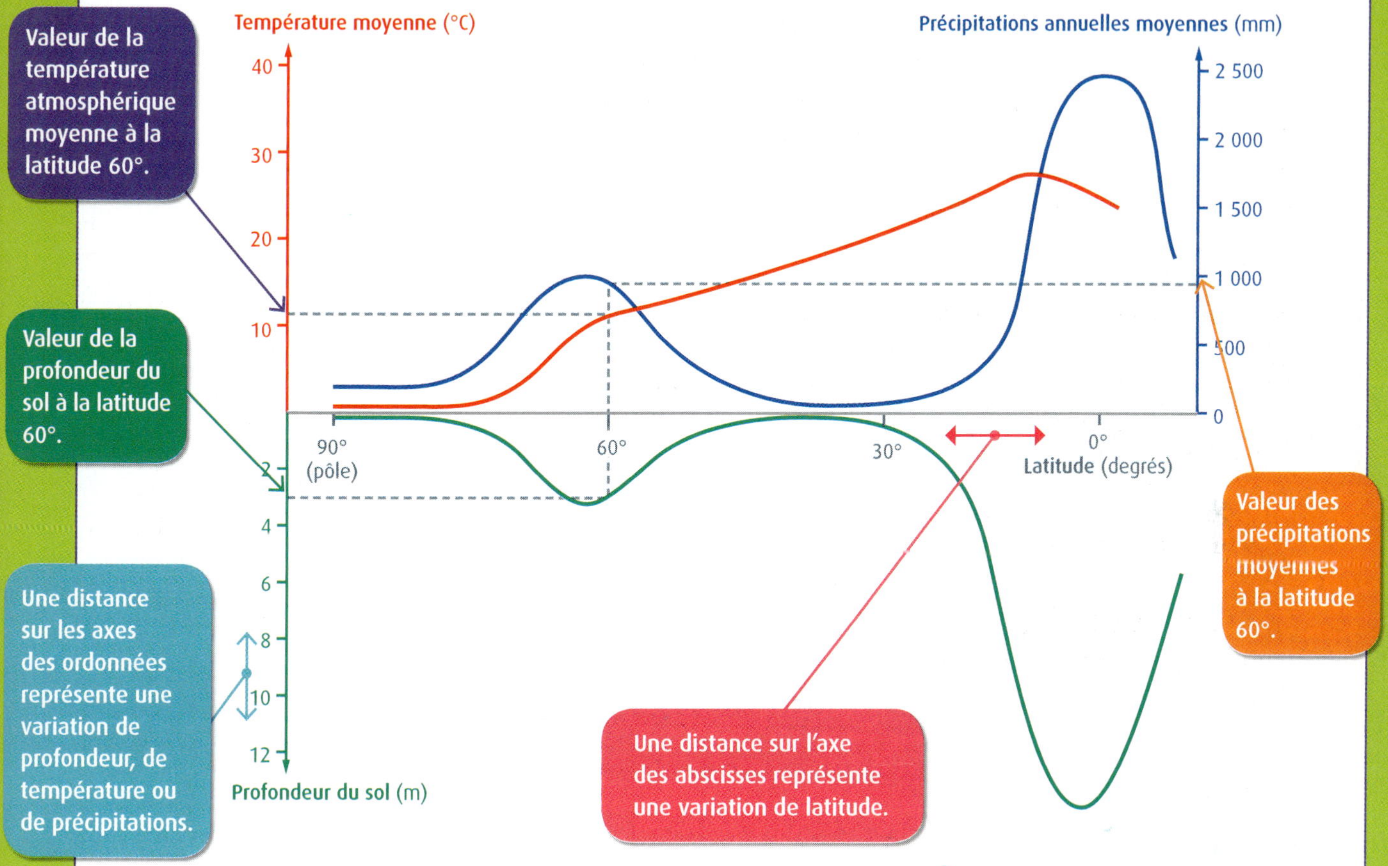

1 Évolution de l'épaisseur des sols et des conditions climatiques en fonction de la latitude (valeurs moyennes).

QUESTIONS

❶ Décrivez l'évolution de la profondeur du sol en fonction de la latitude.

❷ Établissez une relation entre précipitations et profondeur du sol. Peut-on établir une relation similaire entre température et profondeur du sol ?

❸ En considérant qu'à l'équateur, il faut 1 mois pour constituer 1 mm de sol, calculez la durée qui a été théoriquement nécessaire à la formation des sols tels qu'on les observe à cette latitude.

Des conseils pour répondre

❶ Ne considérez que la courbe « profondeur du sol ». Utilisez les expressions « la profondeur du sol croît/décroît/est stable », en citant les latitudes pour lesquelles l'épaisseur du sol est remarquable (très importante ou très faible).

❷ Repérez les différentes grandeurs représentées en ordonnée et associez chaque axe à une courbe selon le code couleur. Comparez les courbes « précipitations » et « profondeur du sol » et repérez si leurs variations sont liées. Faites de même pour les courbes « température » et « profondeur du sol ».

❸ Sur le graphique, déterminez la profondeur du sol à 0° de latitude. En utilisant une règle de proportionnalité, calculez la durée nécessaire pour obtenir un sol de cette profondeur.

Métiers

ILS UTILISENT LES SVT AU QUOTIDIEN

Des métiers dans le domaine de la **surveillance des sols**

La qualité des sols représente un enjeu majeur : de cette qualité dépend notamment celles des végétaux que nous consommons et de l'eau que nous buvons. Des sols pollués par des produits chimiques ou radioactifs, par exemple, sont susceptibles d'engendrer des problèmes graves pour la santé. Des sols érodés deviennent pour leur part impropres à toute culture.

Le **pédologue** est spécialisé dans la science des sols. À partir d'échantillons prélevés sur le terrain, il en analyse les caractéristiques physiques, chimiques et biologiques en laboratoire. Compte tenu des connaissances requises, on exige de lui un diplôme d'école supérieure d'agronomie ou d'école d'ingénieur, ou encore un 3e cycle universitaire.

Le **technicien agro-environnement** aide les exploitants agricoles à développer des projets respectueux de l'environnement et des sols. Il est titulaire d'un BTS agricole avec spécialisation dans les technologies végétales, la production animale, ou encore la gestion et la protection de la nature.

UNE AGRICULTURE RESPECTUEUSE DES SOLS

Toutes sortes de métiers émergent dans ce secteur. Parmi eux, l'agriculteur biologique, qui doit obtenir un certificat de spécialisation ou suivre une formation continue, le conseiller en maîtrise des pollutions et en irrigation agricole, titulaire d'un BTS ou d'un DUT (bac + 2), qui aide les agriculteurs à mieux gérer les ressources en eau et l'utilisation des produits phytosanitaires.

Des métiers dans le domaine des **énergies alternatives**

Face à la raréfaction du pétrole, des développements sont en cours partout dans le monde pour diversifier les sources d'énergie, avec leur cortège de métiers : énergies renouvelables (solaire, éolienne ou géothermique), mais aussi agrocarburants (ou biocarburants), obtenus à partir de produits de l'agriculture, voire de la culture d'algues.

Dans ce secteur, le **cadre technique de production de biocarburant** a pour mission d'organiser les activités conduisant à la production de ces nouveaux carburants. Il doit donc avoir de bonnes connaissances en chimie et en distillation, outre des qualités en management. Sa formation : un bac + 4 en génie civil, électrotechnique ou biochimie-biologie.

Pour sa part, le **mécanicien de maintenance en usine de biocarburant** assure l'entretien des appareils et veille à la bonne marche de la filière. S'il est possible d'accéder à cette fonction avec un CAP, mieux vaut être d'un niveau bac + 2, complété d'une année de spécialisation en chimie et procédés.

DES DÉCHETS ORGANIQUES AU BIOGAZ

Une source intéressante d'énergie est celle résultant de la méthanisation de déchets organiques, c'est-à-dire de leur transformation en gaz (méthane pour l'essentiel). Cette production nécessite divers métiers techniques : par exemple, des techniciens biométhanisation (suivi du process) ou des techniciens de captage biogaz (suivi des réseaux de captage), de niveau BTS (bac + 2), etc.

Comment en savoir plus sur les métiers liés aux SVT ?
www.libtheque.fr/svtlycee
www.onisep.fr

onisep

RENCONTRE AVEC...

Jack Testard

Le géologue Jack Testard participe à la mise en place d'une nouvelle formation en géosciences, l'École nationale d'applications des géosciences (ENAG, Orléans). Il a dirigé une compagnie minière, puis, ces dix dernières années, le service des ressources minérales du Bureau de recherches géologiques et minières (BRGM).

En quoi consistent l'évaluation des réserves pétrolières et la prospection ?

Un gisement est une accumulation dans le sous-sol d'une masse de matière qui est suffisante pour être exploitée au regard de considérations économiques et, aujourd'hui, environnementales. Un gisement de pétrole se présente sous forme d'une imprégnation d'autres roches : des roches poreuses dans lesquelles le pétrole est « piégé ». La question est de savoir où se situent ces accumulations. Le travail de prospection consiste alors à rechercher les zones favorables, essentiellement dans les bassins sédimentaires pour le pétrole. Puis on recherche des pièges. Enfin, on contrôle s'ils contiennent ou pas du pétrole.

D'où une grande diversité de métiers ?

Il faut des géologues généralistes, pour identifier les zones favorables, puis des géologues plus spécialisé(e)s pour rechercher les pièges éventuels. On a également besoin de paléogéographes pour reconstituer l'histoire des paysages (végétation, etc.), car le pétrole résulte de la décomposition de matière organique. Le géologue pétrolier prend ensuite le relais : c'est lui qui organise les sondages. Quant à l'évaluation du gisement, elle met à contribution des sondeurs, des géophysiciens, des techniciens et ingénieurs spécialisés dans les analyses des échantillons prélevés. À cela s'ajoutent tous les métiers associés pour la construction des puits à terre ou sur des plateformes offshore.

> « Travailler sur le terrain est à chaque fois une aventure humaine passionnante. »

Il faut toutefois accepter de voyager ?

En effet, il faut accepter de partir et de travailler dans des conditions difficiles (isolement, éloignement de la famille, etc.). Mais à chaque fois, c'est une aventure humaine passionnante. J'ajoute que l'on va assister à un renouvellement important des ingénieurs, techniciens et employés du secteur, lequel va recruter activement dans les années qui viennent.

UN MÉTIER À DÉCOUVRIR....

Agent(e) de développement des énergies renouvelables

Il s'agit d'un nouveau métier, généralement exercé au sein de collectivités territoriales, l'objectif étant d'aider les communes et les villes à réduire leurs factures d'énergie. Ces agents participent par exemple au montage de projets portant sur la mise en œuvre de technologies solaires, éoliennes, géothermiques... Vu les enjeux, les perspectives de recrutement sont prometteuses à l'avenir.

Les compétences à acquérir sont multiples : scientifiques et techniques, bien sûr, mais aussi compétences en informatique et en gestion. Une quantité de formations permet d'accéder à ce type de poste, depuis les BTS ou DUT en génie civil, en génie thermique, en technologies de l'énergie, etc., jusqu'à des masters pro dans des domaines similaires, en passant par des licences pro.

23

THÈME 3

Corps humain et santé : l'exercice physique

1. Quels sont les besoins des organes et comment sont-ils assurés ?

La circulation sanguine et les échanges entre les organes

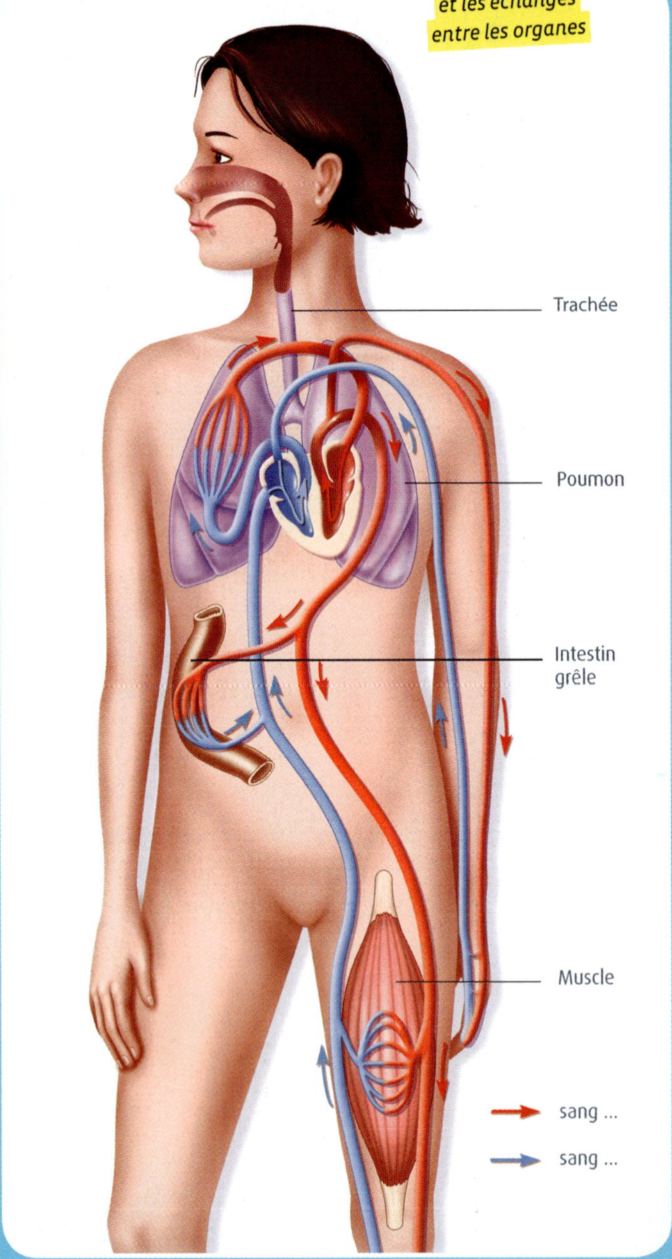

Un moulage des poumons de l'Homme

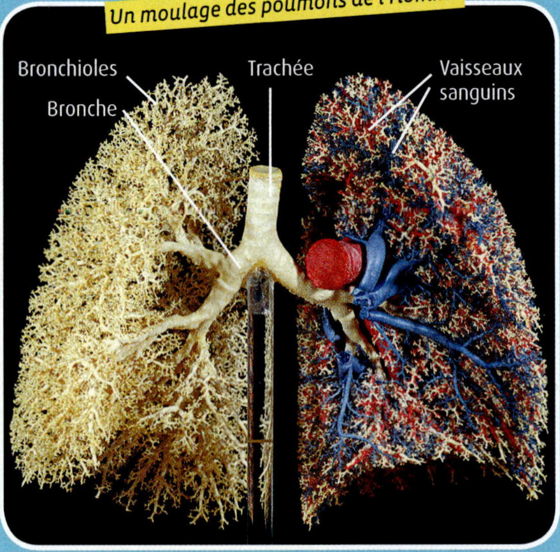

Villosités de l'intestin grêle

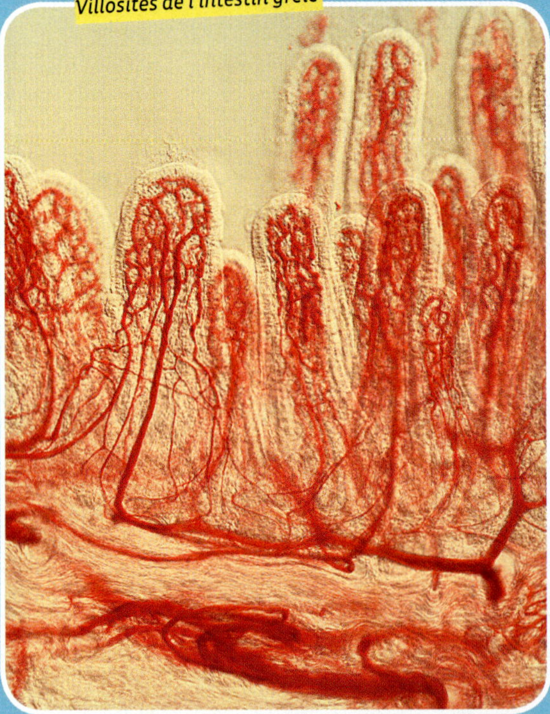

(MO x 80)

1. **Complétez les légendes du schéma.**
2. **Quelles sont les molécules échangées au niveau des poumons ? De l'intestin grêle ?**
3. **Quelles sont les molécules échangées au niveau du muscle ? Pourquoi sont-elles nécessaires à son fonctionnement ?**
4. **Grâce à quel système ces molécules parviennent-elles jusqu'aux muscles ?**

mots clés

Irrigation sanguine : apport du sang dans les organes par les vaisseaux sanguins.
Organe : élément d'un organisme assurant une fonction spécifique.
Organisme : ensemble des organes qui constituent un être vivant.
Vaisseau sanguin : organe qui transporte le sang. On distingue les artères, les veines et les capillaires.

2. Comment la commande du mouvement est-elle assurée ?

Le système nerveux et la communication nerveuse

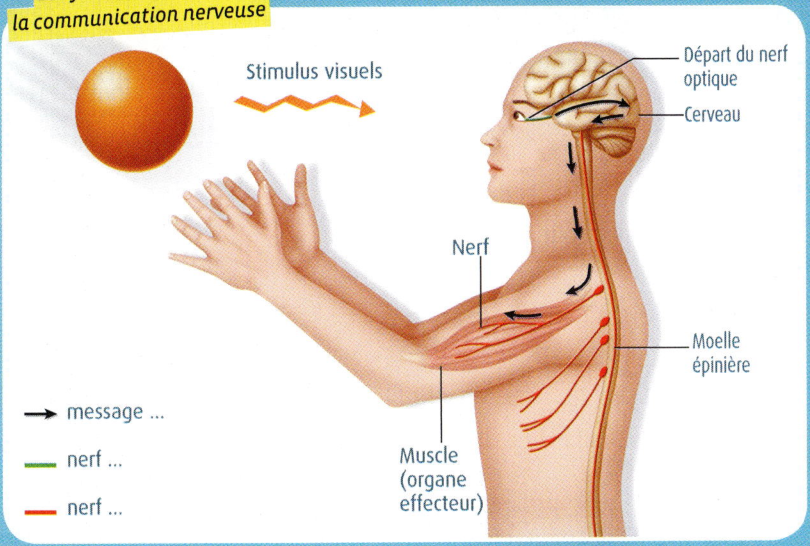

Réseau de neurones

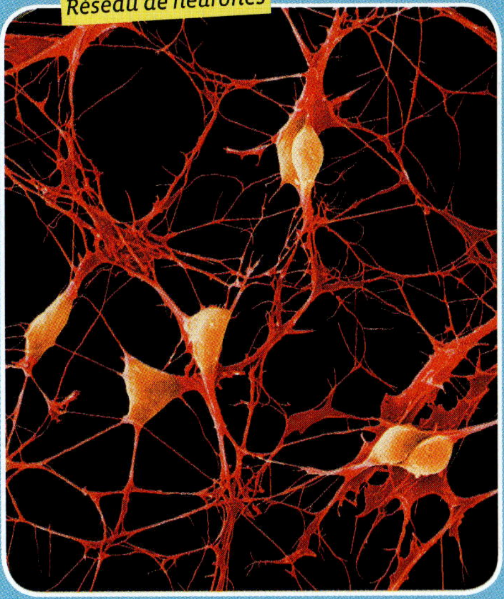

(MEB x 400)

1. Quel organe perçoit les stimulus visuels ?
2. Quel organe élabore un message nerveux moteur ?
3. Quel organe reçoit le message nerveux moteur ?
4. Complétez les légendes du schéma.

Nerf : organe constitué de cellules nerveuses (ou neurones) et conduisant les messages nerveux.
Système nerveux : ensemble formé des centres nerveux (cerveau et moelle épinière), des nerfs et des organes sensoriels.

3. Quels sont les besoins alimentaires de l'Homme ?

Quelques aliments

	Apport énergétique total (kcal)	Sucres (glucides)	Matières grasses (lipides)	Protéines (protides)
Fille	2 400	50 à 60 %	30 %	10 à 20 %
Garçon	3 000	50 à 60 %	30 %	10 à 20 %

Apports nécessaires à un élève de 2e pour une journée

Nutriment : molécule soluble utilisable par l'organisme, qui passe de l'intestin grêle dans le sang et provient de la transformation chimique des constituants alimentaires (voir p. 12).

1. Dans quels aliments trouve-t-on des lipides ? des sucres rapides ou lents ? des protéines ?
2. Calculez pour une fille ou un garçon l'apport en kcal de chaque constituant alimentaire.
3. Que deviennent les aliments à l'issue de la digestion ?

SOMMAIRE

A. Des modifications physiologiques à l'effort

CE QU'IL FAUT SAVOIR POUR ABORDER LE THÈME 3

- Le **sang**, propulsé par le cœur, circule dans un système clos de **vaisseaux sanguins**. Il assure le transport des molécules. Il établit des **échanges** avec le milieu extérieur au niveau des poumons (absorption de dioxygène et rejet de dioxyde de carbone) et avec l'ensemble des organes du corps.
- Le sang apporte aux muscles l'**énergie** nécessaire à son fonctionnement : du **dioxygène** et des nutriments. Les muscles rejettent dans le sang du **dioxyde de carbone** (un déchet).
- Les **nutriments** sont des molécules issues de la digestion des constituants alimentaires. Ils passent dans le sang au niveau de l'intestin grêle.
- Les muscles reçoivent des **messages nerveux** en provenance des **centres nerveux**. Les messages nerveux sont véhiculés par des nerfs et commandent la contraction des muscles. Les muscles sont les **effecteurs** du mouvement.

CHAPITRE 1

L'effort physique
et ses effets

Une course de ski de fond, un marathon ou encore une longue étape en vélo sont des efforts d'endurance : il s'agit d'activités sportives durant lesquels les muscles travaillent longtemps et de façon soutenue. Pour réaliser ce travail, les muscles ont besoin d'énergie.

Le skieur français Vincent Jay franchit la ligne d'arrivée après une course de ski de fond longue de 12,5 km.

Quelles sont les sources d'énergie du muscle ? Comment évoluent les besoins des muscles lorsque l'intensité de l'effort augmente ?

UNITÉ 1

Effort physique et énergie

Au cours de l'effort physique, de nombreux muscles travaillent davantage qu'au repos. Cette augmentation de l'activité musculaire est associée à une dépense accrue d'énergie.

Qu'est-ce que le travail musculaire ? D'où vient l'énergie nécessaire à sa réalisation ?

Caractériser un effort physique

Un effort physique est caractérisé par un travail musculaire et une puissance. Le travail, exprimé en Joules (J), est une mesure de l'énergie mécanique développée par un (ou des) muscle(s) pour déplacer un poids, une bicyclette, une balle, etc. La puissance, mesurée en Watt (W)*, est égale au travail musculaire développé par unité de temps. Ainsi, pour un individu donné, le travail musculaire nécessaire pour courir un 100 mètres dans des conditions strictement identiques sera constant. En revanche, la puissance musculaire développée pour réaliser ce sprint en moins de 10 secondes sera supérieure à celle qui suffit à courir la distance en 15 secondes.

* 1 W = 1 $J.sec^{-1}$.

1 Travail musculaire et puissance d'un exercice physique.

3 heures avant la course	• Petit déjeuner copieux (eau, fruits, pâtes, pain et miel)
Pendant la course	• Barres énergétiques, fruits, gâteau de riz • Au moins un bidon de boisson glucosée (25 $g.L^{-1}$) par heure
Après la course	• Eau, boisson sucrée, barres énergétiques, pain d'épice • Dîner riche en féculents + légumes verts et viande

2 L'alimentation d'un cycliste pour une course en montagne. Fruits, miel et barres énergétiques sont riches en glucides simples, à absorption rapide (glucose par exemple). Le pain et les féculents (pâtes, riz, etc.) sont riches en glucides complexes (amidon, par exemple), à absorption lente.

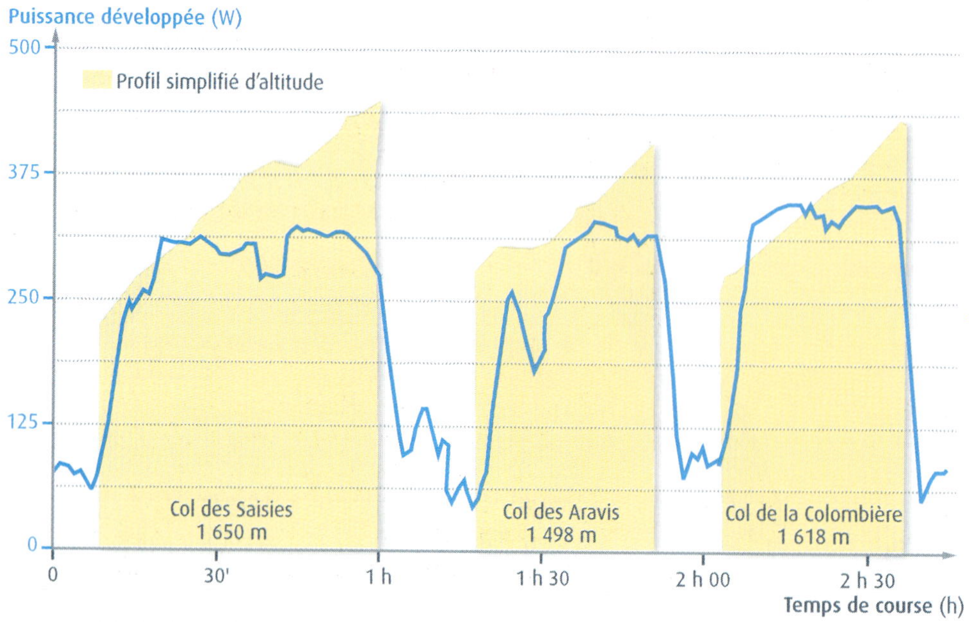

3 Évolution de la puissance musculaire développée par un cycliste au cours d'une étape du Tour de France dans les Alpes. Ces données sont acquises avec un vélo équipé d'un pédalier permettant de mesurer en continu la puissance de l'effort fourni.

Découvrir une source d'énergie du muscle

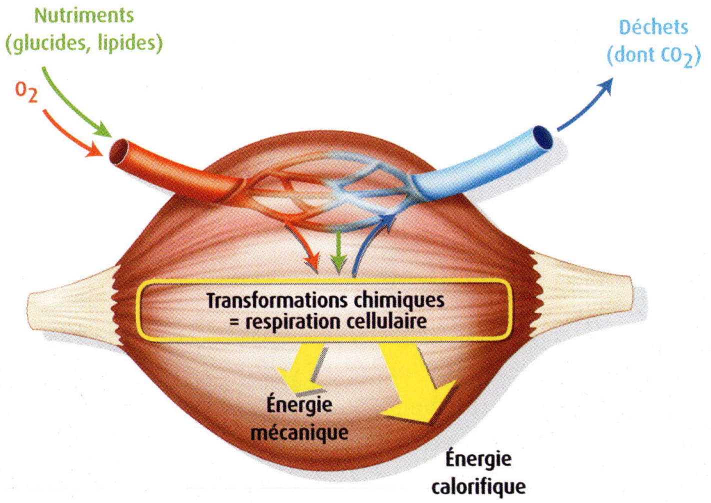

4 Des transformations chimiques au niveau du muscle.

Au cours d'un exercice physique peu intense ou de longue durée, l'énergie chimique contenue dans les nutriments est convertie, en présence de dioxygène, en énergie utilisable par les cellules. Cette transformation chimique du métabolisme est la respiration cellulaire. Elle se produit dans les cellules du muscle.

En moyenne :

- 1 g de glucides fournit 17,8 kJ (4,3 kcal) pour 0,8 L d'O_2 consommé.
- 1 g de lipides fournit 40 kJ (9,6 kcal) pour 2,04 L d'O_2 consommés.

5 Quelques chiffres. 1 kJ = 10^3 J.

TP

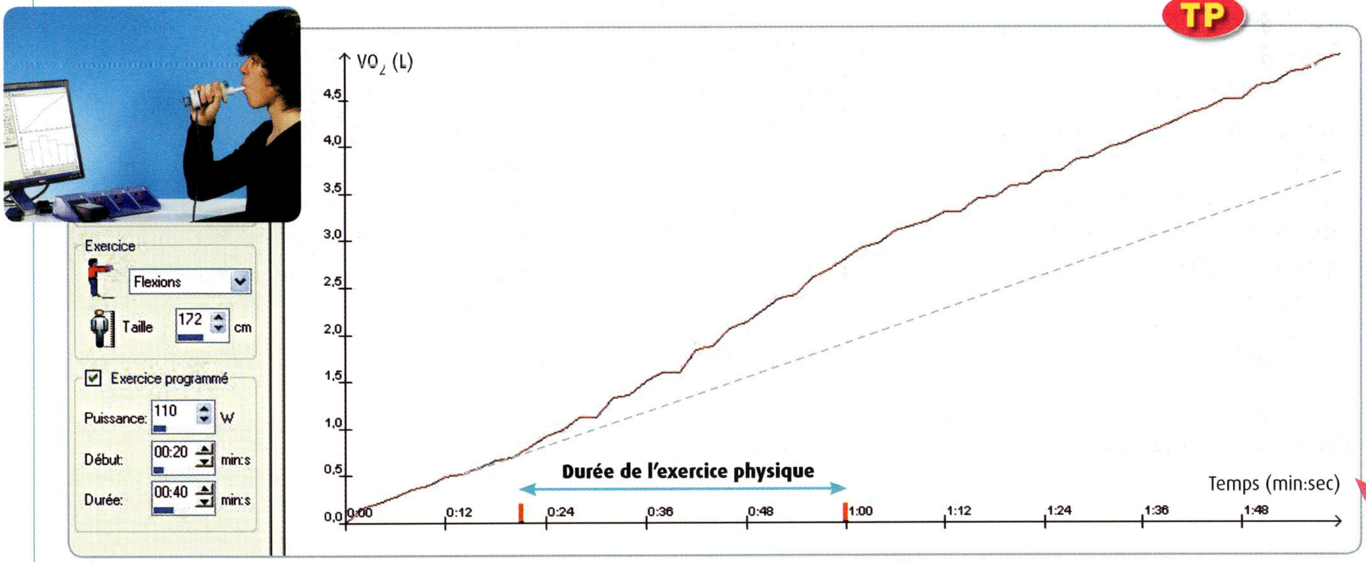

6 Enregistrement de la consommation de dioxygène (VO_2) d'un élève de seconde au repos et à l'effort.

La courbe continue représente la consommation d'O_2 cumulée depuis le début des mesures (en L). La courbe en pointillés représente la consommation d'O_2 théorique si l'élève était resté au repos (en L).

JE MANIPULE

- *Mettez en place un dispositif de mesure du métabolisme.*
- *Restez assis de 0 à 20 secondes.*
- *Réalisez 15 flexions-extensions des membres inférieurs.*
- *Restez assis de nouveau.*

ACTIVITÉS

1 DOC. 1, 2 ET 4. Indiquez les conditions nécessaires à la réalisation d'un effort physique.

2 DOC. 1, 3 ET 5. Calculez le travail musculaire correspondant à l'ascension du col de la Colombière en considérant qu'elle est réalisée à la puissance moyenne de 330 W.

3 DOC. 5 ET 6. En considérant que le muscle ne consomme que des glucides, calculez la dépense énergétique et l'apport de nutriments supplémentaires liés à la réalisation des flexions par l'élève.

4 EN CONCLUSION. Définissez le travail musculaire et expliquez d'où vient l'énergie nécessaire à sa réalisation.

Voir Dico des SVT p. 260

UNITÉ 2

Les limites de l'organisme lors d'un effort physique

Au cours d'un exercice physique long ou peu intense, l'énergie est apportée aux muscles par la respiration. Un effort physique correspond à une dépense accrue d'énergie, et donc à une consommation accrue de dioxygène et de nutriments.

L'organisme peut-il atteindre des limites lors d'un effort physique ?

Étudier la consommation de dioxygène à l'effort

Lors d'un effort physique très intense, la quantité de dioxygène (O_2) que l'organisme est capable de consommer peut atteindre une limite. Dans ces conditions, la consommation d'O_2 reste constante même si l'intensité de l'exercice augmente. Cette consommation maximale est appelée volume de dioxygène maximal ou VO_2 max. Ce dernier est en général rapporté au poids et exprimé en $mL.kg^{-1}.min^{-1}$. Le VO_2 max oscille entre 15 $mL.kg^{-1}.min^{-1}$ pour des personnes très faibles et 90 $mL.kg^{-1}.min^{-1}$ chez les meilleurs sportifs entraînés à l'endurance. La fraction (ou %) de VO_2 max correspondant à la consommation d'O_2 durant un exercice physique est un indicateur de l'intensité de l'exercice.

1 Le volume de dioxygène maximal (VO_2 max).

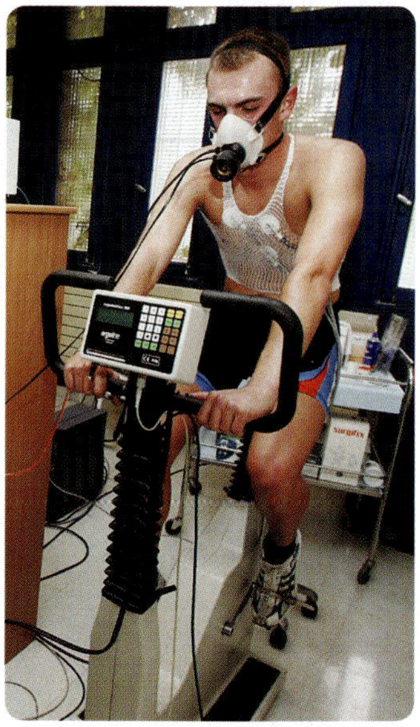

2 Un cycliste subit une épreuve d'effort sur un cyclo-ergomètre.
Le sportif fournit un effort musculaire dont on peut quantifier la puissance. Un dispositif permet d'enregistrer la réponse de l'organisme lors de l'effort.

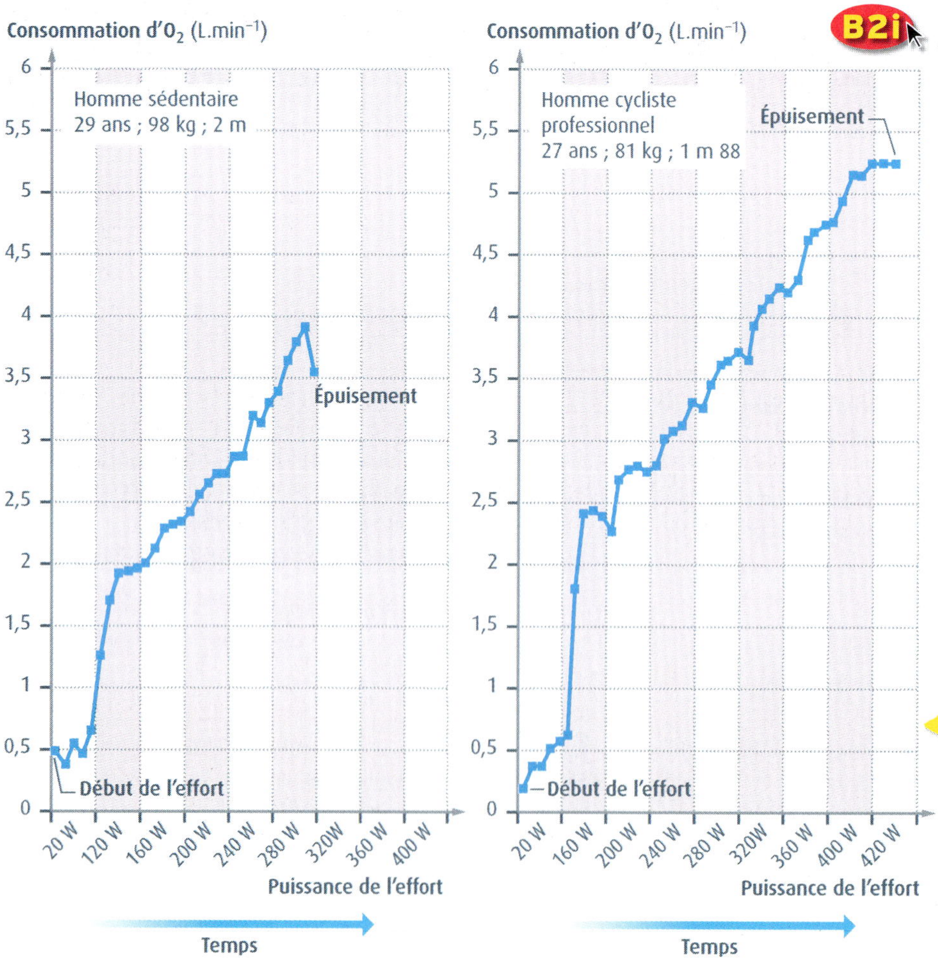

3 Évolution de la consommation de dioxygène lors d'une épreuve d'effort.
La puissance a été augmentée jusqu'à ce que le sujet dise ne plus pouvoir fournir l'effort imposé.

Étudier le rendement des muscles

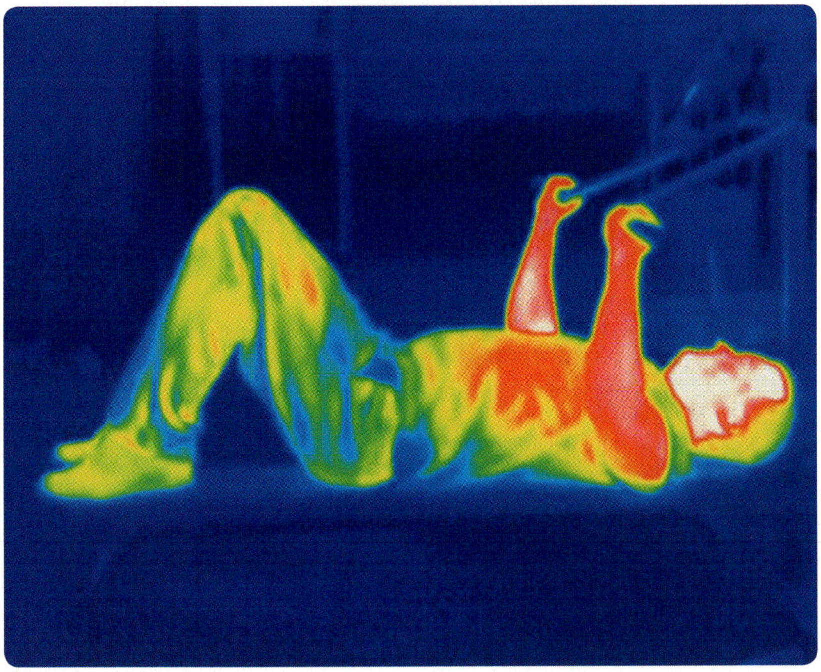

4 Thermographie d'un individu réalisant un exercice de musculation.
Plus la zone est rouge, plus la quantité de chaleur dégagée est élevée.

5 Un sportif en plein effort.
La sueur évacue une partie de la chaleur produite par l'organisme.

B2i

Femme cycliste professionnelle (20 ans ; 63 kg ; 1 m 68)			Femme sédentaire (18 ans ; 51 kg ; 1 m 67)		
Puissance (en W)	Consommation d'O_2 (en $mL.min^{-1}$)	Dépense énergétique (en $J.sec^{-1}$)	Puissance (en W)	Consommation d'O_2 (en $mL.min^{-1}$)	Dépense énergétique (en $J.sec^{-1}$)
80	1 194	398	50	977	325
120	1 610	537	80	1 405	468
160	2 213	738	110	1 644	548
200	2 747	916	140	2 006	669
240 (épuisement)	3 375	1 125	170 (épuisement)	2 265	755

6 Des mesures sur cyclo-ergomètre pour calculer le rendement musculaire.
La consommation d'O_2 a été mesurée au cours d'un test d'effort (voir doc. 2) chez une cycliste professionnelle et chez une femme sédentaire. On en a déduit la quantité d'énergie dépensée par unité de temps au cours de l'effort. Le rendement musculaire R correspond au pourcentage de l'énergie totale dépensée par l'individu qui est effectivement utilisé pour la réalisation du travail musculaire demandé : R = (puissance de l'exercice en W [= $J.s^{-1}$] x 100)/dépense énergétique en $J.s^{-1}$. Autrement dit, le rendement musculaire est la fraction de l'énergie chimique contenue dans les nutriments qui est convertie en énergie mécanique.

ACTIVITÉS

1. **DOC. 1 À 3.** Déterminez le VO_2 max de chacun des sujets. Concluez sur la relation entre intensité de l'exercice et consommation d'O_2.
2. **DOC. 3.** Citez un paramètre qui peut expliquer les variations du VO_2 max d'un sujet à l'autre.
3. **DOC. 6.** Calculez, pour chacun des sujets, le rendement musculaire moyen au cours du test d'effort.
4. **DOC. 4 À 6.** Expliquez sous quelle forme est dissipée l'énergie des nutriments non convertie en énergie mécanique lors de l'effort.
5. **DOC. 6.** Calculez le VO_2 max des deux sujets. Comparez aux valeurs obtenues en activité 1 et citez un autre paramètre qui peut expliquer les variations du VO_2 max d'un sujet à l'autre.
6. **EN CONCLUSION.** Discutez des limites que l'organisme peut atteindre lors d'un effort physique.

Voir Dico des SVT p. 260

UNITÉ 3

Exercice physique et lutte contre l'obésité

Lors d'un effort physique, pour faire face à des dépenses énergétiques accrues, l'organisme consomme davantage de dioxygène et de nutriments.

La dépense accrue de nutriments au cours de l'effort physique permet-elle de lutter contre l'obésité ?

Découvrir les causes de l'obésité

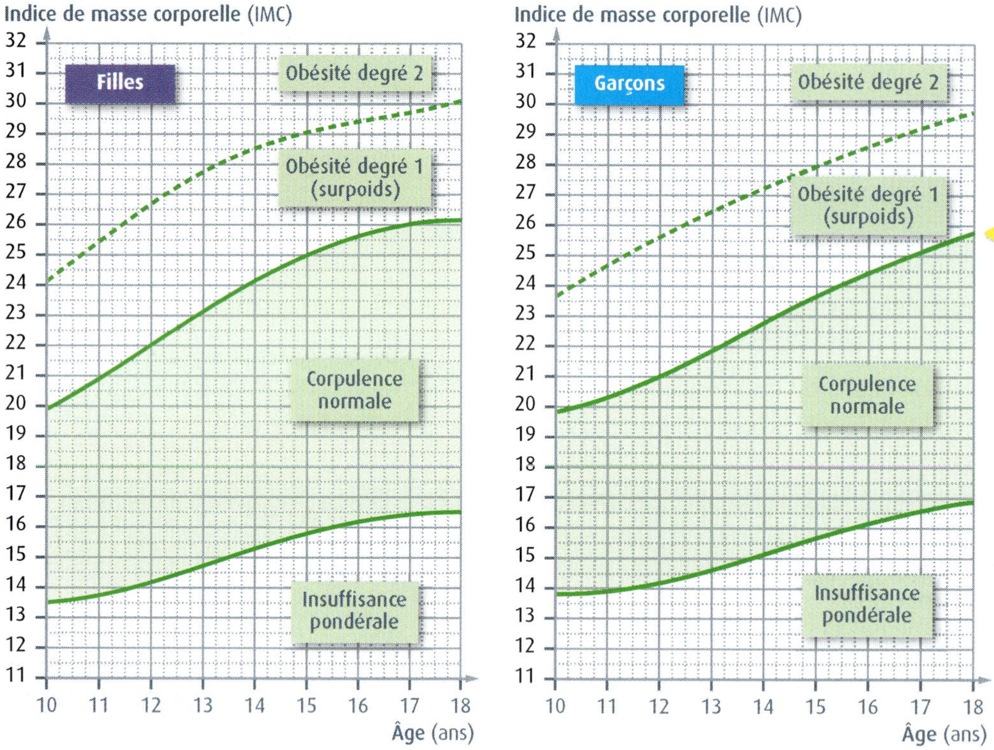

1 Évolution de l'indice de masse corporelle (IMC) chez les garçons et les filles de 10 à 18 ans. L'indice de masse corporelle est égal à la masse corporelle (en kg) divisée par le carré de la taille (en mètre). Au-delà d'une certaine valeur d'IMC, qui dépend de l'âge et du sexe, il y a obésité. L'obésité est un excès de masse grasse qui entraîne des conséquences néfastes pour la santé.

Interview de **Pascale Duché**, chercheuse en biologie des activités physiques et sportives

Bien que de nombreux facteurs puissent agir, l'obésité apparaît classiquement comme la conséquence d'un déséquilibre énergétique en faveur d'un bilan énergétique positif (ce qui signifie que les apports énergétiques sont supérieurs aux dépenses énergétiques). Ce bilan énergétique positif dépend à la fois de l'environnement, du comportement de l'individu et de ses prédispositions génétiques. Les apports énergétiques sont constitués de l'énergie contenue dans les aliments solides et les boissons pouvant être métabolisés par l'organisme. Les dépenses représentent le métabolisme de base, la production de chaleur nécessaire au maintien de la température corporelle et l'énergie associée à l'activité physique.

2 Quelle est l'origine de l'obésité ?

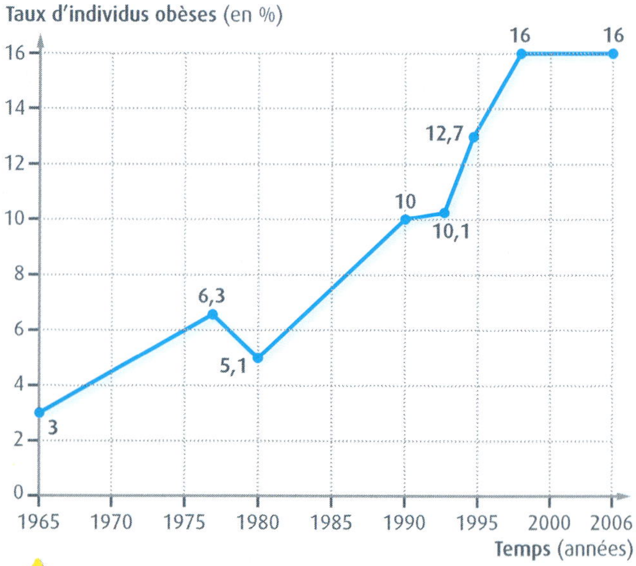

3 Évolution de la prévalence de l'obésité en France chez les 5-12 ans. Les données sont issues de différentes études réalisées entre 1965 et 2006.

Comprendre les effets du sport sur la masse corporelle

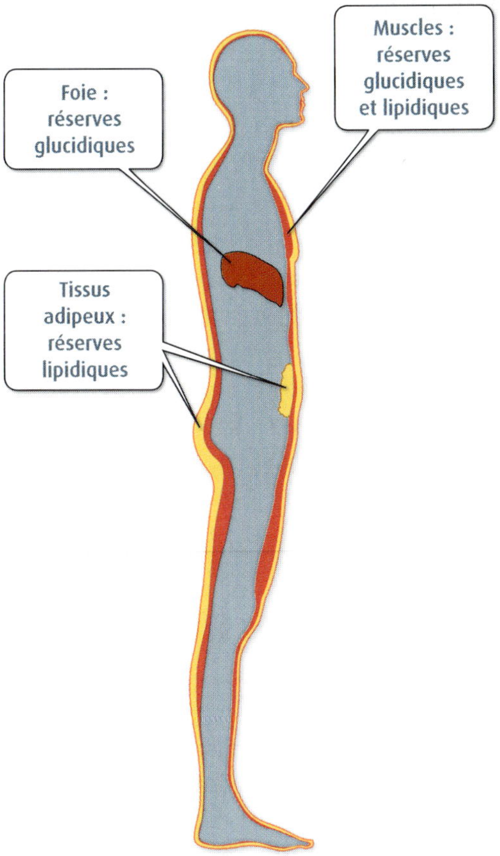

4 La répartition des réserves de nutriments dans le corps humain. Le tissu adipeux est une réserve énergétique majeure de l'organisme. La mise à disposition des lipides pour le muscle est moins rapide que celle des glucides.

	Hommes		Femmes	
	Sédentaires	Sportifs d'endurance	Sédentaires	Sportifs d'endurance
Taille moyenne	178 cm	175 cm	163 cm	169 cm
Poids moyen	73,3 kg	67,9 kg	55,4 kg	57,5 kg
% de graisse (en masse)	**20,5**	**8,6**	**28,5**	**15,1**

5 Masse de graisse de l'organisme en fonction de l'activité physique.
Quarante-huit hommes et femmes âgés de 22 à 25 ans ont été étudiés.

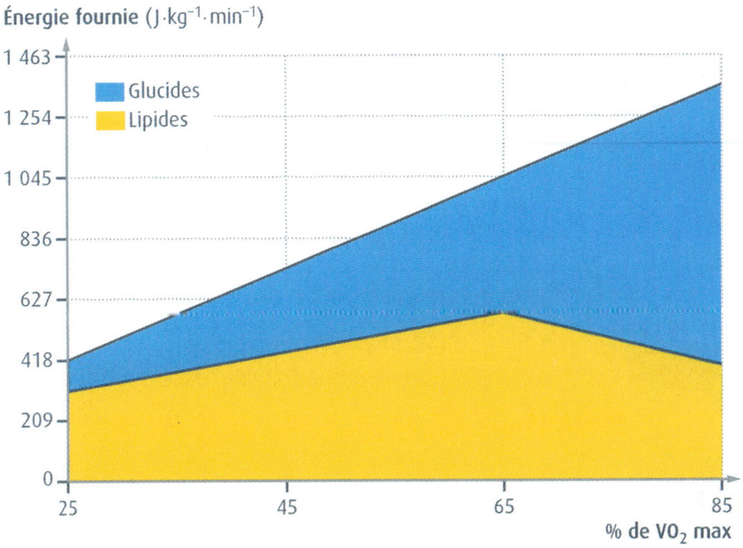

6 Évolution de l'énergie fournie par les glucides et lipides en fonction de l'intensité de l'effort chez 5 cyclistes professionnels.

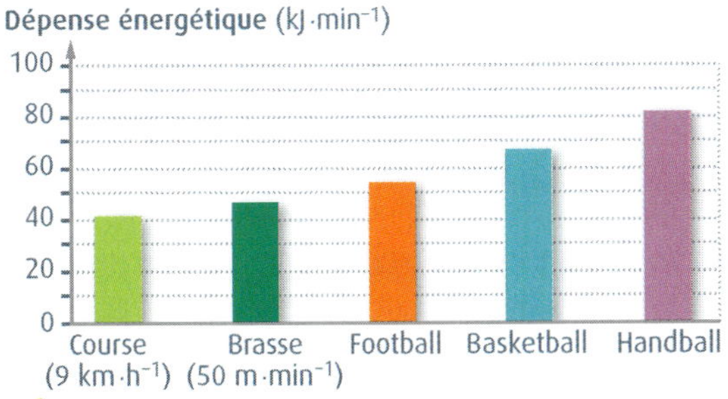

7 Dépense énergétique pour quelques activités sportives.

	Début de la cure	Fin de la cure
Masse corporelle	83,2 kg	80,5 kg
% de masse grasse de la ceinture abdominale	31,2	26,3

8 Des données en milieu médical.
Un homme en surpoids âgé de 58 ans a suivi 21 jours de cure avec un régime hypocalorique (bilan énergétique durant la cure : – 2 090 kJ par jour) associé à 3 séances d'1 h 30 de musculation par semaine, 2 h de marche par jour et 3 h d'aquagym par semaine. Un régime visant à perdre une masse corporelle importante doit être réalisé sous contrôle médical.

ACTIVITÉS

1 **DOC. 1 ET 2.** Résumez la cause principale de l'obésité.

2 **DOC. 2 ET 3.** Émettez des hypothèses susceptibles d'expliquer l'augmentation récente de la prévalence de l'obésité chez les jeunes.

3 **DOC. 4 À 6.** Comparez la masse grasse chez les sportifs et les sédentaires puis discutez le résultat obtenu.

4 **DOC. 2 ET 6 À 8.** Montrez que l'activité sportive contribue à la lutte contre l'obésité, mais qu'elle doit s'accompagner de mesures diététiques.

5 **DOC. 6.** Indiquez l'intensité d'activité physique la plus propice à la perte de masse grasse.

6 **EN CONCLUSION.** Discutez du rôle de l'exercice physique dans la lutte contre l'excès de poids.

Voir Dico des SVT p. 260

CHAPITRE 1

BILAN

L'effort physique et ses effets

Les connaissances

La respiration, une source d'énergie du muscle

• Un effort physique implique un **travail musculaire**. Ce travail (exprimé en Joules) est une mesure de l'énergie mécanique développée pour réaliser les mouvements liés à l'effort. On quantifie l'intensité d'un effort physique en calculant sa **puissance** (exprimée en Watts), c'est-à-dire le travail musculaire par unité de temps. **[Unité 1]**

• Le muscle a besoin d'un apport d'énergie supplémentaire pour réaliser un travail mécanique. Lors d'un effort peu intense et/ou de longue durée, le muscle tire cette énergie de la **respiration**. La respiration est une transformation chimique du métabolisme qui se déroule dans les cellules musculaires. Elle correspond à la dégradation de **nutriments** glucidiques et lipidiques en présence de dioxygène (O_2). Cette dégradation produit de l'énergie. Une partie sert à la contraction musculaire et l'autre partie est dissipée sous forme de chaleur. **[Unités 1 et 2]**

• L'effort physique se traduit donc par une consommation accrue d'O_2 et de nutriments. **[Unités 1 à 3]**

La consommation de dioxygène au cours de l'effort

• Plus l'effort physique est intense, plus l'apport d'énergie au muscle doit être important et plus le volume d'O_2 consommé (ou VO_2) est important. **[Unités 1 et 2]**

• Toutefois, quand l'effort physique atteint une certaine intensité, le volume d'O_2 consommé n'augmente plus : l'organisme a atteint sa consommation maximale de dioxygène ou **VO_2 max**. Cette consommation (exprimée en $mL.kg^{-1}.min^{-1}$) traduit l'effort physique limite que peut fournir l'organisme. **[Unité 2]**

• Le VO_2 max varie d'une personne à l'autre, notamment selon le sexe, l'âge et l'entraînement. Le VO_2 max est un indicateur de la capacité d'un individu à réaliser un effort physique d'endurance. **[Unité 2]**

La consommation de nutriments au cours de l'effort

• Plus l'effort physique est intense, plus la quantité de nutriments consommée est importante. **[Unités 1 et 3]**

• Les glucides stockés dans le foie et les muscles, et les graisses (lipides) du tissu adipeux sont des réserves énergétiques majeures pour l'organisme. Le type de nutriment consommé (lipides ou glucides) dépend de l'intensité de l'effort physique. **[Unité 3]**

• L'**obésité** est souvent la conséquence d'un **bilan énergétique** positif : les apports énergétiques liés à l'alimentation sont supérieurs aux dépenses énergétiques de l'organisme. L'exercice physique permet d'augmenter la consommation de nutriments par l'organisme et contribue à la lutte contre l'obésité. Dans ce cadre, il doit toutefois être associé à une réduction des apports énergétiques alimentaires. **[Unité 3]**

Les capacités et attitudes

▸ Mettre en œuvre un protocole expérimental pour déterminer l'évolution de la consommation d'O_2 à l'effort **[Unité 1]**

▸ Exploiter des données quantitatives concernant les modifications de la consommation de dioxygène et de nutriments à l'effort **[Unités 1 à 3]**

▸ Être conscient de sa responsabilité face à sa santé **[Unité 3]**

▸ **Définir :** **bilan énergétique** · **nutriment** · **obésité** · **puissance musculaire** · **respiration** · **travail musculaire** · **VO_2 max**

Voir Dico des SVT p. 260

L'essentiel par l'image

La respiration, une source d'énergie pour le muscle

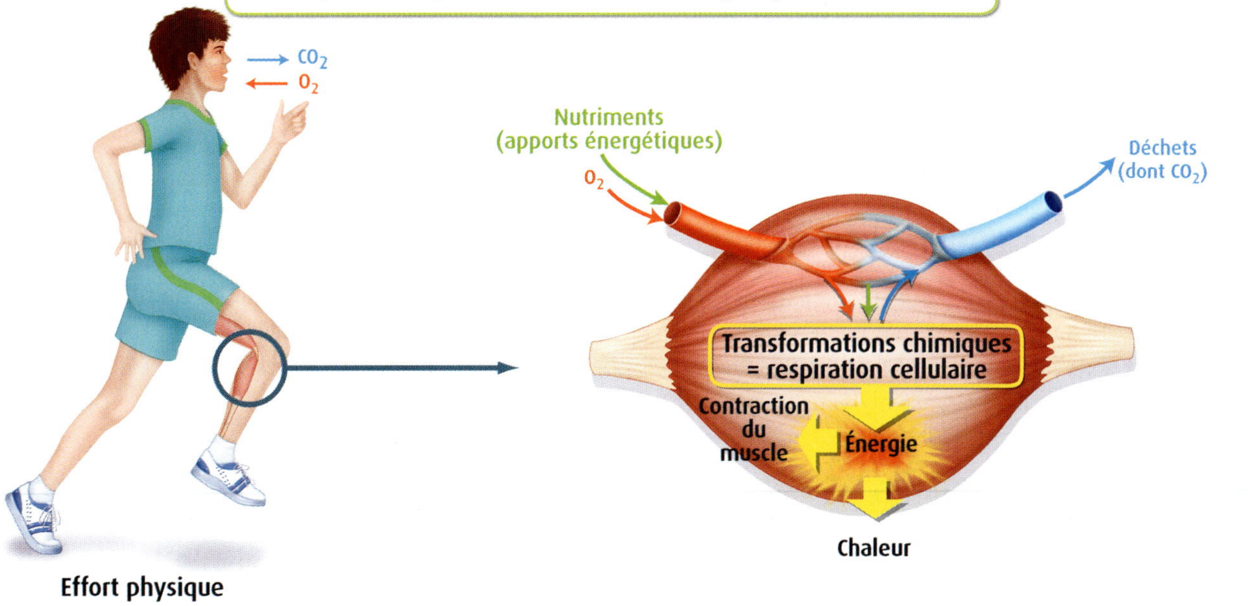

La consommation de dioxygène et de nutriments varie selon l'effort

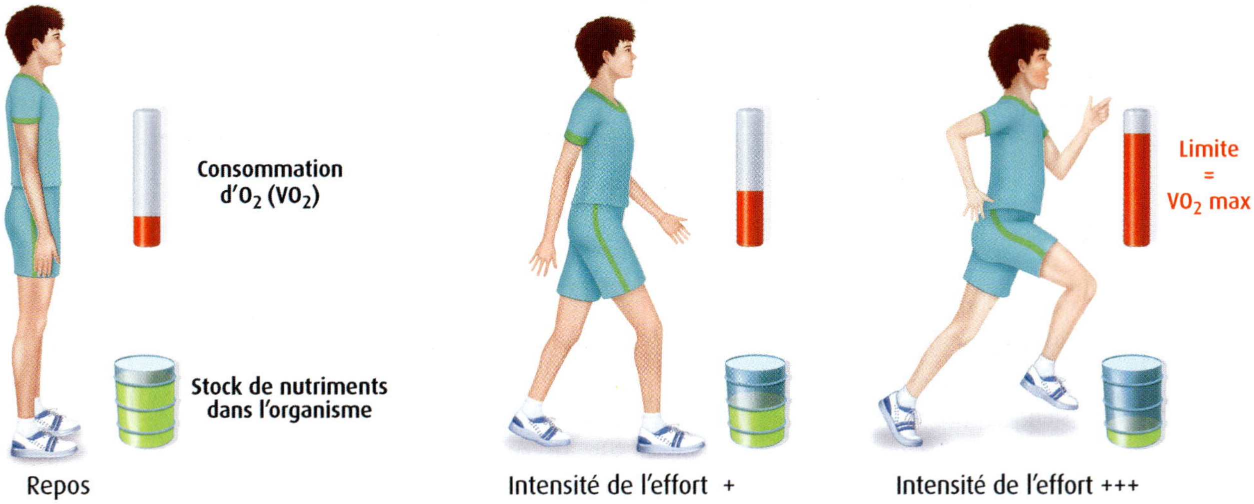

Prévention de l'obésité = Apports énergétiques équilibrés + Activité physique régulière

L'essentiel par le texte

> Un effort physique implique un travail musculaire. Ce travail nécessite une dépense accrue d'énergie. Lors d'un effort long et/ou peu intense, cette énergie est fournie par la respiration, qui utilise des nutriments et du dioxygène.

> Lors d'un effort physique, la consommation de dioxygène augmente. Elle s'élève avec l'intensité de l'effort jusqu'à atteindre une limite, ou VO_2 max.

> Lors d'un effort physique, la consommation de nutriments augmente également. L'exercice physique contribue à la lutte contre l'obésité.

EXERCICES

évaluer ses connaissances

1 Vrai ou faux ?

Identifiez les affirmations fausses et rectifiez-les.

a. Au repos, l'organisme ne consomme pas de dioxygène.

b. Lors de la respiration cellulaire, le glucose libère de l'énergie en présence de CO_2.

c. Le VO_2 max augmente avec l'entraînement.

2 Une phrase appropriée

Rédigez une phrase scientifiquement correcte avec les termes suivants :

a. Indicateur ; performance physique ; aptitude ; VO_2 max ; individu.

b. Valeur ; consommation ; intensité de l'effort ; dioxygène ; aumente.

c. Respiration ; glucides ; énergie ; dioxygène ; lipides ; muscle.

3 QCM

Identifiez la (ou les) bonne(s) réponse(s).

1. Au cours d'un travail, grâce à la respiration, un muscle transforme les nutriments :

a. en énergie mécanique.

b. en énergie calorifique.

c. en dioxygène.

d. en CO_2 et d'autres déchets.

s'entraîner avec un exercice guidé

4 Des facteurs de variation du VO_2 max

On a mesuré la valeur maximale de consommation de dioxygène à l'effort (VO_2 max) chez des sportifs professionnels de différentes disciplines, âgés de 18 à 26 ans.

1. Jason Lamy-Chappuis, champion olympique 2010 de combiné nordique (saut à ski et ski de fond).

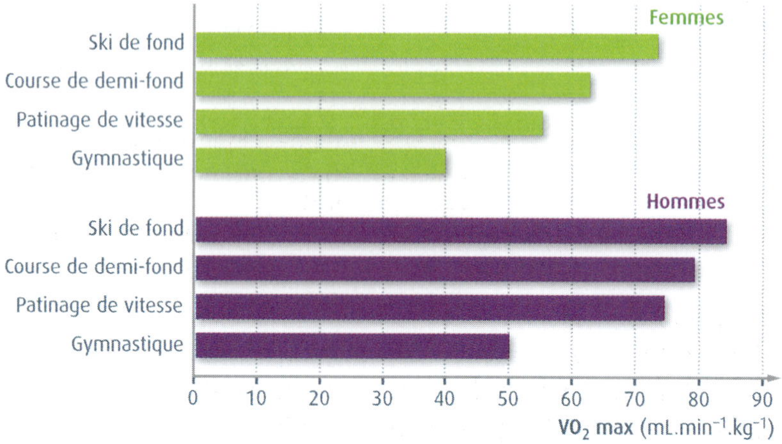

2. Valeur du VO_2 max chez différents sportifs professionnels âgés de 18 à 26 ans.

Un peu d'aide

• **Mobiliser ses connaissances**
Définissez le VO_2 max.

• **Analyser les documents et raisonner**
– Comparez les valeurs de VO_2 max d'un sport à l'autre pour les hommes, puis pour les femmes.
– Déterminez les capacités (endurance, puissance, etc.) qui sont mobilisées dans les différents sports.
– Comparez les valeurs de VO_2 max chez les hommes et chez les femmes pour un sport donné.

• **Conclure**
Décrivez l'effet de l'entraînement en endurance et l'influence du sexe sur le VO_2 max.

QUESTION Déterminez quelques facteurs de variation du VO_2 max.

5 La dépense énergétique d'un judoka

Calculer et communiquer

On étudie un judoka de 65 kg. Il se rend à son entraînement à bicyclette avec un effort moyen de 20 minutes à l'aller. Après 1 heure 30 de judo, il met 24 minutes pour rentrer chez lui, toujours à bicyclette, mais avec un effort léger. L'énergie nécessaire à la réalisation de toutes ces activités physiques est fournie pour moitié par les glucides et pour moitié par les lipides. La dépense énergétique liée à la pratique de ces différentes activités physiques a été mesurée (doc. 1). Les résultats sont exprimés en équivalents métaboliques (MET) : 1 MET correspond à une dépense de 1 kcal par kg et par heure.

Type d'activité	Dépense énergétique (MET)
Bicyclette, effort léger	4
Bicyclette, effort moyen	7
Judo	10
Marche à 5 $km.h^{-1}$	3

1. **Dépense énergétique d'un judoka en MET pour différents types d'activités (1 MET = 1 $kcal.kg^{-1}.h^{-1}$).**

1. Calculez la dépense d'énergie du judoka en kcal, puis en kJ (1 cal = 4,18 J).
2. Sachant que 1 g de glucides fournit 17,8 kJ pour 0,8 L d'O_2 consommé et que 1 g de lipides fournit 40 kJ pour 2,04 L d'O_2 consommés, calculez les quantités totales de glucides, de lipides et de dioxygène consommées par le judoka.

6 L'alimentation des sportifs d'endurance avant une compétition

Extraire et organiser des informations

Le glycogène est une forme de stockage du glucose dans les cellules. De nombreux sportifs d'endurance pratiquent, durant la semaine qui précède la compétition, une « surcharge en glycogène ». Cela signifie qu'ils réduisent l'intensité de leur entraînement, tout en suivant un régime alimentaire enrichi en glucides.

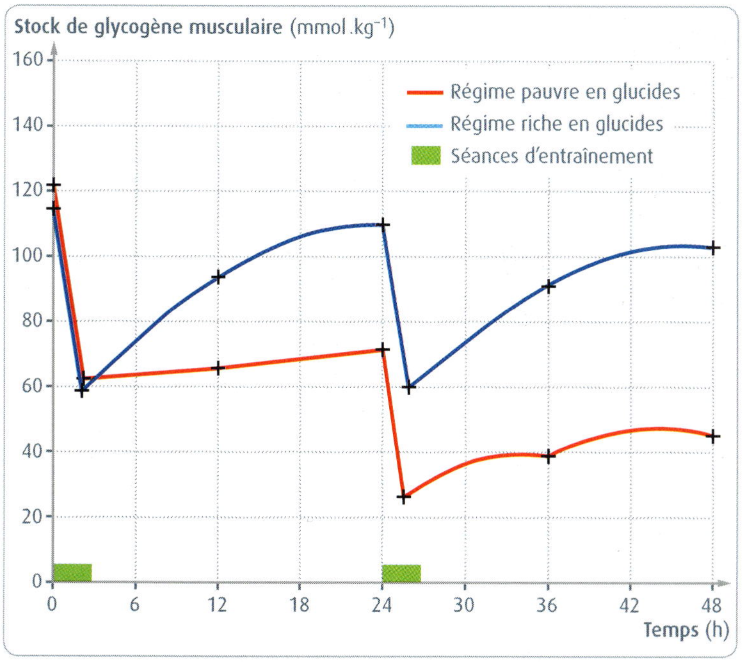

1. **Évolution des stocks de glycogène musculaire en fonction du régime alimentaire et de l'activité physique.**

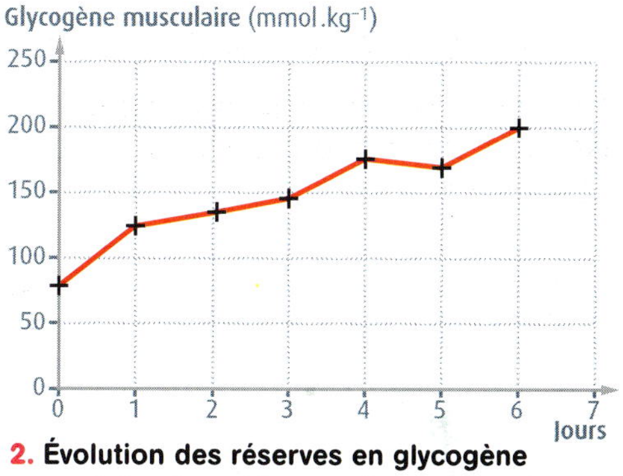

2. **Évolution des réserves en glycogène musculaire durant la semaine de « surcharge en glycogène ».**

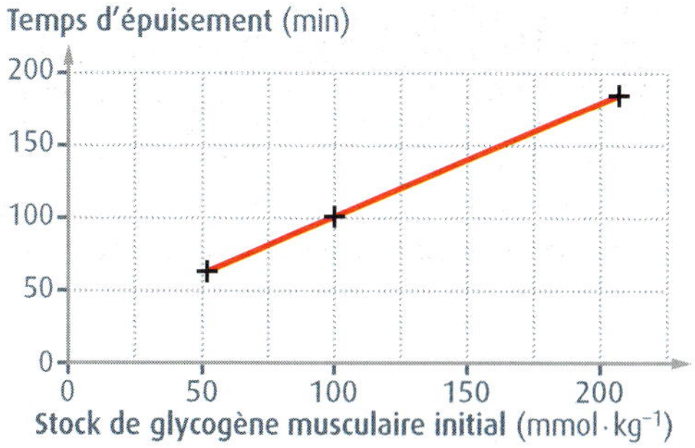

3. **Évolution du temps d'épuisement lors de la réalisation d'un exercice à 75 % de VO_2 max en fonction du stock de glycogène initial.**
Temps d'épuisement : temps au bout duquel le sportif ne peut plus suivre l'effort imposé.

1. Expliquez le rôle du glycogène dans l'exercice physique.
2. Déduisez de l'analyse du doc. 1 ce qui conditionne l'apport et la consommation du glycogène musculaire.
3. Expliquez alors l'effet de la « surcharge en glycogène » sur les stocks de glycogène du muscle (doc. 2).
4. Déduisez de l'analyse du doc. 3 l'intérêt de la « surcharge en glycogène » pour les sportifs.

ATELIERS D'EXPLORATION

ART ET SCIENCE — Des athlètes antiques

Le *Discobole* est l'une des plus célèbres statues de l'Antiquité. Généralement attribuée à Myron, sculpteur athénien du Ve siècle av. J.-C., elle représente un athlète en train de lancer le disque. Le nom « discobole » vient du grec ancien *diskobolos*, signifiant « lancer de disque ». La statue figure sur la pièce de 2 euros frappée par la Grèce à l'occasion des Jeux Olympiques d'Athènes de 2004.

Le Discobole (copie, palais Massimo alle Terme à Rome). Le disque était un palet de pierre ou de bronze d'environ 20 cm de diamètre. Il pesait plus de 5 kg.

ACTIVITÉS

1. Recherchez, au CDI ou sur Internet, des représentations d'athlètes de l'Antiquité à travers les œuvres d'art (peintures, sculptures, céramiques...) et classez ces athlètes suivant le type de sport pratiqué, en puissance (effort court) ou en endurance (effort long).
2. Faites une présentation multimédia (à l'aide d'un logiciel) de vos recherches. N'oubliez pas d'indiquer la source des documents trouvés (sur Internet ou autre).

POUR VOUS GUIDER B2i

- www.franceolympique.com (cliquez sur « olympisme », puis « jeux antiques »)
- www.amb-grece.fr (cliquez sur « olympisme », puis « jeux olympiques », « histoire des jeux »...)

PLUS LOIN AVEC INTERNET — Prendre sa santé en main

B2i

www.automesure.com/Pages/calculimc.html

L'indice de masse corporelle (IMC) est un indicateur de la quantité de masse grasse de l'organisme calculée à partir du poids et de la taille (voir p. 198). Il permet d'estimer la corpulence d'un individu.

ACTIVITÉS

1. Définissez et calculez l'IMC d'un jeune homme de 20 ans mesurant 1,70 m et pesant 90 kg. Dans quelle zone se situe-t-il sur le graphique ci-contre ?
2. Retrouvez les risques que font peser son IMC sur sa santé. Quels conseils donneriez-vous à ce jeune homme ?
3. Effectuez des recherches sur les « boissons énergisantes » et les « boissons énergétiques » (pour sportifs), et comparez leur composition. Quels sont les risques pour la santé du consommateur de boissons énergisantes ?

POUR VOUS GUIDER

- www.irbms.com
- www.sante-sports.gouv.fr/les-boissons-energisantes.html

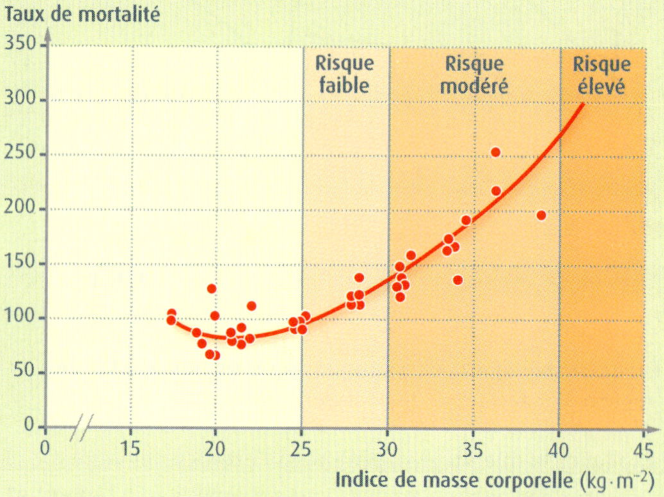

Évolution du taux de mortalité humaine en fonction de l'indice de masse corporelle chez l'adulte (le taux de 100 correspond à la valeur moyenne).

CHAPITRE 2

L'apport de dioxygène et de nutriments aux muscles

Lors d'une activité sportive de longue durée, les muscles obtiennent l'énergie nécessaire à leur fonctionnement grâce à la dégradation de nutriments.
Cette transformation chimique, appelée respiration, exige la présence de dioxygène. À l'effort, les muscles ont donc des besoins accrus en dioxygène et en nutriments.

Footballeurs victimes de crampes musculaires.
Elles sont dues à un apport insuffisant de dioxygène aux muscles lors d'un effort prolongé.

Comment les nutriments et le dioxygène sont-ils apportés aux muscles lors d'un effort physique ?

UNITÉ 1

Des modifications respiratoires à l'effort

Les muscles produisent l'énergie nécessaire à leur fonctionnement grâce au dioxygène de l'air et aux nutriments. Lors d'un effort physique, l'organisme a donc besoin d'un apport accru en dioxygène.

Comment l'apport accru de dioxygène à l'organisme lors d'un effort est-il possible ?

Observer des modifications respiratoires

À l'inspiration, l'air entre dans les poumons ; à l'expiration, il en sort. Une ventilation est un ensemble inspiration-expiration. La fréquence ventilatoire est le nombre de ventilations par minute. Le volume courant est le volume d'air renouvelé dans les poumons à chaque ventilation. Le débit ventilatoire est le volume d'air renouvelé dans les poumons par minute : il correspond au produit de la fréquence ventilatoire par le volume courant.

1 Quelques définitions.

Puissance de l'effort (W)	Débit ventilatoire ($L.min^{-1}$)	% O_2 (en volume)	
		Air inspiré	Air expiré
20	12,8	21	16
160	39,4	21	14,8
240	66,6	21	14,8
360	114,6	21	14,8

2 Évolution de quelques paramètres respiratoires lors d'un effort physique de puissance croissante.

TP

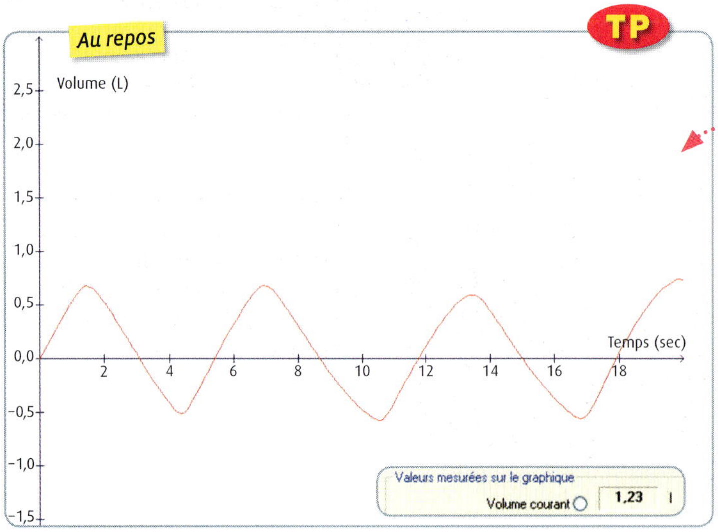

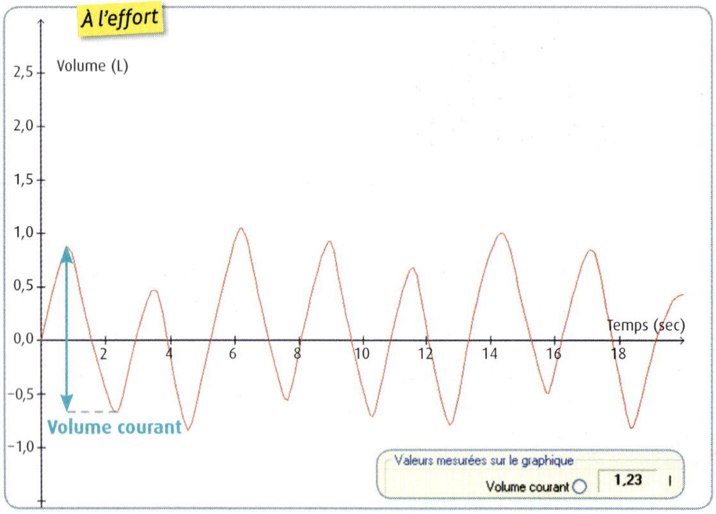

JE MANIPULE

- *Nez pincé, respirez au travers d'un embout buccal relié à un dispositif de spirométrie.*
- *Effectuez les mesures au repos, puis pendant un exercice physique (flexions-extensions des membres inférieurs).*

3 Enregistrement de la fréquence ventilatoire et du volume courant au repos et à l'effort.

Des observations au niveau des poumons

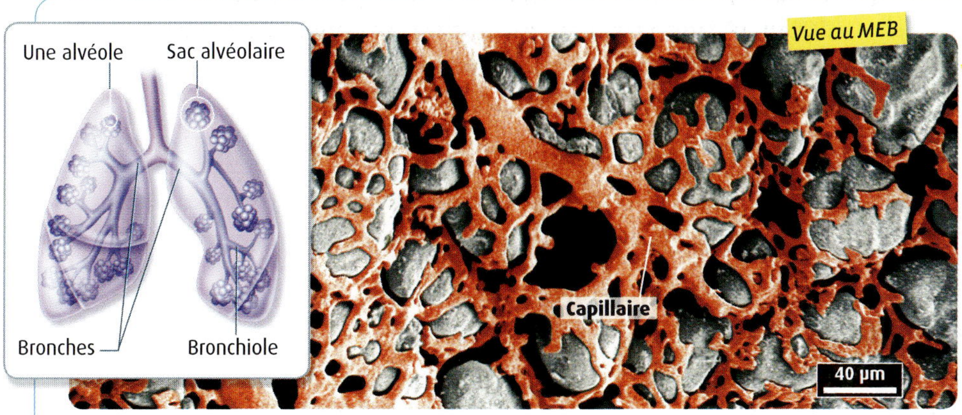

4 Des alvéoles pulmonaires.

	Sang pré-alvéolaire	Sang post-alvéolaire
Repos	140	200
Exercice physique intense	20-40	200

5 Teneur en dioxygène du sang pré-alvéolaire et post-alvéolaire en dioxygène (en mL.L^{-1}).

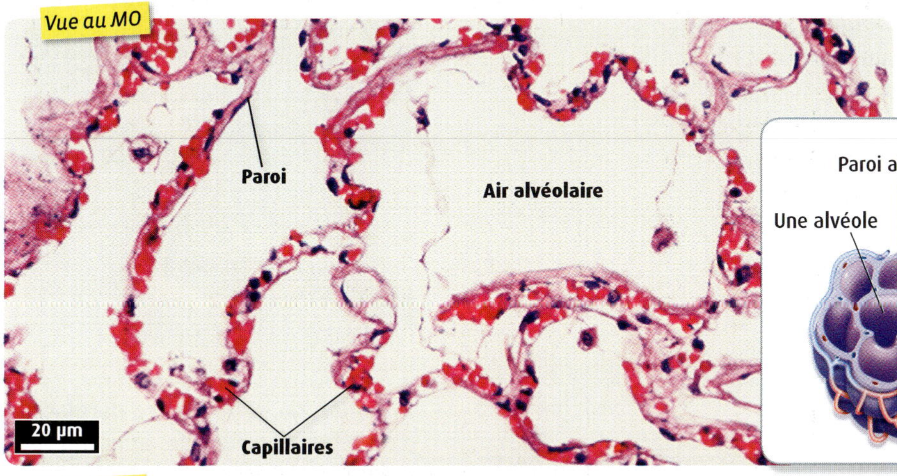

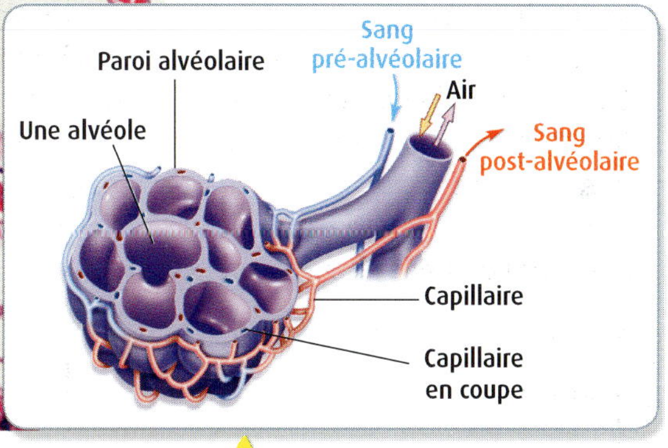

6

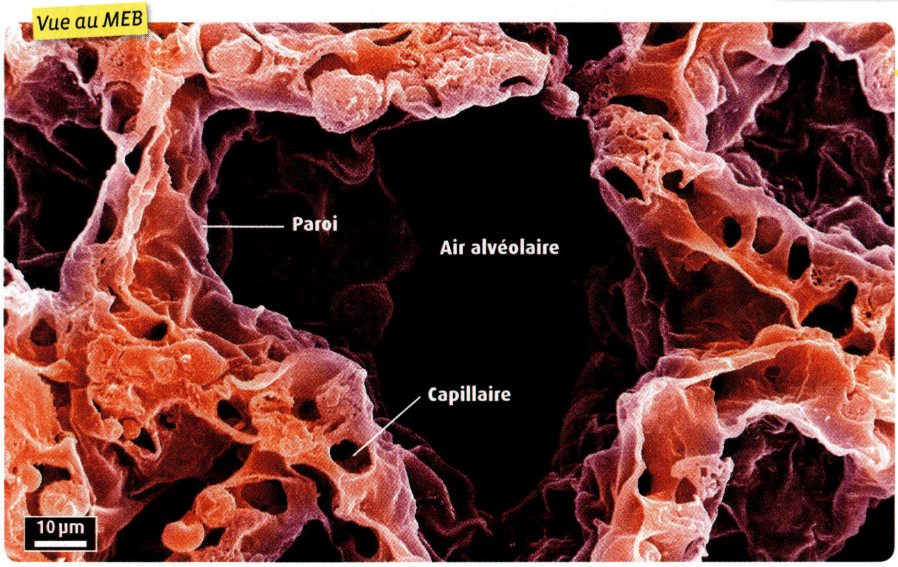

6 Portion de sac alvéolaire en coupe. Au niveau de la paroi alvéolaire, la surface de contact totale entre l'air alvéolaire et le sang des capillaires est d'environ 70 m^2 pour un adulte.

ACTIVITÉS

1 **DOC. 1 À 3.** Décrivez les modifications respiratoires à l'effort et leurs conséquences pour l'organisme.

2 **DOC. 2.** Calculez la quantité de dioxygène prélevée chaque minute par l'organisme pour chaque puissance d'exercice physique.

3 **DOC. 4 ET 6.** Précisez les caractéristiques anatomiques des alvéoles pulmonaires. Pourquoi parle-t-on de surface d'échanges ?

4 **DOC. 5.** Mettez en relation les résultats précédents pour expliquer le maintien de la teneur en dioxygène dans le sang post-alvéolaire lors d'un exercice physique.

5 **EN CONCLUSION.** Expliquez comment l'apport accru de dioxygène à l'organisme est possible lors d'un effort physique.

Voir Dico des SVT p. 260

UNITÉ 2

Des modifications cardiaques à l'effort

Lors d'un effort physique, le débit ventilatoire augmente. Ainsi, davantage de dioxygène diffuse dans le sang au niveau des poumons, ce qui répond à la consommation accrue de l'organisme. L'activité physique s'accompagne aussi de modifications de l'activité cardiaque.

Quelles sont les modifications de l'activité du cœur à l'effort ? En quoi sont-elles complémentaires des modifications de l'activité respiratoire ?

Observer l'activité du cœur à l'effort

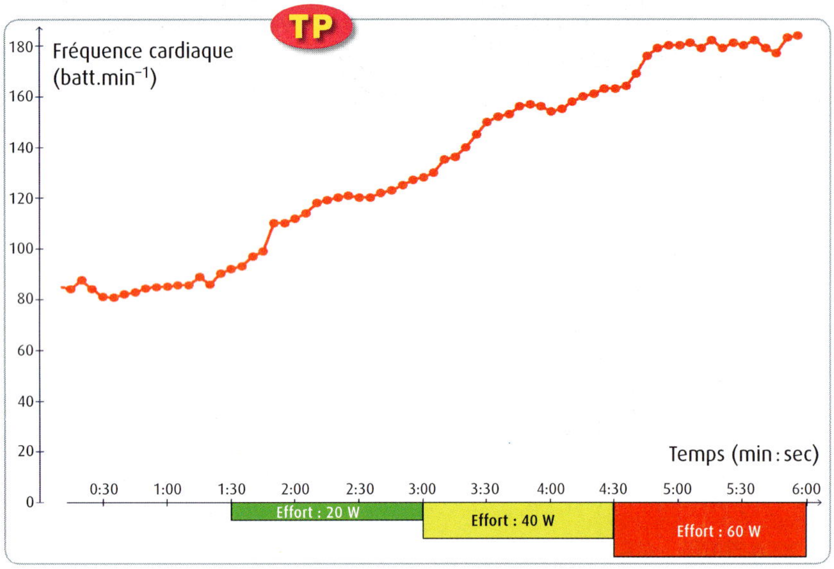

1 Évolution de la fréquence cardiaque d'un élève de seconde au cours d'un effort physique de puissance croissante.

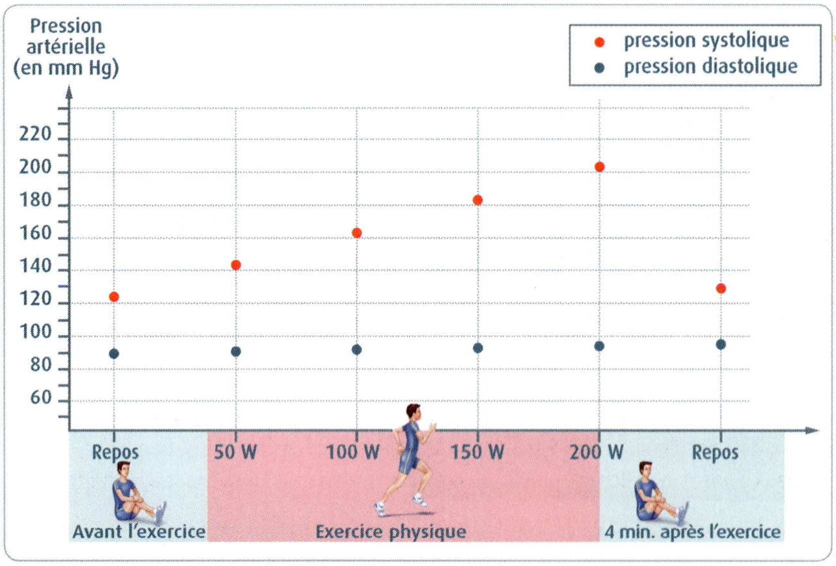

2 Évolution de la pression artérielle au cours d'un exercice physique de puissance croissante.
La pression artérielle (PA) est la pression du sang sur la paroi des artères. Elle est exprimée par deux mesures : celle de la pression maximale (systolique), au moment de la contraction du cœur (systole), et celle de la pression minimale (diastolique), au moment du relâchement du cœur (diastole).

Puissance de l'exercice (en W)	Débit ventilatoire (L.min^{-1})	Fréquence cardiaque (en batt.min^{-1})	Volume d'éjection systolique (en mL)
20	12,8	66	70
160	39,4	106	125
240	66,6	128	125
360	114,6	157	120

3 Évolution de quelques paramètres chez un sportif entraîné au cours d'une activité physique de puissance croissante. Volume d'éjection systolique : volume de sang éjecté par le cœur lors de chaque contraction (systole). Débit cardiaque = volume d'éjection systolique × fréquence cardiaque.

Comprendre la circulation du sang

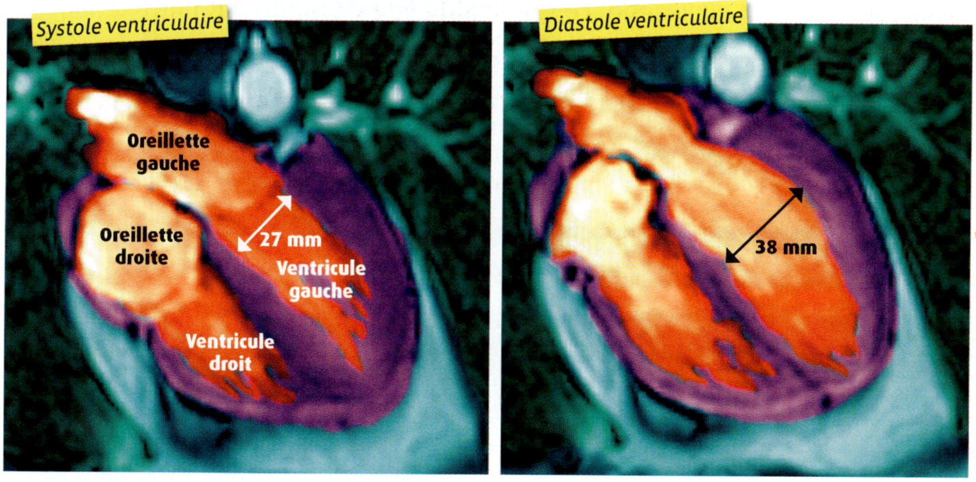

4 **Coupe longitudinale du cœur humain à deux moments du cycle cardiaque** (imagerie par résonance magnétique, IRM). Le cœur est constitué d'un muscle creux : le myocarde.

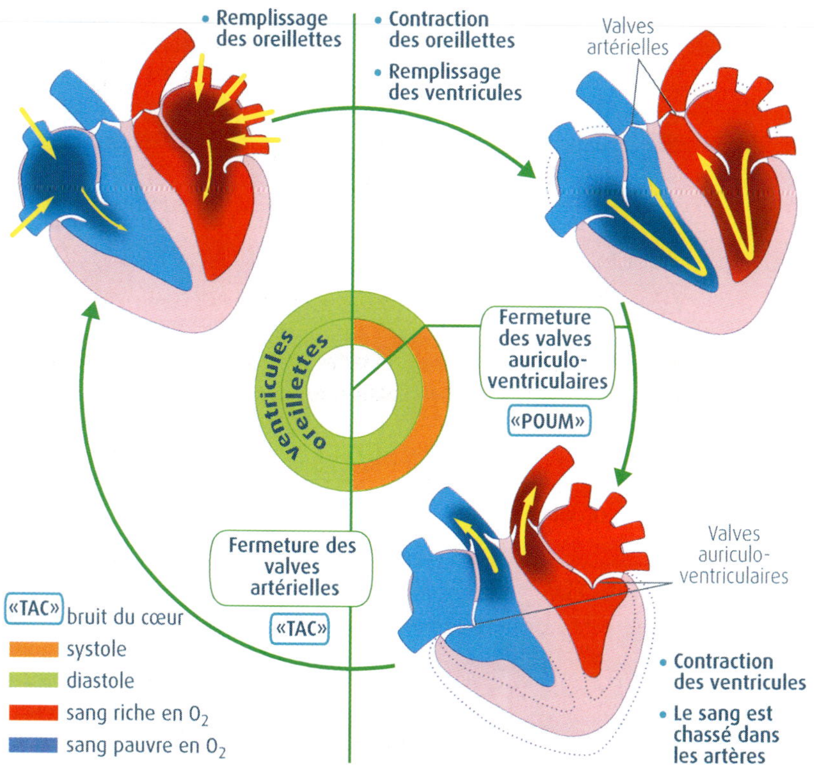

5 **Le cycle cardiaque.**
Les valves cardiaques s'ouvrent et se ferment en réaction à la pression que le sang exerce sur leur surface. Elles empêchent le reflux du sang vers les oreillettes (valves auriculo-ventriculaires) ou vers les ventricules (valves artérielles).

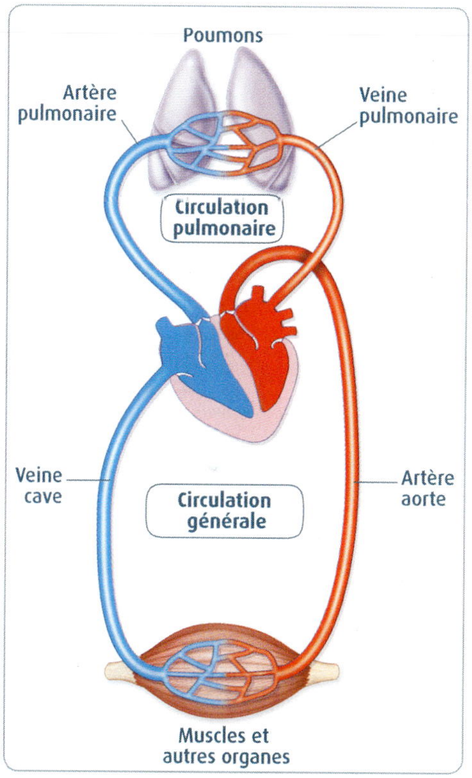

6 **La double circulation sanguine.**
Le sang est entraîné dans la circulation pulmonaire, puis dans la circulation générale : ces deux circulations sont disposées en série.

ACTIVITÉS

1. **DOC. 1 À 3.** Décrivez l'évolution de la fréquence cardiaque, de la pression artérielle, du volume d'éjection systolique et du débit cardiaque à l'effort.
2. **DOC. 4 ET 5.** Résumez les événements caractéristiques d'un cycle cardiaque.
3. **DOC. 5.** Montrez que les valves cardiaques imposent un sens de circulation du sang dans le cœur.
4. **DOC. 5 ET 6.** Indiquez le sens de circulation du sang dans les circulations pulmonaire et générale.
5. **DOC. 3, 5 ET 6.** Expliquez pourquoi les modifications simultanées des activités cardiaque et respiratoire à l'effort permettent un apport accru de dioxygène vers les muscles.
6. **EN CONCLUSION.** Résumez les modifications de l'activité cardio-respiratoire lors d'un effort physique.

Voir Dico des SVT p. 260

UNITÉ 3

L'approvisionnement des muscles

Lors d'un effort, le cœur expulse à chaque instant dans la circulation générale un volume accru de sang chargé en dioxygène. Ce sang contient également des nutriments.

Comment le sang chargé en dioxygène et en nutriments est-il apporté aux muscles durant l'effort ?

Comprendre la circulation sanguine à l'effort

Organes / Débit ($L.min^{-1}$)	Au repos	Lors d'un exercice physique intense
Poumons	5,8	25
Tube digestif	1,4	0,3
Reins	1,1	0,25
Encéphale	0,75	0,75
Peau	0,5	0,6
Muscles	1,2	22

1 Évolution du débit sanguin dans différents organes au repos et à l'effort. Le débit sanguin correspond au volume de sang traversant un organe chaque minute. Du repos à un exercice physique intense, le débit cardiaque passe ici de 5,8 à 25 $L.min^{-1}$.

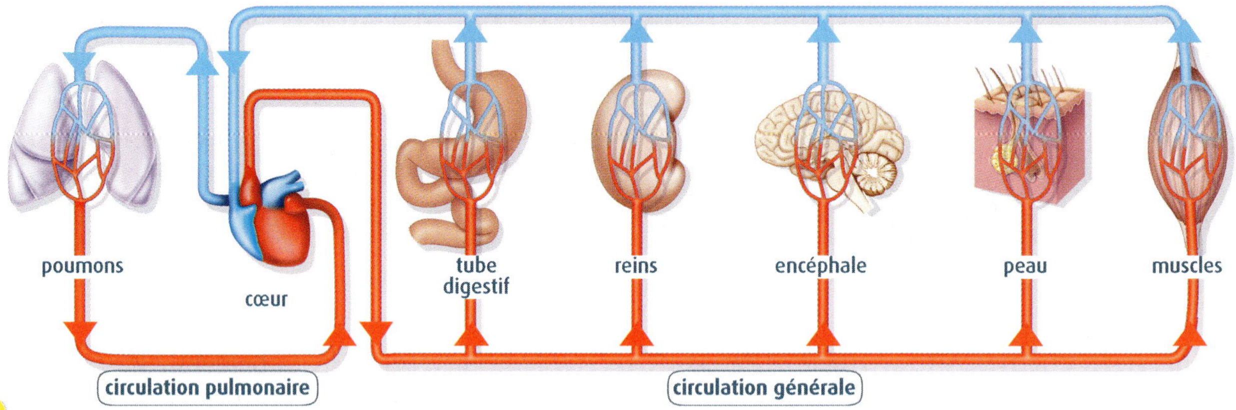

2 La distribution du sang aux différents organes.
Dans la circulation générale, le sang qui a été expulsé du cœur circule simultanément dans les différents organes.

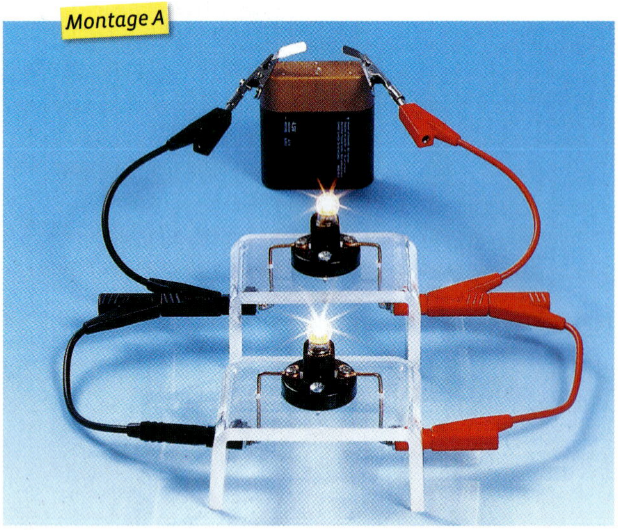

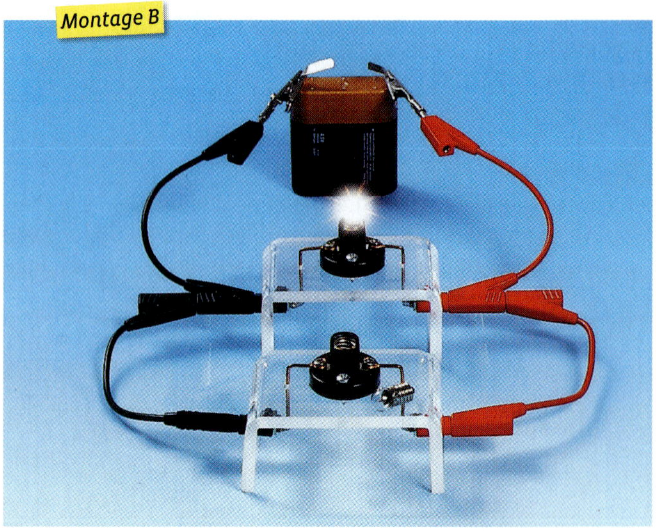

3 Une analogie électrique.
Dans le montage A, deux ampoules (qui modélisent chacune un organe) sont branchées en parallèle avec un générateur (qui modélise le cœur). Dans le montage B, on a débranché l'une des ampoules.

Observer la vascularisation des organes

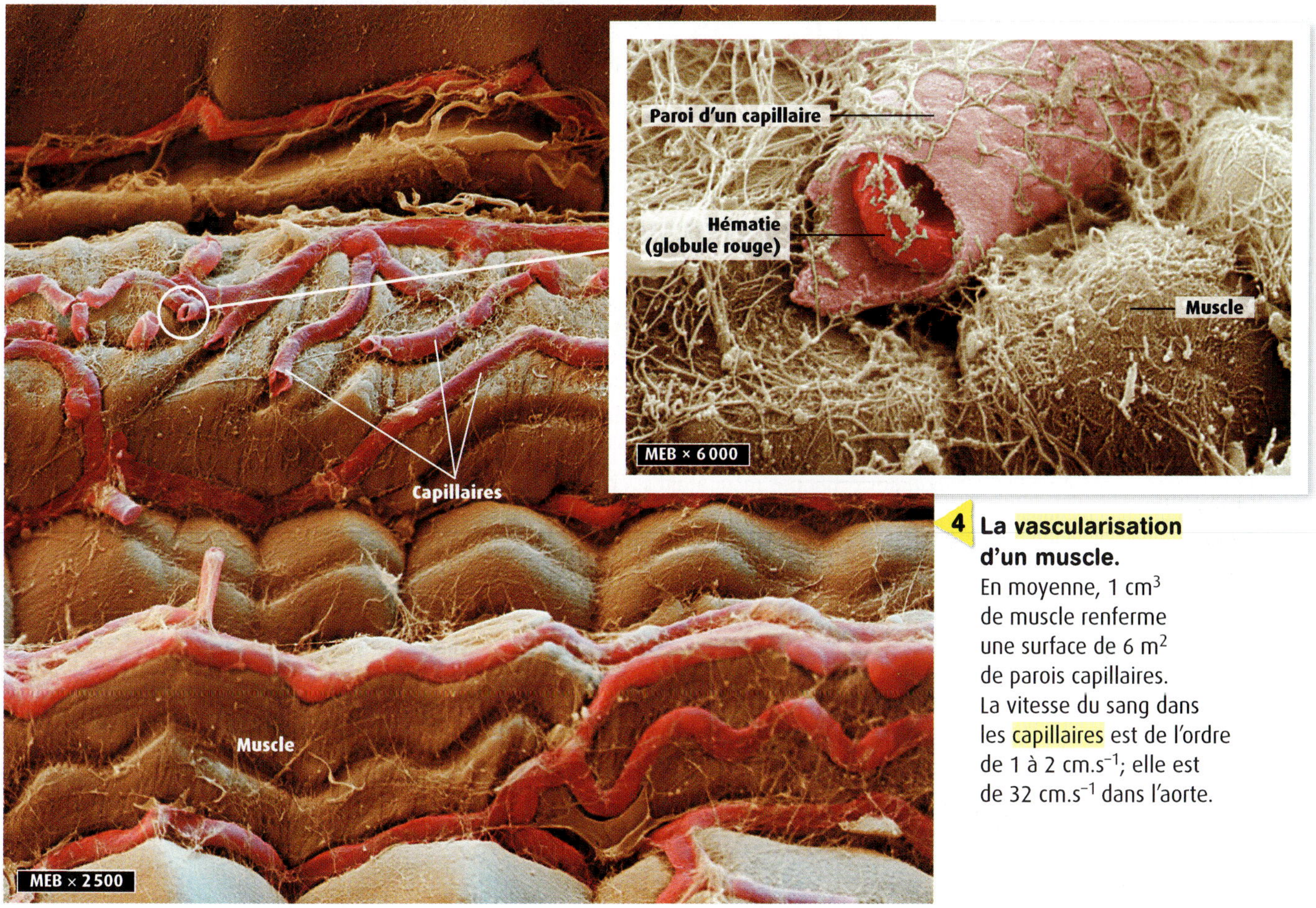

4 La vascularisation d'un muscle.
En moyenne, 1 cm^3 de muscle renferme une surface de 6 m^2 de parois capillaires. La vitesse du sang dans les capillaires est de l'ordre de 1 à 2 $cm.s^{-1}$; elle est de 32 $cm.s^{-1}$ dans l'aorte.

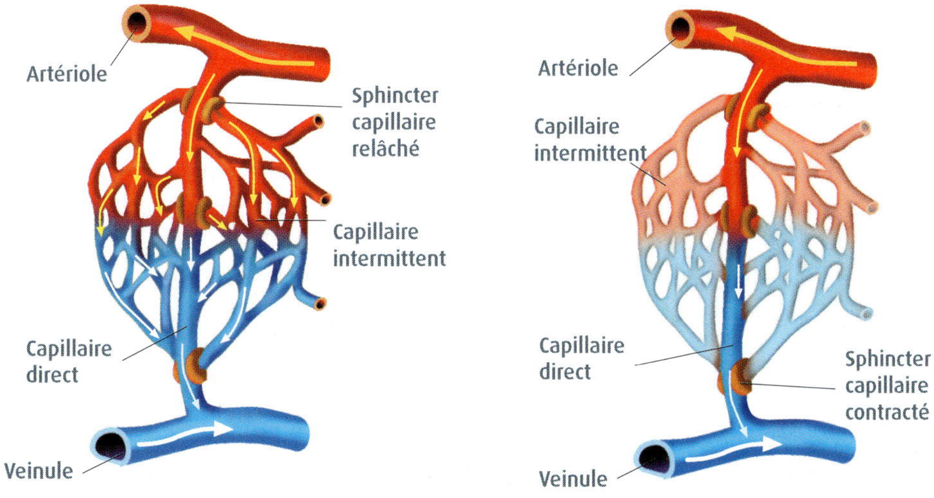

5 Des modifications de l'ouverture des capillaires.
La paroi de certains capillaires comprend de petites fibres musculaires : ce sont les sphincters capillaires. Leur contraction ferme la circulation du sang dans le capillaire. Au repos, le nombre de capillaires ouverts par mm^2 de muscle est de 200 ; lors d'un effort intense, il peut atteindre 2 500.

ACTIVITÉS

1 **DOC. 1.** Calculez le volume de sang supplémentaire qui traverse les muscles chaque minute à l'effort.

2 **DOC. 1.** Calculez le pourcentage du débit cardiaque qui irrigue les muscles au repos et à l'effort. Comparez et concluez.

3 **DOC. 2 ET 3.** Expliquez en quoi la disposition en parallèle du cœur et des organes permet les modifications circulatoires observées à l'effort.

4 **DOC. 4.** Expliquez en quoi la vascularisation des muscles favorise leur approvisionnement à l'effort.

5 **DOC. 5.** Formulez une hypothèse qui explique les modifications de débit sanguin à l'effort observées doc. 1.

6 **EN CONCLUSION.** Expliquez comment le sang chargé en dioxygène et en nutriments est apporté aux muscles à l'effort.

Voir Dico des SVT p. 260

BILAN

CHAPITRE 2

L'apport de dioxygène et de nutriments aux muscles

Les connaissances

L'augmentation des échanges respiratoires pendant l'effort

• Au cours d'un effort physique, la **fréquence ventilatoire** (F_V) et le **volume courant** (V_c) augmentent. Ainsi, le volume d'air renouvelé dans les poumons chaque minute (**débit ventilatoire** $D_V = F_V \times V_c$) s'accroit. **[Unité 1]**

• Le passage du dioxygène (O_2) dans le sang se réalise dans les alvéoles pulmonaires. À ce niveau, l'air est séparé du sang par la paroi des alvéoles et la paroi des capillaires, qui forment une surface d'échanges vaste et fine. **[Unité 1]**

• L'augmentation des échanges respiratoires à l'effort permet un apport accru d'O_2 à l'organisme. **[Unité 1]**

L'augmentation de l'activité cardiaque pendant l'effort

• Au cours d'un effort physique, la **fréquence cardiaque** (F_c) et le volume de sang éjecté à chaque contraction (**volume d'éjection systolique,** V_{es}) augmentent. Ainsi, le volume de sang expulsé du cœur chaque minute (**débit cardiaque** $D_c = F_c \times V_{es}$) s'accroit. **[Unité 2]**

• Le cœur est constitué d'un muscle creux (le myocarde) qui se remplit pendant la diastole (= relâchement) des oreillettes. La systole (= contraction) des oreillettes fait passer le sang vers les ventricules. La systole des ventricules assure l'expulsion du sang dans les artères. **[Unité 2]**

• Le cloisonnement du cœur et le fonctionnement des valves cardiaques permettent une circulation sanguine à sens unique : dans la circulation pulmonaire (qui irrigue les poumons), puis dans la circulation générale (qui irrigue les autres organes). On parle de **double circulation en série** **[Unité 2]**

• L'augmentation de l'activité cardiaque à l'effort permet d'augmenter le débit du sang vers les poumons et vers les muscles. **[Unité 2]**

Les modifications de la circulation sanguine pendant l'effort

• Dans la circulation générale, le sang circule simultanément dans les différents organes : on parle d'une **circulation en parallèle**. Grâce à cette organisation anatomique et à l'existence de petites fibres musculaires faisant varier le nombre de capillaires qui irriguent chaque organe, la répartition du débit sanguin entre les organes est modifié lors d'un effort physique : les muscles reçoivent beaucoup plus de sang qu'au repos, alors que d'autres organes en reçoivent moins. **[Unité 3]**

• Le couplage des modifications des échanges respiratoires, de l'activité cardiaque et de la circulation sanguine permet un apport accru d'O_2 et de nutriments aux muscles lors d'un effort physique. Les besoins énergétiques accrus des muscles sont ainsi couverts. Un bon état cardio-vasculaire et ventilatoire est donc indispensable à la pratique d'un exercice physique. **[Unités 1 à 3]**

Les capacités et attitudes

▸ Mettre en œuvre un protocole expérimental pour montrer les variations des paramètres physiologiques à l'effort **[Unités 1 et 2]**

▸ Mettre en relation des informations pour comprendre en quoi l'organisation anatomique favorise l'approvisionnement des muscles à l'effort **[Unités 1 à 3]**

▸ **Définir : circulation générale en parallèle · débit cardiaque · débit ventilatoire · double circulation en série · fréquence cardiaque · fréquence ventilatoire · volume courant · volume d'éjection systolique**

Voir Dico des SVT p. 260

L'essentiel par l'image

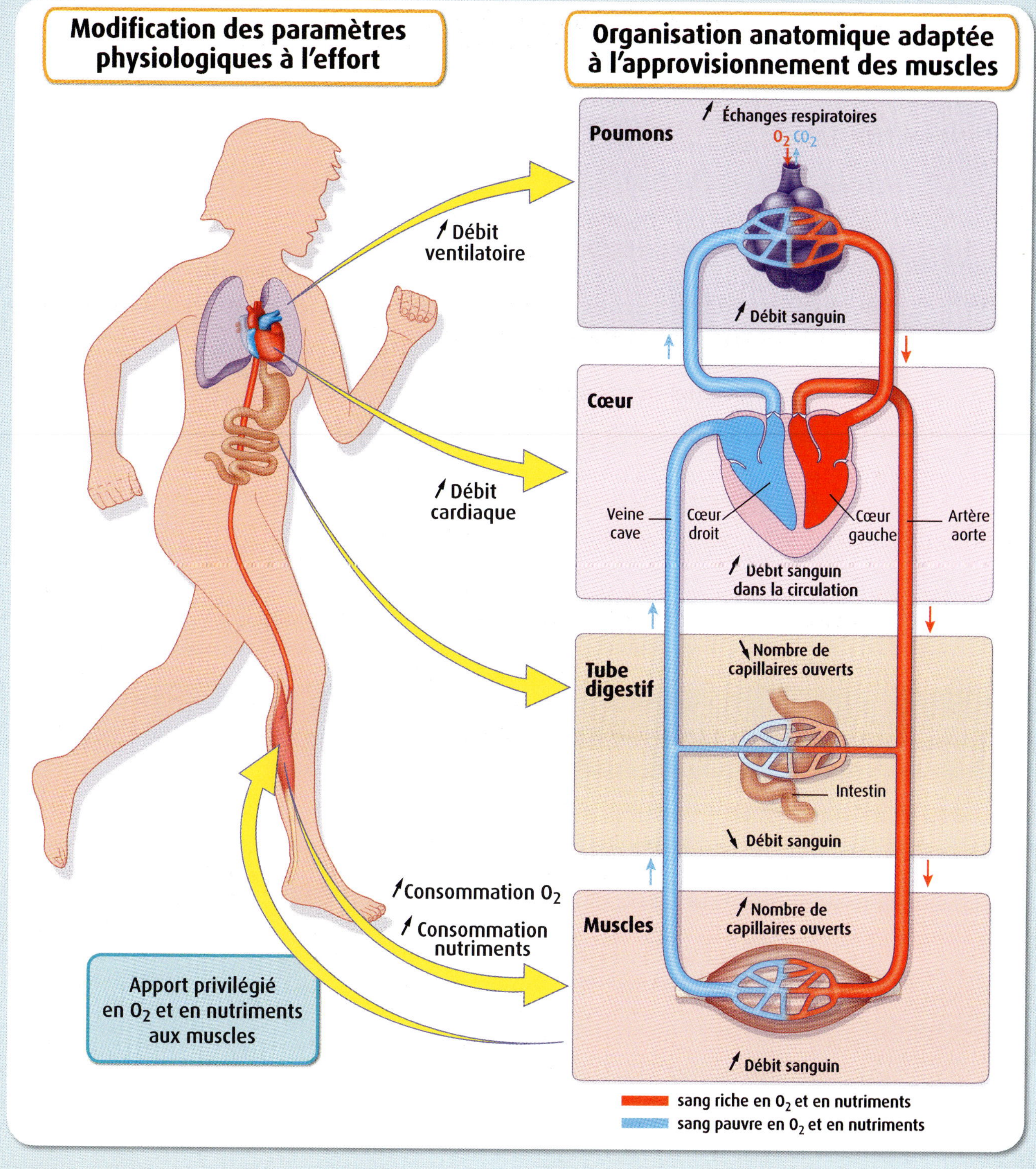

L'essentiel par le texte

> Au cours de l'effort physique, un certain nombre de paramètres physiologiques sont modifiés : fréquence ventilatoire et volume courant (et donc débit ventilatoire) ; pression artérielle ; fréquence cardiaque, volume d'éjection systolique (et donc débit cardiaque).

> Ces modifications physiologiques permettent un meilleur approvisionnement des muscles en dioxygène et en nutriments, permettant de couvrir leur demande énergétique accrue. L'organisation anatomique facilite cet apport privilégié aux muscles.

EXERCICES

évaluer ses connaissances

1 **Vrai ou faux ?**

Identifiez les affirmations fausses et rectifiez-les.

a. Une surface d'échanges doit être fine et vaste.

b. Le volume courant correspond uniquement au volume d'air échangé par les poumons lors d'un effort.

c. Une artère contient toujours du sang riche en dioxygène.

d. Le débit sanguin est le volume de sang traversant un organe en une minute.

2 **Schéma à compléter**

Donnez un titre au schéma et complétez les légendes.

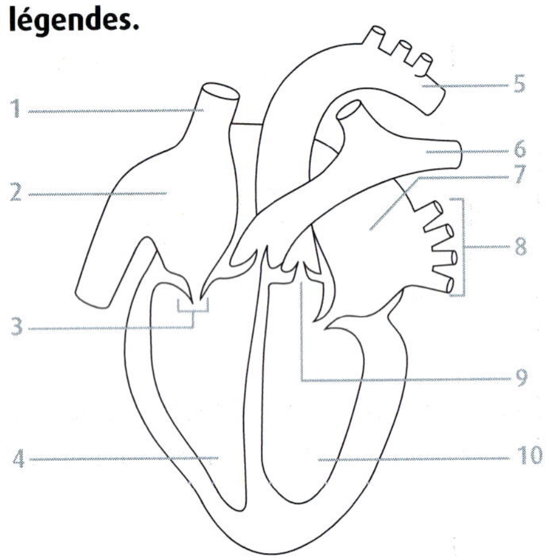

3 **QCM**

Pour chaque proposition, identifiez la (ou les) bonne(s) réponse(s).

1. Lors d'un exercice physique intense :

a. certains organes reçoivent moins de sang qu'au repos.
b. tous les organes continuent de recevoir la même quantité de sang.
c. les poumons reçoivent plus de sang.
d. la concentration en dioxygène du sang qui sort des poumons est constante.

2. Au cours d'une activité physique, on observe :

a. uniquement une augmentation de la fréquence cardiaque.
b. uniquement une augmentation du volume de sang expulsé à chaque contraction cardiaque.
c. une augmentation du débit cardiaque.
d. une augmentation de la fréquence des contractions cardiaques et du volume d'éjection systolique.

s'entraîner avec un exercice guidé

4 **Le cœur des cyclistes**

On fait subir un test d'effort à un cycliste amateur et à un cycliste professionnel. Leur fréquence cardiaque est mesurée pour des exercices de puissance croissante effectués sur un cyclo-ergomètre (voir p. 196).

Amateur 19 ans 167 cm 50 kg	**Puissance** (W)	20	80	120	160	200	240
	Fréquence (batt.min^{-1})	75	117	136	150	169	184
Professionnel 26 ans 188 cm 78 kg	**Puissance** (W)	20	160	200	240	280	320
	Fréquence (batt.min^{-1})	59	105	115	129	142	155

1. Évolution de la fréquence cardiaque chez deux cyclistes au cours d'un test d'effort.

QUESTIONS **1** Pour chaque cycliste, tracez une courbe représentant les variations de la fréquence cardiaque en fonction de la puissance de l'effort imposée.

2 Comparez les variations observées et interprétez les différences.

Un peu d'aide

• Représenter des données sous forme d'un graphique

– Sur du papier millimétré, placez la puissance de l'exercice sur l'axe des abscisses et la fréquence cardiaque sur l'axe des ordonnées.
– Cherchez, sur chaque axe, les échelles permettant d'avoir une représentation lisible.
– Reportez les valeurs pour les deux cyclistes sur la même feuille, en différenciant les deux tracés.

• Saisir des informations

Comparez les variations des deux tracés sans utiliser de vocabulaire mathématique (du type « la courbe est croissante ») : décrivez l'évolution de la grandeur biologique étudiée.

• Mettre en relation des informations

Expliquez le point commun et les différences entre les deux tracés en tenant compte du profil de chaque cycliste.

appliquer ses connaissances

5 Vitesse du sang, approvisionnement des muscles

Mettre en relation des données et raisonner

On a mesuré, chez l'Homme, la vitesse du sang dans différents types de vaisseaux sanguins qui irriguent un muscle, puis permettent le retour du sang vers le cœur. On a également évalué la surface totale de la section de chaque type de vaisseau. Cette surface est proportionnelle au nombre total de vaisseaux d'un type donné. Par exemple, le nombre de capillaires est supérieur à celui des artères et des veines.

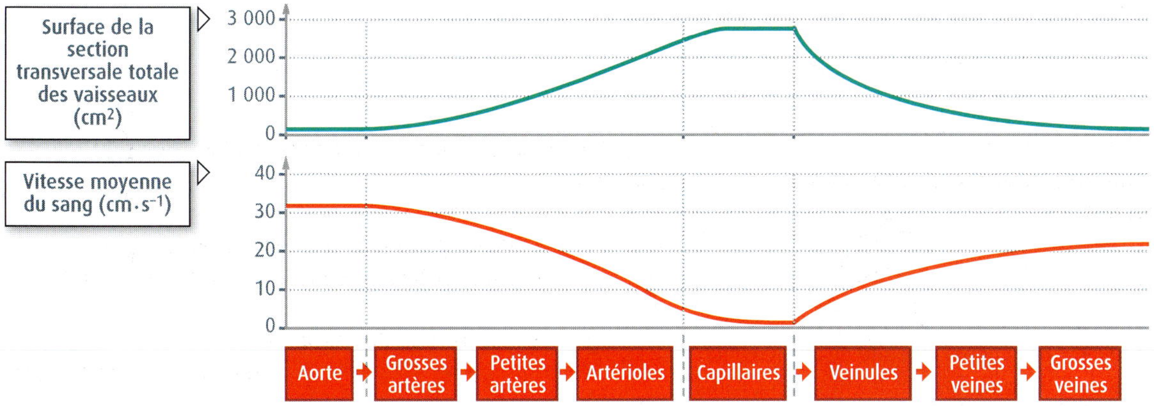

1. Évolution de la vitesse d'écoulement du sang et de la surface totale des sections des vaisseaux au cours d'un trajet du sang depuis la sortie du ventricule gauche jusqu'à l'entrée du ventricule droit.

1. Décrivez et expliquez l'évolution de la vitesse d'écoulement du sang dans les différents types de vaisseaux sanguins.
2. Précisez l'avantage d'une vitesse de circulation variable dans les différents vaisseaux pour l'approvisionnement du muscle.

6 Les effets de l'entraînement sur le cœur

Saisir des données, réaliser un calcul dans un but explicatif

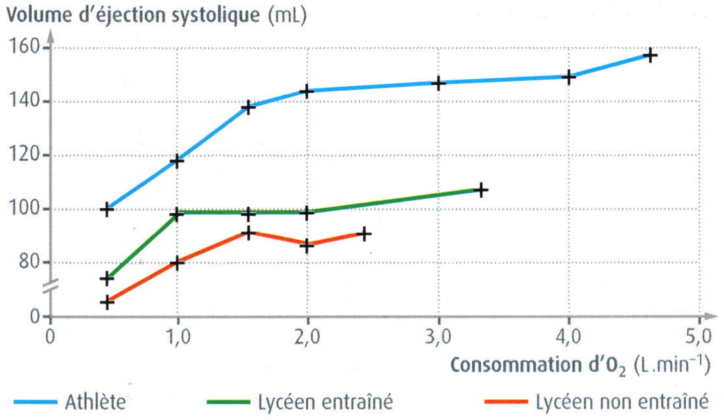

1. Évolution du volume d'éjection systolique de trois sujets en fonction de la consommation en dioxygène au cours d'un test d'effort.

Athlète	100 batt.min^{-1}
Lycéen non entraîné	178 batt.min^{-1}
Lycéen entraîné	148 batt.min^{-1}

2. Fréquence cardiaque pour une consommation de dioxygène de 2 L.min^{-1}.

1. Comparez le volume d'éjection systolique maximal atteint chez chacun de ces individus.
2. Calculez le débit cardiaque des trois sujets pour une consommation de dioxygène de 2 L.min^{-1}.
3. Concluez quant aux effets de l'entraînement sur les performances du cœur.

7 Troubles cardiaques et pratique du sport

Mobiliser ses connaissances et raisonner

Certains individus souffrent de malformations des valves cardiaques. Leur remplacement par des valves artificielles est parfois nécessaire.

1. Déterminez les conséquences d'un défaut de fermeture d'une valve auriculo-ventriculaire.
2. Les porteurs de telles malformations peuvent-ils pratiquer une activité physique intense ?

ATELIERS D'EXPLORATION

INFORMATIQUE — Le rôle du cœur dans la circulation du sang

http://pedagogie.ac-toulouse.fr/svt/serveur/lycee/perez/coeur/coeurpp.htm B2i

À cette adresse, vous pouvez télécharger le logiciel « Cœur2 » et, grâce à lui, visualiser le rôle du muscle cardiaque dans la circulation du sang.

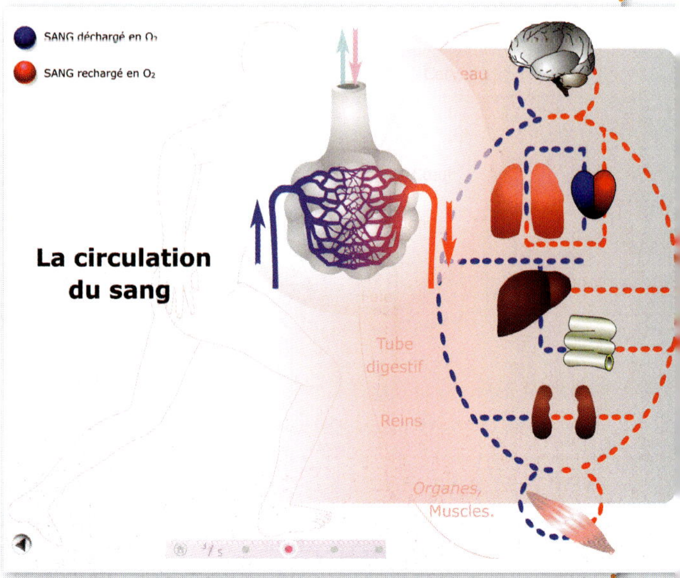

ACTIVITÉS

1. Comment la demande des muscles est-elle satisfaite à l'effort ? Faites varier la fréquence cardiaque.
2. Utilisez les différents outils du module 4 du logiciel pour réaliser un schéma légendé de la circulation sanguine, et indiquez par des flèches la circulation du sang riche en dioxygène et celle du sang pauvre en dioxygène.
3. Pourquoi parle-t-on de double circulation ?

POUR EN SAVOIR PLUS

- www.fedecardio.com (sur les maladies cardiovasculaires)

HISTOIRE DES SCIENCES — La découverte de la circulation sanguine

Les physiologistes ont longtemps pensé, à la suite de Galien (131-201 après J.-C.) que le sang veineux et le sang artériel se distribuaient dans tout le corps à partir du foie et du cœur, sans retour. Il faudra attendre le XVIIe siècle pour que Harvey décrive le sens de circulation du sang et le rôle du cœur.

Le sang en mouvement perpétuel.

« Il résulte de la structure du cœur que le sang est envoyé continuellement à travers les poumons vers l'aorte comme par les deux clapets d'une pompe à élever l'eau. Il est établi par l'application d'une ligature que l'écoulement du sang se fait des artères aux veines. D'où il suit que le mouvement du sang est constamment circulaire et qu'il est entretenu par les battements du cœur. »

William Harvey, médecin anglais, 1616.

William Harvey (1578-1657)

ACTIVITÉS

1. Recherchez au CDI ou sur Internet comment W. Harvey est parvenu à ses conclusions.
2. Montrez en quoi sa méthode expérimentale était novatrice.
3. Dans *Le malade imaginaire* (1673), Molière fait référence aux travaux de W. Harvey. Retrouvez comment l'homme de théâtre se moque du scepticisme des médecins de son époque.

ART ET SCIENCE

CHAPITRE 3

La pression artérielle, une grandeur régulée

Le sang exerce une force sur la paroi des artères dans lesquelles il circule. Cette force est la pression artérielle. Au cours d'un effort physique, la pression artérielle augmente. Toutefois, dans de nombreuses autres situations, la pression artérielle d'un individu ne varie que dans un étroit intervalle de valeurs.

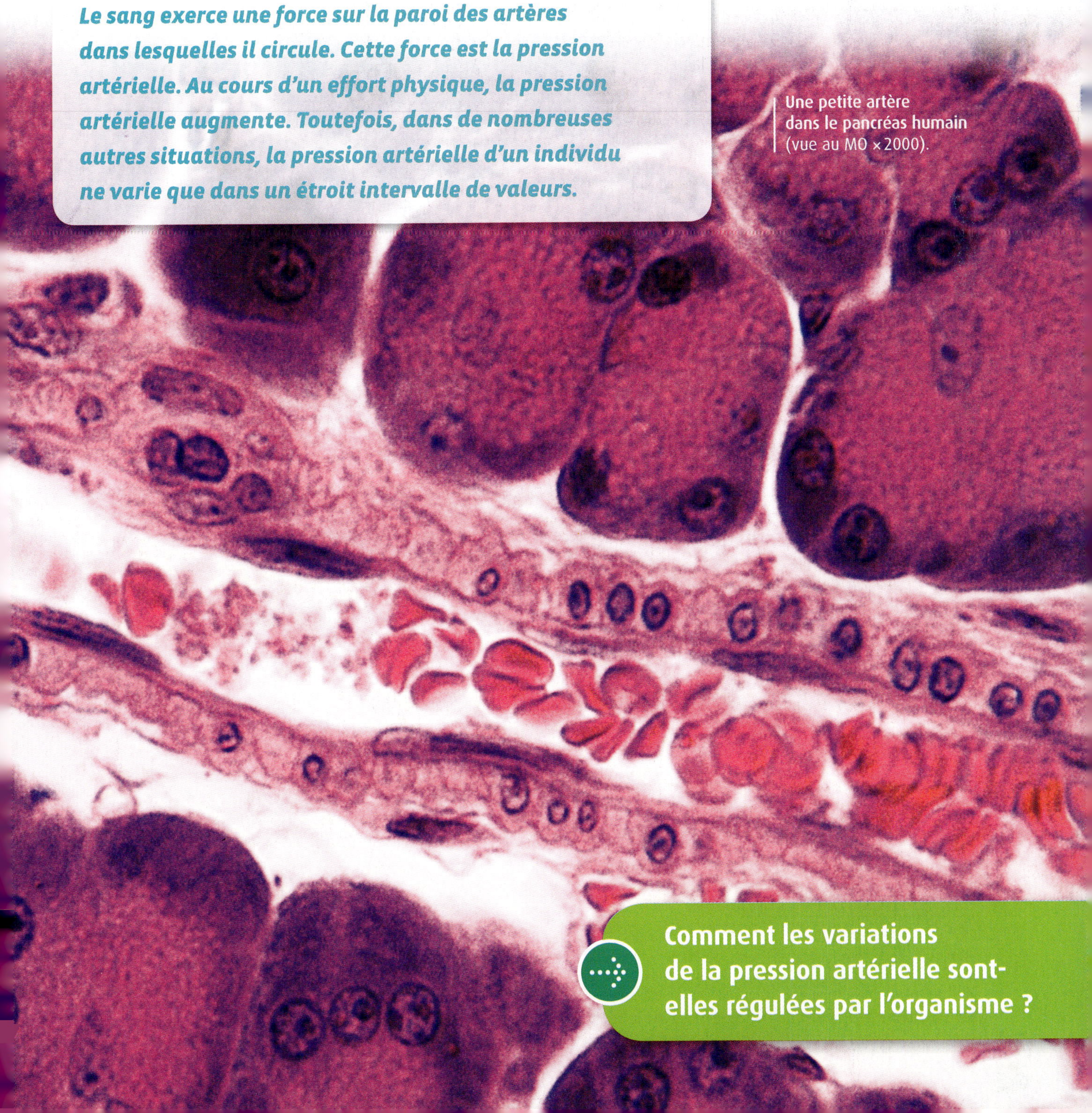

Une petite artère dans le pancréas humain (vue au MO × 2000).

Comment les variations de la pression artérielle sont-elles régulées par l'organisme ?

UNITÉ 1

La pression artérielle et ses variations

La pression artérielle est la pression que le sang exerce sur la paroi des artères. Si elle est très basse, cela peut entraîner un état de choc. Si elle est en permanence trop élevée, on parle d'hypertension. Dans les deux cas, les conséquences peuvent être graves pour l'organisme.

Comment varie la pression artérielle chez un individu ?

La mesure de la pression artérielle

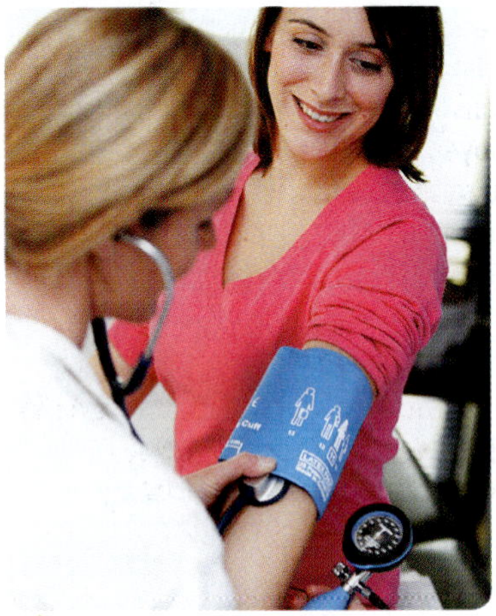

1 La prise de la pression artérielle. Le médecin mesure la pression exercée sur une artère par un brassard gonflable.

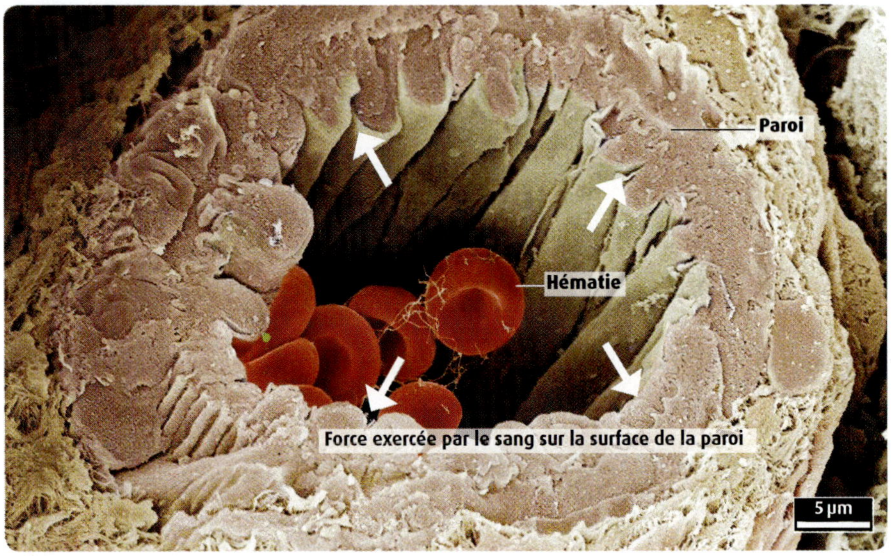

2 Une artère observée en coupe au MEB (fausses couleurs).

Interview de Catherine Amrein, médecin.

Lorsque le médecin dit qu'il va prendre votre « tension » à l'aide d'un brassard, il mesure en réalité la pression maximale et la pression minimale que le sang exerce sur la paroi de vos artères. La pression maximale, ou systolique, est la pression existant au moment de la contraction cardiaque. Elle est d'environ 120 mm Hg*. La pression minimale, ou diastolique, est celle mesurée entre deux contractions cardiaques. Elle vaut en moyenne 80 mm Hg*. La pression artérielle est fonction de la force contractile du cœur et de l'élasticité des artères. Ses valeurs varient selon chaque individu, en fonction de l'âge ou en cas de maladie comme l'hypertension.

* mm Hg : millimètre de mercure.

3 Qu'est-ce que la pression artérielle ?

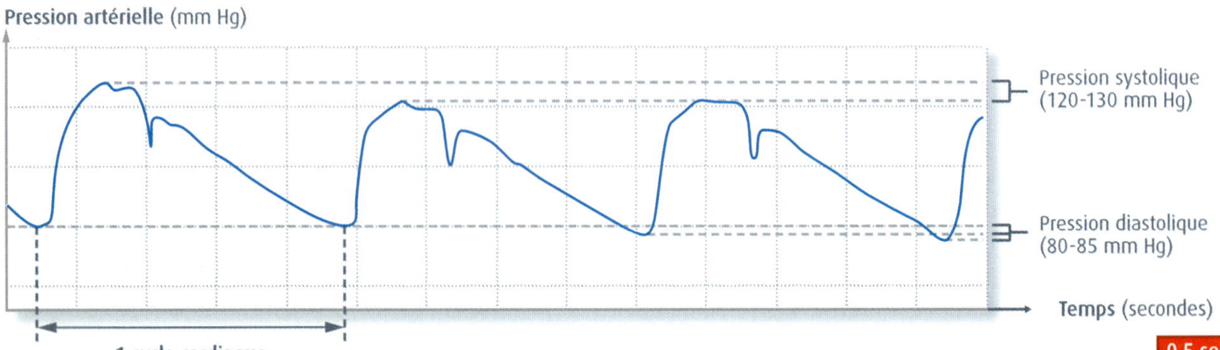

4 Évolution de la pression artérielle au cours de plusieurs cycles cardiaques chez un homme, au repos.

Les variations de la pression artérielle

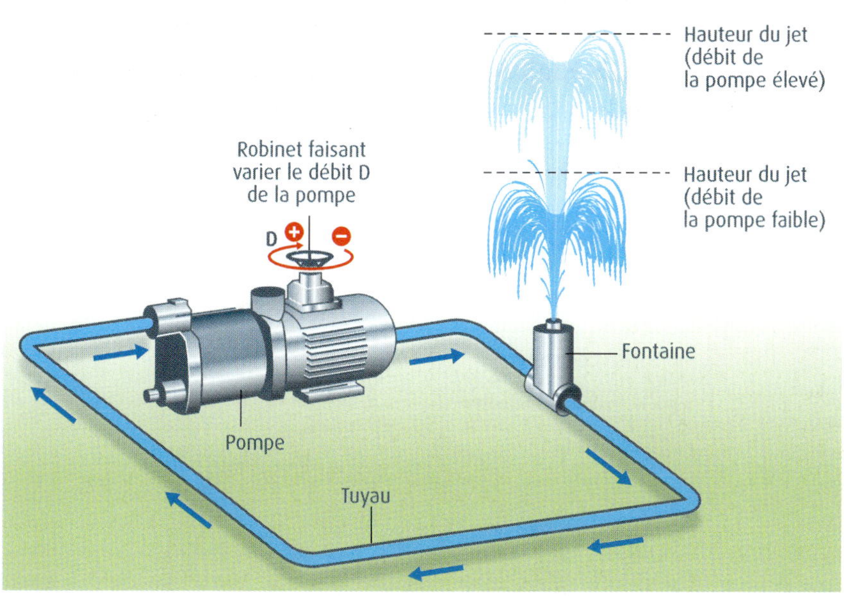

5 **Modélisation du débit sanguin et de la pression artérielle.** L'appareil circulatoire peut être comparé au circuit hydraulique d'une fontaine. Ce circuit comporte une pompe (elle modélise le cœur) qui propulse l'eau (elle modélise le sang) dans un tuyau (il modélise les vaisseaux sanguins). L'eau jaillit par un orifice avant d'être recyclée vers la pompe. Plus le débit de la pompe est important, plus la pression est forte dans le tuyau, plus la hauteur du jet d'eau est élevée. Dans l'organisme, la pression artérielle moyenne (PAM) dépend du débit du sang dans les artères (D) et de la résistance (R) qu'opposent les artères à l'écoulement sanguin : PAM = D × R.

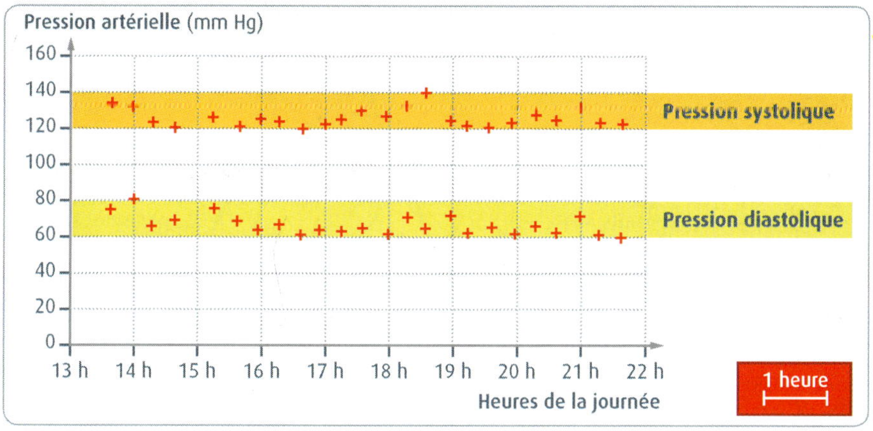

6 **Évolution de la pression artérielle entre 13 et 22 heures chez un adulte en bonne santé.**

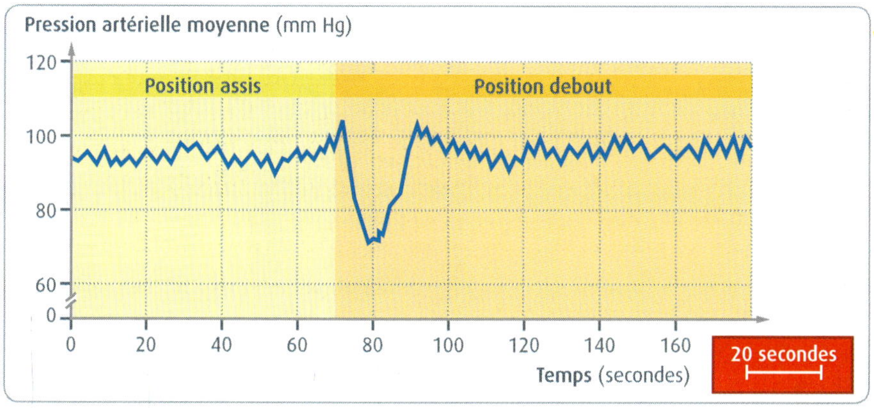

7 **Évolution de la pression artérielle moyenne lors du passage de la position « assis » à la position « debout ».** Lors de ce mouvement, le sang s'accumule dans les jambes, d'où une baisse transitoire de pression artérielle dans les vaisseaux sanguins de la partie supérieure du corps. La pression artérielle moyenne (PAM) est calculée à partir de la pression systolique (PS) et de la pression diastolique (PD) : PAM = PS + [2PD/3].

ACTIVITÉS

1 **DOC. 1 À 4.** Décrivez l'évolution de la pression artérielle au cours d'un cycle cardiaque.

2 **DOC. 5.** Indiquez quelle grandeur du circuit hydraulique modélise la valeur de la pression artérielle. Précisez pourquoi on peut mesurer cette pression en millimètres de mercure.

3 **DOC. 6 ET 7.** Analysez l'évolution de la pression artérielle entre 13 h et 22 h et lors du passage de la position « assis » à la position « debout ». Montrez alors que cette grandeur est régulée.

4 **DOC. 5.** En utilisant les acquis du chapitre précédent, montrez que la pression artérielle dépend de la fréquence cardiaque.

5 **EN CONCLUSION.** Montrez que la pression artérielle est une grandeur stable et régulée.

Voir Dico des SVT p. 260

UNITÉ 2

La régulation de la pression artérielle

La pression artérielle varie dans un étroit intervalle de valeurs. Lorsqu'elle s'écarte de ces valeurs, des mécanismes physiologiques se déclenchent et corrigent ces variations. La pression artérielle est donc une grandeur stable et régulée.

Comment l'organisme répond-il aux variations de pression artérielle ?

Des expériences historiques

HISTOIRE DES SCIENCES

En 1866, Carl Ludwig et Elias Cyon montrent que, chez un lapin, la stimulation d'un nerf situé dans la région du cou provoque une baisse de la pression artérielle et un ralentissement du rythme cardiaque. Leurs travaux sont poursuivis dans les années 1920 par Heinrich Hering, qui porte son attention sur une région particulière des deux artères irriguant la tête (les artères carotides) : les sinus carotidiens, localisés dans le cou.

D'après Rémi Cadet, *L'invention de la physiologie*, Belin-Pour La Science, 2008.

1 La mise en évidence d'une régulation nerveuse de la pression artérielle.

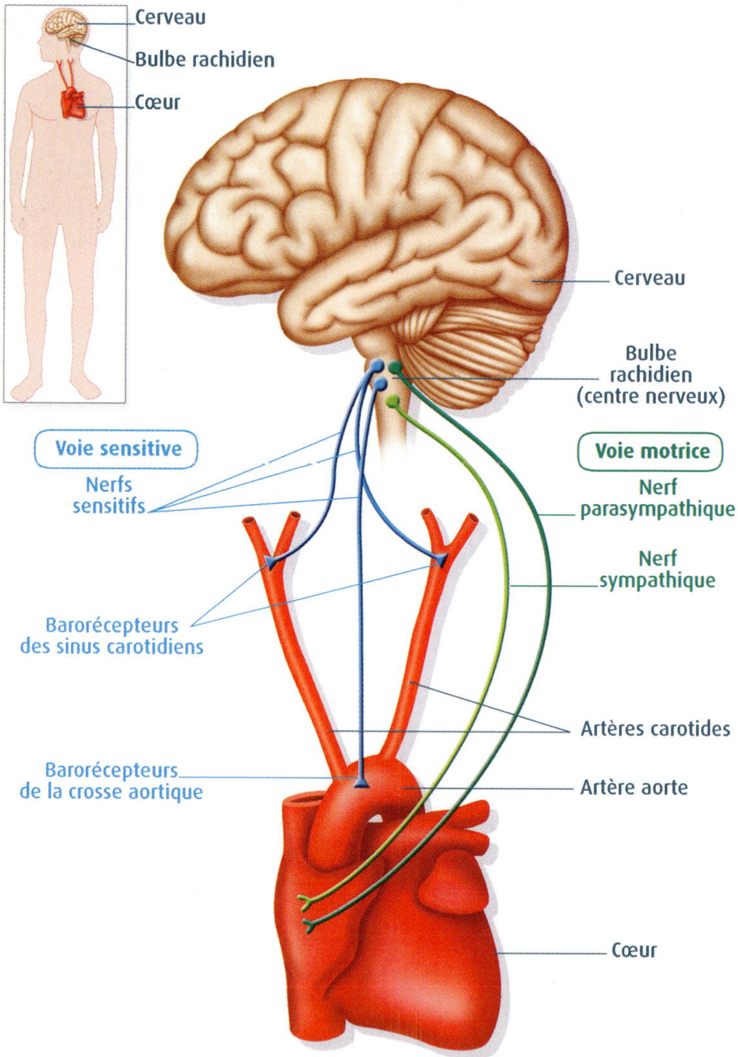

2 L'innervation de l'artère aorte, des artères carotides et du cœur.
Le bulbe rachidien est un centre nerveux : il reçoit, par des voies sensitives, des messages nerveux en provenance de l'organisme et émet, par des voies motrices, d'autres messages nerveux vers divers organes. Les sinus carotidiens et la crosse aortique contiennent des récepteurs appelés barorécepteurs (du grec *baros*, « pesanteur »).

3 L'expérience de Heinrich Hering (1923).
Chez un chien anesthésié, Hering coupe le nerf connecté au sinus carotidien droit. Il pince ensuite l'artère carotide droite juste avant le sinus droit (①). Enfin, il pince l'artère carotide gauche juste avant le sinus gauche (②). Pendant toute la durée de l'expérience, Hering enregistre la pression artérielle dans la circulation générale (dans l'artère de la cuisse). Un pincement de la carotide avant un sinus provoque une baisse de la pression artérielle au niveau de ce sinus.

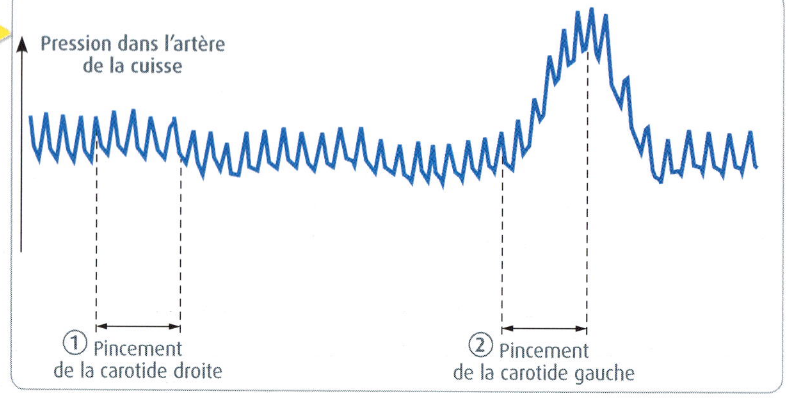

La réponse aux variations de pression artérielle

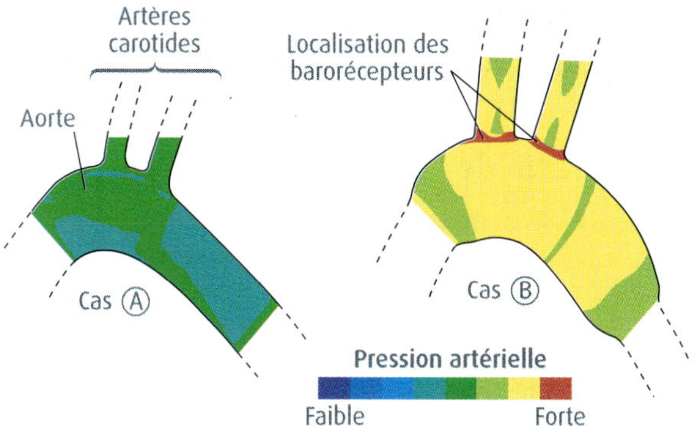

Activité du nerf relié aux barorécepteurs	Cas Ⓐ	Cas Ⓑ
	Faible	Forte

4 Pression artérielle dans la crosse aortique et activité nerveuse. Des pressions artérielles variables sont appliquées à la crosse aortique et l'activité des nerfs reliés aux barorécepteurs est enregistrée.

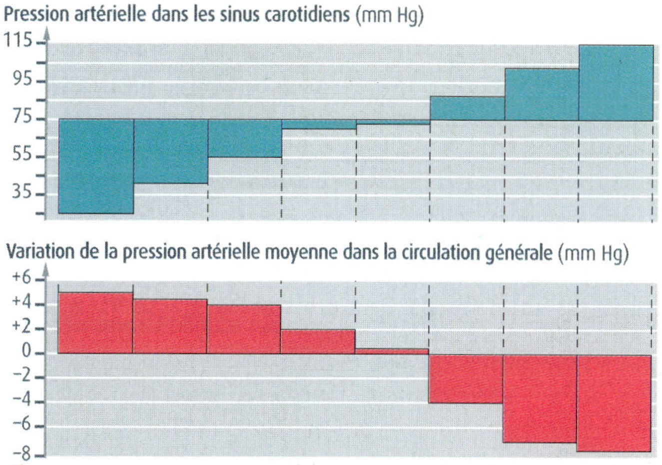

5 Conséquences des variations de pression artérielle dans les sinus carotidiens sur la pression artérielle dans la circulation générale.

Pression artérielle dans les sinus carotidiens	faible	normale	élevée
Activité du nerf sympathique	+++++	+++	++
Activité du nerf parasympathique	+	+++	+++++
+ activité faible ; +++++ activité forte			

6 Pression artérielle dans les sinus carotidiens et activité des nerfs sympathique et parasympathique cardiaques (voir doc. 2).

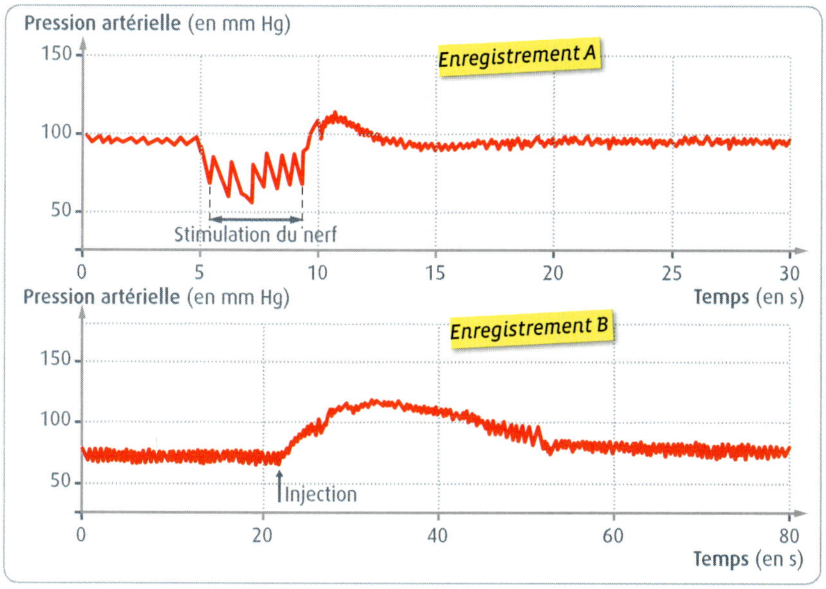

7 Évolution de la pression artérielle selon l'activité des nerfs sympathique et parasympathique cardiaques. Chez un rat anesthésié, le nerf parasympathique est tout d'abord stimulé (enregistrement A). L'action du nerf sympathique sur le cœur est ensuite mimée grâce à l'injection d'une substance chimique (enregistrement B).

ACTIVITÉS

❶ **DOC. 1.** Montrez que la pression artérielle est sous le contrôle du système nerveux.

❷ **DOC. 2 ET 3.** Émettez une hypothèse sur le rôle des barorécepteurs.

❸ **DOC. 4 ET 5.** Testez votre hypothèse et concluez sur l'activité des barorécepteurs.

❹ **DOC. 6 ET 7.** Concluez sur le rôle des messages nerveux transmis par les nerfs sympathique et parasympathique cardiaques.

❺ **EN CONCLUSION.** En utilisant le doc. 2, résumez sous la forme de schémas fonctionnels les événements déclenchés soit par une baisse, soit par une hausse de la pression artérielle détectée par les barorécepteurs.

Voir Dico des SVT p. 260

UNITÉ 3

Activité cardiaque et régulation de la pression artérielle

Grâce aux barorécepteurs, au bulbe rachidien et aux nerfs cardiaques, une hausse de la pression artérielle au niveau des barorécepteurs induit une baisse de la pression artérielle dans la circulation générale, et inversement. Ces phénomènes forment une boucle de régulation.

Comment cette boucle de régulation maintient-elle la pression artérielle à une valeur stable ?

Comprendre la régulation de l'activité cardiaque

	Témoin	Nerf parasympathique stimulé	Nerfs sympathique stimulé	Nerf parasympathique sectionné	Nerfs sympathique et parasympathique sectionnés
— Nerf parasympathique — Nerf sympathique	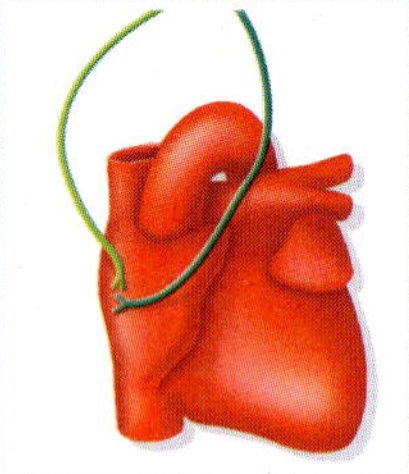	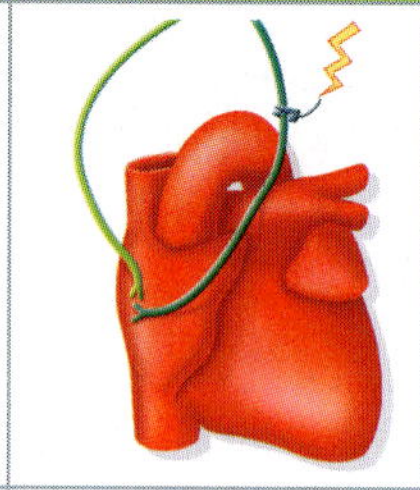	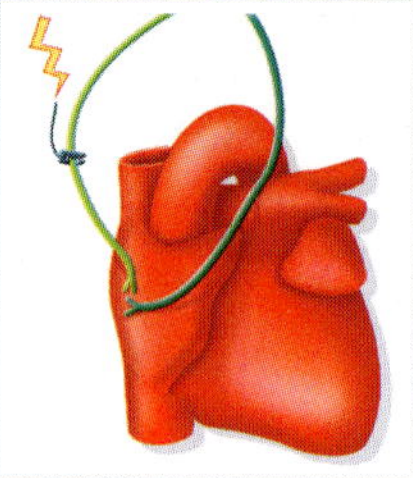	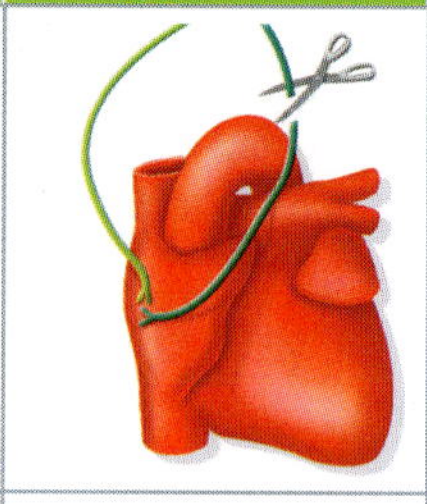	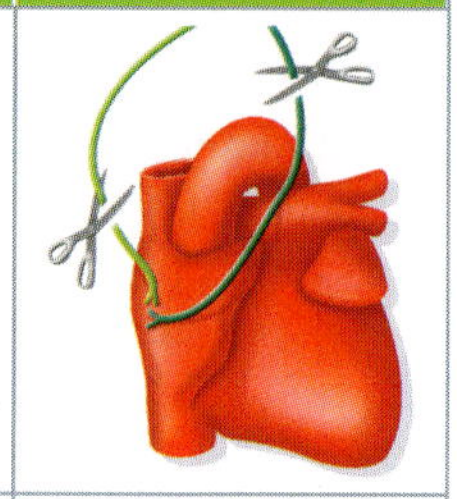
Fréquence cardiaque (batt.min^{-1})	270	100	330	350	300

1 Mesure de la fréquence cardiaque chez un lapin anesthésié en fonction de diverses conditions expérimentales.

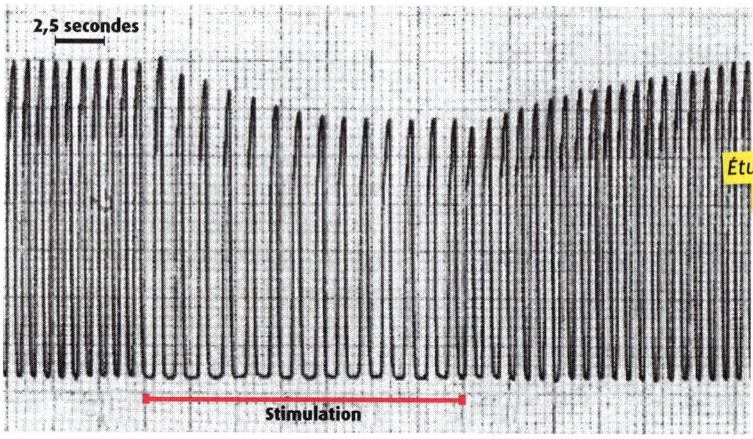

Étude du nerf cardiaque parasympathique

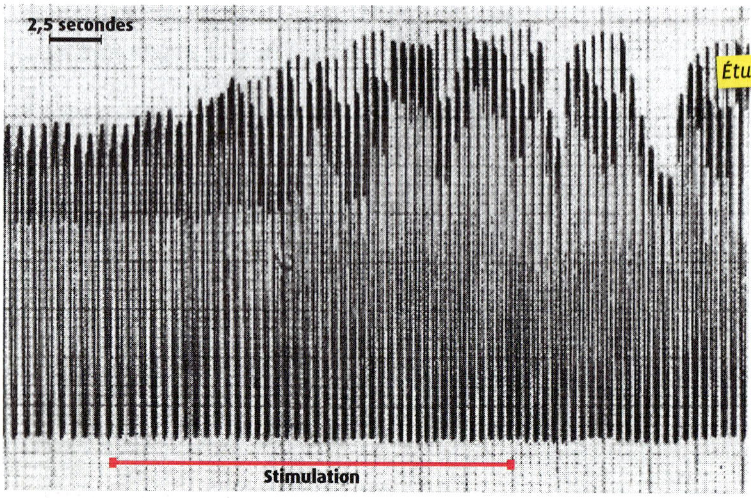

Étude du nerf cardiaque sympathique

2 Effets de la stimulation des nerfs parasympathique et sympathique sur l'activité cardiaque.
Des électrodes stimulatrices sont placées sur le nerf parasympathique ou sur le nerf sympathique d'un animal. Un dispositif d'enregistrement permet de suivre les contractions cardiaques (un pic par battement) avant, pendant et après stimulation.

Modéliser le fonctionnement d'une boucle de régulation

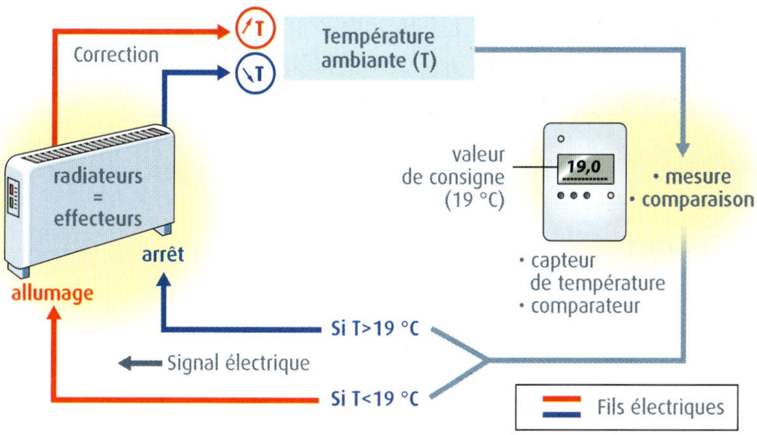

3 Exemple de boucle de régulation : le thermostat. Ce dispositif permet le maintien de la température d'une pièce à une valeur dite de consigne (ici, 19 °C). Un capteur mesure en permanence la valeur de la température de la pièce (T). Un comparateur compare cette valeur à celle de la température de consigne. Un effecteur réalise la correction de température.

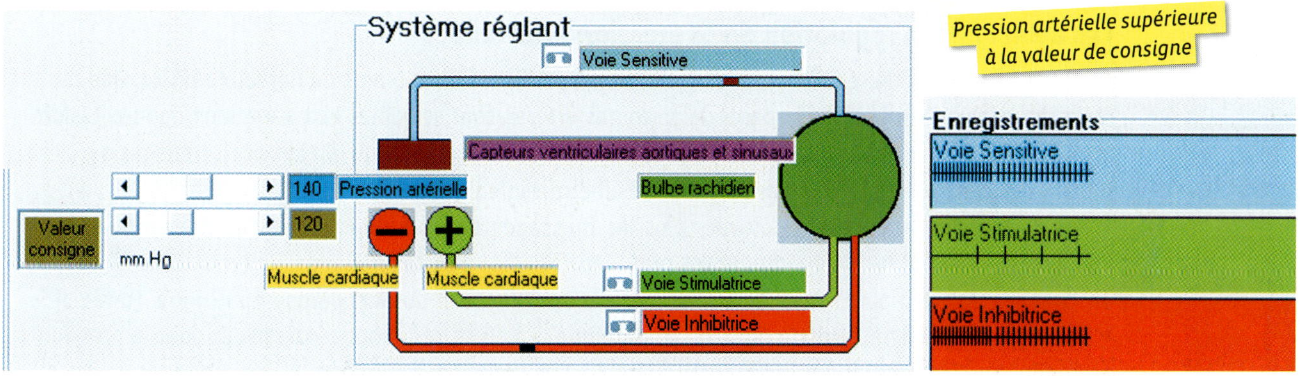

Pression artérielle supérieure à la valeur de consigne

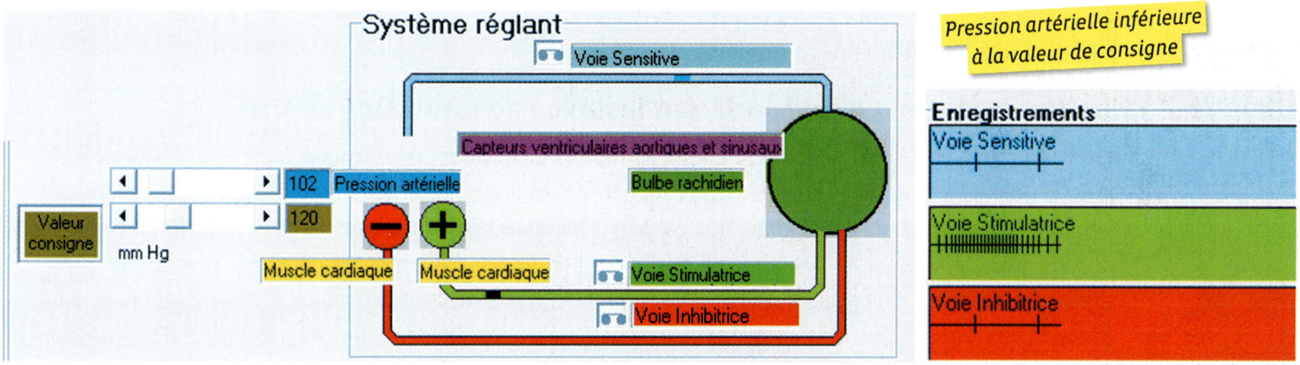

Pression artérielle inférieure à la valeur de consigne

4 Modélisation de l'activité de la boucle de régulation de la pression artérielle. Cette boucle permet le maintien de la pression artérielle autour d'une valeur de consigne qui dépend de l'état d'activité de l'organisme. Pendant toute la durée d'un effort physique, la valeur de consigne augmente. La pression artérielle est alors maintenue à une valeur plus élevée que celle mesurée au repos.

J'UTILISE UN LOGICIEL

- *Téléchargez le logiciel* ***« Systèmes de régulation »*** *sur le site www.pedagogie.ac-nantes.fr.*
- *Fixez une valeur de consigne et modifiez la valeur réglée.*
- *Observez l'évolution de l'activité nerveuse dans les voies sensitives et motrices (la fréquence des tirets est proportionnelle à l'activité des nerfs).*

ACTIVITÉS

1 **DOC. 1 ET 2.** Identifiez le rôle de chaque nerf sur l'activité cardiaque. Précisez comment ces nerfs assurent la régulation de la pression artérielle.

2 **DOC. 3 ET 4.** Identifiez, dans le cas de la boucle de régulation de la pression artérielle, les éléments qui jouent le même rôle que les éléments du thermostat : capteur-comparateur, fils électriques et effecteur.

3 **DOC. 3 ET 4.** En vous fondant sur l'exemple du thermostat, construisez un schéma de la boucle de régulation de la pression artérielle.

4 **EN CONCLUSION.** Expliquez comment la boucle de régulation de la pression artérielle permet son maintien à une valeur stable.

Voir Dico des SVT p. 260

BILAN

CHAPITRE 3

La pression artérielle, une grandeur régulée

Les connaissances

La stabilité de la pression artérielle

• La **pression artérielle** est la force exercée par le sang sur la paroi des artères. Elle est proportionnelle au débit cardiaque et donc à la fréquence cardiaque. **[Unité 1]**

• La pression artérielle est le plus souvent maintenue dans d'étroites limites autour d'une valeur moyenne (appelée **valeur de consigne** , qui peut augmenter à l'effort). Cette stabilité implique l'existence de systèmes de régulation de la pression artérielle. **[Unité 1]**

Les acteurs de la régulation de la pression artérielle

• L'un des systèmes de régulation de la pression artérielle est un mécanisme nerveux réflexe. Des capteurs de pression situés dans la paroi de certaines artères sont sensibles aux variations de la pression artérielle : ce sont les **barorécepteurs**. Ils produisent un message nerveux (dit sensitif), transmis par des nerfs à des **centres nerveux** localisés dans le bulbe rachidien. **[Unité 2]**

• Plus la pression artérielle est élevée, plus les messages nerveux émis par les barorécepteurs sont importants. Le bulbe rachidien intègre ces messages et émet d'autres messages nerveux (dits moteurs) en direction du cœur par l'intermédiaire du **nerf sympathique** et du **nerf parasympathique**. **[Unité 2]**

• Une augmentation de l'activité du nerf sympathique accroît la fréquence cardiaque et donc la pression artérielle. Une augmentation de l'activité du nerf parasympathique diminue la fréquence cardiaque et donc la pression artérielle. Le cœur est un organe qui permet les modifications de la valeur de la pression artérielle : on le qualifie d'**effecteur**. **[Unités 2 et 3]**

Le fonctionnement de la boucle de régulation de la pression artérielle

• Une augmentation de la pression artérielle au-dessus de la valeur de consigne captée par les barorécepteurs entraîne une augmentation des messages nerveux parasympathiques et une diminution des messages nerveux sympathiques. La fréquence cardiaque diminue alors et la pression artérielle fait de même, ce qui permet son retour à la valeur de consigne. Le phénomène inverse se produit si la pression artérielle diminue en dessous de la valeur de consigne (diminution des messages nerveux parasympathiques, augmentation des messages nerveux sympathiques, augmentation de la fréquence cardiaque et de la pression artérielle). **[Unités 2 et 3]**

• Ces mécanismes constituent une **boucle de régulation**. Ils permettent le maintien de la pression artérielle autour de la valeur de consigne. Au cours d'un effort physique, cette valeur de consigne est plus élevée qu'au repos, mais toujours régulée. **[Unité 3]**

Les capacités et attitudes

▸ Extraire des informations afin de montrer que la pression artérielle est une grandeur régulée **[Unité 1]**

▸ Représenter sous la forme de schémas fonctionnels les événements déclenchés par une hausse ou une baisse de la pression artérielle **[Unité 2]**

▸ Utiliser un logiciel pour modéliser le fonctionnement de la boucle de régulation de la pression artérielle **[Unité 3]**

▸ **Définir :** **barorécepteur** · **boucle de régulation** · **centre nerveux bulbaire** · **effecteur** · **nerf parasympathique** · **nerf sympathique** · **pression artérielle** · **valeur de consigne**

Voir Dico des SVT p. 260

L'essentiel par l'image

La pression artérielle, une grandeur régulée

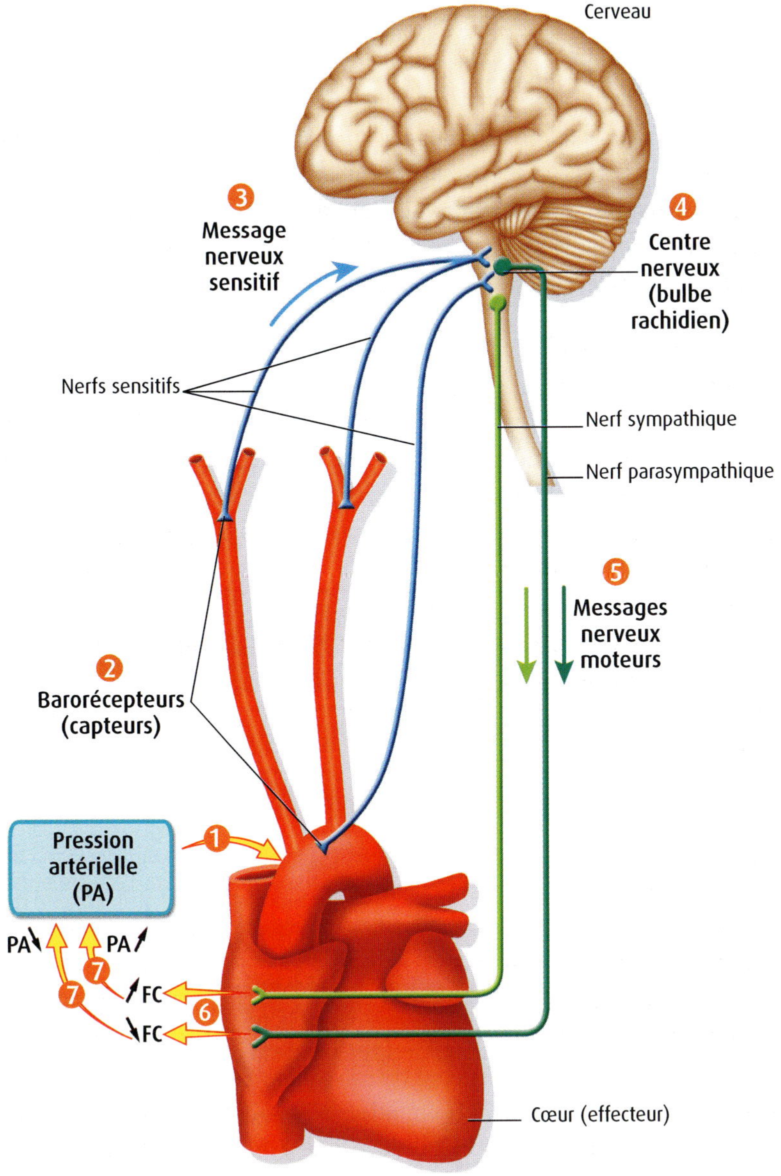

Pression artérielle (PA)
= fréquence cardiaque (FC)
× volume d'éjection systolique
× résistance des vaisseaux

1. Variation de la pression artérielle
2. Détection par les barorécepteurs
3. Émission d'un message nerveux sensitif
4. Intégration par le centre nerveux (bulbe rachidien)
5. Émission de messages nerveux moteurs (nerf sympathique et nerf parasympathique)
6. Modification de l'activité de l'effecteur (fréquence cardiaque)
7. Correction de la variation de la pression artérielle

L'essentiel par le texte

> La pression artérielle est une grandeur contrôlée par plusieurs paramètres, dont la fréquence cardiaque.

> Les barorécepteurs détectent les variations de pression artérielle et transmettent un message nerveux vers le bulbe rachidien. Ce dernier module l'activité du cœur grâce à des messages transmis par les nerfs sympathiques et parasympathique. Les variations de pression artérielle sont ainsi corrigées. Cette boucle de régulation maintient la pression artérielle dans d'étroites limites autour d'une certaine valeur. À l'effort, cette valeur, dite de consigne, est modifiée.

EXERCICES

évaluer ses connaissances

1 Vrai ou faux ?

Identifiez les affirmations fausses et rectifiez-les.

a. La pression artérielle est uniquement contrôlée lors d'un effort physique.

b. Les barorécepteurs sont des capteurs sensibles à toute variation de la valeur de la pression artérielle.

c. Le nerf sympathique est le seul à transmettre vers le cœur des messages capables de faire varier la valeur de la pression artérielle.

2 Qui suis-je ?

1. Je suis le volume d'un liquide qui s'écoule par unité de temps.
2. Je suis la force exercée sur la paroi d'une artère par unité de surface.
3. Je suis la zone nerveuse qui intègre les informations issues des barorécepteurs.

3 QCM

Pour chaque proposition, identifiez la (ou les) bonne(s) réponse(s).

1. Le centre bulbaire est :
a. un organe du système nerveux qui participe à la régulation de la pression artérielle.
b. une région localisée dans le cœur.
c. un organe qui envoie des informations au cœur par l'intermédiaire de nerfs.

2. La boucle de contrôle de la fréquence cardiaque :
a. agit de façon réflexe.
b. agit sur la valeur du débit cardiaque et donc sur la valeur de la pression artérielle.
c. relie par des nerfs sympathiques les barorécepteurs au centre bulbaire.

s'entraîner avec un exercice guidé

4 L'effet des nerfs sur la pression artérielle

Des activations ou des inhibitions du nerf sympathique ou du nerf parasympathique sont effectuées chez un chat. L'activation est réalisée grâce à de courtes stimulations électriques du nerf. L'inhibition est obtenue grâce à la section du nerf. Pendant toute l'expérience, on enregistre la fréquence cardiaque et la pression artérielle.

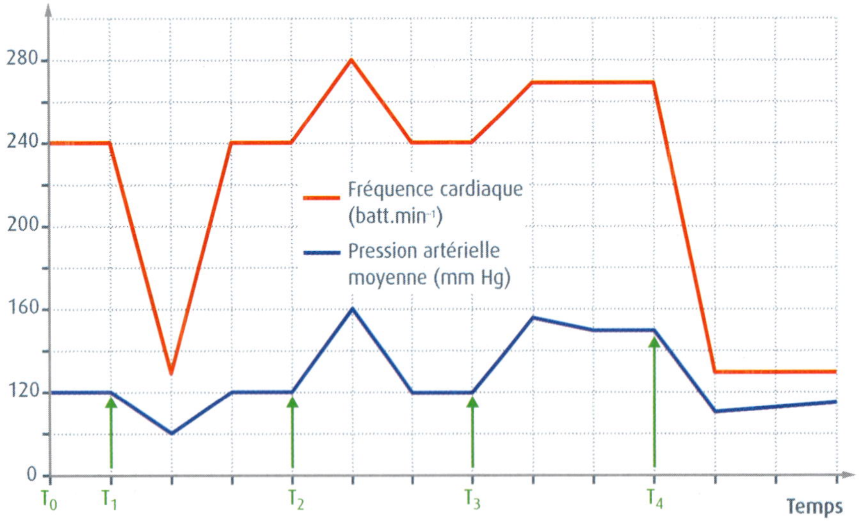

1. Évolution de la fréquence cardiaque et de la pression artérielle d'un chat au repos (T_0) et après différentes actions expérimentales (T_1 à T_4). Les flèches indiquent le moment où une action (stimulation ou section) est réalisée.

Un peu d'aide

• Saisir des informations
Identifiez les valeurs témoins de la fréquence cardiaque et de la pression artérielle, et les variations par rapport à ces valeurs témoins.

• Raisonner
– Prenez en compte le fait que l'activation d'un nerf a un effet réversible (lorsque la stimulation s'arrête, la fréquence cardiaque et la pression artérielle reviennent à leur valeur initiale), alors que la section est irréversible.
– Pensez que lorsqu'un nerf est activé ou inhibé, l'autre nerf continue à fonctionner normalement.

QUESTION Pour chaque flèche (T_1 à T_4), déterminez le nerf impliqué et l'action expérimentale qui a été réalisée.

Appliquer ses connaissances

5 Des capteurs de pression dans les artères carotides

Saisir les informations d'un graphique dans un but argumentatif

Chez un animal, une pince est placée sur une artère carotide pendant 7 jours, puis enlevée. Durant toute l'expérience, la pression artérielle moyenne de l'animal est évaluée grâce à des mesures réalisées sur une patte, et la pression dans l'artère carotide est également mesurée.

❶ Mettez en relation les variations de la pression artérielle moyenne et celle de la pression artérielle dans la carotide.
❷ Montrez que ces enregistrements confirment la localisation carotidienne des capteurs de pression artérielle.
❸ Expliquez comment ces capteurs permettent de maintenir la pression artérielle à une valeur constante.

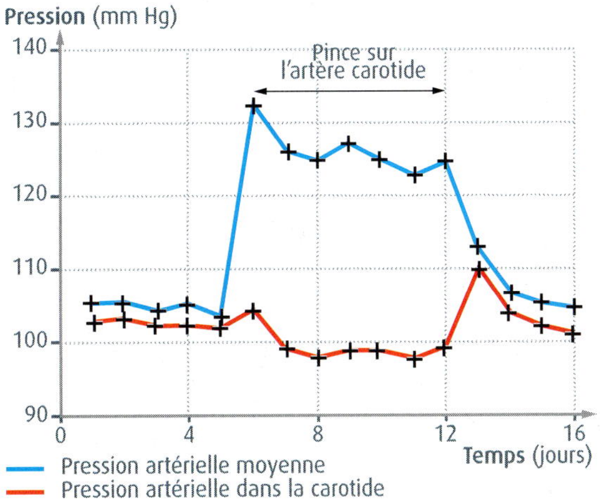

1. Évolution de la pression artérielle au cours de l'expérience.

6 Le rôle du bulbe rachidien dans la régulation de la pression artérielle

Organiser des informations et raisonner

On étudie une région du bulbe rachidien qui semble impliquée dans le contrôle de la pression artérielle. Pour cela, une augmentation expérimentale de la pression artérielle au niveau des barorécepteurs est réalisée chez des animaux avant (cas A) et après (cas B) inhibition de l'activité de la région bulbaire concernée. En parallèle, des mesures de l'activité du nerf sympathique et de la fréquence cardiaque sont réalisées.

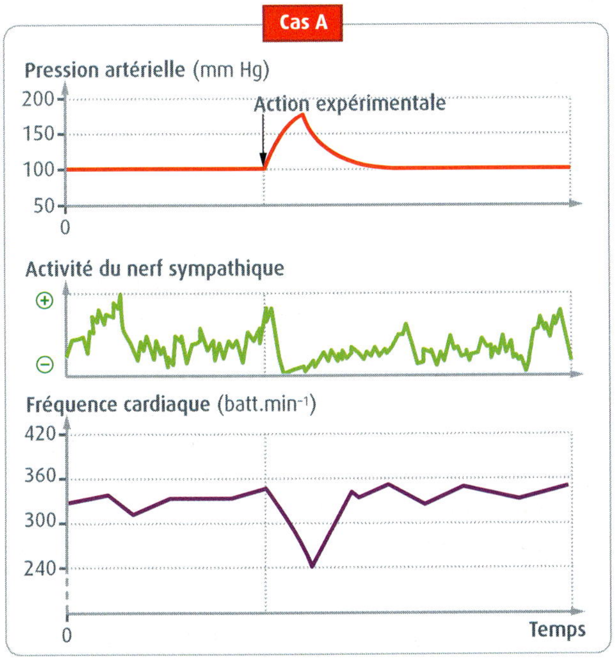

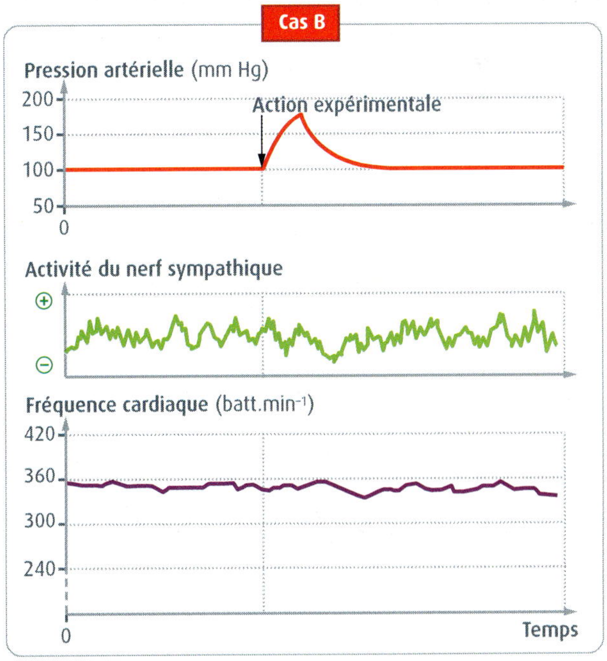

1. Évolution de la pression artérielle, de l'activité du nerf sympathique et de la fréquence cardiaque au cours de l'expérience.

● À partir de l'étude des données de l'expérience et de vos connaissances, rappelez le rôle du bulbe rachidien dans la régulation de la pression artérielle et montrez que la région bulbaire étudiée est capable d'apporter une réponse adaptée à des variations de pression artérielle.

ATELIERS D'EXPLORATION

DÉBAT Tension et sel : deux ennemis !

Plus de 10 millions de Français ont une pression artérielle trop élevée et sont, pour cette raison, exposés à des maladies cardiovasculaires graves. Parmi les facteurs de risque associés à l'hypertension artérielle figurent l'âge, le stress ou encore le mode d'alimentation.

ACTIVITÉS

Faut-il réduire sa consommation de sel ? Pour répondre à cette question, organisez et participez à un débat en classe en répartissant les rôles par binômes.

Votre rôle : vous êtes...	Votre mission consiste à...
Médecin	Expliquer les risques d'une hypertension artérielle pour la santé.
Consommateur	Comparer votre propre consommation quotidienne de sel à l'apport journalier recommandé.
Journaliste	Enquêter sur les aliments les plus riches en sel.
Responsable politique	Rédiger un message à l'attention de la population pour l'inciter à adopter des habitudes de vie qui préviennent l'hypertension.
Citoyen présent dans le public	Écouter les arguments des uns et des autres, leur poser des questions et exprimer son opinion.

• **Avant le débat :** les uns et les autres préparent leurs arguments, les citoyens se renseignent sur le sujet pour être capables de prendre part au débat.

• **Pendant le débat :** le professeur anime le débat, chacun présente ses travaux, et en discute, de façon argumentée, avec le public.

La consommation excessive de sel affecte la boucle de régulation de la pression artérielle.

POUR VOUS GUIDER B2i

- www.afssa.fr/TableCIQUAL
- www.mangerbouger.fr

SCIENCE IN ENGLISH What do systolic pressure and diastolic pressure mean?

http://library.med.utah.edu/kw/pharm/hyper_heart1.html B2i

Each time the heart beats (about 60-70 times a minute at rest), it pumps out blood into the arteries. Your blood pressure is at its highest when your heart is beating and pumping the blood out: this is called systolic pressure. When the heart is at rest, between two beats, your blood pressure falls: that is the diastolic pressure.

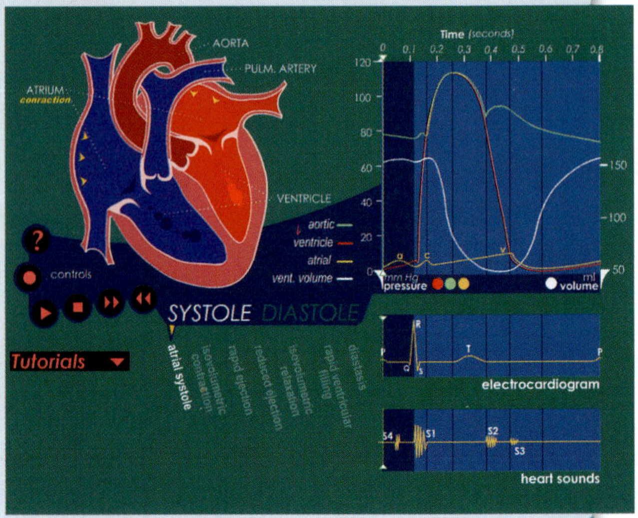

YOUR TURN NOW!

1. Use the information available on the website. Explain the blood flow during the systole and the diastole.
2. For each phase of a heartbeat, compare the blood pressure in the aorta and in the ventricle.

USEFUL TIP

- If there are words that you don't understand, you can use a French-English dictionary on-line (www.macmillandictionary.com).

EXERCICE DE MÉTHODE

Thème 3 : Corps humain et santé : l'exercice physique

Analyser un enregistrement physiologique

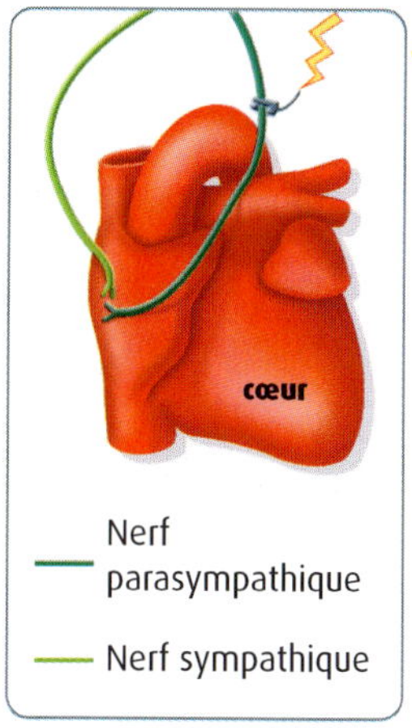

1 Schéma de l'expérience réalisée.

Je note l'échelle de temps.

Je compte le nombre de contractions cardiaques (= de pics) pendant un intervalle de temps donné afin de calculer une fréquence cardiaque.

Je mesure l'amplitude des contractions cardiaques en ordonnée.

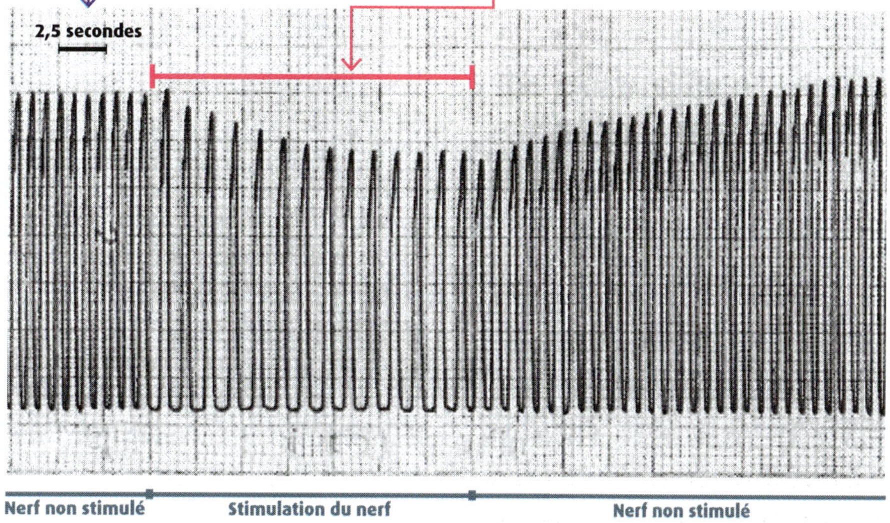

Je note les différents moments de l'expérience.

2 Évolution de l'activité cardiaque avant, pendant et après stimulation du nerf parasympathique.

QUESTIONS

1. Décrivez les effets de la stimulation du nerf parasympathique sur l'activité cardiaque.
2. Calculez la variation de fréquence cardiaque provoquée par la stimulation du nerf.
3. Indiquez comment l'action du nerf parasympathique contribue à la stabilité de la pression artérielle.

Des conseils pour répondre

1. Pour chacun des moments de l'expérience, décrivez les différents paramètres cardiaques que vous pouvez analyser : amplitude et fréquence des contractions.
2. Pour chaque phase de l'expérience :
   - Calculez la durée D (en secondes) de la phase considérée à l'aide l'échelle de temps
   - Comptez le nombre N de contractions
   - Déduisez-en la fréquence F des contractions en battements par minute : $F = (N/D) \times 60$
3. Mobilisez vos connaissances sur la boucle de régulation de la pression artérielle.

SOMMAIRE

B. Pratiquer une activité physique en préservant sa santé

CHAPITRE 4

Le système musculo-articulaire et sa fragilité

Le sport nécessite des mouvements du corps précis, coordonnés et d'une grande puissance. Les sportifs redoutent les blessures qui leur imposent parfois de longues périodes de repos. Ces blessures révèlent la nature des organes impliqués dans la mise en mouvement du corps, qui constituent le système musculo-articulaire.

Deux judokas s'affrontent (quart de finale du tournoi de Tokyo, 2009).

Quels sont les organes du système musculo-articulaire ? Comment assurent-ils la mise en mouvement du corps ?

UNITÉ 1

Les organes du mouvement et leurs blessures

Les sportifs de haut niveau sont victimes de différents types de blessures liées à la pratique intensive de leur discipline. L'étude de ces blessures aide à connaître les organes impliqués dans un mouvement.

Quels sont les organes qui assurent les mouvements du corps ?

Comprendre les blessures des sprinteurs

1 Usain Bolt, l'homme le plus rapide du monde (9'58" sur 100 mètres, en 2009), au départ d'une course.
Son pied gauche est tendu, son pied droit fléchi.

Le sprint est caractérisé par une accélération très rapide : lors du départ, le coureur effectue une poussée puissante. Très souvent, les sprinters de haut niveau souffrent de blessures à la cheville, principalement au tendon d'Achille, encore appelé tendon calcanéen. Cet organe fibreux relie les muscles du mollet au pied (voir doc. 5). Le tendon d'Achille peut être anormalement gonflé : l'athlète souffre de tendinite et la marche devient douloureuse. Ce tendon peut également se rompre : bien que les muscles du mollet soient encore fonctionnels, le coureur est alors incapable de tendre le pied.

2 Les blessures du tendon d'Achille.

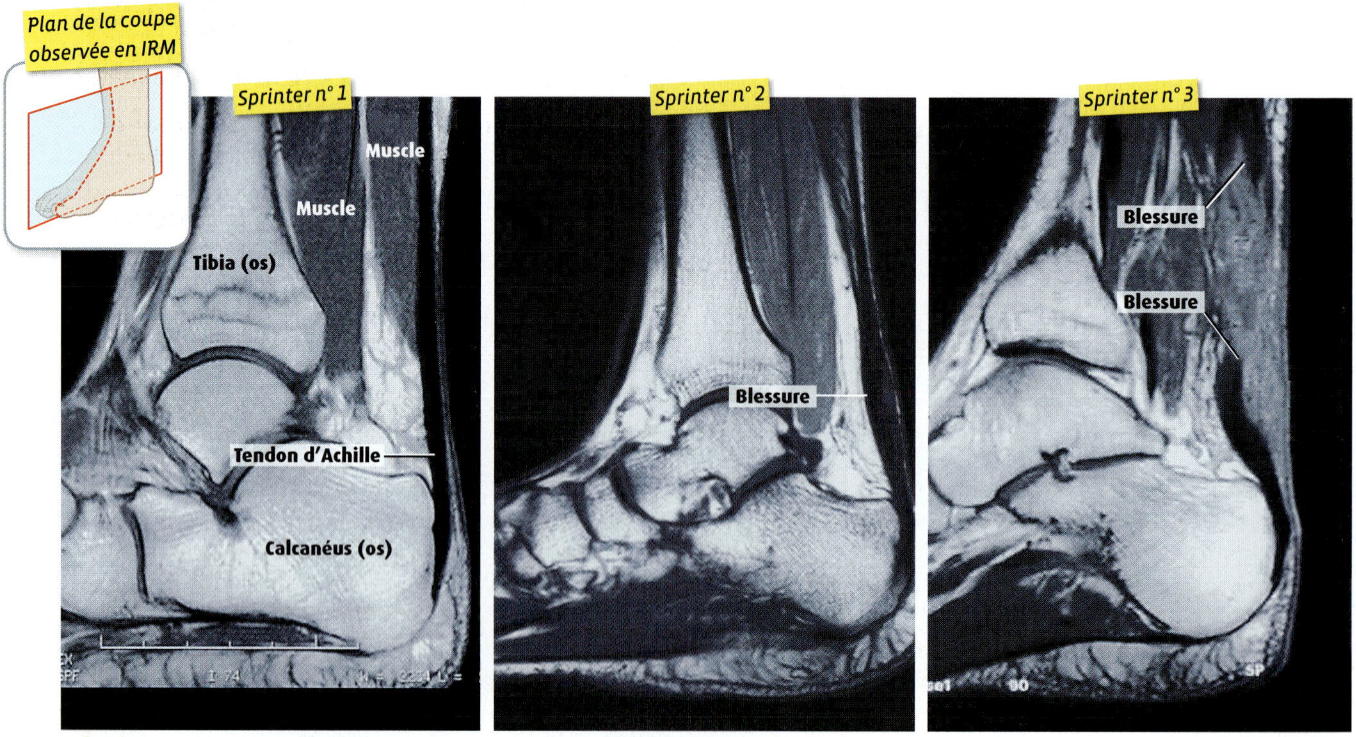

3 Des chevilles d'athlètes observées par IRM.
L'imagerie par résonance magnétique (IRM) révèle, en coupe, l'état des organes internes du corps. Les os, les muscles et les tendons y apparaissent aussi. L'IRM du sprinteur n° 1 ne révèle aucune blessure. Les sprinteurs n° 2 et n° 3 souffrent de blessures au tendon d'Achille.

Comprendre les blessures des footballeurs

Les joueurs de football doivent souvent effectuer des sprints répétés au cours desquels les quadriceps (un groupe de muscles de la cuisse, voir photo ci-contre) sont très sollicités. La contraction et le relâchement musculaires au cours d'efforts violents poussent parfois le muscle à s'étirer au-delà de sa limite d'élasticité. Dans ces conditions, le muscle peut se déchirer. Une déchirure mal soignée des quadriceps diminuera la force de ces muscles et entraînera une perte de la puissance de course. Les déchirures musculaires se définissent selon leur degré de gravité. L'élongation musculaire correspond à des micro-déchirures, alors que le claquage est une déchirure plus étendue. La rupture musculaire est, elle, une déchirure complète : elle rend impossible tout mouvement de la jambe.

4 Les déchirures musculaires.

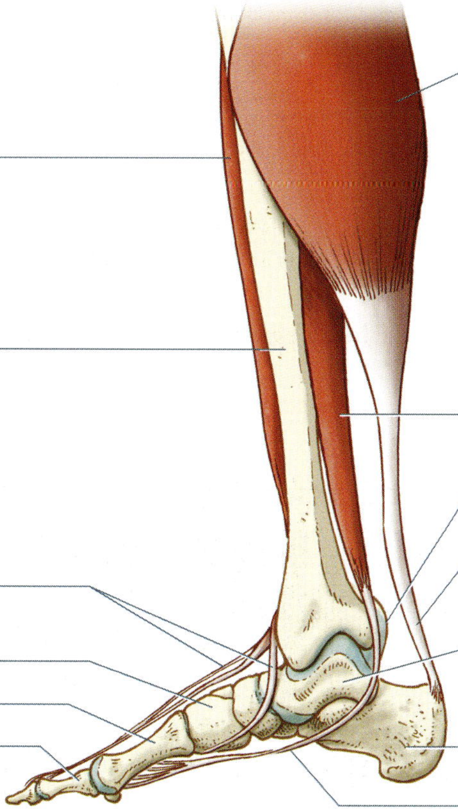

5 Schéma anatomique de la jambe et du pied humain.

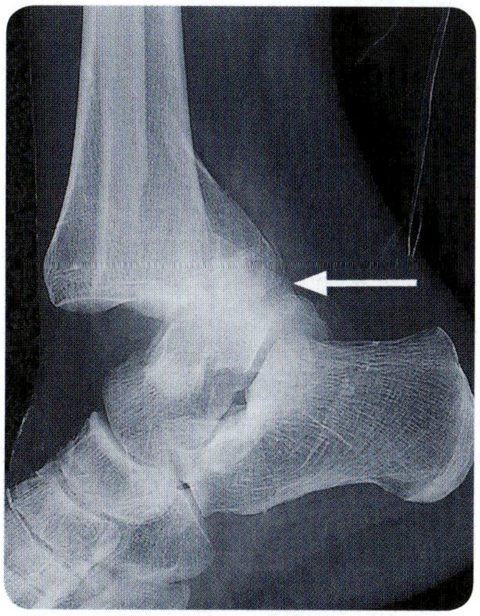

6 Radiographie aux rayons X d'une cheville d'un footballeur victime d'un mauvais tacle.
Les sports collectifs s'accompagnent de contacts parfois violents. C'est le cas des tacles au football. Grâce à la radiographie aux rayons X, les médecins peuvent observer le squelette et détecter des fractures ou des déboîtements d'articulations, appelés luxations. Lorsqu'il y a luxation, les os ne s'articulent plus et leur mouvement relatif est impossible.

ACTIVITÉS

1 DOC. 2, 3 ET 5. Précisez sur quel os du pied s'attache le tendon d'Achille et justifiez son autre appellation.

2 DOC. 1 À 3 ET 5. Diagnostiquez les types de blessures qui font souffrir les sprinteurs n° 2 et n° 3, puis déterminez le rôle du tendon d'Achille.

3 DOC. 4. Relevez les arguments qui montrent que le muscle est un organe impliqué dans le mouvement.

4 DOC. 5 ET 6. Montrez, à partir de l'identification de la blessure du footballeur (doc. 6), que l'emboîtement des os est indispensable au mouvement.

5 EN CONCLUSION. Récapitulez l'ensemble des organes qui interviennent dans le mouvement en précisant leurs relations anatomiques.

Voir Dico des SVT p. 260

UNITÉ 2

Le muscle, un organe contractile

Les os et les tendons sont indispensables à la mobilité d'une articulation. Le muscle, par sa contraction, est également un organe essentiel au mouvement.

Comment la structure d'un muscle explique-t-elle sa capacité à se contracter ?

Découvrir les muscles à différentes échelles

TP

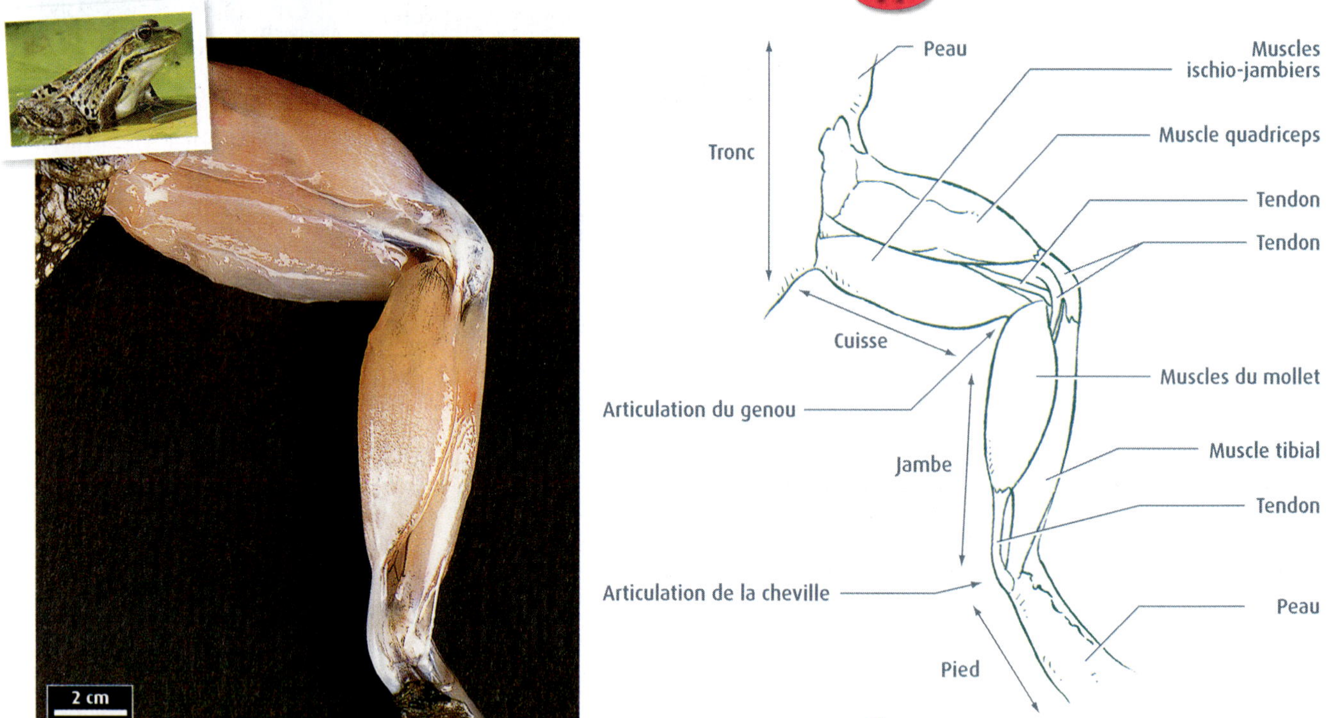

1 **Patte postérieure de grenouille écorchée en vue dorsale et dessin d'observation.**

JE MANIPULE

- *Débarrassez les pattes d'une grenouille de leur peau.*
- *Découpez avec des ciseaux un petit morceau de muscle.*
- *Observez la préparation à la loupe binoculaire.*
- *Sur une lame de verre, dilacérez à l'aide d'une aiguille le morceau de muscle dans le sens de la longueur.*
- *Écrasez légèrement votre préparation à l'aide d'une seconde lame de verre.*
- *Colorez au bleu de méthylène, montez entre lame et lamelle, puis observez au microscope optique.*

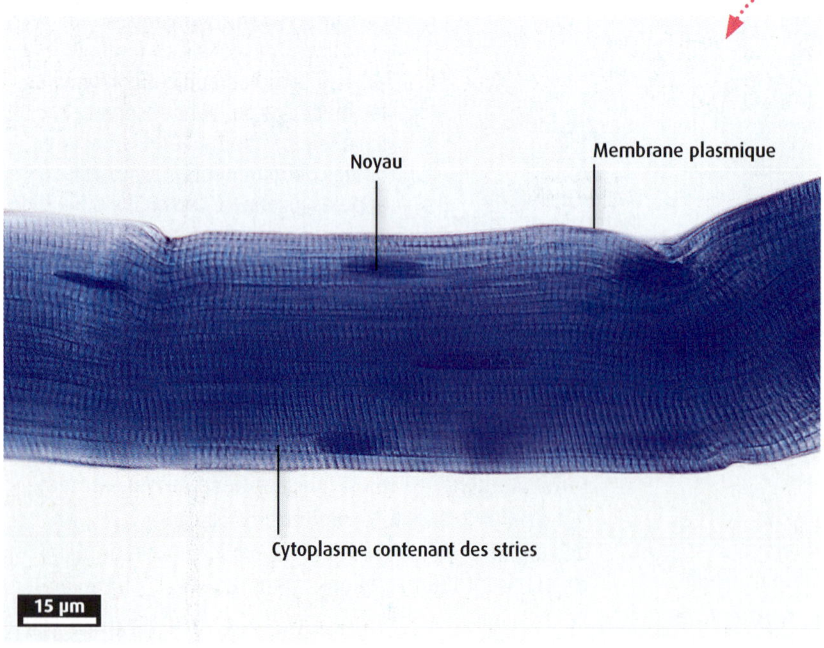

2 **Une cellule musculaire striée de grenouille observée au microscope optique après coloration au bleu de méthylène** (× 640). Cette cellule est appelée fibre musculaire. Elle possède plusieurs noyaux (voir aussi p. 253).

Comprendre la contraction musculaire

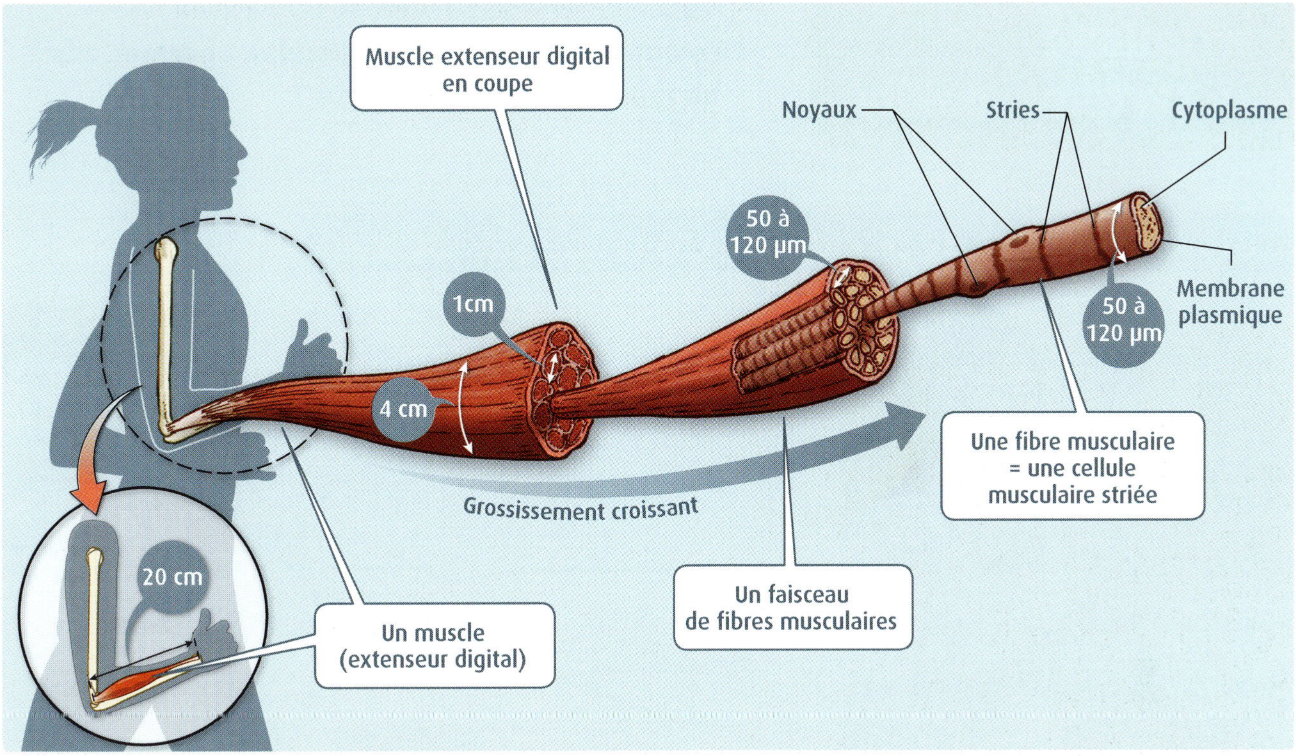

3 Les différents niveaux d'organisation d'un muscle.
Environ 600 muscles striés squelettiques (muscles reliés au squelette) sont impliqués dans les mouvements du corps humain. Les fibres musculaires sont des cellules spécialisées dans la contraction. La force musculaire dépend du degré de contraction des fibres musculaires et du nombre de faisceaux de fibres impliqués.

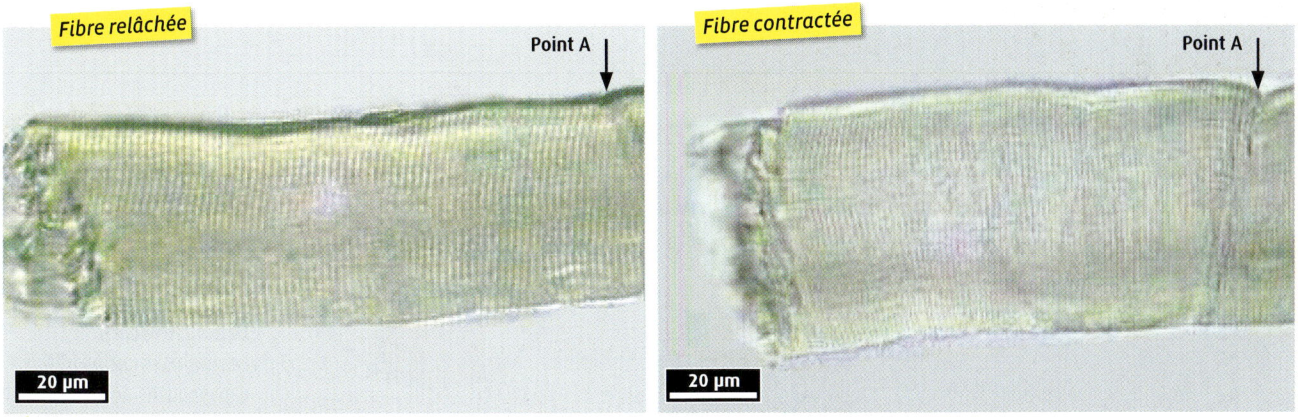

4 Portion de fibre musculaire de lapin relâchée ou contractée observée en microscopie optique sur du muscle frais sans coloration.

ACTIVITÉS

1 **DOC. 1.** Retrouvez les différents acteurs impliqués dans le mouvement du pied de la grenouille.

2 **DOC. 2.** Réalisez un dessin d'observation annoté de la cellule musculaire striée en mettant bien en évidence ses particularités structurales.

3 **DOC. 3.** Décrivez l'organisation d'un muscle.

4 **DOC. 4.** Comparez la structure d'une fibre musculaire relâchée et celle d'une fibre musculaire contractée, puis quantifiez la variation de longueur.

5 **EN CONCLUSION.** Montrez que la contraction d'un muscle est une conséquence de modifications qui affectent les cellules musculaires striées.

Voir Dico des SVT p. 260

UNITÉ 3

Le système musculo-articulaire, un système mobile

Un mouvement au niveau d'une articulation implique différents organes et structures qui doivent fonctionner de façon coordonnée : les muscles, les tendons, les os.

Comment la contraction musculaire permet-elle un mouvement du squelette ?

Les mouvements de flexion-extension de l'avant-bras

1 Le jonglage. Il s'agit d'une répétition de flexions et d'extensions de l'avant-bras.

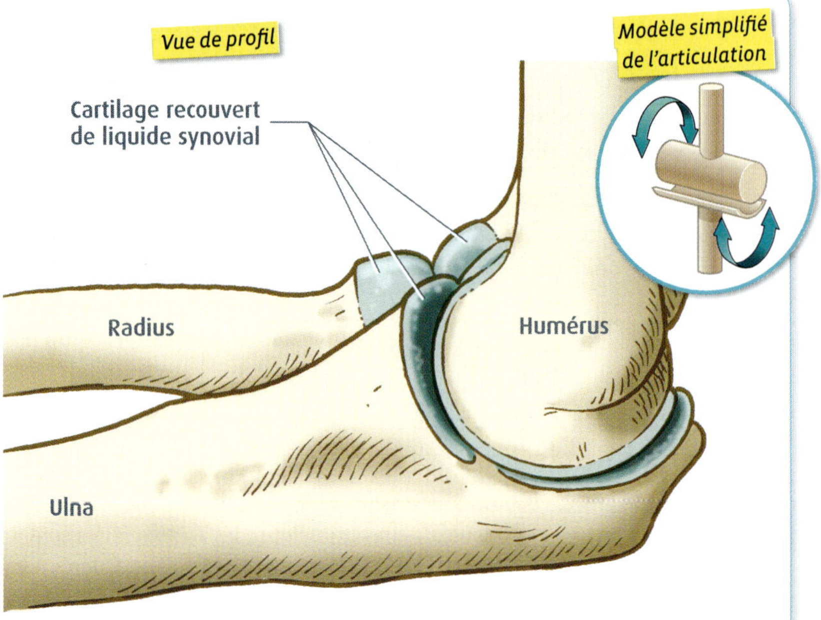

2 L'articulation du coude droit.

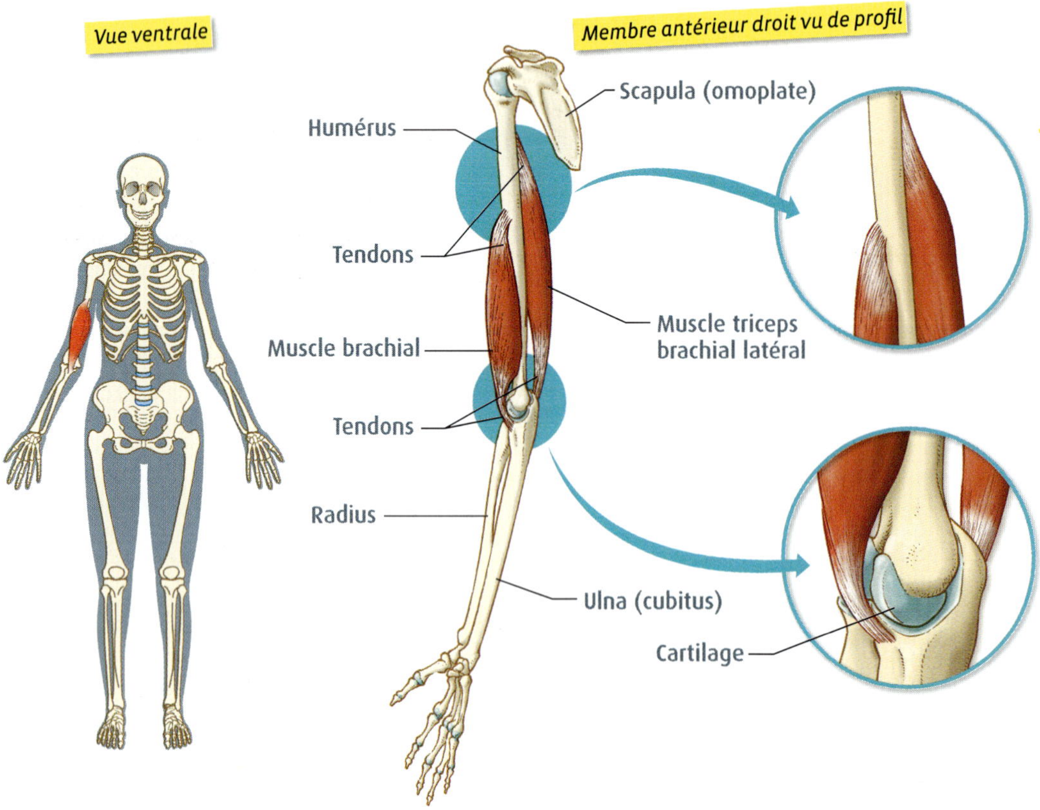

3 Relations anatomiques entre les organes impliqués dans la mobilité de l'avant-bras humain.
Les deux muscles représentés sont qualifiés d'antagonistes. Le biceps n'est pas figuré ici car il est impliqué non seulement dans les mouvements de l'avant-bras, mais aussi dans ceux du bras. La longueur des tendons, contrairement à celle des muscles, ne varie que très peu (2 %) lors d'un mouvement : ce sont de mauvais élastiques.

Les mouvements de rotation du bras

4 La nage papillon.
Elle consiste en une répétition des mouvements de rotation du bras.

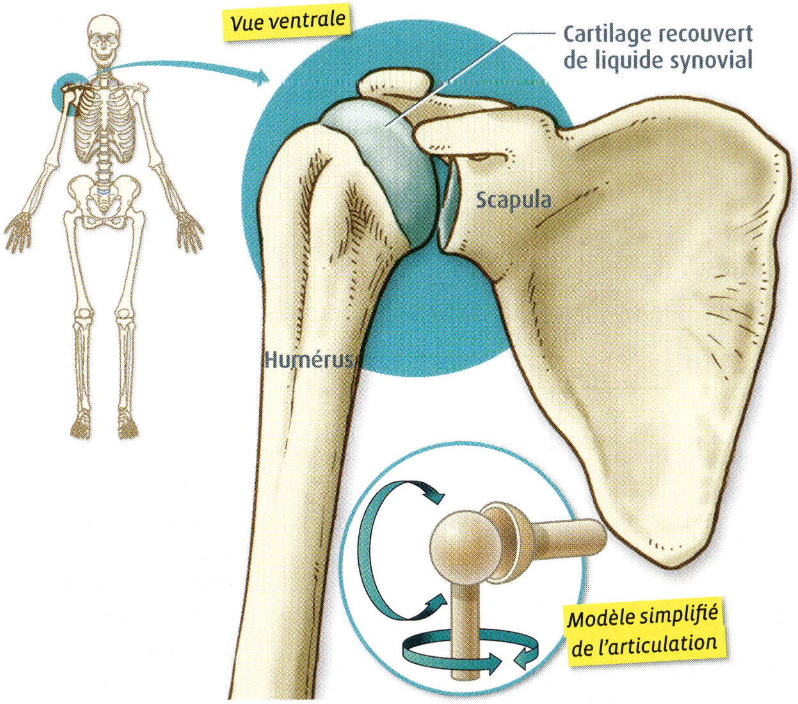

5 L'articulation de l'épaule droite.

La force musculaire induit un mouvement relatif des os autour d'une articulation. Ce mouvement est ralenti par des forces de frottements. Le cartilage est un tissu cellulaire qui protège les os de ces frottements au niveau de l'articulation. Le cartilage est lui-même recouvert par le liquide synovial. Le liquide synovial est un lubrifiant, car il a la capacité de minimiser les frottements des structures articulaires. Le cartilage et les os sont ainsi protégés, et les forces de frottements dans une articulation saine sont pratiquement nulles.

6 Le rôle des cartilages et de leur lubrification.

ACTIVITÉS

1. **DOC. 1 ET 3.** Déterminez l'état, relâché ou contracté, des deux muscles antagonistes lors d'une flexion, puis lors d'une extension de l'avant-bras.
2. **DOC. 3.** Montrez que la position anatomique et les propriétés mécaniques des tendons leur permettent de transmettre un mouvement.
3. **DOC. 1 ET 3.** Identifiez le moteur de la flexion et de l'extension de l'avant-bras. Réalisez un schéma fonctionnel de ces deux mouvements.
4. **DOC. 1, 2, 4 ET 5.** Montrez que la forme de l'articulation conditionne la direction du mouvement.
5. **DOC. 6.** Présentez les avantages d'une lubrification des articulations par le liquide synovial.
6. **CONCLUSION.** Expliquez comment la contraction musculaire permet les mouvements du squelette en précisant bien le rôle de chaque acteur du mouvement.

Voir Dico des SVT p. 260

Le système musculo-articulaire et sa fragilité

Les connaissances

Les acteurs du mouvement

- L'appareil locomoteur est un système fragile qu'il convient de protéger. L'étude des blessures associées à une pratique sportive permet de mieux connaître les acteurs du mouvement. **[Unité 1]**
- Les blessures musculaires, les blessures aux **tendons** (qui relient les muscles aux os), les fractures et les blessures aux **articulations** (au niveaux desquelles les os s'emboîtent entre eux) gênent ou empêchent la réalisation du mouvement. Les muscles, les tendons, les os et les articulations sont donc des acteurs indispensables aux mouvements du corps. **[Unité 1]**

Le muscle, un organe contractile

- Les muscles reliés au squelette sont appelés **muscles striés squelettiques**. Ce sont des organes composés de cellules allongées : les **fibres musculaires**. Ces fibres sont groupées en faisceaux. La fibre musculaire présente la particularité de pouvoir se contracter, c'est-à-dire se raccourcir. Chaque fibre possède plusieurs noyaux et des molécules qui forment des stries dans son cytoplasme. **[Unité 2]**
- Si, à l'échelle cellulaire, les fibres se raccourcissent, cela provoque un raccourcissent à l'échelle du faisceau de fibres qui, lui-même, entraîne un raccourcissement à l'échelle de l'organe : le muscle est contracté. Le taux de raccourcissement des fibres et le nombre de faisceaux de fibres impliqués dans la contraction conditionnent la force de la contraction musculaire. **[Unité 2]**

La mise en mouvement du squelette

- Le raccourcissement d'un muscle lors de sa contraction produit une force qui tire sur les tendons. Comme les tendons sont de mauvais élastiques, ils ne se déforment pas et ils tirent sur les os. Comme les os s'unissent par une articulation mobile, la contraction musculaire provoque, par l'intermédiaire des tendons, un mouvement relatif des os autour de l'articulation. **[Unité 3]**
- C'est donc la **contraction** des muscles striés squelettiques qui est le moteur de tous les mouvements du corps. **[Unités 2 et 3]**
- La direction du mouvement des os dépend de la forme de l'articulation. L'articulation est protégée par le liquide synovial qui lubrifie le système articulaire et minimise les frottements. **[Unité 3]**

Les capacités et attitudes

- Extraire de comptes-rendus de blessures chez des sportifs les informations permettant d'identifier les acteurs du mouvement et leurs liens anatomiques **[Unité 1]**
- Manipuler pour observer le muscle à différentes échelles et comprendre le lien entre l'organisation d'un muscle et sa capacité à se contracter **[Unité 2]**
- Raisonner pour retrouver l'enchaînement logique des événements qui conduisent à la mise en mouvement d'une articulation **[Unité 3]**
- **Définir : articulation · contraction musculaire · fibre musculaire · muscle strié squelettique · tendon**

Voir Dico des SVT p. 260

L'essentiel par l'image

La mise en mouvement d'une articulation

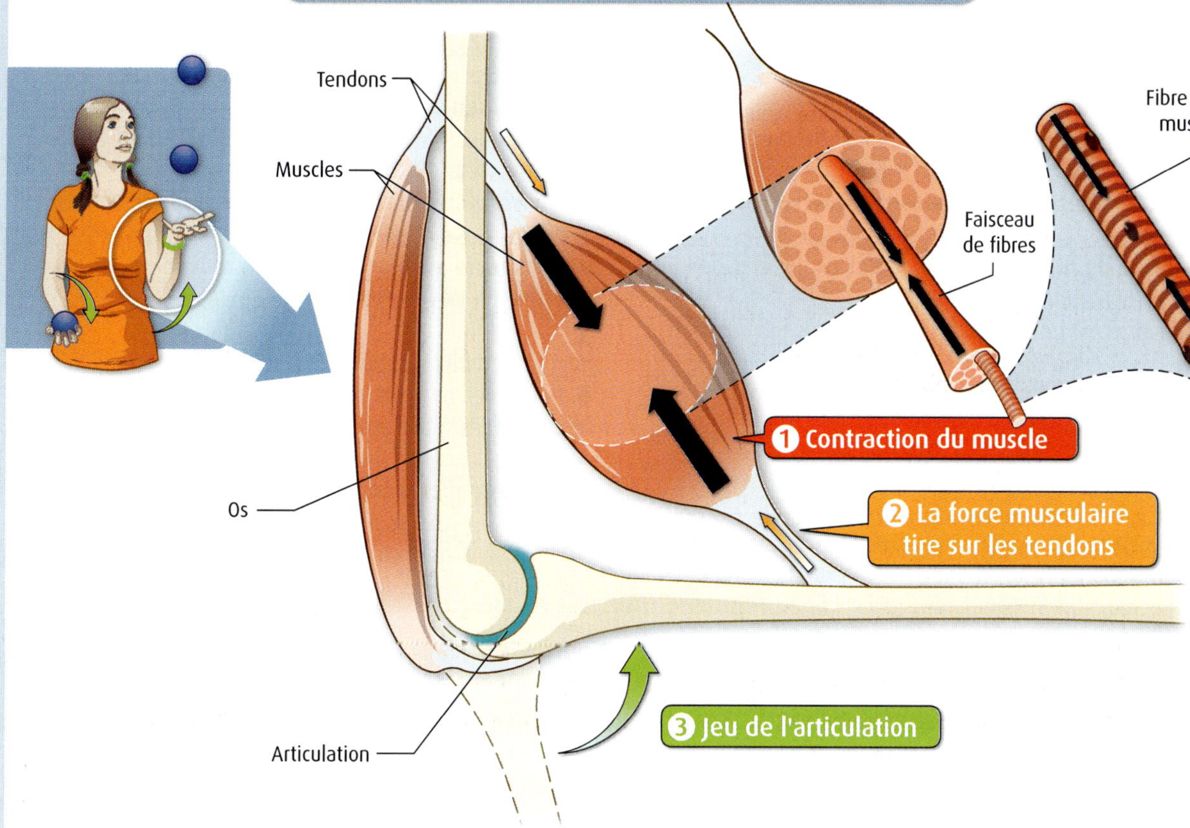

L'ensemble musculo-articulaire : un système fragile

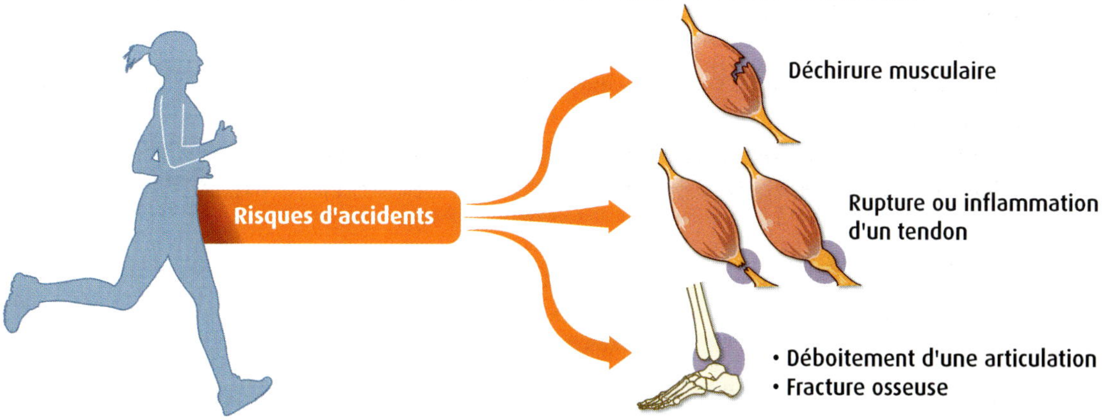

L'essentiel par le texte

> Les blessures musculaires, les blessures aux tendons, les fractures et les blessures aux articulations gênent ou empêchent la réalisation du mouvement. Les muscles, les tendons, les os et les articulations sont donc des acteurs indispensables aux mouvements du corps.

> Les muscles striés squelettiques sont les moteurs de ces mouvements. Au cours de la contraction musculaire, la force exercée tire sur les tendons et fait jouer une articulation, ce qui conduit à un mouvement.

EXERCICES

évaluer ses connaissances

1 Vrai ou faux ?

Identifiez les affirmations fausses et rectifiez-les.

a. Une cellule musculaire comporte un seul noyau.
b. La radiographie aux rayons X permet d'observer les os du squelette.
c. Les muscles striés squelettiques sont directement reliés au squelette.
d. La direction du mouvement relatif des os dépend de la forme de l'articulation.
e. Un claquage est une déchirure des tendons qui survient lors de la contraction du muscle.

2 Échelles de taille

Classez les structures suivantes par ordre de taille croissante.

Faisceau musculaire – muscle – noyau – fibre musculaire – molécule.

3 QCM

Pour chaque proposition, identifiez la (ou les) bonne(s) réponse(s).

1. Le mouvement relatif des os est :
a. la cause de la contraction musculaire.
b. la conséquence de la contraction musculaire.

2. Le raccourcissement des fibres musculaires :
a. provoque le raccourcissement du muscle.
b. résulte du raccourcissement du muscle.

3. Les tendons :
a. sont de bons élastiques.
b. relient les os entre eux.
c. relient les muscles aux os.

4. Les cellules musculaires :
a. possèdent plusieurs noyaux.
b. sont des cellules allongées de plusieurs centimètres.
c. ont un aspect strié.
d. sont appelées faisceaux musculaires.

s'entraîner avec un exercice guidé

4 Deux types de fibres musculaires

L'observation d'une coupe transversale de muscle au microscope optique permet de distinguer deux types de fibres musculaires. Des études expérimentales révèlent leurs caractéristiques : les fibres de type I mettent 100 millisecondes pour atteindre leur niveau de contraction maximal, alors que les fibres de type II ne mettent que 25 à 50 millisecondes. Les fibres de type II ont une faible résistance à la fatigue, alors que les fibres de type I ont une résistance élevée à la fatigue.

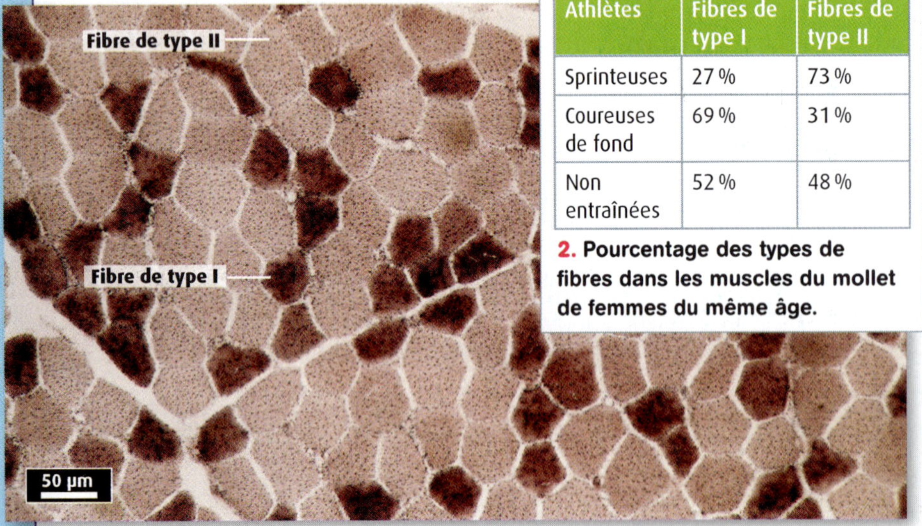

1. Coupe transversale d'un muscle d'une sprinteuse (MO × 160).

Athlètes	Fibres de type I	Fibres de type II
Sprinteuses	27 %	73 %
Coureuses de fond	69 %	31 %
Non entraînées	52 %	48 %

2. Pourcentage des types de fibres dans les muscles du mollet de femmes du même âge.

Un peu d'aide

• Présenter les données sous forme de tableau
Déterminez combien de lignes devra avoir le tableau pour que tous les critères de différence soient représentés.

• Saisir des informations
– Dans le doc. 2, précisez l'intérêt d'étudier des femmes non entraînées, de n'étudier que des femmes de même âge et d'étudier toujours le même groupe de muscles.
– Relevez l'évolution des proportions des deux types de fibres en fonction du sport pratiqué.

• Mettre en relation les informations
En faisant référence aux caractéristiques propres des deux types de fibres, montrez que les proportions atteintes sont avantageuses pour le sport pratiqué.

QUESTIONS ❶ Sous la forme d'un tableau, présentez les caractéristiques des fibres de type I et des fibres de type II.
❷ Démontrez que la pratique d'un sport peut modifier avantageusement les proportions de ces deux types de fibres.

5 L'entorse de la cheville

Observer et formuler une hypothèse

L'entorse est un accident articulaire fréquent qui réduit presque totalement la capacité de mouvement de l'articulation touchée. Son traitement exige l'immobilisation de l'articulation pendant une à plusieurs semaines.

1. Définissez l'entorse.
2. Proposez un rôle aux ligaments.

1. Un mouvement à l'orgine d'une entorse de la cheville.

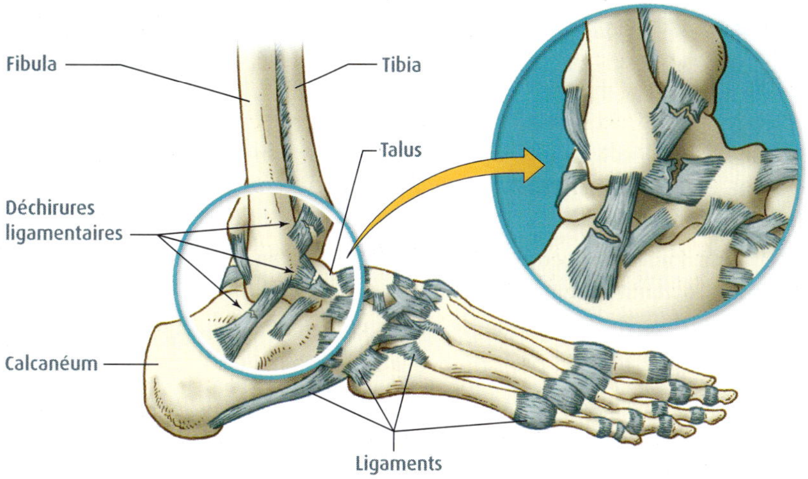

2. Les ligaments du pied d'une victime d'une entorse de la cheville.

6 Dessin anatomique et mouvement

Manifester un sens de l'observation

Burne Hogarth (1911-1996) est un dessinateur américain devenu célèbre pour ses dessins de Tarzan. Il est également connu pour ses travaux sur l'anatomie dynamique. Dans ses dessins, il accorde autant d'importance à toutes les structures du corps participant aux mouvements.

1. Légendez les numéros en précisant le type d'organe qu'ils figurent.
2. Retrouvez les noms des articulations a, b, c, et d et précisez si l'articulation permet un mouvement de flexion-extension ou un mouvement de rotation.

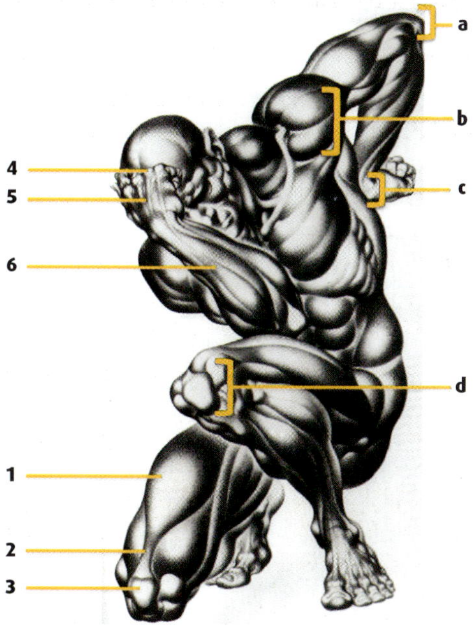

1. Un dessin anatomique d'après Burne Hogarth (1911-1996).

7 La rigidité cadavérique

Extraire des informations et raisonner

Dans le cytoplasme des fibres musculaires, des organites renferment des quantités importantes de calcium. Après la mort, les membranes de ces organites se dégradent et libèrent ce calcium dans le cytoplasme. Celui-ci se fixe à des protéines, ayant pour effet de figer les fibres musculaires. Leur longueur ne peut plus se modifier : elles ne peuvent ni se contracter, ni se relâcher et les muscles deviennent rigides. Ce phénomène, appelé « rigidité cadavérique », se manifeste 3 à 4 heures après la mort et dure environ 24 heures. Il disparaît avec la décomposition naturelle des protéines.

1. Relevez dans le texte les molécules, cellules et organes cités.
2. Expliquez comment l'étude des muscles permet d'établir une estimation de l'heure de la mort d'une personne.

ATELIERS D'EXPLORATION

HISTOIRE DES SCIENCES — La contraction musculaire au XVIIe siècle

Au XVIIe siècle, l'hypothèse la plus repandue sur la contraction musculaire est la suivante : un fluide s'écoulerait depuis la moelle épinière à travers les nerfs et jusque dans les muscles pour les faire gonfler.

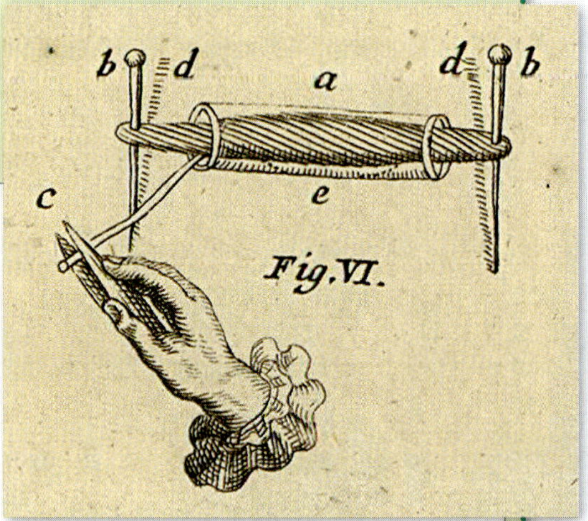

Compte-rendu d'une expérience réalisée en 1658 par l'anatomiste hollandais Jan Swammerdam (1637-1680).

«Mettre le muscle dans un tube de verre, a, et percer les tendons de deux fines aiguilles bb [...] dont on fixe la pointe dans un morceau de liège. Si on irrite mécaniquement ou électriquement le nerf, c, qui n'est plus relié à la moelle épinière, on voit le muscle rapprocher les aiguilles en dd ; quant au ventre du muscle, il devient considérablement plus épais [...] et bouche le tube e [...].»

D'après *Biblia naturae*, Jan Swammerdam, 1738 (tome 2).

ACTIVITÉS

1. Comment cette expérience a-t-elle modifié la conception du fonctionnement du muscle ?
2. D'après cette expérience, déterminez quel peut être le rôle des nerfs.
3. À l'aide de vos connaissances, rappelez en une phrase comment la contraction musculaire permet le mouvement.

MÉTIER — L'hôpital a besoin de vous

www.lhopitalabesoindevous.fr B2i

Les secteurs du médical et du paramédical vont faire l'objet d'un recrutement important dans les années à venir : dans les hôpitaux, 200 000 postes seront à pourvoir d'ici 5 ans. Aide-soignant, orthophoniste, anesthésiste, sage-femme, etc., sont donc des métiers d'avenir !

ACTIVITÉS

1. Connectez-vous au site de l'hôpital indiqué ci-dessus, regardez la vidéo « La fracture » et listez l'ensemble des professionnels impliqués dans la prise en charge d'une fracture à l'hôpital.
2. Dans cette liste, choisissez 2 métiers susceptibles de vous intéresser et recherchez les missions précises de ces 2 professionnels au quotidien, ainsi que les études nécessaires pour accéder à ces métiers.

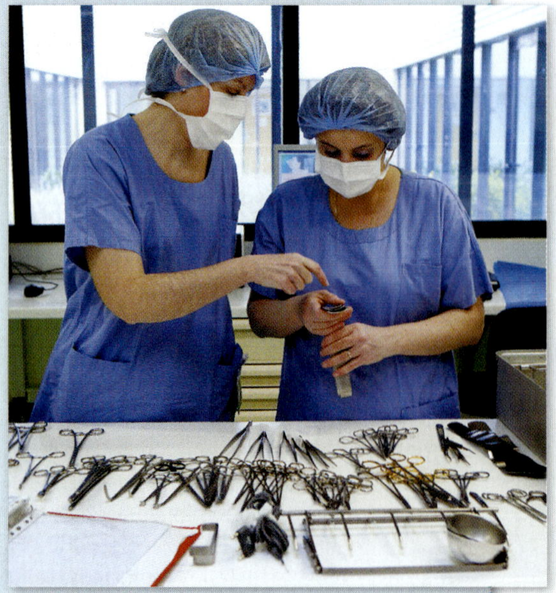

Deux infirmières préparent les instruments de chirugie avant une opération.

POUR VOUS GUIDER

- www.libtheque.fr/svtlycee
- www.onisep.fr onisep

CHAPITRE 5 Le sport : pratiques à risques et pratiques responsables

Pour préserver sa santé, il est nécessaire de faire régulièrement du sport. Que cette activité physique soit ou non pratiquée en compétition, il y a des règles à respecter pour réduire au minimum les risques de blessures et d'accidents.

Entrainement de l'équipe féminine de handball suédoise (J.O. de Beijing, août 2008)

Quelles sont les pratiques à risques et quelles sont les pratiques responsables dans le sport ?

UNITÉ 1

Le dopage et ses risques

Chaque année, les grands événements sportifs apportent leur lot d'informations sur le dopage : certains athlètes détournent des molécules prévues pour soigner, afin d'améliorer illégalement leurs performances.

Quelles sont les molécules utilisées pour se doper et quels sont leurs effets sur l'organisme ?

Des hormones détournées de leur fonction

1984, J.O. de Los Angeles
2e au 200 m en 22'04''

1988
1re au 200 m en 21'34'' et au 100 m en 10'54'' aux J.O. de Séoul (détentrice de deux records du monde jamais égalés)

1 L'athlète américaine Florence Griffith-Joyner en 1984 et en 1988.
Elle fut soupçonnée de dopage aux stéroïdes anabolisants (hormones sexuelles), mais aucun contrôle n'a jamais permis de le prouver. Elle a pris sa retraite sportive en 1989, en pleine gloire et au moment où les contrôles antidopage surprises furent instaurés. Elle a survécu à une crise cardiaque en 1988. Elle est décédée en 1998, à l'âge de 39 ans, asphyxiée par une crise d'épilepsie.

Lieu de production naturel	Testicules
Effets biologiques sur l'organisme	• Effet virilisant • Augmentation de la masse musculaire • Stimulation de la croissance osseuse • Accroissement de l'agressivité
Indications thérapeutiques	• Traitement des anomalies du déclenchement de la puberté • Traitement de l'affaiblissement de l'organisme associé à certains cancers et au sida

2 Quelques propriétés d'un stéroïde anabolisant : la testostérone.
La testostérone est une hormone, c'est-à-dire une molécule véhiculée par le sang qui modifie le fonctionnement de certains organes. Dans un cadre médical, il peut être nécessaire de fournir une hormone à un patient pour soigner une maladie.

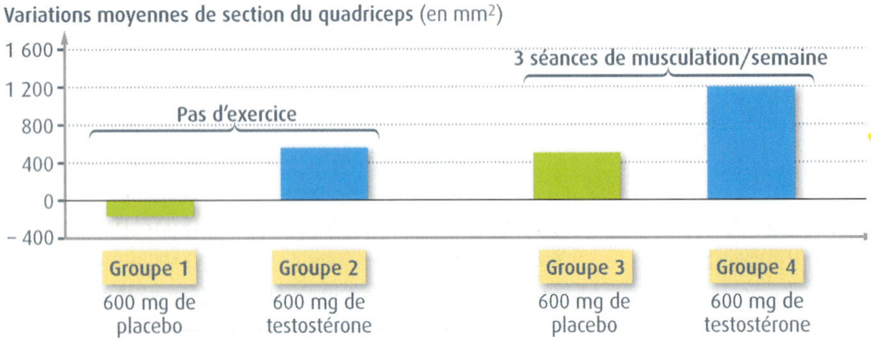

3 Effets de la testostérone sur le développement musculaire.
Chaque groupe comprend 10 hommes. Le développement musculaire est étudié après 10 semaines en milieu médical. Un placebo est une substance sans effet.

Le dopage et ses effets

En 1997, grâce à l'amélioration des techniques de détection, les organismes du contrôle antidopage ont pu mettre en évidence, chez certains sportifs, une importante consommation de nandrolone. Il s'agit d'une testostérone de synthèse que les sportifs incriminés s'injectent à des doses jusqu'à cent fois supérieures à celles naturellement produites par l'organisme. L'usage répété de la nandrolone (et d'autres stéroïdes anabolisants) provoque des lésions des cellules du foie, augmente le risque de cancer et d'accidents cardiaques, et entraîne une réduction de la taille des testicules. Il peut être associé, chez l'adolescent, à un arrêt prématuré de la croissance, par ossification précoce des cartilages de croissance. Chez les sportifs dopés, le développement considérable des muscles et la fragilisation des tendons conduit souvent à des ruptures des tendons.

4 Les conséquences d'un dopage à la nandrolone.

5 L'haltérophile grec Leonidas Sampanis, convaincu de dopage à la testostérone aux J.O. d'Athènes (2004).

• Sportifs
Cette spécialité contient un principe actif pouvant induire une réaction positive des tests pratiqués lors des contrôles antidopages.

Ce médicament, indispensable, est le plus souvent bien toléré lorsque l'on suit les recommandations et notamment le régime (cf. "Précautions d'emploi"). Il peut néanmoins entraîner, selon la dose et la durée du traitement, des effets plus ou moins gênants :
- gonflement et rougeur du visage, prise de poids,
- élévation de la tension artérielle,
- excitation et troubles du sommeil,
- fragilité osseuse,
- ruptures tendineuses.

6 Notice d'un médicament à base de corticoïdes.
Les corticoïdes sont naturellement fabriqués par l'organisme. Dans les médicaments, leur action anti-inflammatoire soulage la douleur. Les corticoïdes sont aussi utilisés pour se doper : à fortes doses, ils provoquent une euphorie et repoussent la sensation de fatigue. Douleur et fatigue indiquent que l'organisme atteint ses limites.

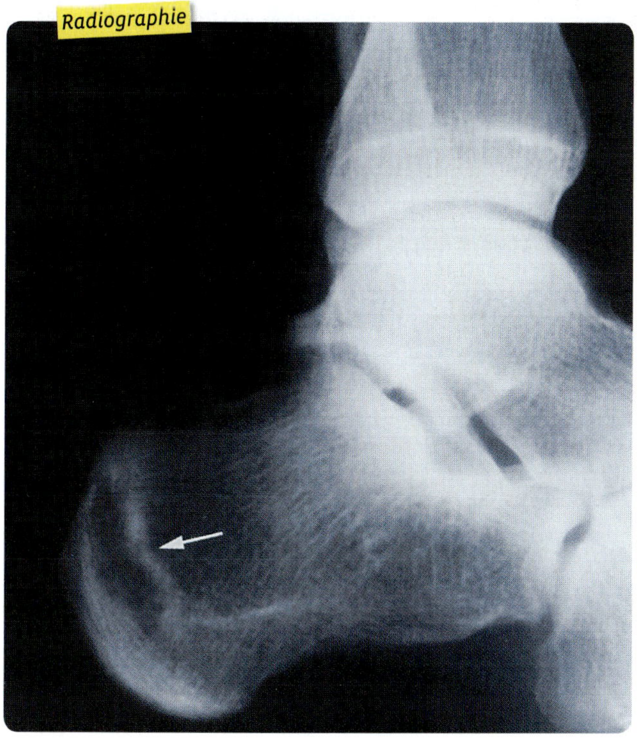

7 Fracture de fatigue au talon d'une marathonienne.
Une fracture de fatigue correspond à des modifications très localisées de la structure osseuse (flèche). Elles sont causées par des traumatismes répétés liés à la pratique très intense d'un exercice physique. Ces fractures sont douloureuses et rendent le mouvement difficile.

ACTIVITÉS

1. **DOC. 1.** Relevez plusieurs indices qui suggèrent l'utilisation d'un produit dopant par cette athlète.
2. **DOC. 2 ET 3.** Expliquez en quoi la testostérone peut être utilisée comme un produit dopant.
3. **DOC. 2 À 6.** Comparez, pour chaque molécule, les effets recherchés dans un but thérapeutique et dans le cadre d'un dopage.
4. **DOC. 3, 4 ET 6.** Proposez une explication aux fréquentes ruptures des tendons chez les athlètes dopés.
5. **DOC. 6 ET 7.** Expliquez comment le dopage aux corticoïdes peut conduire à des fractures de fatigue.
6. **EN CONCLUSION.** Recensez, dans un tableau à double entrée, les effets recherchés et les dangers des molécules utilisées pour se doper.

Voir Dico des SVT p. 260

UNITÉ 2

Des pratiques sportives adaptées

Le dopage est une pratique illégale et dangereuse : les sportifs dopés souffrent de nombreuses pathologies et risquent de mourir prématurément. Des pratiques adaptées et réfléchies permettent d'améliorer ses performances physiques sans mettre sa santé en danger.

Comment pratiquer une activité sportive en préservant sa santé ?

Le respect de quelques règles

Au terme de la visite, le médecin rédige un certificat de non-contre indication à la pratique d'un sport. La présentation de ce certificat est nécessaire pour participer aux compétitions officielles. La visite comprend notamment :

- ☑ Auscultation du cœur et des poumons, palpation des veines et artères, examen des articulations ;
- ☑ Réalisation d'un effort sous-maximal sur ergo-cyclomètre avec surveillance de la fréquence cardiaque et de la pression artérielle ;
- ☑ Mesures ventilatoires.

D'après *Actualités et dossiers en santé publique*

1 La visite médicale d'aptitude au sport de compétition.

2 Des footballeurs s'échauffent avant un entraînement.

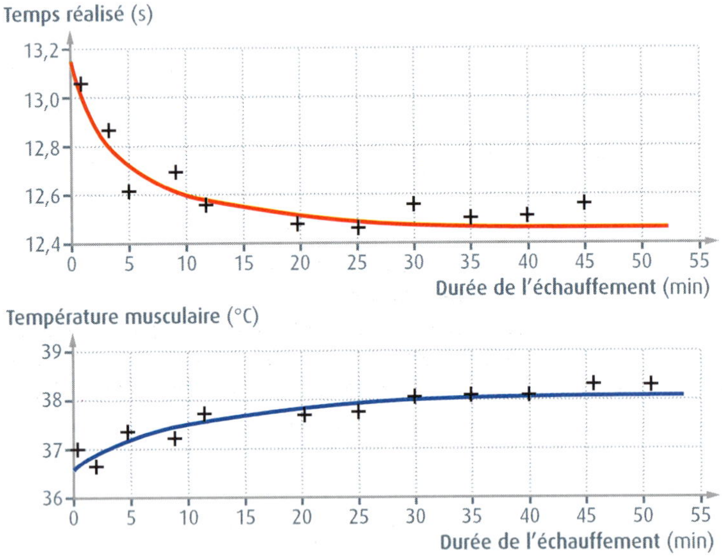

3 Évolution des performances au 100 m et de la température musculaire en fonction de la durée de l'échauffement.
L'augmentation de température musculaire et corporelle liée à l'échauffement accroît l'élasticité des muscles et des tendons, et optimise la lubrification des articulations. Les douleurs ressenties pendant l'entraînement sont réduites et le risque de blessures est diminué.

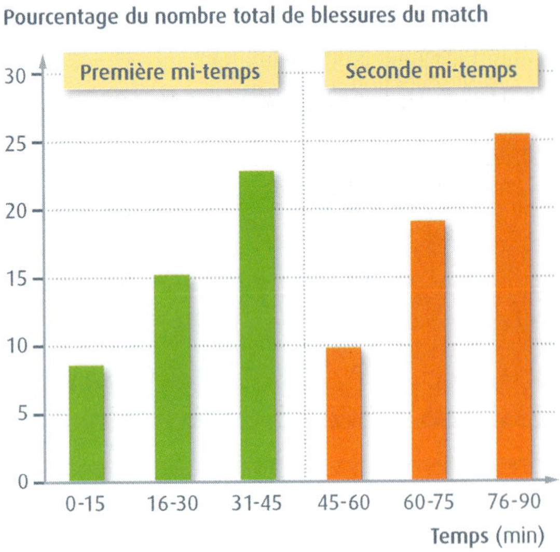

4 Évolution du nombre de blessures pendant les matchs de football du championnat professionnel anglais.
Les études scientifiques montrent qu'il y a en moyenne, dans la pratique du football, 34,8 cas de blessures pour 1 000 heures de match et 5,9 cas de blessures pour 1 000 heures d'entraînement.

Un exemple d'entraînement adapté lors du cours d'EPS

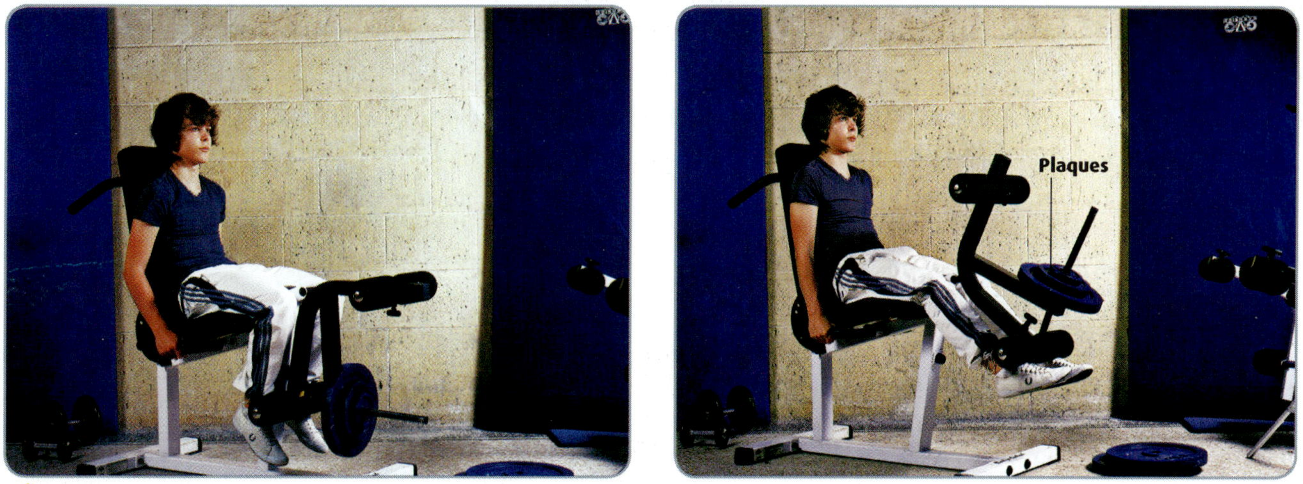

5 **Élève utilisant un appareil de musculation (« leg extension ») dans le cadre d'un cours d'EPS.**

Échauffement	général	- 2 tours de stade pour augmenter la température du corps (4') - Corde à sauter pour faire monter le rythme cardiaque (2') - Assouplissements (2'30")
	spécifique	- Montée des genoux sur 20 m - Talons-fesses sur 20m (2')
Machine ou accessoire		Leg extension
Muscles utilisés		Quadriceps
Nombre de plaques maxi		7
Nombre de plaques utilisées		3 (22 kg)
Nombre de répétitions et de séries		5 séries de 15 répétitions
Récupération et étirements spécifiques		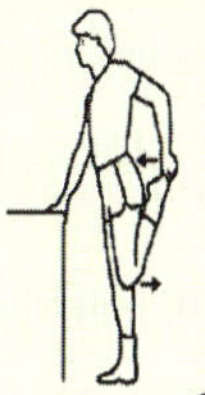 2'30"

6 **Le projet d'un élève en cours d'EPS.**
Dans le cadre du cours d'EPS, un élève de seconde (15 ans, 173 cm, 58 kg) élabore un projet de séances de musculation. À partir du document de référence (doc. 7), il met en œuvre, après validation du professeur, un projet « esthétique, hypertrophie » afin de développer le volume de ses quadriceps.

Programme choisi	Développement du volume musculaire (hypertrophie)	Développement de la force
Nombre de séries d'exercices	× 3 à 5	× 3 à 5
Nombre de répétitions par série	× 8 à 20	× 2 à 6
% de la charge maximale	30 à 50 %	80 %

7 **La programmation de séances de musculation.**
La charge à soulever est exprimée en pourcentage de la capacité maximale (celle qui correspond à la charge que l'on ne peut déplacer qu'une fois et une seule).

ACTIVITÉS

1 **DOC. 1.** D'après vos connaissances sur les modifications de l'organisme au cours de l'effort physique, justifiez les examens pratiqués lors de la visite médicale d'aptitude au sport.

2 **DOC 2. ET 3.** Montrez comment l'échauffement permet d'améliorer les performances lors d'un exercice physique.

3 **DOC. 4.** Identifiez différents facteurs qui augmentent le risque de blessure chez les footballeurs professionnels.

4 **DOC. 5 À 7.** Montrez comment le projet construit par l'élève lui permet d'améliorer sa musculature et ses performances sans risque pour sa santé.

5 **EN CONCLUSION.** Expliquez comment pratiquer une activité sportive en préservant sa santé.

Voir Dico des SVT p. 260

BILAN

CHAPITRE 5

Le sport : pratiques à risques et pratiques responsables

Les connaissances

Des pratiques sportives à risques

• Certains sportifs ont recours au **dopage** pour améliorer de façon illégale leurs performances : ils consomment des produits qui provoquent un accroissement de la masse musculaire, augmentent leur combattivité et les rendent plus résistants à l'effort. **[Unité 1]**

• Le plus souvent, les molécules actives des **produits dopants** sont naturellement produites par l'organisme : ce sont des **hormones** (comme les stéroïdes, les corticoïdes ou l'EPO). Ces molécules sont fabriquées par certains organes, puis transportées par le sang jusqu'à d'autres organes dont elles modifient le fonctionnement. Les hormones peuvent être utilisées à des fins médicales. Elles sont détournées de cet usage thérapeutique dans le cadre du dopage. **[Unité 1]**

• Les produits dopants mettent en danger le sportif. Ils augmentent la fragilité du système musculo-articulaire et sont à l'origine d'un risque accru de déchirures musculaires, de ruptures des tendons et de fractures. L'usage de produits dopants provoque également des maladies graves (cancers, problèmes cardio-vasculaires) qui peuvent conduire à une mort prématurée. **[Unité 1]**

• Un **échauffement** insuffisant, la réalisation d'un exercice physique trop intense ou trop prolongé sont d'autres pratiques qui augmentent également le risque de blessures du système musculo-articulaire. **[Unités 1 et 2]**

Des pratiques sportives responsables

• Une pratique raisonnée et responsable du sport permet d'entretenir son corps et de réaliser des compétitions sans mettre sa santé en danger. **[Unité 2]**

• Un bon échauffement prépare tous les systèmes qui vont être sollicités pour la réalisation de l'effort physique (système cardio-vasculaire, système respiratoire et système musculo-articulaire). L'échauffement permet ainsi d'améliorer ses performances tout en diminuant le risque d'accident. **[Unité 2]**

• En choisissant des activités sportives adaptées à ses possibilités et en s'entraînant de façon raisonnée, il est possible d'atteindre ses objectifs personnels et d'améliorer ses performances tout en préservant sa santé. **[Unité 2]**

• La pratique d'une activité sportive nécessite également un bon état du système cardio-vasculaire et du système ventilatoire. **[Unité 2]**

Les capacités et attitudes

▸ Recenser, extraire et organiser des informations pour comprendre la nature et les effets des produits dopants **[Unité 1]**

▸ Mettre en relation des données et les connaissances pour comprendre les effets de l'échauffement **[Unité 2]**

▸ Être conscient de sa responsabilité face à sa santé **[Unités 1 et 2]**

▸ **Définir : dopage · échauffement · hormone · produit dopant**

Voir Dico des SVT p. 260

L'essentiel par l'image

Pratiques responsables	• Échauffement adapté • Entraînement et pratiques raisonnés

Pratiques à risques	• Dopage • Échauffement insuffisant • Exercice trop intense

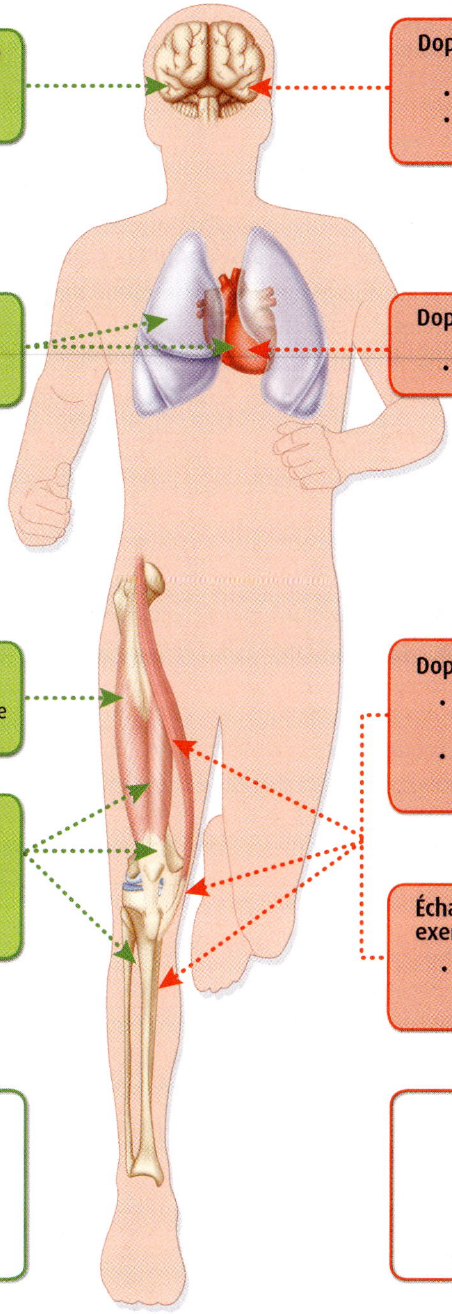

Échauffement, entraînement raisonné
- Concentration et vitesse d'exécution améliorées

Entraînement raisonné
- Amélioration des paramètres cardiaques et pulmonaires

Entraînement raisonné
- Développement de la masse musculaire

Échauffement
- Réduction du risque de lésions du système musculo-articulaire
- Mise à température optimale des muscles et des tendons

- **Augmentation de la performance**
- **Organisme préservé**

Dopage
- Agressivité, troubles de la personnalité
- Non-perception des signaux d'alerte (douleur, fatigue)

Dopage, exercice trop intense
- Accidents cardiaques précoces

Dopage
- Développement excessif de la masse musculaire
- Risque accru de lésions du système musculo-articulaire

Échauffement insuffisant, exercice trop intense
- Risque accru de lésions du système musculo-articulaire

- **Augmentation de la performance**
- **Organisme fragilisé**
- **Risque d'accidents**

L'essentiel par le texte

> Des pratiques inadaptées ou dangereuses (dopage, réalisation d'exercices trop intense, échauffement insuffisant) augmentent la fragilité du système musculo-articulaire et accroissent le risque d'accident lié à l'activité sportive.

> Un échauffement adapté, un entraînement et une pratique raisonnés permettent de réaliser ses objectifs sportifs sans mettre sa santé en danger.

EXERCICES

évaluer ses connaissances

1 Vrai ou faux ?

Identifiez les affirmations fausses et rectifiez-les.

a. Les molécules contenues dans les produits dopants sont également présentes dans certains médicaments.

b. Le principal risque que courent les sportifs dopés est d'être éliminés s'ils se font prendre.

c. Une température musculaire de 37 °C est suffisante pour réaliser un effort physique optimal.

2 Qui suis-je ?

1. Je suis une pratique illégale visant à améliorer les performances sportives.

2. Je suis un moment indispensable avant la pratique d'un exercice physique.

3. Je suis une substance naturelle qui est détournée de sa fonction par certains sportifs.

3 QCM

Pour chaque proposition, identifiez la (ou les) bonne(s) réponse(s).

1. L'utilisation de produits dopants :

a. permet d'améliorer de façon illégale les performances d'un sportif.
b. augmente souvent le risque de cancer et d'accident cardiaque.
c. ne présente pas de danger pour le système musculo-articulaire.
d. permet seulement l'augmentation de la masse musculaire.

2. La pratique d'un sport :

a. nécessite un dopage régulier.
b. implique un échauffement adapté au type d'effort à fournir.
c. présente des risques que l'on peut minimiser en programmant son effort.
d. implique un bon état cardio-vasculaire et ventilatoire.

s'entraîner avec un exercice guidé

4 Le dopage à l'EPO

L'érythropoïétine (EPO) est une hormone qui stimule la production de globules rouges par la moelle osseuse (les globules rouges transportent l'oxygène dans le sang). En médecine, elle est employée notamment pour éviter le recours aux transfusions sanguines. Dans certains sports (marathon, cyclisme, etc.), l'EPO est utilisée illégalement pour augmenter l'endurance et accroître les performances. Le dopage à l'EPO s'accompagne d'un risque d'hypertension artérielle et d'une augmentation de la viscosité du sang, à l'origine d'accidents cardiaques graves. Le risque de cancer de la moelle osseuse est également accru.

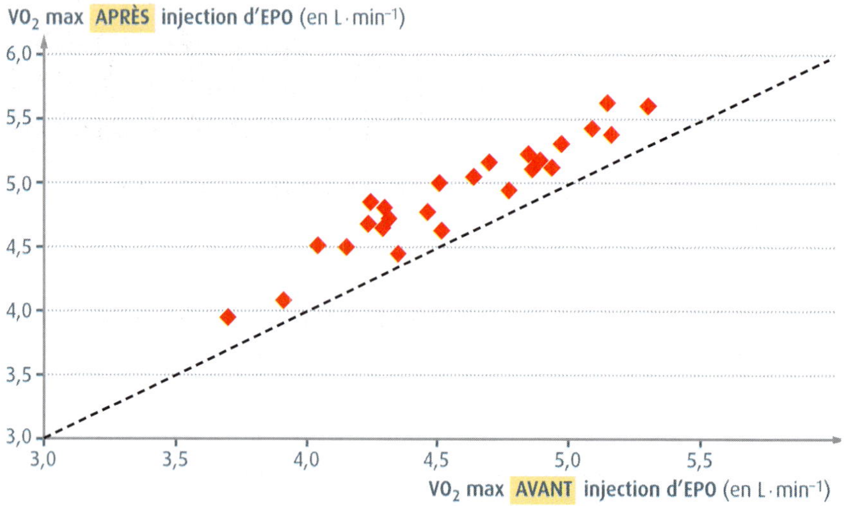

1. Valeur du VO_2 max chez 26 sujets avant et après injection d'EPO (3 injections par semaine durant 7 semaines). La droite en pointillés correspond aux données chez des sportifs n'ayant pas consommé d'EPO. Ces données ont été obtenues en milieu médical.

Un peu d'aide

Mobiliser les connaissances
– Rappelez la définition du VO_2 max.
– Indiquez quel paramètre la valeur du VO_2 max permet d'évaluer.

Lire un graphique
Chaque point représente un sujet. Son VO_2 max avant et son VO_2 max après injection d'EPO se lisent respectivement en abscisse et en ordonnée.

Saisir des données et raisonner
– Décrivez les effets de l'injection sur la valeur du VO_2 max.
– Déduisez-en les effets de l'EPO sur la performance sportive.
– Établissez un lien entre la cible de l'EPO et les effets secondaires constatés.

QUESTIONS ❶ Expliquez les effets de l'EPO sur la performance sportive.
❷ Expliquez les effets secondaires de l'EPO sur le système cardio-vasculaire.

Appliquer ses connaissances

5 Un cas de dopage chez les cyclistes

Extraire et exploiter des informations

1. Flyod Landis à l'arrivée de la 17e étape du Tour de France 2006. Alors qu'il avait, la veille, perdu presque dix minutes, le cycliste américain remporta cette étape avec près de six minutes d'avance, après avoir franchi cinq cols à la vitesse moyenne de 37 km.h^{-1}.

1. Des soupçons aux révélations.

Sacré roi du Tour de France le 23 juillet, Floyd Landis est aujourd'hui la cible des critiques les plus dures, suite à la publication des premiers résultats des analyses de ses urines, qui contiennent une quantité anormalement élevée de testostérone (principale hormone masculine, agissant sur les muscles et l'endurance physique). Mais le coureur américain, qui a demandé une contre-expertise, a affirmé que ce test positif est le résultat d'une production naturellement élevée de testostérone.

D'après rfi.fr, 29 juillet 2006

« Je veux soulager ma conscience. Je ne veux plus faire partie de ce problème. » Dans un entretien accordé au site californien d'informations sportives ESPN.com, Floyd Landis a reconnu jeudi s'être dopé de façon systématique au cours de sa carrière.

D'après lemonde.fr, 20 mai 2010

1 Relevez les informations qui confortent des soupçons de dopage à l'encontre du coureur lors du Tour de France 2006.

2 Montrez, grâce à l'analyse du texte, que la testostérone possède les deux caractéristiques principales d'un produit dopant.

6 Des blessures chez les gymnastes

Exploiter des données statistiques

Le document ci-contre présente les résultats d'une enquête sur les traumatismes liés à la pratique de la gymnastique qui a été réalisée auprès de 150 médecins du sport.

Lésions	Fréquence (%)
Contracture, élongation, déchirure musculaire	30
Entorse	26
Tendinite	14
Lésions des cartilages	9
Fracture	4

1. Les cinq lésions les plus fréquentes chez les gymnastes.

2. Une gymnaste aux J.O. d'Athènes, en 2004.

1 Utilisez vos connaissances sur le système musculo-articulaire pour expliquer les lésions les plus fréquentes.

2 Sachant que seuls 9 % des patients ayant consulté étaient des professionnels de haut niveau, alors que 46 % pratiquaient la gymnastique pour leur loisir, formulez des hypothèses sur l'origine de certaines blessures.

7 Sport virtuel, blessures réelles

Formuler une hypothèse

Certaines consoles de jeux vidéo permettent de reproduire les mouvements de sports comme le tennis, le golf, etc. On a constaté que certains joueurs peu sportifs et ayant passé trop de temps devant leur console étaient victimes de blessures, en particulier au poignet et au genou. La pratique de ces jeux implique la répétition du même geste (coup de raquette par exemple) sur de longues périodes.

1 Identifiez les facteurs qui augmentent le risque de blessure chez ces joueurs.

2 À l'aide de vos connaissances, formulez des hypothèses sur le type de blessures observées.

ATELIERS D'EXPLORATION

HISTOIRE DES TECHNIQUES — Le dopage : une longue histoire

Le dopage dans l'histoire.

Dès les premiers Jeux olympiques, en 776 av. J.-C., les honneurs qui revenaient aux vainqueurs poussaient déjà les athlètes à améliorer leurs performances par tous les moyens. Une idée répandue à l'époque était que la consommation de la chair d'un animal permettait de s'approprier les qualités de cet animal. Ainsi les sauteurs consommaient de la chèvre, les lutteurs du porc gras et les lanceurs du taureau…

La pratique du dopage se répand surtout dans la première moitié du XXe siècle. Ce sont les amphétamines qui sont alors à la mode et consommées par la quasi-totalité des sportifs.

La dernière loi française antidopage (2009) recense une liste impressionnante de plus d'une centaine de produits interdits. Pour la première fois y apparaît l'interdiction de l'amélioration du transfert de dioxygène et du dopage génétique (voir ci-dessous).

Le cycliste Tom Simpson peu avant sa mort sur le mont Ventoux lors du tour de France 1967. L'autopsie révèlera une prise importante d'amphétamines.

ACTIVITÉS

1. À partir des documents proposés et d'autres sources, montrez l'évolution des techniques de dopage dans l'histoire du sport.
2. Retrouvez les principales catégories de produits dopants utilisés aujourd'hui et les risques que ceux-ci font courir pour la santé des sportifs.
3. Pourquoi la législation antidopage doit-elle en permanence évoluer ?

POUR VOUS GUIDER B2i

- www.afld.fr
- www.irbms.com (**rubriques** dopage et histoire du dopage)
- www.santesport.gouv.fr

SCIENCES ACTUALITÉ — Des athlètes génétiquement modifiés ?

L'arme ultime des tricheurs pourrait être le « dopage génétique ». À la lumière des prodigieux progrès de la génétique, certains commencent en effet à parler d'AGM : athlètes génétiquement modifiés.

Aucune technique ne s'applique encore à l'Homme, mais la science avance. Ainsi, des chercheurs ont obtenu des souris à la musculature impressionnante (*mighty mice* ou super souris). Pour cela, ils ont supprimé, dans des cellules-œufs, le gène de la myostatine, un régulateur de la croissance musculaire.

ACTIVITÉS

1. Recherchez au CDI ou sur Internet d'autres techniques possibles de dopage génétique.
2. Montrez en quoi le dopage génétique pose des problèmes éthiques.

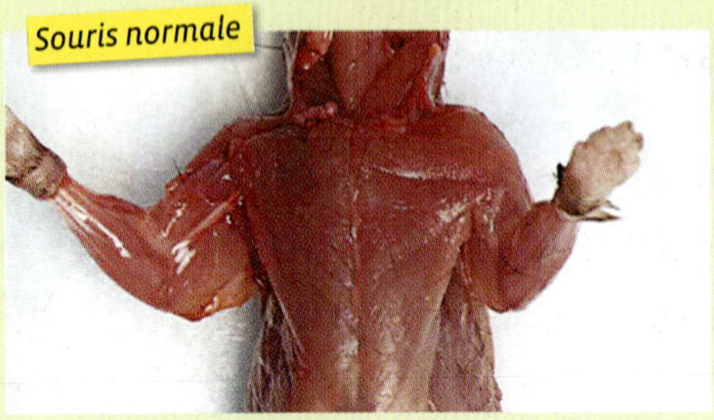

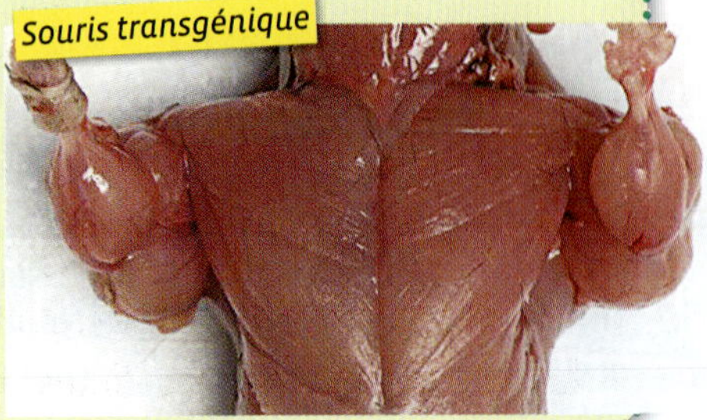

EXERCICE DE MÉTHODE

Thème 3 : Corps humain et santé : l'exercice physique

Réaliser un dessin d'observation

1 **Cellule musculaire striée de grenouille, colorée au bleu de méthylène et observée au microscope optique.** (× 640)

Je donne un titre qui mentionne le matériel observé et le mode d'observation.

J'indique toujours le grossissement (ou l'echelle).

Je trace des traits fins et continus.

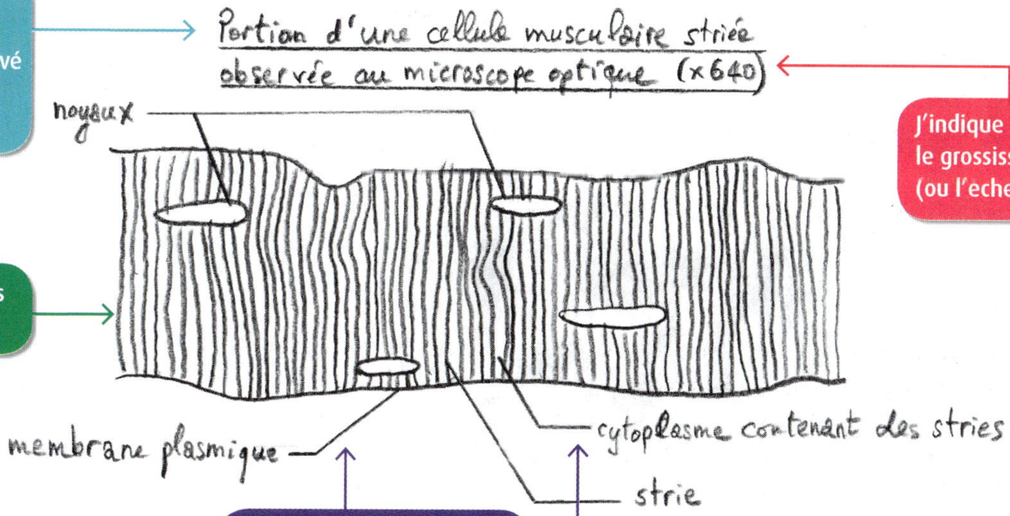

Je trace des traits de légende à la règle, se terminant tous à l'horizontale.

2 **Un dessin d'observation correct.**

QUESTIONS

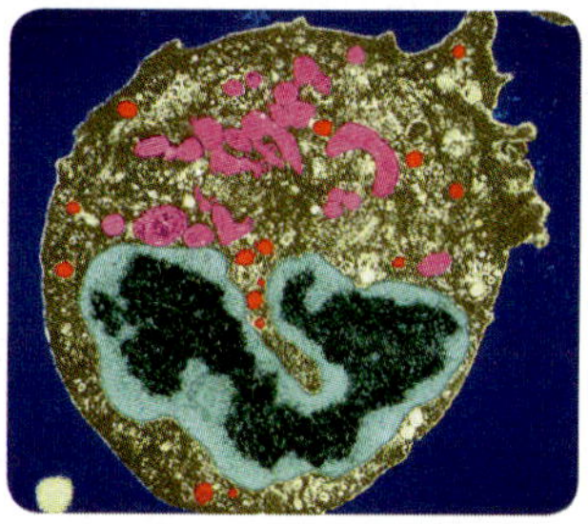

❶ Observez le dessin réalisé, puis faites un dessin d'observation d'un leucocyte observé au microscope électronique, doc. 3, page 42.

❷ Nommez les structures communes à toutes les cellules animales.

❸ Trouvez un argument qui justifie l'affirmation suivante : « La cellule musculaire striée est issue de la fusion de plusieurs cellules. »

Des conseils pour répondre

❶ Un dessin d'observation doit être clair et fidèle à la réalité. Il faut observer quelques règles :
- réalisez-le sur une feuille blanche sans carreau, au crayon à papier bien taillé ;
- centrez le dessin et donnez-lui une taille suffisamment grande ;
- ne réalisez pas d'effets de graphisme superflus (ombre, volume, etc.) ;
- ne coloriez aucun trait ni aucune zone du dessin.

❷ À l'aide de votre dessin de leucocyte et de celui ci-dessus, recensez les éléments de structure que l'on observe dans une cellule musculaire et un leucocyte.

❸ Interrogez-vous sur le nombre de noyaux que doit normalement contenir une cellule.

ILS UTILISENT LES SVT AU QUOTIDIEN

Des métiers dans le domaine du sport

Le sport ne se réduit pas à sa pratique. Une multitude de métiers concerne les activités sportives, que ce soit pour étudier le geste sportif, les systèmes ostéoarticulaire et musculaire (biomécanique), etc. Une spécialité médicale porte également sur l'activité sportive : la médecine du sport. Il faut aussi compter avec les juristes du sport..., sans oublier toute l'industrie du vêtement et du matériel sportifs. Indubitablement, la biologie du sport est une formidable source de questions pour la recherche.

Quant au **chercheur en biologie du sport**, il peut choisir entre la physiologie, la traumatologie, la biomécanique..., voire le dopage, que ce soit dans des laboratoires publics ou privés, dans des universités ou au sein d'établissements hospitaliers. Il devra être titulaire d'un doctorat.

N'oublions pas le **professeur d'éducation physique et sportive** : après 5 ans d'études universitaires (master de sciences et techniques des activités physiques et sportives), il doit obtenir le Certificat d'aptitude au professorat d'éducation physique et sportive (CAPEPS).

LE SPORT AU QUOTIDIEN
Il existe une kyrielle de métiers liés à l'entraînement sportif. Il y a l'entraîneur proprement dit, qui devra obtenir le brevet d'État d'éducateur sportif (BEES), mais à qui il est conseillé de compléter par d'autres études (spécialisées dans certains sports ou généralistes). Autres métiers : éducateur sportif, moniteur de ski, de surf ou d'escalade, métiers tournés vers l'équitation, etc.

Des métiers dans le domaine de la lutte antidopage

De tout temps, les hommes ont voulu améliorer leurs performances physiques de manière artificielle en utilisant diverses substances, différentes selon les cultures. Aujourd'hui, les produits dopants sont devenus une vraie industrie et n'ont de cesse d'être perfectionnés pour échapper aux contrôles de plus en plus rigoureux lors des compétitions. Outre leur caractère illégal, ils ont des effets néfastes sur la santé.

Les métiers dans ce secteur sont donc à dominante **juridique**, ou **médicale**, ou **pharmacologique**... ou sont liés à la **prévention**. En matière de santé, il existe diverses formations complémentaires à une formation initiale (de médecin, d'infirmier, d'enseignant...), comme le diplôme interuniversitaire « dopage et toxicomanie » dont les enseignements sont dispensés à la faculté de médecine de la Pitié-Salpêtrière (Paris). Autre exemple, un diplôme de 3e cycle intitulé « Dopage, de l'analyse à la prévention », proposé à l'université Montpellier 1.

PRÉVENIR AVANT TOUT
La prévention contre le dopage sollicite une diversité d'approches (médicales, diététiques, psychologiques...). Pour informer et aider les sportifs, il a par exemple été créé un réseau d'Antennes médicales prévention dopage (AMPD) réparties sur le territoire national, ces dernières réunissant les divers métiers correspondant à ces approches.

Comment en savoir plus sur les métiers liés aux SVT ?
www.libtheque.fr/svtlycee
www.onisep.fr
onisep

RENCONTRE AVEC...

Arnaud Basdevant

Professeur de nutrition (université Pierre-et-Marie-Curie), Arnaud Basdevant dirige le Pôle d'endocrinologie-métabolisme-nutrition-prévention de l'hôpital de la Pitié-Salpêtrière (Paris). Les activités de son service de nutrition concernent la médecine et la recherche dans le domaine de l'obésité chez l'adolescent et l'adulte.

Comment abordez-vous la question de la nutrition ?

Il faut l'envisager dans ses trois dimensions : biologique, psychologique et sociale. La première fonction de l'alimentation est de couvrir les besoins en nutriments indispensables au fonctionnement de notre corps, à notre santé physique. Le comportement alimentaire est également une source de plaisir et d'échanges : pensez aux repas de fêtes, à vos petits plats préférés ! Enfin les pratiques culinaires sont un élément essentiel de la culture.

Quels sont les métiers de la nutrition ?

Ils sont nombreux ! Cela va de la production d'aliments (agriculteurs, agronomes, etc.), jusqu'à la préparation culinaire (« métiers de bouche », cuisiniers, traiteurs), en passant par les ingénieurs agroalimentaires qui proposent des méthodes innovantes de production et de transformation des aliments. Les économistes, les sociologues et les spécialistes de la publicité s'intéressent aussi aux pratiques de consommation. Dans le domaine de la santé, le diététicien a pour rôle d'adapter l'alimentation aux besoins de chacun, du bébé à la personne âgée en passant par le sportif ou la personne malade. Le diététicien doit être titulaire d'un BTS. Quant aux médecins, ils sont confrontés aux maladies liées à la nutrition : dénutrition, diabète, obésité, entre autres. La recherche est indispensable au progrès des connaissances en nutrition : les universités scientifiques proposent des masters et des doctorats de nutrition.

« La nutrition des sportifs est devenue une discipline à part entière. »

Et dans le domaine du sport ?

Un skieur de fond, un marathonien ou un cycliste du tour de France consomment énormément de calories, mais aussi de vitamines, de micronutriments... et beaucoup d'eau. Avec une alimentation trop calorique, ils ne pourront plus avancer ; dans le cas contraire, ce sera le « coup de barre ». La nutrition des sportifs est devenue une discipline à part entière.

UN MÉTIER À DÉCOUVRIR....

Éducateur sportif pour public handicapé

S'adresser à un public en situation de handicap nécessite des compétences particulières, même si chacun sait que certains handicaps n'empêchent pas de pratiquer une activité sportive : il y a même des jeux paralympiques au cours desquels des athlètes handicapés du monde entier s'affrontent dans des épreuves « handisports », c'est-à-dire des sports dont les règles sont adaptées pour des personnes souffrant de handicaps physiques ou sensoriels. De nouveaux diplômes ont été mis en place par le ministère chargé des sports. Il s'agit par exemple du Certificat de spécialisation « accompagnement et intégration des personnes en situation de handicap ». Quant au Certificat de qualification handisport (CQH), délivré par la Fédération française handisport, il est notamment destiné aux cadres sportifs titulaires d'un brevet d'État.

THÈME 1

CHAPITRE 1 (p. 24)

évaluer ses connaissances

1 Vrai ou faux ?

a. Vrai. **b.** Faux : des molécules d'eau existent sur d'autres objets célestes (Mars, Lune, Encelade, par exemple). **c.** Vrai.

2 Une phrase appropriée

a. La planète Terre peut abriter la vie car son atmosphère a une épaisseur et une composition favorable. **b.** Une exoplanète présente dans la zone d'habitabilité d'une étoile est susceptible de posséder de l'eau liquide en surface.

3 Qui suis-je ?

a. Une exoplanète. **b.** La molécule d'eau.

4 QCM

1. Réponse b. **2**. Réponses a et b. **3**. Réponses b et c.

5 s'entraîner avec un exercice guidé

Sur le bord du cratère, on distingue une large entaille au fond de laquelle se trouve une trace qui s'élargit dans la partie droite de l'image en formant en éventail de plusieurs kilomètres de large. Cette structure est comparable à un réseau hydrographique terrestre où le lit d'un fleuve s'élargit en un vaste delta.

Toutefois, le paysage actuel de Mars ne comporte aucune trace d'eau liquide. On peut donc émettre l'hypothèse que la structure observée est la trace d'un écoulement d'eau liquide en surface, et qu'il a eu lieu dans le passé.

CHAPITRE 2 (p. 34)

évaluer ses connaissances

1 Vrai ou faux ?

a. Faux : les êtres vivants sont essentiellement composés de carbone, d'oxygène, d'hydrogène et d'azote. **b.** Faux : la chimie des êtres vivants est fondée sur le carbone car il peut se lier à quatre atomes et former des macromolécules. **c.** Vrai.

2 Qui suis-je ?

a. Une molécule organique. **b.** Une macromolécule. **c.** Un lipide.

3 QCM

1. Réponse c.
2. Réponses a et c.

4 s'entraîner avec un exercice guidé

1 La molécule d'amidon est une macromolécule car elle comporte plusieurs milliers d'atomes.

2 Dans la portion de molécule d'amidon représentée, trois molécules de glucose sont liées entre elles par l'atome de carbone n° 1 de l'une et l'atome de carbone n° 4 de la suivante. L'amidon est donc une macromolécule constituée d'un enchaînement de molécules de glucose. Le test devient positif dans le tube avec salive, suggérant la présence de glucose. On peut donc supposer que la salive a découpé l'amidon en molécules de glucose.

CHAPITRE 3 (p. 48)

évaluer ses connaissances

1 Vrai ou faux ?

a. Vrai. **b.** Faux : les ressemblances entre les cellules sont le signe qu'elles ont des liens de parenté et ont une origine commune. **c.** Vrai. **d.** Faux : presque toutes les cellules vivantes ne sont visibles qu'au microscope. **e.** Faux : seules les cellules eucaryotes possèdent un noyau qui contient leur information génétique. Les cellules procaryotes n'en possèdent pas.

2 Qui suis-je ?

a. La cellule. **b.** Un organisme eucaryote. **c.** Un organite.

3 QCM

1. Réponse c. **2**. Réponses a, b et d.

4 Trouvez l'intrus

L'intrus est : « métabolisme ». Il est le seul à ne pas désigner une structure d'un être vivant, mais un phénomène biologique.

5 s'entraîner avec un exercice guidé

La lignée cellulaire non cancéreuse présente une consommation de glucose de 8 nmol.min^{-1} en conditions normales d'oxygénation et de 15 nmol.min^{-1} en situation de manque de dioxygène. Dans les mêmes conditions, la lignée cancéreuse présente une consommation de glucose de 32 nmol.min^{-1} et 42 nmol.min^{-1} respectivement. On constate donc que la consommation de glucose est plus forte lorsque le dioxygène manque : l'environnement contrôle le métabolisme.

Pour une même condition d'oxygénation, la lignée non cancéreuse consomme toujours moins de glucose que la lignée cancéreuse. Or les deux lignées ne diffèrent que par leur information génétique, la lignée cancéreuse ayant subi des mutations. L'information génétique contrôle également le métabolisme.

CHAPITRE 4 (p. 60)

évaluer ses connaissances

1 QCM

1. Réponse d. **2**. Réponses b, c et d. **3**. Réponses a et d.

2 Schéma à compléter

Voir schéma au bas de la page.

3 s'entraîner avec un exercice guidé

1 Sur le document, un segment de 10 paires de nucléotides mesure 12,5 cm.

La longueur réelle du segment de 10 paires de nucléotides est de 12,5 × 2,7.10^{-10} = 33,8.10^{-10} m, soit 34 angströms. La distance entre deux nucléotides successifs est donc de 33,8.10^{-10}/ 10 = 3,38.10^{-10} m, soit environ 3,4 angströms.

La longueur totale d'ADN dans une cellule humaine est donc de 3,4.10^{-10} × 6,4.10^{9} = 2,2 m. Il y a au total plus de 2 m d'ADN dans chaque cellule humaine !

2 Sur le doc. 1, le chromosome mesure 10,2 cm. Sa longueur réelle est donc de 10,2.10^{-2}/20 000 = 5,1.10^{-6} m.

La longueur d'ADN du chromosome X est égale à :

154 824 264 paires de bases × 3,4.10^{-10} m = 5,3.10^{-2} m.

Le taux T de compaction de l'ADN dans le chromosome X est donc : T = 5,3.10^{-2} / 5,1.10^{-6} = 10 392, soit environ 10 000.

CHAPITRE 5 (p. 74)

évaluer ses connaissances

1 Vrai ou faux ?

a. Faux : la majorité des espèces vivantes aujourd'hui reste à découvrir. **b.** Faux : les vertébrés comprennent 50 900 espèces connues, contre 956 400 pour les arthropodes, par exemple. **c.** Vrai. **d.** Vrai.

2 Qui suis-je ?

1. Un écosystème. **2**. La biodiversité génétique. **3**. Les allèles. **4**. La destruction des habitats.

3 QCM

1. Réponse c. **2**. Réponses b et c.

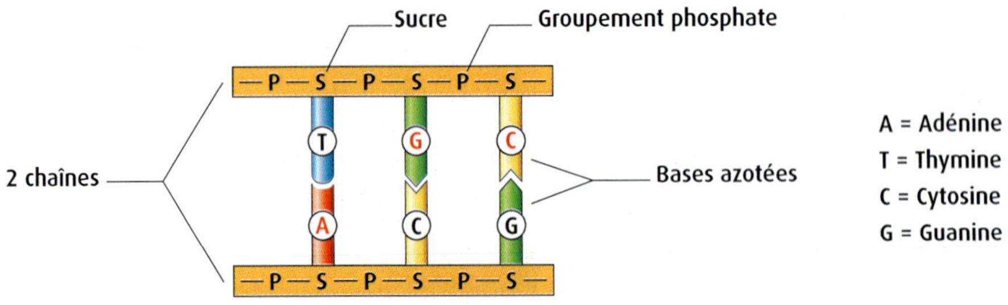

4 s'entraîner avec un exercice guidé

1 Après le traitement, la quantité de pesticide diminue progressivement dans le sol. Elle est nulle au bout de 8 mois. Le nombre de gamases diminue fortement dans les 8 mois qui suivent le traitement. Lorsque le pesticide a disparu, les effectifs se reconstituent pour revenir à leur état initial. Le nombre de collemboles subit d'abord une légère baisse, puis après 4 mois, alors qu'il y a encore du pesticide dans le sol, augmente fortement jusqu'à atteindre près du double de l'effectif initial. Les effectifs de collemboles reviennent ensuite à leur tour à la situation initiale. On peut supposer que les gamases subissent les effets du pesticide plus fortement que les collemboles. Comme les gamases sont des prédateurs des collemboles, les effectifs de ces derniers augmentent lorsque les gamases sont moins nombreux. Ce n'est que lorsque les effectifs de gamases sont revenus à la normale que les collemboles retrouvent à leur tour leurs effectifs initiaux.

2 Les niveaux de la biodiversité modifiés sont : la biodiversité des espèces (la proportion des deux espèces a changé pendant 16 mois) et la biodiversité de l'écosystème « sol ».

CHAPITRE 6 (p. 86)

évaluer ses connaissances

1 Vrai ou faux ?

a. Vrai. **b.** Faux : le plan de symétrie sépare les moitiés gauche et droite. **c.** Faux : la colonne vertébrale n'existe que chez les vertébrés.

2 Une phrase appropriée

a. Chez les vertébrés, la bouche et l'anus sont aux deux extrémités de l'axe antéro-postérieur. **b.** Les vertébrés possèdent tous un crâne et une colonne vertébrale composée de vertèbres.

3 QCM

1. Réponses a et c. **2**. Réponse a.

4 s'entraîner avec un exercice guidé

Chez les deux embryons photographiés, la tête et la queue définissent un axe de polarité antéro-postérieur. La face dorsale, au niveau de laquelle on observe des structures segmentées, et la face ventrale définissent un axe de polarité dorso-ventrale. Les deux axes de polarité définissent un plan de symétrie. De part et d'autre de ce plan, on observe des organes pairs (yeux). Le partage des deux axes de polarité et du plan de symétrie est un premier argument en faveur de la parenté de ces deux embryons.

Les deux embryons possèdent des structures segmentées dorsales, qui sont sans doute l'ébauche de la colonne vertébrale, et deux paires de membres de part et d'autre du plan de symétrie. Ces points communs suggèrent également une parenté entre la souris et le poulet.

CHAPITRE 7 (p. 99)

évaluer ses connaissances

1 Vrai ou faux ?

a. Faux : l'évolution des espèces a plusieurs causes. Certains phénomènes se déroulent au hasard (dérive génétique), d'autres non (sélection naturelle). **b.** Vrai. **c.** Faux : les organismes d'espèces différentes se distinguent d'abord par le fait qu'ils ne peuvent pas se reproduire entre eux. **d.** Vrai.

2 Une phrase appropriée

a. Au sein d'une population, dans un milieu donné, la fréquence d'un allèle avantageux augmente par le processus de sélection naturelle. **b.** Dans une population d'individus, il existe souvent de nombreuses versions d'un même gène qui sont appelées allèles.

3 QCM

1. Réponse c. **2**. Réponse b.

4 s'entraîner avec un exercice guidé

Les différentes lettres placées sur un même axe horizontal sont les populations issues d'une même espèce. La distance qui sépare ces populations sur cet axe horizontal correspond aux différences génétiques entre ces populations. La dérive génétique (inconnue de Darwin) et la sélection naturelle peuvent augmenter les différences génétiques entre populations d'une même espèce jusqu'à aboutir à la formation de nouvelles espèces. Sur le schéma de Darwin, l'espèce notée A est ainsi à l'origine de la formation successive de nouvelles espèces, représentées par de multiples branches divergentes. À la fin de l'intervalle de temps noté X, les nouvelles espèces a^{10}, f^{10} et m^{10} sont apparues.

Pendant ce même intervalle de temps, l'espèce F n'a pas connu de transformation. F^{10} et F sont en effet reliés par une ligne verticale indiquant une complète stabilité.

L'espèce B, quant à elle, s'est éteinte à la fin de l'intervalle de temps I, sans laisser de descendance.

THÈME 2

CHAPITRE 1 (p. 118)

évaluer ses connaissances

1 Vrai ou faux ?

a. Faux : la photosynthèse ne peut être réalisée que par des organismes qui contiennent de la chlorophylle. **b.** Faux : la lumière est indispensable à la production d'amidon par les organismes chlorophylliens. **c.** Faux : la photosynthèse permet l'entrée de matière minérale et d'énergie dans la biosphère.

2 QCM

1. Réponses a, c et d. **2**. Réponses a, b et c. **3**. Réponses a et d.

3 s'entraîner avec un exercice guidé

La concentration en chlorophylle à la surface des océans donne une indication de l'abondance des organismes marins chlorophylliens de surface, à savoir surtout du phytoplancton. Lors de l'épisode El Niño, la baisse de la concentration en chlorophylle au large du Pérou indique une raréfaction de ces organismes. Ce phénomène s'explique par le réchauffement des eaux de surface lors d'un tel épisode, qui bloque la remontée des eaux froides riches en sels minéraux, indispensables à la réalisation de la photosynthèse. Le phytoplancton se développe moins et les chaînes alimentaires, à la base desquelles il se situe, sont perturbées : les poissons sont moins nombreux et l'activité de la pêche diminue.

CHAPITRE 2 (p. 130)

évaluer ses connaissances

1 Vrai ou faux ?

a. Faux : un milieu pauvre en dioxygène est nécessaire à la formation du pétrole. **b.** Faux : le charbon est une roche formée à partir de carbone d'origine organique. **c.** Vrai.

2 QCM

1. Réponses b et c. **2**. Réponses c et d.

3 s'entraîner avec un exercice guidé

Sur la photo du paysage du cap de la Crèche, on observe trois couches géologiques bien distinctes :

– la couche inférieure est constituée d'une roche sédimentaire argileuse riche en matière organique susceptible de s'être transformée, au cours de son enfouissement, en roche mère du pétrole ;

– la couche intermédiaire de grès est une roche poreuse, comme le montre la lame mince, où le pétrole a pu s'accumuler en migrant vers la surface. Elle possède donc les caractéristiques d'une roche réservoir de pétrole ;

– la couche supérieure de marnes, par son imperméabilité, était susceptible d'arrêter la migration du pétrole et de maintenir celui-ci dans la roche réservoir.

Cet agencement de roches du cap de la Crèche constitue donc un parfait piège pétrolier. Mais cet ensemble géologique a été porté en surface par des mouvements tectoniques, puis il a subi l'érosion. La roche réservoir, qui n'était plus recouverte par les marnes imperméables, s'est trouvé à l'air libre et les hydrocarbures qui s'y étaient accumulés ont été détruits au contact de l'air.

CHAPITRE 3 (p. 144)

évaluer ses connaissances

1 Vrai ou faux ?

a. Faux : le CO_2 rejeté par l'Homme s'accumule dans l'atmosphère et perturbe le cycle naturel du carbone. **b.** Faux : brûler un combustible fossile, c'est utiliser une énergie solaire du passé. **c.** Vrai.

2 Une phrase appropriée

a. L'énergie du Soleil est utilisée lors de la photosynthèse pour produire de la matière organique, qui peut se transformer en charbon sous certaines conditions. **b.** Le CO_2 qui se dissout dans les océans provoque leur acidification, ce qui participe à la destruction des coraux. **c.** L'Homme, en utilisant les combustibles fossiles, rejette du CO_2 dans l'atmosphère et perturbe le cycle du carbone, mais essaye de limiter cet impact négatif en mettant en œuvre des techniques de capture du CO_2.

3 QCM

1. Réponses b et c. **2**. Réponse b. **3**. Réponses b et c.

4 s'entraîner avec un exercice guidé

1 De 1985 à 2005, on observe que la concentration en CO_2 des océans augmente de 320 à 360 µatm en même temps que le pH des océans diminue de 8,12 à 8,09.

2 Dans le détail, entre 1999 et 2003, de fortes augmentations ponctuelles de la concentration de CO_2 des océans correspondent à une baisse sensible et ponctuelle du pH océanique. Les variations de ces deux paramètres semblent donc liées. Cette acidification des océans peut être due à l'accroissement du taux de CO_2 atmosphérique, ce gaz pouvant se dissoudre dans l'eau. Le CO_2 rejeté en excès dans l'atmosphère par les activités humaines, en se dissolvant dans les océans, est un responsable très probable de leur acidification.

CHAPITRE 4 (p. 156)

évaluer ses connaissances

1 Qui suis-je ?

a. Le vent. **b.** L'énergie solaire. **c.** Le cycle de l'eau. **d.** La masse volumique.

2 QCM

1. Réponses b et d. **2**. Réponse d. **3**. Réponses a, b et d. **4**. Réponse d.

3 s'entraîner avec un exercice guidé

Le faisceau lumineux a la même intensité dans les deux modèles : seule la sphéricité de la Terre varie.

Dans le modèle « planisphère » l'angle d'incidence des rayons solaires est constant quelque soit la latitude : la surface éclairée et la quantité d'énergie reçue par unité de surface ne varient pas. Dans le modèle « globe terrestre », en revanche, quand la latitude augmente, l'angle d'incidence des rayons solaires sur la surface diminue. Cela induit une augmentation de la surface éclairée et, de ce fait, une diminution de la quantité d'énergie reçue par unité de surface.

Le modèle « globe terrestre » permet donc de conclure que la sphéricité de la Terre est bien responsable de l'inégale répartition de l'énergie solaire à la surface du globe.

CHAPITRE 5 (p. 170)

évaluer ses connaissances

1 Vrai ou faux ?

a. Vrai. **b.** Faux : les produits agricoles sont aussi utilisés pour le chauffage et pour produire des matériaux de construction, du papier ou du tissu. **c.** Faux : les inégalités alimentaires sont également dues à une inégale répartition des sols cultivables. **d.** Vrai.

2 QCM

1. Réponses a et d. **2**. Réponses a et c. **3**. Réponses a, c et d.

3 Qui suis-je ?

1. Un agrocarburant. **2**. L'irrigation.

4 s'entraîner avec un exercice guidé

1 La population africaine augmente de façon régulière de 1961 à 2001. Jusqu'en 1973, la production agricole progresse aussi vite que la population. De 1973 à 1986, elle progresse moins vite. Après 1986, elle augmente à nouveau. La production agricole par habitant est le quotient de la production agricole totale par le nombre d'habitants. L'évolution constatée sur le doc. 2 s'explique car la population africaine croit plus vite que la production alimentaire totale de 1973 à 1986 et, après 1986, la production alimentaire totale augmente plus vite que la population.

2 La quantité de nourriture par personne en Afrique dans les années 2000 est toujours inférieure à ce qu'elle était en 1961, ce qui est certainement à l'origine de graves problèmes de sous-nutrition (famines).

CHAPITRE 6 (p. 182)

évaluer ses connaissances

1 QCM

1. Réponse b. **2**. Réponse c. **3**. Réponses a et b.

2 Qui suis-je ?

1. Un horizon. **2**. L'eau. **3**. L'humus.

3 Schéma à compléter

1. Végétation. **2**. Litière. **3**. Humus. **4**. Débris issus de l'altération de la roche mère. **5**. Roche mère.

4 s'entraîner avec un exercice guidé

Les conditions d'acidité, le niveau d'irrigation et l'activité des micro-organismes ne présentent pas de variations sur les sites pollués. On observe en revanche une modification importante de la faune du sol. La macrofaune est identique sur le site témoin et le site pollué ; la mésofaune est, elle, bien moins abondante sur le site pollué.

Cette mésofaune réalise normalement la fragmentation des débris végétaux, favorisant leur décomposition. Sur un sol pollué, les débris de végétaux ne sont donc pas aussi bien fragmentés que dans un sol non pollué et l'action des micro-organismes est ralentie. La litière s'accumule en surface du sol, et celui-ci s'appauvrit en humus et en sels minéraux. On peut en déduire que les agrégats se forment moins bien. Le sol est donc moins fertile et sa capacité à retenir l'eau est réduite.

THÈME 3

CHAPITRE 1 (p. 202)

évaluer ses connaissances

1 Vrai ou faux ?

a. Faux : l'organisme consomme du dioxygène quelle que soit son activité. **b.** Faux : la respiration cellulaire produit de l'énergie à partir du glucose et en présence de dioxygène. Elle libère des déchets (dont du CO_2). **c.** Vrai.

2 Une phrase appropriée

a. Le VO_2 max est un indicateur de l'aptitude à la performance physique d'un individu. **b.** La valeur de la consommation de dioxygène d'un individu augmente avec l'intensité de l'effort. **c.** La respiration fournit de l'énergie aux muscles en dégradant des nutriments comme les glucides ou les lipides.

3 QCM

1. Réponses a, b et d.

4 s'entraîner avec un exercice guidé

On observe des différences marquées de VO_2max selon les disciplines chez les hommes comme chez les femmes : en ski de fond, en course de fond ou en patinage de vitesse, les sportifs présentent des valeurs de VO_2max importantes. Ces disciplines sont des sports d'endurance. Les valeurs de VO_2max des gymnastes sont beaucoup plus faibles. La gymnastique est un sport qui privilégie puissance et souplesse. On peut donc déduire que l'entraînement en endurance est un facteur de variation du VO_2max. Par ailleurs, pour chaque sport, on observe que le VO_2max est toujours plus élevé chez les hommes que chez les femmes. Le sexe est donc également un facteur de variation du VO_2max.

CHAPITRE 2 (p. 214)

Évaluer ses connaissances

1 Vrai ou faux ?

a. Vrai. **b.** Faux : le volume courant correspond au volume d'air échangé par les poumons quelle que soit l'activité de l'organisme. **c.** Faux : l'artère pulmonaire transporte du sang pauvre en dioxygène du cœur vers les poumons. **d.** Vrai.

2 Schéma à compléter

1 : veine cave ; **2** : oreillette droite ; **3** : valves auriculo-ventriculaires ; **4** : ventricule droit ; **5** : artère aorte ; **6** : artère pulmonaire ; **7** : oreillette gauche ; **8** : veines pulmonaires ; **9** : valves artérielles ; **10** : ventricule gauche.

3 QCM

1. Réponses a, c et d. **2**. Réponses c et d.

4 S'entraîner avec un exercice guidé

1

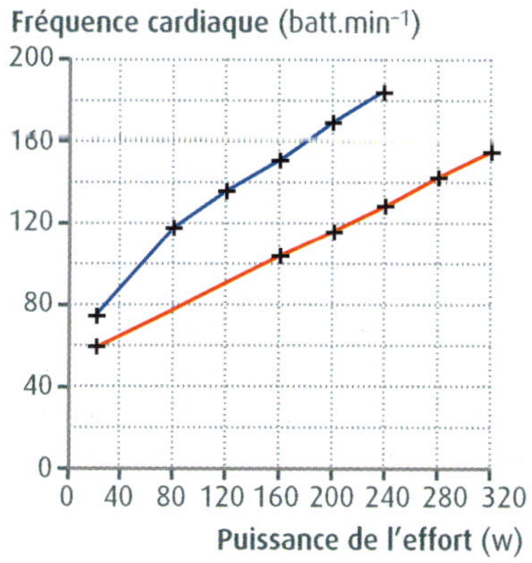

2 Les courbes indiquent que la fréquence cardiaque des deux cyclistes croît avec la puissance de l'effort. Mais on observe que la fréquence cardiaque à l'effort est toujours moindre pour le cycliste professionnel que pour le cycliste amateur.
Chez tout individu, un effort physique entraîne une augmentation de la fréquence cardiaque, d'autant plus importante que la puissance de l'exercice est élevée. L'augmentation du débit cardiaque qui en résulte permet de satisfaire les besoins accrus des muscles en O_2. La plus grande lenteur du cœur du cycliste professionnel est sans doute la conséquence de l'entraînement en endurance.

CHAPITRE 3 (p. 226)

Évaluer ses connaissances

1 Vrai ou faux ?

a. Faux : la pression artérielle est une grandeur contrôlée en permanence. **b.** Vrai. **c.** Faux : le nerf parasympathique transmet également vers le cœur des messages capables de faire varier la pression artérielle.

2 Qui suis-je ?

1. Un débit. **2**. La pression artérielle. **3**. Un centre nerveux du bulbe rachidien.

3 QCM

1. Réponses a et c. **2**. Réponses a et b.

4 S'entraîner avec un exercice guidé

En T_1, on observe que la fréquence cardiaque et la pression artérielle diminuent transitoirement avant de revenir à leur valeur normale. Cette variation réversible indique qu'un nerf a été stimulé. Ce nerf a pour effet de modérer la fréquence cardiaque : il s'agit donc du nerf parasympathique.
En T_2, on observe que la fréquence cardiaque et la pression artérielle augmentent transitoirement avant de revenir à leur valeur normale. Un nerf ayant pour effet d'accélérer la fréquence cardiaque a donc été stimulé : c'est le nerf sympathique.
En T_3, l'augmentation durable des deux paramètres traduit la section du nerf parasympathique, qui modère la fréquence cardiaque.
Enfin, en T_4, la baisse prolongée de la fréquence cardiaque et de la pression artérielle indique que le nerf sympathique, qui accélère le rythme cardiaque, a été sectionné.

CHAPITRE 4 (p. 240)

Évaluer ses connaissances

1 Vrai ou faux ?

a. Faux : une cellule musculaire contient plusieurs noyaux. **b.** Vrai. **c.** Faux : les muscles striés squelettiques sont reliés au squelette par l'intermédiaire des tendons. **d.** Vrai. **e.** Faux : un claquage est une déchirure musculaire qui survient lors de l'extension du muscle.

2 Échelles de taille

Par ordre de taille croissante :
molécule – noyau – fibre musculaire – faisceau musculaire – muscle.

3 QCM

1. Réponse b. **2**. Réponse a. **3**. Réponse c. **4**. Réponses a et c.

4 S'entraîner avec un exercice guidé

1

Caractéristiques \ Fibres musculaires	type I	type II
Temps pour atteindre la contraction maximale (ms)	100	25 à 50
Résistance à la fatigue	élevée	faible

2 Seul le paramètre « activité physique » varie selon les femmes étudiées. Les différences de proportion des types de fibres peuvent donc seulement s'expliquer par des différences dans l'entraînement.
Les femmes non entraînées servent de témoins : leurs mollets possèdent autant de fibres de type I et II. Si les mollets des coureuses de fond possèdent majoritairement (69 %) de fibres de type I, c'est que la pratique de la course d'endurance a modifié les proportions initiales des fibres. Or les fibres de type I ont une résistance élevée à la fatigue : l'augmentation du taux de fibres de type I est bien un avantage pour un sport d'endurance.
Les mollets des sprinteuses ont une majorité (73 %) de fibres de type II. La pratique de la course brève et rapide est également à l'origine de cette composition du muscle. Ces fibres atteignent rapidement leur contraction maximale : elles sont adaptées à un effort très intense comme le sprint. Leur faible résistance à la fatigue n'est pas un handicap dans le cadre d'un effort aussi bref que le sprint.

CHAPITRE 5 (p. 250)

Évaluer ses connaissances

1 Vrai ou faux ?

a. Vrai. **b.** Faux : le principal risque est de développer des maladies graves, voire de mourir précocément. **c.** Faux : un effort optimal est possible à la température musculaire de 38 °C.

2 Qui suis-je ?

1. Le dopage. **2**. L'échauffement. **3**. Une hormone.

3 QCM

1. Réponses a et b. **2**. Réponses b, c et d.

4 S'entraîner avec un exercice guidé

1 Le graphique permet de retranscrire, pour chaque sujet, l'évolution du VO_2max avant et après injection d'EPO. On observe que l'ensemble des points rouges se situe dans la partie du graphique située au-dessus de la courbe en pointillés. Le VO_2 max des sujets mesuré après injection d'EPO est donc supérieur au VO_2 max mesuré chez eux avant injection d'EPO. Le VO_2max est un indicateur de l'effort maximal qu'un individu peut produire : l'injection d'EPO permet donc à un sportif de soutenir un effort maximal plus important et d'améliorer ses performances.

2 Sous l'action de l'EPO, le nombre de globules rouges dans le sang devient très important. Le sang est donc plus visqueux, ce qui oblige le cœur à se contracter de façon plus importante pour le mettre en mouvement. En découlent une augmentation de la pression dans les artères et une fatigue cardiaque à l'origine d'accidents. Par ailleurs, la stimulation de la multiplication cellulaire dans la moelle osseuse peut entraîner la mutation de certains gènes et déclencher des cancers.

LE DICO DES SVT

A B

ADN (n.m.) : Acide désoxyribonucléique. L'ADN est une longue molécule qui détermine l'ensemble des caractères héréditaires* d'un individu. L'information génétique y est codée dans un langage universel. 52

Agrégat (n.m.) : assemblage de complexes argilo-humiques* et de particules de roche à l'origine des mottes de terre. 175

Agrocarburant (n.m.) : carburant obtenu par transformation d'une biomasse* produite par l'agriculture. 167

Allèle (n.m.) : version d'un même gène*. Deux allèles différents d'un même gène correspondent à deux séquences d'ADN* légèrement différentes. Ces deux versions déterminent la réalisation d'un même caractère héréditaire*, mais sous deux formes plus ou moins différentes. Par exemple, deux allèles d'un gène déterminant la couleur du pelage chez une souris sont à l'origine de deux couleurs différentes du pelage. 57

Altération (n.f.) : processus de dégradation d'une roche. L'altération résulte généralement de l'infiltration d'eau et/ou de la température. 176

Antagonistes (muscles) (adj.) : se dit de deux muscles qui commandent un mouvement inverse autour d'une même articulation*. 236

Arbre de parenté (n.m.) : mode de représentation des liens de parenté entre plusieurs espèces*. Chaque espèce, qu'elle soit actuelle ou fossile, est placée au bout d'une branche. Le point d'où partent plusieurs branches est appelé « nœud ». Chaque nœud correspond à un ancêtre commun partagé par les espèces situées au bout des branches raccordées à ce nœud. Cet ancêtre commun est caractérisé par les innovations évolutives* qu'il a transmises aux espèces situées au bout des branches raccordées à ce nœud. 82

Articulation (n.f.) : emboîtement de deux ou plusieurs pièces du squelette. Les os y sont maintenus ensemble par des ligaments. 233

Atmosphère (n.f.) : enveloppe gazeuse entourant une planète* ou un satellite. 19

Attribut (n.m.) : caractère héréditaire* observable d'un être vivant. La classification du vivant* est établie en étudiant le partage des attributs entre les différentes espèces* qui peuplent la planète Terre. 82

Barorécepteur (n.m.) : capteur sensible à la pression artérielle* situé dans la paroi des artères. Les barorécepteurs émettent un message nerveux sensitif* en direction d'un centre nerveux* situé dans le bulbe rachidien. L'intensité de ce message nerveux dépend de la valeur de la pression artérielle. 220

Base azotée (n.f.) : molécule constitutive des nucléotides*. Dans l'ADN*, il existe 4 bases azotées différentes : l'adénine (A), la cytosine (C), la guanine (G), et la thymine (T). Dans la molécule d'ADN*, les bases azotées s'associent selon le principe de complémentarité des bases : en face d'une base A sur une chaîne, on trouve une base T sur l'autre chaîne, et en face d'une base C sur une chaîne, on trouve une base G sur l'autre chaîne. 54

Bassin sédimentaire (n.m.) : région à la surface du globe dans laquelle on observe une forte accumulation de sédiments. Cette accumulation est rendue possible par l'enfoncement (ou subsidence*) du bassin sédimentaire. 122

Bilan énergétique (n.m.) : différence entre la quantité d'énergie apportée à un organisme par les nutriments* et la quantité d'énergie dépensée par cet organisme. 198

Biodiversité des écosystèmes* (n.f.) : diversité des milieux de vie observables sur Terre, incluant les espèces* qui les habitent et toutes les relations qu'elles ont entre elles. 67

Biodiversité génétique (n.f.) : diversité des allèles* observables au sein d'une même espèce* ou d'une population* de cette espèce. La diversité génétique se mesure par le nombre d'allèles* différents existant pour chaque gène et par la fréquence de ces allèles. 67

Biodiversité spécifique ou biodiversité des espèces (n.f.) : diversité des espèces* vivantes. 67

Biomasse (n.f.) : masse de matière organique* qui constitue un organisme vivant. Elle est exprimée en masse de carbone. 114

Boucle de régulation (n.f.) : ensemble des phénomènes qui permettent le maintien d'une grandeur dans un étroit intervalle de valeurs autour d'une valeur de consigne*. Dans la boucle de régulation de la pression artérielle*, une augmentation de la pression artérielle au-dessus de la valeur de consigne entraîne une diminution de la fréquence cardiaque* et une diminution de la pression artérielle. Si la pression artérielle diminue en dessous de la valeur de consigne, cela entraîne une augmentation de la fréquence cardiaque et une augmentation de la pression artérielle. La pression artérielle est ainsi maintenue dans un étroit intervalle de valeur autour de la valeur de consigne. 223

C D

Capillaire (n.m.) : vaisseau sanguin très étroit. Les capillaires sont organisés en réseau et situés dans les organes, entre les artérioles et les veinules. Leur paroi fine permet les échanges de molécules (O_2, CO_2, nutriments, etc.) entre le sang et les tissus qu'ils irriguent. 211

Caractère héréditaire (n.m.) : caractéristique d'un organisme transmise au cours des générations. 52

Cartilage (n.m.) : tissu souple et fibreux, recouvrant notamment les zones de contact entre les os au niveau d'une articulation*. Le cartilage protège ces os de l'usure et facilite leur mouvement. 237

Cellule (n.f.) : unité de base de tout organisme vivant, constituée d'un volume de cytoplasme entouré par une membrane plasmique*. Toute cellule présente un métabolisme* et réalise des échanges avec le milieu extérieur. 42

Centre nerveux (n.m.) : zone du système nerveux qui reçoit des informations en provenance d'un organe récepteur*, intègre ces informations et émet un message nerveux* vers d'autres organes. 220

Charbon (n.m.) : combustible fossile* riche en carbone, issu de la transformation de végétaux continentaux ou littoraux. 122

Chlorophylle (n.f.) : molécule contenue dans les chloroplastes* des organismes chlorophylliens*, qui capte l'énergie lumineuse et la transforme en énergie utilisable par la cellule pour la synthèse de glucides* lors de la photosynthèse*. 111

Chloroplaste (n.m.) : organite présent dans le cytoplasme des cellules qui réalisent la photosynthèse. Les chloroplastes contiennent de la chlorophylle*. 44, 111

Classification du vivant (n.f.) : elle traduit les relations de parentés entre les différents organismes du monde vivant : les espèces* classées dans un même groupe sont plus proches parentes entre elles qu'avec les espèces qui sont extérieures à ce groupe. On peut représenter une classification sous la forme d'arbres de parenté* ou d'ensembles emboîtés. 82

Combustible fossile (n.m.) : combustible issu de la dégradation et de l'enfouissement d'une matière organique* du passé. Le charbon*, le pétrole* et le gaz naturel (qui est en fait un dérivé du pétrole) sont des combustibles fossiles. 136

Combustion (n.f.) : réaction d'oxydation d'un composé carboné par le dioxygène de l'air. Une combustion dégage du dioxyde de carbone, de l'eau et de l'énergie que l'Homme peut utiliser à son profit. 136

Complexe argilo-humique (n.m.) : association d'éléments de l'humus* (acides humiques) et d'éléments minéraux permettant la formation d'agrégats*. 175

Contraction musculaire (n.f.) : raccourcissement des fibres musculaires* provoquant le raccourcissement du muscle entier. 235

Cycle cardiaque (n.m.) : cycle décrivant le remplissage des différentes cavités du cœur et l'éjection du sang dans les artères. 209

Cycle de l'eau (n.m.) : ensemble des échanges d'eau entre les différents réservoirs d'eau* du globe. Le cycle de l'eau est réalisé par les processus d'évaporation, de précipitation et de ruissellement. Ces échanges d'eau s'accompagnent de transferts d'énergie. 150

Cycle du carbone (n.m.) : ensemble des échanges de carbone réalisés entre les quatre réservoirs de carbone* terrestres : l'atmosphère, la bios-

Le numéro renvoie à la page du manuel où le mot apparaît la première fois. Le symbole * signifie que le mot est défini ailleurs dans le Dico des SVT.

phère, l'hydrosphère et le réservoir géologique (roches). Ces échanges de carbone sont réalisés grâce à des processus chimiques, biologiques et géologiques variés. Les flux de carbone* permettent de quantifier ces échanges. 138

Débit (d'un cours d'eau) (n.m.) : volume d'eau déplacé par unité de temps (en $m^3.s^{-1}$). L'énergie hydraulique* liée au déplacement de l'eau dans un cours d'eau dépend de son débit. 149

Débit cardiaque (n.m.) : volume de sang éjecté par le cœur dans les artères par unité de temps (en $L.min^{-1}$). Il est égal au produit de la fréquence cardiaque* par le volume d'éjection systolique*. 208

Débit sanguin (n.m.) : volume de sang qui circule à travers un vaisseau ou un organe par unité de temps (en $L.min^{-1}$ ou en $mL.min^{-1}$). 210

Débit ventilatoire (n.m.) : volume d'air circulant dans les poumons par unité de temps (en $L.min^{-1}$). Il correspond au produit du volume courant* par la fréquence ventilatoire*. 206

Décomposition (n.f.) : transformation des molécules organiques* constituant la matière des êtres vivants en molécules minérales*. 174

Dégradation (n.f.) : transformation des longues molécules organiques* constituant la matière des êtres vivants en molécules organiques plus simples. 174

Dérive génétique (n.f.) : variation aléatoire de la fréquence des allèles* dans une population*. Elle est surtout une conséquence de la reproduction sexuée : d'une génération à la suivante, seuls certains allèles* sont transmis des parents aux descendants. 90

Diastole (n.f.) : relâchement du muscle cardiaque (ou myocarde*). 208

Différence génétique (n.f.) : plus l'échantillon d'allèles* présents dans deux populations* données est différent, plus la différence génétique entre ces populations est importante. 94

Diversité génétique (ou allélique) (n.f.) : différence génétique* entre les individus de la même espèce*. La diversité génétique se mesure par le nombre d'allèles* différents existant pour chaque gène* et par la fréquence de ces différents allèles. 91

Dopage (n.m.) : ensemble de techniques illégales visant à accroître artificiellement les performances sportives. Le dopage implique la consommation de produits dopants (le plus souvent des hormones détournées de leur fonction). Le dopage est dangereux pour la santé. 244

Double circulation sanguine (n.f.) : organisation de l'ensemble de la circulation sanguine à travers l'organisme. Elle correspond à deux circuits branchés en série : la circulation pulmonaire, entre le cœur et les poumons, et la circulation générale entre le cœur et l'ensemble des autres organes. 209

Double hélice (n.f.) : structure de la molécule d'ADN* dans laquelle deux chaîne appariées s'enroulent sur elles-mêmes. 54

E F

Échauffement (n.m.) : phase préliminaire à un exercice physique destinée à éviter les blessures et à assurer un niveau de performance optimal. 246

Écosystème (n.f.) : milieu de vie défini par des caractéristiques physiques (luminosité, température, etc.) qui déterminent des conditions de vie propres. Chaque écosystème est habité par des espèces* différentes qui établissent des relations entre elles. 66

Effet de serre (n.m.) : phénomène par lequel l'énergie d'un rayonnement est retenue par l'atmosphère d'une planète, échauffant ainsi sa surface. 19

Élément chimique (n.m.) : l'un des 92 atomes que les physiciens et les chimistes recensent dans l'Univers. 28

Énergie éolienne (n.f.) : énergie mécanique issue de la mise en mouvement des masses d'air de l'atmosphère. Elle peut être convertie par l'Homme en énergie électrique. De par son caractère inépuisable (car elle est liée à l'inégale répartition de l'énergie solaire à la surface de la Terre), elle est qualifiée d'énergie « renouvelable »*. 148

Énergie hydraulique (n.f.) : énergie produite par le déplacement de masses d'eau. Elle peut être convertie par l'Homme en énergie électrique. De par son caractère inépuisable (car elle est liée au chauffage des masses d'eau par l'énergie solaire), elle est qualifiée d'énergie « renouvelable »*. 149

Énergie renouvelable (n.f.) : ressource énergétique que l'Homme peut exploiter sans en provoquer l'épuisement progressif. 148

Engrais (n.m.) : mélange de molécules minérales* que l'Homme utilise pour favoriser la croissance des organismes chlorophylliens*. 113

Érosion (n.f.) : phénomène de dégradation, d'arrachement et de transport des éléments du sol et, d'une façon plus générale, du relief. 179

Érosion de la biodiversité (n.f.) : diminution de la biodiversité. L'érosion actuelle de la biodiversité affecte chacun de ses trois niveaux (diversité des écosystèmes*, diversité des espèces*, diversité génétique*). 71

Espèce (n.f.) : ensemble d'individus capables de se reproduire entre eux et de donner naissance à une descendance elle-même fertile. 94

Espèce invasive (n.f.) : espèce* introduite par l'Homme dans un territoire et qui perturbe le fonctionnement des écosystèmes*. 70

Eucaryote (cellule) (n.f.) : toute cellule* dont le cytoplasme contient des organites*. 44

Eucaryotes (groupe des) (n.m.) : groupe de la classification du vivant* comprenant tous les êtres vivants constitués de cellules eucaryotes*. Les eucaryotes peuvent être faits d'une seule cellule ou de plusieurs cellules. 45

Évolution (n.f.) : ensemble des changements subis par les espèces* au cours du temps. L'un des points de départ de l'évolution est la diversité génétique* au sein des populations*. La dérive génétique* et la sélection naturelle* modifient cette diversité génétique et peuvent conduire à l'apparition d'espèces nouvelles à partir d'une même espèce initiale. La dérive génétique et la sélection naturelle sont donc impliquées dans l'évolution. 96

Exoplanète (n.f.) : planète située hors de notre système solaire et qui gravite donc autour d'une étoile autre que le Soleil. 21

Fibre musculaire (n.f.) : cellule en forme de long fuseau contenant plusieurs noyaux et possédant la capacité de se contracter. 235

Flux (d'énergie solaire) (n.m.) : quantité d'énergie solaire reçue sur Terre par unité de surface et de temps (en $J.s^{-1}.m^{-2}$). 151

Flux de carbone (n.m.) : masse de carbone transférée par unité de temps d'un réservoir de carbone* à un autre. 138

Fréquence allélique (n.f.) : fréquence d'un allèle* d'un gène* dans une population*. Elle est égale au rapport du nombre d'individus porteurs de cet allèle sur le nombre d'individus portant l'ensemble des allèles du gène considéré. 91

Fréquence cardiaque (n.f.) : fréquence des cycles cardiaques (en battements par minute). 208

Fréquence ventilatoire (n.f.) : fréquence des cycles inspiration/expiration (en nombre de ventilations* par minute). 206

G

Gène (n.m.) : portion d'ADN* qui détermine un caractère héréditaire*. Un gène est caractérisé par sa séquence nucléotidique*. 53

Génome (n.m.) : ensemble des gènes* d'un organisme vivant. 56

Glucide (n.m.) : molécule organique* composée de carbone, d'oxygène et d'hydrogène. Certains glucides forment des macromolécules* (exemples : amidon, glycogène). 31

Groupe (n.m.) : voir Classification du vivant.

H I

Horizon (n.m.) : couche géologique dont la composition et l'organisation sont caractéristiques. Un sol* comporte plusieurs horizons. 174

Humus (n.m.) : matière organique* du sol*. L'humus est produit par la dégradation de la matière organique* de la litière par la faune du sol. 174

Hydrocarbure (n.m.) : molécule constitutive du pétrole et de ses dérivés, composée de carbone et d'hydrogène. Les hydrocarbures sont formés par la dégradation de molécules organiques* issues du phytoplancton* dans certaines conditions géologiques. 124

Hydrolyse (d'un minéral) (n.f.) : transformation chimique d'un minéral en présence d'eau. 176

IMC (n.m.) : indice de masse corporelle. L'IMC d'un individu est égal à sa masse (en kg) divisée par le carré de sa taille (en m^2). Un IMC supérieur à 25 traduit une obésité. 198

Innovation évolutive (n.f.) : caractère héréditaire nouveau apparu au cours de l'évolution* des espèces*. 82

Irrigation (n.f.) : apport d'eau au sol* réalisé par l'Homme dans le but de satisfaire les besoins en eau de ses cultures. 164

L

Leucocyte (n.m.) : cellule* du système immunitaire. 42

Lipide (n.m.) : molécule organique* composée de carbone, d'oxygène et d'hydrogène. 31

Lithosphère (n.f.) : enveloppe terrestre constituée de l'ensemble des roches superficielles. Elle comporte la croûte (océanique ou continentale) et une partie du manteau supérieur. 125

Lubrification d'une articulation (n.f.) : phénomène qui réduit les frottements entre les os au niveau d'une articulation*. La lubrification est assurée par le liquide synovial. 237

M

Macromolécule (n.f.) : molécule organique* de grande taille (plusieurs centaines à plusieurs milliers d'atomes). 29

Masse volumique (n.f.) : masse de matière par unité de volume (en $g.cm^{-3}$). 149

Matière organique (n.f.) : matière que l'on trouve en abondance chez les êtres vivants, qui est composée de molécules organiques*. 110

Membrane plasmique (n.f.) : enveloppe souple et déformable constituée essentiellement de lipides* et de protides*, qui délimite le cytoplasme des cellules. 43

Message nerveux moteur (n.m.) : message élaboré par le cerveau et transmis par un nerf moteur vers un organe effecteur* (un muscle ou le cœur par exemple). 224

Message nerveux sensitif (n.m.) : message élaboré par un organe récepteur* (les yeux ou un barorécepteur par exemple) et transmis par un nerf sensitif à un centre nerveux. 224

Métabolisme (n.m.) : ensemble des transformations chimiques réalisées par une cellule* vivante. 40

Minéral (n.m.) : solide constitué de la répétition régulière et dans toutes les directions d'un ensemble d'atomes disposés de façon ordonnée dans l'espace. 28

Minéral(e) (adj.) : qualifie une molécule qui ne comprend pas d'atome de carbone lié à un (ou des) atome(s) d'hydrogène. Exemple de molécule minérale : le dioxyde de carbone (CO_2). 28

Molécule organique (n.f.) : molécule à squelette carboné abondante dans la matière des organismes vivants, comportant des atomes de carbone liés à un (ou des) atome(s) d'hydrogène. 29

Muscle (n.m.) : tissu composé de nombreuses fibres musculaires* et possédant la capacité de se contracter. 232

Muscle strié squelettique (n.m.) : muscle qui s'insère sur le squelette et dont les fibres contiennent des stries. 235

Mutant, mutante (n.m., n.f.) : cellule ou organisme ayant subi une mutation génétique*. 41

Mutation génétique (n.f.) : modification de l'information génétique responsable de l'apparition de caractères héréditaires* nouveaux. Les mutations sont à l'origine de nouveaux allèles* d'un gène*. 41

Myocarde (n.m.) : muscle creux qui constitue la majeure partie du cœur. 209

N O

Nerf parasympathique cardiaque (n.m.) : ensemble de fibres nerveuses reliant le centre nerveux* bulbaire au cœur, dont l'activité produit une diminution de la fréquence cardiaque*. 221

Nerf sympathique cardiaque (n.m.) : ensemble de fibres nerveuses reliant le centre nerveux* bulbaire au cœur, dont l'activité produit une augmentation de la fréquence cardiaque*. 221

Nucléotide (n.m.) : motif de base de la molécule d'ADN*. Un nucléotide est constitué d'un groupement phosphate, d'un sucre (le désoxyribose) et d'une base azotée*. 54

Nutriment (n.m.) : molécule simple, issue le plus souvent de la digestion des aliments, utilisable par les cellules pour leur métabolisme*. 195

Obésité (n.f.) : excès de masse grasse qui a des conséquences néfastes sur la santé. L'obésité s'estime à partir du calcul de l'IMC*. 198

Organe moteur (ou effecteur) (n.m) : organe qui exécute une commande (exemples : le cœur ou un muscle strié squelettique). 224

Organe récepteur (n.m) : organe sensible à une stimulation en provenance de son environnement (exemple : barorécepteur). 220

Organisme chlorophyllien (n.m.) : organisme qui possède de la chlorophylle* et qui est donc capable de réaliser la photosynthèse*. Les végétaux verts et le phytoplancton* sont les principaux organismes chlorophylliens. 111

Organite (n.m.) : compartiment cytoplasmique limité par une ou plusieurs membranes et assurant une fonction précise. Exemples : noyau, mitochondrie, chloroplastes*, lysosome. 42

P

Paroi cellulaire (n.f.) : enveloppe rigide superposée à la membrane plasmique* qui entoure la (ou les) cellule(s) de certains organismes. 44

Pétrole (n.m.) : le pétrole brut est un mélange d'hydrocarbures sous forme liquide, gazeuse et solide. Souvent, le terme « pétrole » désigne les hydrocarbures liquides. Le pétrole est issu de la transformation de la matière organique* du phytoplancton*. 124

Phagocytose (n.f.) : processus d'ingestion de particules étrangères (exemple : micro-organisme) par une cellule immunitaire (phagocyte). 43

Photosynthèse (n.f.) : ensemble de transformations chimiques réalisé par les organismes chlorophylliens* grâce à l'énergie lumineuse. La photosynthèse permet la production de molécules organiques* glucidiques* à partir d'eau et de dioxyde de carbone. 112

Phytoplancton (n.m.) : ensemble d'organismes chlorophylliens* microscopiques flottant dans les couches superficielles de l'océan. Le phytoplancton est à la base des chaînes alimentaires aquatiques. 115

Piège pétrolier (n.m.) : système géologique permettant l'accumulation et la conservation d'une quantité importante de pétrole*. Il est toujours constitué d'une roche réservoir* poreuse stockant le pétrole, recouverte d'une couche de roche imperméable empêchant le pétrole de s'échapper vers la surface. 124

Planète gazeuse (n.f.) : planète éloignée du Soleil, essentiellement constituée de gaz. 17

Planète rocheuse (n.f.) : planète proche du Soleil, de taille comparable à la Terre et composée pour une grande part de silicates, de fer et de nickel. 17

Plaque lithosphérique (n.f.) : vaste fragment de lithosphère* qui se déplace à la surface de la Terre sous l'effet des mouvements du manteau terrestre. 125

Plateau continental (n.m.) : partie immergée d'un continent. 125

Polarité (axe de) (n.m.) : ligne imaginaire sur laquelle on peut repérer la position des organes relativement à deux régions opposées. 84

Population (n.f.) : ensemble d'individus appartenant à la même espèce* et occupant le même territoire géographique. 90

Pouvoir énergétique (n.m.) : quantité d'énergie libérée lors de la combustion d'un combustible*(en $Joules.kg^{-1}$). 136

Ppmv (partie par million en volume) (n.f.) : unité de concentration. 1 ppmv = 1 cm^3 pour 1 m^3 d'air. 139

Pression artérielle (n.f.) : force exercée par le sang sur la surface de la paroi interne des artères. La pression est maximale lors de la contraction du cœur (pression systolique) et minimale lors de son relâchement (pression diastolique). 218

Pression atmosphérique (n.f.) : pression exercée sur la surface d'une planète* par son atmosphère. 20

Prévalence (n.f.) : fraction d'une population* atteinte par une maladie ou un trouble médical. 198

Procaryote (cellule) (n.f.) : toute cellule* qui ne contient pas d'organites*. 45

Productivité primaire (n.f.) : somme des biomasses* produites par les organismes chlorophylliens* en un lieu donné pendant un an. Elle s'exprime en masse de carbone par unité de surface et par an. 114

Protide (n.m.) : molécule organique* composée de carbone, d'oxygène, d'hydrogène, d'azote et parfois de soufre. Les protides sont des macromolécules* impliquées dans la réalisation de toutes les fonctions des organismes vivants. 31

Puissance (n.f.) : quantité d'énergie que produit un système vivant ou mécanique par unité de temps (en Watts, W ; 1 W = 1 $J.s^{-1}$). 148

Puissance (d'un exercice physique) (n.f.) : travail musculaire* développé lors d'un exercice physique par unité de temps (en Watts, W). 194

Puits de carbone (n.m.) : région dont le flux de carbone* vers l'atmosphère est négatif. Cela signifie que, globalement, ce type de région absorbe du carbone contenu sous forme de dioxyde de carbone CO_2 dans l'atmosphère. 139

R S

Ravinement (n.m.) : sillon creusé dans le sol par les eaux de ruissellement. 178

Relation de parenté (n.f.) : relation unissant des espèces sur la base d'une parenté évolutive. 84

Rendement musculaire (n.m.) : fraction de l'énergie totale dépensée par un muscle qui est utilisée pour effectuer le travail musculaire*. Il vaut environ 20 %. 197

Réserve (de combustibles fossiles) (n.f.) : partie des ressources* en combustibles fossiles* dont l'extraction est techniquement possible et économiquement rentable. 127

Réservoir de carbone (n.m.) : compartiment terrestre stockant du carbone sous diverses formes moléculaires. Sur Terre, il y a quatre réservoirs de carbone : l'atmosphère, la biosphère, l'hydrosphère et le réservoir géologique (les roches). 138

Réservoir (du cycle de l'eau) (n.m.) : compartiment terrestre stockant de l'eau. Sur Terre, il y a trois réservoirs d'eau : l'atmosphère, la biosphère et l'hydrosphère. 150

Respiration cellulaire (n.f.) : ensemble de transformations chimiques réalisé par une cellule*, qui produit de l'énergie utilisable pour ses différentes activités. La respiration consiste en la dégradation de nutriments* en présence de dioxygène et s'accompagne d'un rejet de déchets (CO_2 en particulier). 195

Ressource (de combustibles fossiles) (n.f.) : quantité totale de combustibles fossiles* disponible sur Terre. 127

Roche mère (d'un sol) (n.f.) : roche sur laquelle repose un sol*. 174

Roche mère (du pétrole) (n.f.) : sédiment riche en matière organique* dans lequel se forme le pétrole*. La formation du pétrole se déroule lors de l'enfouissement de la roche mère dans le bassin sédimentaire*. 124

Roche réservoir (n.f.) : roche poreuse au sein de laquelle le pétrole* s'est s'accumulé au niveau d'un piège pétrolier*. 124

Roche sédimentaire (n.f.) : roche formée par accumulation de sédiments. Ces sédiments peuvent être soit des débris formés par l'altération* et l'érosion* de roches préexistantes, soit des ions (molécules électriquement chargées) issus de l'altération* de roches préexistantes, soit des restes de matière organique* d'êtres vivants. 122

Ruissellement (n.m.) : écoulement des eaux à la surface des sols. 178

Sédiment (n.m.) : voir Roche sédimentaire. 122

Séquence (n.f.) : succession ordonnée des nucléotides* le long d'une molécule d'ADN*. 56

Sélection naturelle (n.f.) : Variation non aléatoire de la fréquence des allèles* au sein d'une population* sous l'effet des caractéristiques du milieu de vie. Par le jeu de la sélection naturelle, la fréquence des allèles qui, dans un milieu donné, confèrent un avantage reproductif aux individus qui les portent, tend à augmenter dans une population. 92

Sol (n.m.) : partie la plus superficielle de l'écorce terrestre, formée d'une succession de couches plus ou moins parallèles à la surface (les horizons*). Le sol repose sur une roche (la roche mère) et sert de support au développement des végétaux ainsi que de nombreux autres êtres vivants. Le sol contient des éléments issus de l'altération* de la roche mère et des éléments issus de la dégradation* ou de la décomposition* des êtres vivants êtres vivants. 174

Sol cultivable (n.m.) : sol qui fournit aux cultures les éléments nécessaires à leur croissance (tout particulièrement les éléments minéraux). 63

Source de carbone (n.f.) : région dont le flux de carbone* vers l'atmosphère est positif. Cela signifie que, globalement, ce type de régions émet du carbone vers l'atmosphère sous forme de dioxyde de carbone CO_2. 139

Squelette interne (n.m.) : structure interne rigide formée d'os (ou de cartilage) partagée par tous les vertébrés. 84

Subsidence (n.f.) : enfoncement de structures géologiques lié aux mouvement des plaques lithosphériques* à la surface du globe, qui implique le jeu de failles. Dans un bassin sédimentaire*, la subsidence permet l'accumulation verticale de grandes quantités de sédiments*. 123

Système solaire (n.m.) : ensemble formé par le Soleil et les objets célestes gravitant autour de cette étoile (planètes*, etc.). 16

Systole (n.f.) : contraction du muscle cardiaque (ou myocarde*). 208

T

Tendon (n.m.) : partie terminale des muscles, rattachée aux os. Peu élastiques, les tendons fixent les muscles sur les os. 232

Tep (tonne équivalent pétrole) (n.f.) : unité de mesure d'énergie correspondant à l'énergie libérée par la combustion d'une tonne de pétrole. 1 tep = 41 868 GJ (milliards de Joules). 152

Transgénèse (n.f.) : transfert artificiel d'un fragment d'ADN* d'un organisme donneur à un organsime receveur, appartenant ou non à la même espèce. L'organisme receveur est appelé « génétiquement modifié ». 52

Travail musculaire (n.m.) : mesure de l'énergie mécanique développée par un muscle* pour effectuer un mouvement ou un exercice physique. Il s'exprime en Joules (J). 194

V W

Valeur de consigne (n.f.) : valeur autour de laquelle un paramètre biologique, comme la pression artérielle, est maintenu par l'organisme. 223

Vascularisation (n.f.) : degré d'irrigation d'un tissu ou d'un organe par des vaisseaux sanguins. 211

Ventilation (n.f.) : ensemble d'une inspiration et d'une expiration consécutives. 206

Vertèbre (n.f.) : pièce du squelette des vertébrés en forme de disque. L'assemblage des vertèbres constitue la colonne vertébrale. 84

Voie nerveuse motrice (n.f.) : ensemble de fibres nerveuses reliant un centre nerveux à des organes moteurs ou effecteurs*. Une voie motrice transmet des messages nerveux moteurs*. 220

Voie nerveuse sensitive (n.f.) : ensemble de fibres nerveuses reliant des organes récepteurs* à un centre nerveux. Une voie sensitive transmet des messages nerveux sensitifs*. 220

Volume courant (n.m.) : volume d'air renouvelé dans les poumons à chaque ventilation* (en litres). 206

Volume d'éjection systolique (n.m.) : volume de sang éjecté par le cœur au cours de chaque systole* ventriculaire. 208

Volume de dioxygène maximal (V02 max) (n.m.) : consommation maximale de dioxygène que l'organisme peut atteindre lors d'un exercice physique de puissance croissante. 196

Watt heure (Wh) (n.m.) : unité de mesure de l'énergie. Un watt heure correspond à 3 600 joules. 148

Z

Zone d'habitabilité (n.f.) : zone définie autour d'une étoile, au sein de laquelle une planète possédant une atmosphère pourrait contenir de l'eau liquide en surface. 21

CRÉDITS PHOTOGRAPHIQUES – Couverture : © Durham M./Minden Pictures/JH Editorial ; **p. 10-11 et reprise p. 3 :** © Tafreshi B.A./Novapix ; **THÈME 1 p. 12hg :** © Colibri/G. Smellinckx ; **p. 12hm :** © Biosphoto/Rauch M. ; **p. 12bg :** © Conge H./ISM ; **p. 12bm :** © Révy J.-C./ISM ; **p. 12bd :** © Allard P./REA. ; **p. 13h :** © Anne et Jacques Six ; **Chap. 1 p. 15 :** © Nasa ; **p. 16 :** © The International Astronomical Union/Martin Kornmesser ; **p. 17 (3) :** © Nasa/JPL/Cornell ; **p. 17 (5) :** © Nasa/JPL ; **p. 18 (1) :** © Nasa/JPL/GSFC/IKI ; **p. 18 (2) :** © Nasa/JPL/Univ. of Arizona ; **p. 18 (3) :** © Cordier S./Explorer/Hoa-Qui ; **p. 18 (4) :** © Encrenaz ; **p. 19 (6) :** © Nasa ; **p. 19 (7) :** © Nasa/JPL ; **p. 20 :** © Nasa ; **p. 21 (4) :** © CNRS Photothèque/Lebedinsky C. ; **p. 21 (5) :** © Nasa/JPL/SSI ; **p. 21 (6) :** © Digital Sky Survey ; **p. 24 :** © Nasa/JPL/JHUAPL/MSSS/Brown Univ. ; **p. 25 :** © ISRO/Nasa/JPL/Brown Univ./USGS ; **p. 26h :** © Selva/Leemage ; **p. 26b :** © Nasa ; **Chap. 2 p. 27 :** © Berger J./SPL/Cosmos ; **p. 28 (2a) :** © Vaisse C./Hoa-Qui ; **p. 28 (2b) :** © Dr G. Gaugler/SPL/Cosmos ; **p. 28 (2c) :** © Getty Images/thinkstock/iStockphoto ; **p. 28 (2d) :** © Getty Images/thinkstock/PhotoObjects.net ; **p. 28 (4) :** © E. Bross (univ. Sciences et technologies, Lille) ; **p. 28 (4 vignette) :** © G. Chazot (univ. Blaise-Pascal-CNRS, Clermont-Ferrand) ; **p. 29 :** © Forterre ; **p. 36h :** © Nasa/JPL/Univ. of Arizona/Univ. of Colorado ; **p. 36b :** © CNRS Photothèque/Chatin J. ; **p. 37 :** © Nasa ; **Chap. 3 p. 39 :** © S. Robine (Inserm et CNRS/Inst. Curie UMR144) et S. Fre (ARC et CNRS/Inst. Curie UMR144) ; **p. 40 (1) :** © Microfield Scientific Ltd/SPL/Cosmos ; **p. 42 (1g) :** © BSIP/A. Grey/coll. Peter Arnold ; **p. 42 (1d) :** © SPL/Cosmos ; **p. 42 (2) :** © Révy J.-C./ISM ; **p. 42 (3) et reprise p. 253b :** © Nyu Franklin Research Fund/Phototake/ISM ; **p. 43 (4 haut) :** © Meches/Ottawa/Eye of Science/Cosmos ; **p. 43 (4 bas) :** © Inserm ; **p. 44 (1) :** © Révy J.-C./ISM ; **p. 44 (2) :** © CTµ/UCBL/ISM ; **p. 45 (3g) :** © Syred A./SPL/Cosmos ; **p. 45 (3d) :** © Révy J.-C./ISM ; **p. 45 (5) :** © Lecointre ; **p. 49hg :** © CNRI/SPL/Cosmos ; **p. 49hd :** © Pol A./ISM ; **p. 49b :** © Dr Burgess J./SPL/Cosmos ; **p. 50h :** © CNRS/sagascience/F. Caillaud ; **p. 50b :** © Getty Images/istockphoto ; **Chap. 4 p. 51 :** © Tek Image/SPL/Cosmos ; **p. 52 (1) :** © Dr D. Kunkel/Phototake/ISM ; **p. 53 (4, 6g et 6m) :** © Dr Charles Mazel/Visuals Unlimited, Inc. ; **p. 53 (6d) :** © Yvon Jaillais et Joanne Chory ; **p. 54 (1g) :** © Central Press/Hulton Archive/Getty Images ; **p. 54 (1d) :** © Express/Archive Photo/Getty Images ; **p. 54 (4) :** © History of Medicine Division of the US National Library of Medicine (NLM), Columbia Univ./College of Physicians and Surgeons. ; **p. 56 (1) :** © BSIP/D. W. Fawcett ; **p. 56 (2) :** © Poulain ; **p. 56 (3) :** © Pr Vago P./ISM ; **p. 57 (4) :** avec l'aimable autorisation de M. W. Nachman, directeur du dpt Écologie et Biologie évolutionniste, univ. d'Arizona, Tucson (extrait de Nachman M.W. *et al., PNAS*, 100 : 5268-5273, fig.1B © 2003 National Academy of Sciences, États-Unis) ; **p. 60 :** © BSIP/Photo Researchers ; **p. 61 :** © Révy J.-C./ISM ; **p. 62h :** © AFP Photo/Image courtesy of Max-Planck-Institute EVA ; **p. 62b :** © BSIP/Lemoine ; **p. 63 (1) :** © BSIP/Ingram ; **p. 63 (2) :** © BSIP/Phototake/Kunkel ; **Chap. 5 p. 65 :** © Biosphoto/R. Ginzburg/Peter Arnold ; **p. 66 (1 centre) :** © Colibri/A.M. Loubsens ; **p. 66 (1 à g., de haut en bas) :** grenouille © Colibri/D. Magnin ; dytique © Colibri/C. Brochard ; nénuphar jaune © Colibri/G. Bonnafous ; **p. 66 (1 à dr., de haut en bas) :** cerf © Biosphoto/P. Glaume ; grillon © Biosphoto/M. Lefèvre ; chêne © Colibri/P. Neveu ; **p. 66 (2) : 1er** © Biosphoto/B. Borrell ; **2e** © Biosphoto/M. Schuyl ; **3e et 4e** © Biosphoto/J.-L. Klein & M.-L. Hubert ; **5e** © Broders O./OSF/Biosphoto ; **6e** © V. Favarel/Naturimages ; **p. 67 (3) :** © Le Guyader ; **p. 67 (5) :** © Dr M. MASAKO/Mission SANTO 2006/Gamma ; **p. 68 (1, 2) :** © Alain Bénéteau 2010 (www.paleospot.com) ; **p. 69 (3) : chêne** © Colibri/H. Willem et **pollen** © Révy J.-C./Lab. de Palynologie/MNHN, Paris/ISM ; **pin** © Photo12/Alamy et **pollen** © CTµ/UCBL/ISM ; **artémise** © Biosphoto/D. Bringard et **pollen** © Dr D. Kunkel/Phototake/ISM ; **chénopode** © Biosphoto/C. Thiriet et **pollen** © Botanical Society of America (www.botany.org) ; **p. 69 (4g) :** © Fasseur R./Domens C./Hoa-Qui ; **p. 69 (4m et 4d) :** © Photo12/Alamy ; **p. 70 (1) :** © M. Pascal ; **p. 70 (2) :** © Biosphoto/W. Klomp/FotoNatura ; **p. 70 (3g) :** © J.-F. Cornuet/Naturimages ; **p. 70 (3d) :** © Biosphoto/F. Cahez ; **p. 71 (6) :** © Raguet H./Gamma ; **p. 71 (7g) :** © Hugh Iltis (http://teosinte.wisc.edu) ; **p. 71 (7d) :** © P. Psaila/DoubleVue.fr ; **p. 76h :** © MNHN ; **p. 76b :** © Colibri/O. Lepine ; **Chap. 6 p. 77 :** © François Michel ; **p. 78 (1) :** © Getty Images/thinkstock/istockphoto ; **p. 78 (2) :** © Gauvreau/Belin ; **p. 79 (3) :** © Getty Images/thinkstock/Hemera ; **p. 79 (4) :** © Gauvreau/Belin ; **p. 80 (1) :** © Pasieka A./SPL/Cosmos ; **p. 80 (2 et 3) :** © MNHN/Bernard Faye ; **p. 81 (4g) :** © Geological Museum of the University of Copenhagen, Danemark ; **p. 81 (4d) et p. 83 (4) :** © Alain Bénéteau 2010 (www.paleospot.com) ; **p. 86g et d :** © Michel Delarue/ISM ; **p. 87b :** © Alain Bénéteau 2010 (www.paleospot.com) ; **p. 88h :** © Biosphoto/R. Dirscherl ; **p. 88b :** © Alain Bénéteau, 2010 (www.paleospot.com) ; **Chap. 7 p. 89 :** © Getty Images/Dorling Kindersley/C. Keates ; **p. 91 :** © Newman O./OSF/Biosphoto ; **p. 92 (1) :** © MP/Leemage ; **p. 92 (2) :** extraits de *The variation of animals and plants under domestication*, C. Darwin, vol. 1, 1868, Londres, John Murray (ill. p. 135, 137, 140, 145, 147, 149 et 152) ; **p. 93 (4) :** avec l'aimable autorisation de M. W. Nachman, directeur du dpt Écologie et Biologie évolutionniste, univ. d'Arizona, Tucson (extrait de Nachman M.W. *et al., PNAS*, 100 : 5268-5273, fig.1B © 2003 National Academy of Sciences, États-Unis) ; **p. 93 (5) :** © Colibri/A. Trombini ; **p. 94 (1) : ligre** © Mao Siqia/AP/SIPA ; **lion** © Biosphoto/S. Cordier ; **tigresse** © Biosphoto/Theo Allofs ; **p. 95 (5 paysages) : à g.,** © Biosphoto/D. Cheeseman/Peter Arnold ; **à dr.,** © BSIP/J. Greenberg ; **p. 95 (5g fauvette) :** © Biosphoto/D. Parer & E. Parer-Cook/Auscape ; **p. 95 (5d, gros bec) :** © Colibri/J.-L. Paumard ; **p. 98 :** © Infatti/Leemage ; **p. 99h :** © Colibri/Ch. Ratier ; **p. 99b :** © Photo12/Alamy ; **p. 100h :** © Biosphoto/J.-C. Muñoz (The Royal Tyrrell Museum of Palaeontology, Drumheller) ; **p. 100m :** © AFP Photo/CMNH, Zhe-Xi Luo/Getty Out ; **p. 102h :** © CNRS Photothèque/Perrin E. ; **p. 102b :** © S. Guisard/Novapix ; **p. 103h :** © S. Valade ; **p. 103b :** © Colibri/P. Dupré ; **THÈME 2 p. 104-105 :** © Getty Images/Travel Ink/Gallo Images ; **p. 106hg :** © Biosphoto/F. Didillon/GPL ; **p. 106hm :** © Colibri/R. Monchatre ; **p. 106hd :** © Biosphoto/C. Thiriet ; **p. 106bg :** © Conge H./ISM ; **p. 106bd :** © J.-M. Picoche ; **p. 107hg :** © François Michel ; **p. 107hm :** © Michel Petzold ; **p. 107hd :** © Hervé Conge ; **p. 107bg :** © Getty Images/Stockbyte/Jonh Foxx ; **p. 107bm :** © Colibri/A. Fourcade ; **p. 107bd :** © Halary/SIPA ; **Chap. 1 p. 109 :** © Bridgeman Giraudon ; **p. 111 (3) :** © Révy J.-C./ISM ; **p. 111 (4) :** © INRA/Catherine Bellini ; **p. 111 (4 vignette) :** © Dr Burgess J./SPL/Cosmos ; **p. 113 (5) :** © Naturen ; **p. 114 (1) :** IBIS simulation, données Kucharik *et al.* 2000, *Global Biogeochemical Cycles* 14(3), 795-825 et Foley *et al.* 1996, *Global Biogeochemical Cycles,* 10, 603-628 (http://www.sage.wisc.edu/atlas) ; **p. 114 (3) :** © Getty Images/iStockphoto ; **p. 115 (4) :** images by Robert Simmon, NASA GSFC Earth Observatory, based on data provided by Watson Gregg, NASA GSFC ; **p. 115 (5g) :** © Biosphoto/C. Carre ; **p. 115 (5d) :** © BSIP/R. Birke/Peter Arnold ; **p. 118 :** « The El Nino chlorophyll concentration visualization was produced with the Giovanni online data system, developed and maintained by the NASA GES DISC (http://disc.sci.gsfc.nasa.gov/giovanni/) » ; **p. 120 :** © Chris Der Grosse/Photononstop ; **Chap. 2 p. 121 :** © Getty Images/Bloomberg ; **p. 122 (1) :** © Pierre Thomas (http://planet-terre.ens-lyon.fr) ; **p. 122 (2) :** © Conge H./ISM ; **p. 122 (3) :** © Collections Centre historique minier de Lewarde/Exposition « À l'origine du charbon, le Carbonifère » ; **p. 123 (6) :** © Photo12/Alamy ; **p. 123 (6 vignette) :** © Lyn Topinka/USGS (6/09/1981) ; **p. 124 (1) :** © Chamussy/SIPA ; **p. 124 (2h et b) et p. 125 (5g et d) :** © Alain Mascle/IFP ; **p. 126 (1) :** © Lee/Leemage ; **p. 126 (3) :** © Y. Arthus-Bertrand/Altitude ; **p. 126 (4) :** © Jiri Rezac/REA ; **p. 130 :** © Alain Mascle/IFP ; **p. 131m :** © DOD/USCG/HANNING/REA ; **p. 131b :** © Biosphoto/M. Hazan ; **p. 132b :** © Roemers M./PANOS-REA ; **Chap. 3 p. 135 :** © photo IFP ; **p. 136 (1g) :** © Grandguillot L./REA ; **p. 136 (1d) :** © Solar Impulse/Reuters/C. Hartmann/Pool ; **p. 137 (4) :** © CNRS photothèque/IPEV, Delhaye Claude ; **p. 137 (4 vignette) :** © CNRS Photothèque/Lipenkov Volodia ; **p. 139 (3h) :** © Mark Edwards/Still Pictures/Biosphoto ; **p. 139 (3m) :** © Biosphoto/M. Harvey ; **p. 139 (4) :** © Gschmeisner S./SPL/Cosmos ; **p. 140 (2) :** © S. Comeau, LOV (www.epoca-project.eu) avec l'aimable autorisation de Jean-Pierre Gattuso ; **p. 140 (3) :** © Ariel Fuchs/Explorer ; **p. 145 :** © Grandguillot L./REA ; **p. 146 :** *The Lancet,* vol. 373, 9676, 1693-1733, fig.4, 16 May 2009 ; **Chap. 4 p. 147 :** © Mintz P./Gamma ; **p. 148 (1) :** © Cuvelier N./Hoa-Qui ; **p. 148 (2) :** © Guillaume/REA ; **p. 149 (5g) :** © Varlet/Andia.fr ; **p. 149 (5d) :** © EDF Médiathèque/Marc Didier ; **p. 151 (4) :** Bishop J.K.B. *et al.* (1997), « Surface Solar Irradiance from ISCCP 1983-1991 », *J. Geophys. Res. (Atmospheres),* 102 : 6883-6910/Seawifs ISCCP ; **p. 152 (2) :** © SOHO (ESA & Nasa) ; **p. 157 :** © Météo-France/Centre de météorologie spatiale à Lannion ; **p. 158h :** © PrismaArchivo/Leemage ; **p. 158b :** © Pierre Perez ; **p. 159 :** © Sciencéthic (www.sciencethic.com) ; **Chap. 5 p. 161 :** © C. Thiriet/Jacana ; **p. 162 (1g) :** © Biosphoto/C. Thiriet ; **p. 162 (1d) :** © Biosphoto/J.-L. Klein & M.-L. Hubert ; **p. 164 (3g) :** © Scott Sinklier/AGStock-REA ; **p. 164 (3d) :** © Devouard A./REA ; **p. 165 :** © IRD/Montoroi, J.-P. ; **p. 166 (1g) :** © Biosphoto/M. Gunther/Mau ; **p. 166 (1d) :** © Biosphoto/R. Henno/Wildlife Pictures ; **p. 166 (2) :** © Getty Images/Photographer's Choice/F. Ivaldi ; **p. 167 (4g) :** © AFP photo/HO/Center for orangutan protection ; **p. 167 (4d) :** © AFP Photo/Image Source, Hiroshi Takano ; **p. 172h :** © IRD/Maeght, J.-L. ; **p. 172b :** © Lasserpe/Iconovox ; **Chap. 6 p. 173 :** © IRD/Janeau, J.-L. ; **p. 174 (1) :** © Claude Censier ; **p. 174 (2) :** © Michel Petzold ; **p. 175 (6) :** © INRA/J-C Fiès et F. Sigala ; **p. 176 :** © François Michel ; **p. 177 (5) :** © Conge H./ISM ; **p. 177 (6) :** © Biosphoto/J.-M. Labat ; **p. 178 :** © Gerster G./Rapho ; **p. 179 (5) :** © Giudice/Archivolatino-REA ; **p. 179 (7) :** © INRA/Walker A.-S. ; **p. 183h :** © Alain Ruellan ; **p. 183b :** © Photo by Erika Michéli ; **p. 186h :** © IRD/Maeght, J.-L. ; **p. 186b :** © Decout B./REA ; **p. 187h :** © BRGM ; **p. 187b :** © Thomas S./REA ; **THÈME 3 p. 188-189 :** © Getty Images/Inti St Clair/Digital Vision ; **p. 190h :** © Pr Ewald R. Weibel, univ. de Berne ; **p. 190b :** © BSIP/Biophoto Associates/Photo Researchers ; **p. 191h :** © Dr D. Kunkel/Phototake/ISM ; **p. 191b :** © Maximilian stock Ltd/Photononstop ; **Chap. 1 p. 193 :** © Dietsch K./UPI/Gamma ; **p. 194 :** © Bettini R./UMA ; **p. 196 :** © BSIP/Ciot ; **p. 197 (4) :** © BSIP/T. Kinsman ; **p. 197 (5) :** © AFP Photo/K. Jae-Hwan ; **p. 198 :** © P. Duché ; **p. 202 :** © AFP Photo/D. Sannum Lauten ; **p. 204 :** © Aisa/Leemage (musée du Vatican, Rome) ; **Chap. 2 p. 205 :** © Montigny P./UMA ; **p. 207 (4) :** © Dr R. Kessel & Dr R. Kardon/Tissues & Organs/Visuals Unlimited, Inc. ; **p. 207 (6m) :** © Getty Images/Visuals Unlimited ; **p. 207 (6b) :** © Getty Images/Visuals Unlimited/Dr D. M. Phillips ; **p. 209 :** © Zéphyr/SPL/Cosmos ; **p. 211 (4g et d) :** © Eye of science/Cosmos ; **p. 216h :** © Pierre Perez ; **p. 216b :** © MP/Leemage ; **Chap. 3 p. 217 :** © BSIP/Biophoto Associates/Photo Researchers ; **p. 218 (1) :** © Burger/Phanie ; **p. 218 (2) :** © SPL/Cosmos ; **p. 218 (3) :** © C. Amrein ; **p. 220 :** Carl Ludwig (1816-1895) © Institut de Physiologie Karl-Ludwig, université de Leipzig, faculté de médecine, in : Arendt T., Becker C., Spanel-Borowski K. and Zimmer H.-G., « Leipziger Mediziner und ihre Werke », Beucha : Sax-Verl., 2006. S. 5. ; **p. 228h :** © *Le sel, comment limiter sa consommation*/ill. Miss Beck/INPES ; **Chap. 4 p. 231 :** © AFP Photo/Kazuhiro Nogi ; **p. 232 (1) :** © AFP Photo/F. Coffrini ; **p. 232 (3g et d) :** © Pr J.-D. Laredo/ISM ; **p. 232 (3m) :** © Sovereign/ISM ; **p. 233 (4) :** © Colorsport/UMA ; **p. 233 (6) :** © BSIP/CMSP ; **p. 234 (1 vignette) :** © Biosphoto/S. Cordier ; **p. 234 (1) :** © Gauvreau/Belin ; **p. 234 (2) et reprise p. 253h :** © Hervé Conge ; **p. 235 (4) :** © Jean-Jacques Auclair ; **p. 236 :** © Getty Images/Iconica/Gazimal/Sho Yoshida ; **p. 237 :** © Photo12.com/Alamy ; **p. 240 :** © ISM ; **p. 241h :** © A. Grimm/Bongarts/Getty Images/AFP ; **p. 241b :** © 1981 by Burne Hogarth, *Dynamic Light and Shade,* originally published in US by Watson-Guptill Publications, The Crown Publishing Group, a division of Random House, Inc. ; **p. 242h :** © Photo12/Alamy ; **p. 242b :** © BSIP/B. Boissonnet ; **Chap. 5 p. 243 :** © AFP Photo/Saeed Khan ; **p. 244 (1g) :** © Getty Images/T. Duffy ; **p. 244 (1d) :** © Getty Images/A. Hayt/Sports Illustrated ; **p. 245 (5) :** © McGrath C./Getty Images/AFP ; **p. 245 (6) :** extrait de B. P. Boden *et al.* « Low-Risk Stress Fractures », *Am. J. Sports Med.,* January 2001, 29 : 100-111 © 2001, American Orthopaedic Society for Sports Medicine, reprinted by permission of SAGE Publications ; **p. 246 :** © Boichard A./UMA ; **p. 251h :** © AFP Photo/P. Guyot ; **p. 251b :** © Montigny P./UMA ; **p. 252h :** © AFP Photo archives ; **p. 252b** Lee S-J (2007) « Quadrupling Muscle Mass in Mice by Targeting TGF-ß Signaling Pathways », PLoS ONE 2(8) : e789, fig. 3 avec l'aimable autorisation du Pr Se-Jin Lee, Johns Hopkins University School of Medicine ; **p. 254h :** © BSIP/Ablestock ; **p. 254b :** © AFP Photo/N. Treblin ; **p. 255h :** © BSIP/Raguet H. ; **p. 255b :** © BSIP/J. Birdsall.

Conception graphique intérieure : Marie-Astrid Bailly-Maître

Illustrations : Alain Bénéteau ; Corédoc/Laurent Blondel ; Thomas Haessig ; Sophie Jacopin ; Amélie Veaux ; Dominique Visset

IMPRIM'VERT

Imprimé en France par Roto Aisne – 02430 Gauchy
N° d'édition : 005508-01 – N° d'imprimeur : XXXX
Dépôt légal : juillet 2010